대학 수학

남영만 · 김종규 · 박혜경

대학수학

남영만 · 김종규 · 박혜경 지음

초판인쇄 2013년 2월 28일
초판발행 2013년 3월 8일

펴낸이 박재규
펴낸곳 경남대학교 출판부

주소 경남 창원시 마산합포구 월영북16길 11(월영동)
전화 055_249_2074
팩스 0505_999_2115
홈페이지 kyungnam.ac.kr/press
전자우편 ko10@kyungnam.ac.kr

ISBN 978-89-8421-350-0-93410

대학 수학

남영만·김종규·박혜경 지음

경남대학교 출판부

차례

제3장 • 적분법積分法

제4장 • 무한급수無限級數 및 함수의 전개展開

제5장 • $\mathbb{R}^n$에서의 벡터

제6장 • 편도함수偏導函數

제7장 • 다중적분多重積分

제8장 • 선적분線積分과 그린의 정리

부 록

머리말

우리들은 알아야 한다. 우리들은 알 것이다.

\- 힐베르트 묘비명

미분적분학을 배운다는 것은 학생들에게 매우 흥미롭고 자극적인 경험이 될 수 있다. 그것은 고급 수학과 현 세계에서의 보다 더 위대한 성취 및 목적을 위한 기초 과목이기 때문이다. 오늘날의 많은 수학적 내용이 미분적분학의 연장선상에서 끊임없이 발전하고 있으며, 미분적분학의 사고방식과 방법들이 현대과학에도 널리 이용되고 있음은 분명한 사실이다. 이 책은 이러한 미분적분학의 유용성에 대한 느낌을 학생들과 공유함은 물론 그 고전적인 아름다움을 음미하도록 함으로써, 그에 관한 기술적인 능력을 개발하도록 돕기 위한 목적으로 쓰여졌다.

이를 위하여 지나치게 이론적 엄밀성을 강조하는 것을 가급적 피하고 미분적분학과 관련한 기본적인 정의와 여러 가지 정리 및 공식, 그에 관한 다양한 예제를 소개함으로써 학생들의 이해를 돕도록 하였다. 또한 각 절의 마지막에는 학습한 기본개념을 토대로 학생 스스로 응용 및 수학적 기초를 다질 수 있도록 여러 가지 연습문제를 수록함으로써 학생들의 수학적 사고력을 향상시키는데 도움을 줄 수 있도록 하였다.

이 책의 구성을 대략적으로나마 소개하면 다음과 같다.

먼저 1장에서는 미분적분학을 공부하는 데 있어 기본이라 할 수 있는 집합, 실수, 함수 등의 개념을 비롯하여 특히 극한과 연속의 개념에 대해 다루었다. 2장에서는 도함수를 정의하고 곱의 법칙, 연쇄법칙 등 미분에 관한 여러 가지 공식을 소개하고,

이를 토대로 대수함수와 초월함수에 대한 미분 및 미분의 응용으로서 로피탈의 법칙 등을 다루었다. 3장에서는 역도함수와 적분을 정의하고 미분적분학의 기본정리를 소개함은 물론 적분의 응용으로서 면적, 부피, 호의 길이, 겉넓이 등을 계산하는 방법에 대하여 다루었다. 4장에서는 무한급수 및 함수의 전개, 5장에서는 $\mathbb{R}^n$에서의 벡터개념을, 6장에서는 다변수함수의 극한과 연속, 편도함수, 연쇄법칙, 7장에서는 이중적분과 삼중적분을 소개하고 그 응용에 대하여 다루었다. 그리고 마지막 8장에서는 선적분과 그린의 정리 등을 다루었다.

이 책은 미분적분학에 관한 내용을 기초적인 내용에서부터 가급적 쉽게 기술하고, 쉬운 예제에서부터 수준 있는 예제까지 최대한 다양한 종류의 예제를 제시하도록 노력하였다. 수학적 기초가 다소 부족한 학생들도 이 책을 통해 별 어려움 없이 미분적분학에 관한 내용을 조금이나마 이해할 수 있으리라 기대해본다.

2013년 1월　저자일동

■ 제 1 장 ■

극한과 연속

極限 連續

제1장 극한極限과 연속連續

1.1 집합集合

집합集合의 개념槪念은 현대수학現代數學에서 가장 중요한 역할을 하고 있으며 여러 방면에 활용되고 있다. 일반적으로 일정한 조건을 만족하는 대상물 전체를 집합集合, set이라고 한다.

보통 집합集合은 대문자大文字로 표시하고, 집합集合을 구성하는 대상을 원소元素, element라 부르며 x가 집합 A의 원소元素임을

$$x \in A$$

로 나타내고 'x는 A에 속한다'고 한다. 또 x가 A의 원소가 아님을 $x \not\in A$로 나타낸다.

두 집합 A와 B에 있어서 $x \in A$이면 반드시 $x \in B$일 때 A를 B의 부분집합部分集合, subset이라 하며

$$A \subset B$$

로 나타낸다.

또 두 집합集合 A와 B에 대하여 $A \subset B$이고 동시에 $B \subset A$일 때 A와 B는 같다相等고 하며

$$A = B$$

로 나타낸다. 한편 $A \subset B$이고 $A \neq B$일 때 A를 B의 진부분집합眞部分集合, proper subset이라고 한다.

집합集合을 생각할 때 어떤 특정한 집합을 정하여 놓고 그 부분집합部分集合을 생각하는 경우에 이 특정한 집합을 전집합全集合, universal set이라 하고, 보통 U로 표시한다. A가 U의 부분집합일 때 U에 속하나 A에는 속하지 않는 원소의 집합을 A의 여집합餘集合, complement이라 하며 A^c로 나타낸다. 또 대상 x에 관한 어떤 성질 $P(x)$를 만족하는 x 전체의 집합을

$$\{ x \mid P(x) \}$$

와 같이 표시한다. 예컨대 $N=\{x|x$는 자연수$\}=\{1,2,3,4,\cdots\}$이다.

어떤 집합 X의 부분집합들 사이에 몇 가지 집합연산集合演算, set operation을 정의한다.

정의 1

집합 A와 B가 X의 부분집합일 때, 집합

$$A \cup B = \{ x \in X \mid x \in A \text{ 또는 } x \in B \}$$

$$A \cap B = \{ x \in X \mid x \in A \text{ 이고 } x \in B \}$$

$$A - B = \{ x \in X \mid x \in A \text{ 이고 } x \notin B \}$$

$$A \triangle B = (A - B) \cup (B - A)$$

를 각각 A와 B의 합집합合集合, union, 교집합交集合, intersection, 차집합差集合, difference, 대칭차symmetric difference라 한다.

원소가 하나도 없는 집합을 공집합空集合, empty set이라 하고, 특히 $A \cap B = \varnothing$일 때 A와 B를 서로 소素, disjoint라 한다. 어떤 집합 X가 주어졌을 때 X의 부분집합들로 이루어진 집합을 집합족集合族, family of sets이라 한다. 어떤 집합 I의 각 원소 α에 대하여 X의 부분집합 A_α가 하나씩 대응對應되었을 때 이들 A_α로 이루어진 집합족集合族을

$$\{ A_\alpha \}_{\alpha \in I} \quad \text{또는} \quad \{ A_\alpha \mid \alpha \in I \}$$

로 나타낸다. 이때 I를 첨자집합index set이라 한다.

정의 2

집합 X의 부분집합으로 이루어진 한 집합족集合族 $\{A_\alpha\}_{\alpha\in I}$에 대하여 A_α 들의 합집합合集合과 교집합交集合을 다음과 같이 정의한다.

$$\bigcup_{\alpha\in I} A_\alpha = \{x\in X \mid \text{적어도 한 } \alpha\in I\text{에 대하여 } x\in A_\alpha\}$$

$$\bigcap_{\alpha\in I} A_\alpha = \{x\in X \mid \text{모든 } \alpha\in I\text{에 대하여 } x\in A_\alpha\}.$$

정리 1 1. (De Morgan의 법칙)

❶ $(A\cup B)^c = A^c\cap B^c$　　❷ $(A\cap B)^c = A^c\cup B^c$

증명 연습문제로 남긴다.

정의 3

공집합空集合이 아닌 두 집합 A와 B에 대하여 집합

$$A\times B = \{(a,b) \mid a\in A,\ b\in B\}$$

를 A와 B의 카티전곱cartesian product이라 하고, $A\times B$의 각 원소元素 (a,b)를 a와 b의 순서쌍ordered pair이라 한다. 두 순서쌍(a_1, b_1)과 (a_2, b_2)는 $a_1 = a_2$, $b_1 = b_2$일 때, 같다고 한다.

만약 $x\in\varnothing$ 인 x를 푸른 눈을 가진 사자green-eyed lion라고 한다.

연습문제

1. $A=\{1,2,3,4\}$, $B=\{2,4,6,8\}$, $C=\{3,4,5,6\}$일 때, 다음을 구하라.

❶ $A\cup B$　　❷ $B\cap C$　　❸ $C-A$

2. $\mathbb{R}$이 실수전체實數全體의 집합이고

$A=\{x \mid x^2+x-2=0, x\in\mathbb{R}\}$, $B=\{x \mid x^2\ge 2x, x\in\mathbb{R}\}$,

$C=\{x \mid x^2-x<2\ x\in\mathbb{R}\}$

일 때, 다음 조건을 만족하는 집합을 구하라.

❶ $A \cap B$ ❷ $A \cup B$ ❸ B^c ❹ $B^c \cup C$

3. A, B, C가 임의의 집합일 때, 다음을 증명하라.

❶ (결합법칙) $\begin{cases} (A \cup B) \cup C = A \cup (B \cup C) \\ (A \cap B) \cap C = A \cap (B \cap C) \end{cases}$

❷ (분배법칙) $\begin{cases} A \cup (B \cap C) = (A \cup B) \cap (A \cup C) \\ A \cap (B \cup C) = (A \cap B) \cup (A \cap C) \end{cases}$

❸ $(A \cup B) - (A \cap B) = (A - B) \cup (B - A)$

$A - (B \cup C) = (A - B) \cap (A - C)$

4. $S = \{a, b\}$, $W = \{1, 2, 3, 4, 5\}$, $V = \{3, 5, 7, 9\}$일 때, $(S \times W) \cap (S \times V)$를 구하라.

5. $\{x | x \neq x\} = \varnothing$ 임을 보여라.

6. $A = \{a, b\}$, $B = \{1, 2\}$, $C = \{x, y\}$일 때, $A \times B \times C$를 구하라.

7. 공집합空集合이 아닌 A, B, C, D에서 다음을 증명하라.

❶ $A \times (B \cup C) = (A \times B) \cup (A \times C)$

❷ $A \times (B \cap C) = (A \times B) \cap (A \times C)$

❸ $(A \times B) \cap (C \times D) = (A \cap C) \times (B \cap D)$

8. [정리 1]을 증명하라.

1.2 실수實數

이 절에서는 실수實數의 성질에 대하여 알아보기로 한다. 실수전체實數全體의 집합集

合 $\mathbb{R}$ 에서는 덧셈과 곱셈이 정의되어 있다. 즉, 임의의 실수 a와 b에 대하여 $a+b$, ab가 일의적一意的으로 정해진다. 임의의 실수 a, b, c에 대하여 다음 성질을 만족한다.

❶ $a+b=b+a$ (덧셈에 관한 교환법칙交換法則)

❷ $a+(b+c)=(a+b)+c$ (덧셈에 관한 결합법칙結合法則)

❸ 임의의 실수 $a\in\mathbb{R}$ 에 대하여

$$a+0=0+a=a$$

인 실수 $0\in\mathbb{R}$ 이 존재한다. (덧셈에 관한 항등원恒等元)

❹ 임의의 실수 $a\in\mathbb{R}$ 에 대하여

$$a+x=x+a=0$$

인 실수 $x\in\mathbb{R}$ 이 존재한다. (덧셈에 관한 역원逆元)

이것을 $-a$로 표시한다.

❺ $ab=ba$ (곱셈에 관한 교환법칙交換法則)

❻ $(ab)c=a(bc)$ (곱셈에 관한 결합법칙結合法則)

❼ 임의의 실수 $a\in\mathbb{R}$ 에 대하여

$$a\cdot 1=1\cdot a=a$$

인 실수 $1\in\mathbb{R}$ 이 존재한다. (곱셈에 관한 항등원恒等元)

❽ 0이 아닌 임의의 실수 $a\in\mathbb{R}$ 에 대하여

$$a\cdot x\ x\cdot a=1$$

인 실수 $x\in\mathbb{R}$ 이 존재한다. (곱셈에 관한 역원逆元)

❾ $a(b+c)=ab+ac$, $(a+b)c=ac+bc$ (분배법칙分配法則)

일반적으로 위의 성질을 만족하는 두 연산演算이 정의된 집합集合을 체體, field라고 한다.

예 1 집합集合 $\mathbb{Q}$는 체이다. 정수의 집합 $\mathbb{Z}$는 곱셈에 관한 역원逆元이 존재하지 않는 것이 있기 때문에 체體가 아니다.

다음의 성질을 만족하는 $\mathbb{R}$의 공집합이 아닌 부분집합部分集合에서는 대소관계大小關係가 정의되어 있으며 다음이 성립한다.

❶ 임의의 두 실수 a, b에 대하여 다음 중 하나가 성립한다.

$$a > b, \quad a = b, \quad a < b$$

❷ $a > b$, $b > c$이면 $a > c$이다.

❸ 임의의 실수 c에 대하여

$$a > b\text{이면 } a+c > b+c$$

이다.

❹ $c > 0$이고 $a > b$이면 $ac > bc$.

❺ $c < 0$이고 $a > b$이면 $ac < bc$.

정의 1

S를 실수전체의 집합 $\mathbb{R}$의 한 부분집합이라 할 때,

❶ S의 모든 원소 x에 대하여 $x \le \alpha$일 때 $\alpha \in \mathbb{R}$를 S의 상계上界, upper bound라고 한다.

❷ S의 모든 원소 x에 대하여 $\beta \le x$일 때 $\beta \in \mathbb{R}$를 S의 하계下界, lower bound라고 한다.

예 2 $S_1 = \{x \in \mathbb{R} | 0 < x < 1\}$에서 1은 S_1의 상계이며, $S_2 = \{x \in \mathbb{R} | 0 \le x \le 1\}$의 상계도 1이다. $S = \mathbb{R}$인 경우는 상계와 하계를 갖지 않으며 $S_3 = \{x \in \mathbb{R} \,|\, x \ge 0\}$는 하계를 갖지만 상계는 갖지 않는다.

정의 2

S의 상계 중 최소원소最小元素를 S의 최소상계最小上界 또는 상한上限, least upper bound or supremum이라 하고, S의 하계 중 최대원소最大元素를 S의 최대하계最大下界 또는 하한下限, greatest lower bound or infimum이라고 한다. S의 상한은 $\text{lub}\, S$ 또는 $\sup S$로 하한은 $\text{glb}\, S$ 또는 $\inf S$로 나타낸다. 또 상한과 하한을 갖는 집합을 유계집합有界集合, bounded set이라고 한다.

예 3 ℕ은 자연수自然數의 집합이라 할 때,

❶ $n \in \mathbb{N}$이고

$$A = \left\{ \frac{1}{2}, \frac{3}{4}, \cdots, \frac{2^n - 1}{2^n}, \cdots \right\}$$

일 때, $\inf A = \frac{1}{2} \in A$이고 $\sup A = 1 \notin A$이다.

❷ $B = \left\{ \frac{1}{n} \mid n \in \mathbb{N} \right\}$에서

$$\sup B = 1 \in B, \quad \inf B = 0 \notin B$$

이다.

실수의 집합 ℝ에서는 또 다음과 같은 중요한 성질이 있다. 즉 상계(하계)를 갖는 ℝ의 공집합空集合이 아닌 모든 부분집합은 상한(하한)을 갖는다. 이것을 실수實數의 완비성完備性, completeness이라 한다.

연습문제

1. 다음 집합에서 sup 또는 inf를 구하라.

❶ $\{x \in \mathbb{R} \mid x^2 < 4, x < 0\}$

❷ $\left\{ \frac{1}{2}, \frac{2}{3}, \frac{3}{4}, \frac{4}{5}, \cdots \right\}$

❸ $\{1, -1, 1, -1, 1, \cdots\}$

❹ $\{x \in \mathbb{R} \mid x^2 < 3\}$

2. $A = \{x \in \mathbb{R} \mid x^2 + x < 3\}$일 때, $\sup A$와 $\inf A$를 구하라.

3. $\sup A = \sup B$이고 $\inf A = \inf B$이면 $A = B$가 성립하는가?

4. 다음 집합은 유계有界인가? 유계有界이면 상한上限과 하한下限을 말하라.

❶ $A = \left\{ x \in \mathbb{R} \mid x = \left(\frac{1}{2}\right)^n, n \in \mathbb{N} \right\}$

❷ $B = \{x \mid x = \sin\theta \ \theta \in \mathbb{R}\}$

❸ $C = \{x \mid x > 0, x\text{는 실수}\}$

❹ $D = \left\{ \frac{x}{x-1} \middle| x > 1 \right\}$

1.3 집합函數

함수函數의 개념槪念은 수학 전반에 걸쳐 가장 기본적인 것이므로 잘 익혀야 할 것이다.

정의 1

두 집합 A와 B에서 A의 각 원소 x에 대하여 B의 오직 하나의 원소 y가 대응對應될 때 이 대응규칙對應規則 f를 A에서 B에로의 함수函數, function라 하고,

$$f : A \to B$$

와 같이 나타낸다. 이 때 A를 f의 정의역定義域, domain이라 하고 B를 f의 공역共域, codomain이라 한다. 또 A의 원소 x에 대응하는 B의 원소 y를 f에 의한 x의 상像, image이라 하고

$$y = f(x)$$

와 같이 쓴다. 그리고 $f(A) = \{y \in B \mid y = f(x), x \in A\}$를 f의 치역値域, range이라 한다. 또 $A \times B$의 부분집합

$$\{(x, f(x)) \mid x \in A\}$$

를 함수 f의 그래프graph라고 한다.

정의 2

함수 $f : A \to B$에서 임의의 x_1, $x_2 \in A\,(x_1 \neq x_2)$에 대해 $f(x_1) \neq f(x_2)$, 즉 $f(x_1) = f(x_2)$이면 $x_1 = x_2$일 때, f를 일대일함수one-to- one function 또는 단사함수單射函數, infective function라 한다.

정의 3

함수 $f : A \to B$의 공역共域이 그 치역値域과 일치할 때, 즉 $y \in B$가 적어도 하나의 $x \in A$의 상像 $y = f(x)$ 일 때, f를 A에서 B위로의 함수onto function 또는 전사함수全射函數, surjective function라 한다.

예 1 ❶ $f : [-1,1] \to \mathbb{R}$, $f(x) = 1 - x^3$은 단사함수이나 전사함수는 아니다.

❷ $f : [-1,1] \to [0,2]$, $f(x) = x^2$은 전사함수도 단사함수도 아니다.

❸ $f : \mathbb{R} \to \mathbb{R}$, $f(x) = x^3$은 단사함수이면서 전사함수인 것이다.

정의 4

$f : A \to B$가 단사함수單射函數이고 전사함수全射函數일 때, f를 전단사함수全單射函數, bijective function라 한다.

정의 5

함수 f가 A에서 B에로의 전단사함수全單射函數라고 하자. 임의의 원소元素 $y \in B$에 대하여 $y = f(x)$가 되는 A의 원소 x가 오직 하나 정해진다. 각 y에 대하여 이와 같은 x를 대응시키면 이 규칙에 의하여 B에서 A 위로의 함수가 정해진다. 이것을 f의 역함수逆函數, inverse function라 하고 보통 f^{-1}로 표시한다. 즉

$$y = f(x) \text{ 일 때 } x = f^{-1}(y)$$

이다.

예 2 $f : \mathbb{R} \to \mathbb{R}$, $f(x) = x^2$에 대하여 f의 정의역定義域은 $\mathbb{R}$이고 치역値域은 $[0, \infty]$이며, $f(2) = 4$, $f^{-1}(4) = \{-2, 2\}$, $f^{-1}(7) = \{\sqrt{7}, -\sqrt{7}\}$, $f^{-1}(-7) = \varnothing$, $f([0,3)) = [0,9)$, $f^{-1}([0,9)) = (-3,0] \cup [0,3)$이 된다.

정의 6

두 함수 $f : A \to B$와 $g : B \to C$에 있어서 f와 g를 결합한 대응규칙對應規則

$$h : A \to C, \quad h(x) = g(f(x)) = (g \circ f)(x)$$

를 함수 f와 g의 합성함수合成函數, composite function라 하고 $g \circ f$로 나타낸다.

예 3 ❶ $f: A \to B$, $g: B \to C$에 대하여 f와 g가 단사함수이면 $g \circ f: A \to C$도 단사함수이고, $g \circ f$가 단사함수이면 f도 단사함수이다.

❷ $g \circ f$가 전사함수이면 g 는 전사함수이다.

풀이 ❶ $x_1, x_2 \in A(x_1 \neq x_2)$에 대하여 f가 단사함수이므로 $f(x_1) \neq f(x_2)$가 된다. 또 g가 단사함수이므로 $g(f(x_1)) \neq g(f(x_2))$, 즉 $(g \circ f)(x_1) \neq (g \circ f)(x_2)$가 된다. 따라서 $g \circ f$는 단사함수이다. 한편 $x_1, x_2 \in A$에 대하여

$$f(x_1) = f(x_2)\text{이면}$$

$$g(f(x_1)) = g(f(x_2)),\ \text{즉}\ (g \circ f)(x_1) = (g \circ f)(x_2)$$

가 되고, 또 $g \circ f: A \to C$는 단사함수이므로 $x_1 = x_2$가 된다. 따라서 f는 단사함수이다.

❷ $z \in C$이면 $g \circ f: A \to C$가 전사함수이므로 어떤 원소 $x \in A$가 존재해서

$$(g \circ f)(x) = z$$

가 된다. 이때 $y = f(x)$이면 $y \in B$이고, $g(y) = z$가 되어 g는 전사함수이다.

예 4 두 함수 $f,\ g: \mathbb{R} \to \mathbb{R}$ 을 각각

$$f(x) = 2x, \quad g(x) = 3x - 1$$

로 정의할 때, 합성함수 $g \circ f: \mathbb{R} \to \mathbb{R}$ 은

$$(g \circ f)(x) = g(f(x)) = g(2x) = 6x - 1.$$

한편 $(f \circ g)(x) = f(g(x)) = f(3x-1) = 6x - 2$.

따라서, $f \circ g \neq g \circ f$임을 유의하자.

정리 2 $f: A \to B$이고 $X \subset B$, $Y \subset B$이면

$$f^{-1}(X \cup Y) = f^{-1}(X) \cup f^{-1}(Y)$$

가 성립한다.

증명 $x_1 \in f^{-1}(X \cup Y)$이라 하자. 그러면 $f(x_1) \in X \cup Y$이므로 $f(x_1) \in X$ 또는 $f(x_1) \in Y$가 된다. 따라서 $x_1 \in f^{-1}(X)$ 또는 $x_1 \in f^{-1}(Y)$이다. 즉, $x_1 \in$

$f^{-1}(X) \cup f^{-1}(Y)$. 따라서

$$f^{-1}(X \cup Y) \subset f^{-1}(X) \cup f^{-1}(Y). \qquad \text{(i)}$$

역으로 $x_2 \in f^{-1}(X) \cup f^{-1}(Y)$이면 $x_2 \in f^{-1}(X)$ 또는 $x_2 \in f^{-1}(Y)$이다. 따라서 $f(x_2) \in X$ 또는 $f(x_2) \in Y$가 되어 $f(x_2) \in X \cup Y$가 성립한다. 즉 $x_2 \in f^{-1}(X \cup Y)$가 되어

$$f^{-1}(X) \cup f^{-1}(Y) \subset f^{-1}(X \cup Y). \qquad \text{(ii)}$$

(i), (ii)에서

$$f^{-1}(X \cup Y) = f^{-1}(X) \cup f^{-1}(Y)$$

가 성립한다.

정리 3 $f : A \to B$이고, E, F가 A의 부분집합이면

❶ $f(E \cup F) = f(E) \cup f(F)$,

❷ $f(E) - f(F) \subset f(E - F)$

가 성립한다.

증명 ❶ 먼저 $y \in f(E \cup F)$라 하자. 그러면 $y = f(x)$인 $x \in E \cup F$가 존재한다. 따라서 $x \in E$ 또는 $x \in F$가 된다. 그런데

$x \in E$이면 $f(x) = y \in f(E)$이거나

또는

$x \in F$이면 $f(x) = y \in f(F)$가 되어

$$y = f(x) \in f(E) \cup f(F)$$

가 성립한다. 따라서

$$f(E \cup F) \subset f(E) \cup f(F). \qquad \text{(iii)}$$

역으로 $y \in (E) \cup f(F)$이라 하자. 그러면 $y \in f(E)$ 또는 $y \in f(F)$가 된다. 그런데 $y \in f(E)$이면 $f(x) = y$인 $x \in E$가 존재하거나 또는 $y \in f(F)$이면 $f(x) = y$인 $x \in F$가 존재한다. 따라서

$x \in E \cup F$에 대해서 $y \in f(E \cup F)$

이 성립한다. 따라서

$$f(E) \cup f(F) \subset f(E \cup F). \qquad \text{(iv)}$$

(iii), (iv)에서 주어진 성질이 성립한다.

❷ $y \in f(E) - f(F)$라 할 때 $y = f(x)$가 성립하는 $x \in E$가 존재한다. 그런데 $y \notin \{f(x) \mid x \in F\}$이므로 $x \notin F$ 또는 $x \in E - F$가 되어 $y \in f(E-F)$가 됨을 알 수 있다. 따라서 $f(E) - f(F) \subset f(E-F)$가 성립한다.

정리 4 $f : A \to B$이고, E, F가 A의 부분집합이고, G, H가 B의 부분집합일 때

❶ $f(E \cap F) \subset f(E) \cap f(F)$,

❷ $f^{-1}(G-H) = f^{-1}(G) - f^{-1}(H)$

임을 증명하라.

증명 연습문제로 남긴다.

이 외에 구체적으로 활용活用되는 함수函數에 대해서 살펴본다.

먼저 양陽의 정수整數 n에 대하여

$$f(x) = a_0 x^n + a_1 x^{n-1} + \cdots + a_{n-1} x + a_n$$

$$(\text{단, } a_0, a_1, \cdots, a_n \text{ 은 상수})$$

형의 함수 f를 다항함수多項函數라 하고, 특히 $a_0 \neq 0$이면 n차 함수라고 한다.

두 다항함수多項函數의 몫으로 나타낸 함수

$$f(x) = \frac{a_0 x^n + a_1 x^{n-1} + \cdots + a_n}{b_0 x^m + b_1 x^{m-1} + \cdots + b_m}$$

형의 함수 f를 유리함수有理函數라고 부른다. 일반적으로

$$p_1(x), p_2(x), \cdots, p_n(x)$$

가 x의 유리함수有理函數일 때

$$y^n + p_1(x) y^{n-1} + \cdots + p_{n-1}(x) y + p_n(x) = 0$$

의 해解로써 정의되는 함수를 대수함수代數函數라고 한다. 또

$$y = 3x + \sqrt{x^2+2}, \quad y = \sqrt{x + \sqrt{x}}$$

와 같이 유리함수有理函數가 아닌 것을 무리함수無理函數라고 한다. 또 이에 대해서 삼각함수三角函數, 지수함수指數函數, 로그함수 등 대수함수代數函數가 아닌 함수를 초월함수超越函數라 한다.

함수가 $y=f(x)$의 형으로 표시되어 있을 때, 이것을 양함수陽函數라고 하고, $f(x, y)=0$의 형으로 표시된 함수

$$x \mapsto y \quad \text{또는} \quad y \mapsto x$$

를 음함수陰函數라 한다.

예 5 x, y에 관한 일차방정식一次方程式

$$ax + by + c = 0$$

에서 $b \neq 0$일 때 일차함수一次函數 $y = -\frac{a}{b}x - \frac{c}{b}$는 음함수陰函數를 양함수陽函數로 나타낸 것이다.

예 6 원의 방정식 $x^2 + y^2 = r^2$은 두 함수

$$y = \sqrt{r^2 - x^2} \quad (|x| \leq r)$$

$$y = -\sqrt{r^2 - x^2} \quad (|x| \leq r)$$

을 한데 묶어서 음함수陰函數로 표시하고 있음을 알 수 있다.

연습문제

1. 다음 함수의 정의역定義域과 치역値域을 구하라.

❶ $y = \sqrt{(1+x)(2-x)}$ ❷ $y = \dfrac{1}{\sqrt{1-x^2}}$

2. 다음 관계식을 증명하라.

❶ $f(x) = x + \dfrac{1}{x}$ 일 때, $f(x)f(y) = f(xy) + f\left(\dfrac{x}{y}\right)$

❷ $f(x) = \sin x$ 일 때, $f(x+h) - f(x) = 2\cos\left(x + \dfrac{h}{2}\right)\sin\dfrac{h}{2}$

3. $f(x) = \log x \ (0 < x < \infty)$일 때

❶ f의 치역値域을 구하라.

❷ $A = [0,1]$, $B = [1,2]$일 때, 다음을 구하라.

ⓐ $f^{-1}(A)$ ⓑ $f^{-1}(B)$

ⓒ $f^{-1}(A \cup B)$ ⓓ $f^{-1}(A \cap B)$

ⓔ $f^{-1}(A) \cup f^{-1}(B)$ ⓕ $f^{-1}(A) \cap f^{-1}(B)$

4. [정리 4]를 증명하라.

5. 함수 $I_A : A \to A$ 가 모든 $x \in A$에 대해, $I_A(x) = x$일 때를 A 위의 항등함수恒等函數 identity function라 한다. 두 함수 $f : A \to B$와 $g : B \to A$가

$$g \circ f = I_A, \quad f \circ g = I_B$$

를 만족하면

❶ f는 전단사함수全單射函數임을 증명하고,

❷ $g = f^{-1}$임을 증명하라.

6. 다음 함수의 그래프를 그려라.

❶ $f(x) = \begin{cases} -1 & (x < 1) \\ x & (-1 \le x \le 1) \\ 1 & (x > 1) \end{cases}$

❷ $f(x) = \text{sign } x = \begin{cases} +1 & (x > 0) \\ 0 & (x = 0) \\ -1 & (x < 0) \end{cases}$

❸ $f(x) = \dfrac{x}{|x|}$

1.4 함수函數의 극한極限

함수 $f(x)=x+1$ 에서
x를 한없이 2에 가까이 하면 $f(x)$는 한없이 3에 가까워진다.

또 함수

$$f(x)=\frac{x^2-4}{x-2}$$

일 때 $x=2$ 에서 함수값이 존재하지 않으나 $x\neq 2$일 때 x의 값을 2에 한없이 가까이 하면 $f(x)$ 의 값이 존재하여

$$f(x)=\frac{(x+2)(x-2)}{x-2}=x+2 \quad (x-2\neq 0)$$

이므로 $f(x)$는 한없이 4에 가까워짐을 알 수 있다.

일반적으로 함수 $f(x)$가 $x=a$ 근방에 있는 모든 x에 대하여 정의되어 있고 x가 a 에 한없이 가까워지면 함수 $f(x)$가 일정한 값 A에 한없이 가까워질 때 $f(x)$는 A에 수렴收斂 convergent한다고 하며, 이 A를 $f(x)$의 극한값limit이라 한다. 이때 기호로는

$$\lim_{x\to a} f(x)=A \text{ 또는 } f(x)\to A \ (x\to a)$$

와 같이 쓴다.

그러나 위의 극한極限의 정의는 직관적直觀的인 것에 불과하기 때문에 이를 탈피하여 좀 더 엄밀嚴密하고 논리적論理的인 정의로서 다음과 같이 $\epsilon-\delta$ 논법論法을 소개하겠다.

정의 1

$x=a$를 제외한 a의 근방에서 함수 f가 정의되어 있을 때 $\lim_{x\to a} f(x)=A$ 라 함은 충분히 작은 임의의 양수 ϵ에 대해서 적당한 양수 δ가 존재하여

$$0<|x-a|<\delta \text{ 이면 반드시 } |f(x)-A|<\epsilon$$

이 성립할 때이다.

예 1 $\lim_{x \to 1}(2x+1) = 3$ 임을 증명하라.

풀이 임의의 작은 $\epsilon > 0$에 대해서 $\delta = \frac{\epsilon}{2}$ (또는 $\delta \le \frac{\epsilon}{2}$)인 δ를 잡으면 $0 < |x - 1| < \delta$에 대해서

$$|(2x+1) - 3| = 2|x-1| < 2\delta = \epsilon$$

이므로 $\lim_{x \to 1}(2x+1) = 3$이 된다.

예 2 $\lim_{x \to 2}(x^2 - 1) = 3$ 임을 증명하라.

풀이 임의의 $\epsilon > 0$에 대하여 $0 < |x-2| < \delta$일 때 $|(x^2-1)-3| < \epsilon$인 적당한 양수 δ가 존재함을 보이면 된다. 우선

$|(x^2-1)-3| < \epsilon$이면 $|x^2-4| < \epsilon$이므로 $|x-2||x+2| < \epsilon$.

따라서 $x \neq -2$이면

$$|(x^2-1)-3| < \epsilon \text{에서 } |x-2| < \frac{\epsilon}{|x+2|}$$

이 된다. 한편 $|x-2| < 2$일 때, 즉 여기서 $0 < x < 4$이면 $2 < x+2 < 6$이므로

$\frac{1}{6} < \frac{1}{x+2} < \frac{1}{2}$이 되어

$$\frac{\epsilon}{6} < \frac{\epsilon}{|x+2|}.$$

따라서 $|x-2| < \frac{\epsilon}{6}$이면 $|(x^2-1)-3| < \epsilon$이다.

이상으로 지금 $\delta = \min\left\{2, \frac{\epsilon}{6}\right\}$일 때 $0 < |x-2| < \delta$이면 $|(x^2-1)-3| < \epsilon$이 되어 $\lim_{x \to 2}(x^2-1) = 3$이 성립한다.

정의 2

함수 f가 임의의 작은 양수 ϵ에 대하여 적당한 양수 δ가 존재하여

$$a < x < a + \delta \text{ 일 때 } |f(x) - A| < \epsilon$$

이면 함수 f는 a에서 우右극한값 f를 갖는다고 하며

$$\lim_{x \to a+0} f(x) = A$$

와 같이 쓴다. 마찬가지로 임의의 $\epsilon > 0$에 대하여 적당한 양수 δ가 존재하여

$$a - \delta < x < a \text{ 일 때 } |f(x) - A| < \epsilon$$

이면 함수 f는 a에서 좌左극한값 A를 갖는다고 하며

$$\lim_{x \to a-0} f(x) = A$$

로 쓴다.

주의 위의 정의에 의하여 f가 $x \to a$일 때 극한값이 존재하면 f의 우, 좌 극한값이 존재하여 일치함을 의미한다.

예 3 $\displaystyle\lim_{x \to 0+0} \sqrt{x} = 0$을 증명하라.

풀이 임의로 주어진 $\epsilon > 0$에 대해서 $\delta = \epsilon^2$ 되게 잡으면

$$0 < x - 0 < \delta \text{ 이면 } |\sqrt{x} - 0| = \sqrt{x} < \sqrt{\delta} = \epsilon.$$

예 4 $\displaystyle\lim_{x \to 1+0} \frac{x-1}{|x-1|} = 1, \ \lim_{x \to 1-0} \frac{x-1}{|x-1|} = -1$ 임을 증명하라.

풀이 $f(x) = \dfrac{x-1}{|x-1|}$은 $x > 1$일 때 $f(x) = 1$, $x < 1$일 때 $f(x) = -1$이다. 따라서 적당한 $\delta > 0$에 대해서 $1 < x < 1 + \delta$이면 $f(x) = 1$, 즉 $|f(x) - 1| = 0 < \epsilon$이고 $1 - \delta < x < 1$이면 $f(x) = -1$, 즉 $|f(x) - (-1)| = 0 < \epsilon$이 성립하므로

$$\lim_{x \to 1+0} f(x = 1, \ \lim_{x \to 1-0} f(x) = -1.$$

실제로 극한값을 계산할 때는 다음 정리를 이용하며 극한極限의 정의定義에 의하여 증명할 수 있다.

정리 1 $x \to a$ 일 때, 함수 f와 g의 극한값이 존재하면

❶ $\displaystyle\lim_{x \to a} \{f(x) + g(x)\} = \lim_{x \to a} f(x) + \lim_{x \to a} g(x)$

❷ $\lim_{x\to a} f(x)\cdot g(x) = \lim_{x\to a} f(x)\cdot \lim_{x\to a} g(x)$

❸ $\lim_{x\to a} \dfrac{f(x)}{g(x)} = \dfrac{\lim_{x\to a} f(x)}{\lim_{x\to a} g(x)}$ (단, $\lim_{x\to a} g(x) \neq 0$)

증명 ❶ $\lim_{x\to a} f(x) = A$, $\lim_{x\to a} g(x) = B$ 일 때 $\lim_{x\to a}\{f(x)+g(x)\} = A+B$임을 증명하면 된다. 임의의 $\epsilon > 0$에 대해서 적당한 수 $\delta_1 > 0$이 존재하여

$$0 < |x-a| < \delta_1 \text{ 이면 } |f(x)-A| < \frac{\epsilon}{2}$$

이 성립한다. 마찬가지로 $\lim_{x\to a} g(x) = B$이므로 적당한 $\delta_2 > 0$이 존재하여

$$0 < |x-a| < \delta_2 \text{ 이면 } |g(x)-B| < \frac{\epsilon}{2}$$

이 성립한다.

지금 $\delta = \min\{\delta_1, \delta_2\}$이고 $0 < |x-a| < \delta$이면

$$|(f(x)+g(x))-(A+B)| \le |f(x)-A|+|g(x)-B| < \frac{\epsilon}{2}+\frac{\epsilon}{2} = \epsilon.$$

즉,

$$\lim_{x\to a}\{f(x)+g(x)\} = A+B$$

가 성립한다.

❷ $\lim_{x\to a} f(x) = A$이므로 임의의 $\epsilon > 0$에 대해서 적당한 $\delta_1 > 0$이 존재하여

$$0 < |x-a| < \delta_1 \text{ 이면 } |f(x)-A| < \min\left(1, \frac{\epsilon}{2(|B|+1)}\right)$$

이라 하고, 또 $\lim_{x\to a} g(x) = B$이므로 적당한 $\delta_2 > 0$이 존재하여

$$0 < |x-a| < \delta_2 \text{ 이면 } |g(x)-B| < \frac{\epsilon}{2(|A|+1)}$$

이라 하자.

지금 $\delta = \min\{\delta_1, \delta_2\}$로 놓으면

$$\begin{aligned} |f(x)g(x) - AB| &= |f(x)(g(x)-B) + B(f(x)-A)| \\ &\le |f(x)||g(x)-B| + |B||f(x)-A| \\ &< (1+|A|)\frac{\epsilon}{2(|A|+1)} + |B|\frac{\epsilon}{2(|B|+1)} \\ &\le \frac{\epsilon}{2} + \frac{\epsilon}{2} \\ &= \epsilon. \end{aligned}$$

❸ 먼저 $\lim_{x \to a} \frac{1}{g(x)} = \frac{1}{B}$임을 증명하자.

$\lim_{x \to a} g(x) = B$이므로 임의의 $\epsilon > 0$에 대해서 적당한 $\delta > 0$가 존재해서

$$0 < |x-a| < \delta \text{일 때 } |g(x) - B| < \min\left(\frac{|B|}{2}, \frac{\epsilon |B|^2}{2}\right).$$

먼저 $|g(x) - B| < \frac{|B|}{2}$이면

$$|B| - |g(x)| < |g(x) - B| < \frac{|B|}{2} \text{이므로 } |g(x)| > \frac{|B|}{2}.$$

따라서 $0 < |x-a| < \delta$이면

$$\left| \frac{1}{g(x)} - \frac{1}{B} \right| = \frac{|g(x) - B|}{|g(x)||B|} < \frac{2}{|B|}\frac{1}{|B|}\frac{\epsilon |B|^2}{2} = \epsilon.$$

따라서 ❷에 의해서 ❸이 증명된다.

예 5 ❶ $\lim_{x \to a} \frac{x^3 + 7x^5}{x^2 + 1} = \frac{a^3 + 7a^5}{a^2 + 1}$.

❷
$$\begin{aligned} \lim_{x \to -2} x^3 = \lim_{x \to -2} (x \cdot x^2) &= \left(\lim_{x \to -2} x\right)\left(\lim_{x \to -2} x^2\right) \\ &= \left(\lim_{x \to -2} x\right)\left(\lim_{x \to -2} (x \cdot x)\right) \\ &= \left(\lim_{x \to -2} x\right)\left(\lim_{x \to -2} x\right)\left(\lim_{x \to -2} x\right) \\ &= (-2)^3 \\ &= -8. \end{aligned}$$

③ $\lim_{x\to 2}(x^3+5x^2-6x+2) = \lim_{x\to 2}x^3+\lim_{x\to 2}5x^2-\lim_{x\to 2}6x+\lim_{x\to 2}2$

$= 2^3 + 5\times 2^2 - 6\times 2 + 2$

$= 8 + 20 - 12 + 2$

$= 18.$

정의 3

$x\to a$일 때 $f(x)$가 극한값을 갖지 않으면 발산發散, divergent한다고 한다. 임의의 양수 M에 대하여 적당한 양수 δ가 존재해서 $0<|x-a|<\delta$이면

$$f(x) > M$$

이 될 때 $x\to a$일 때 $f(x)\to\infty$라고 한다. 마찬가지로 $\lim_{x\to a}f(x)=-\infty$도 같은 형식으로 정의된다.

정의 4

함수 f에서 임의의 $\epsilon>0$에 대해서 적당한 양수 M이 존재해서

$$x > M \text{ 이면 } |f(x)-b|<\epsilon$$

일 때, 이것을

$$\lim_{x\to\infty}f(x)=b$$

로 표시한다. 마찬가지로 $\lim_{x\to-\infty}f(x)=a$도 같은 형식으로 정의된다.

정리 2 (Squeeze 정리)

세 함수 f, g, h에서 $f(x)\le h(x)\le g(x)$이고 $\lim_{x\to a}f(x)=\lim_{x\to a}g(x)=A$이면 $\lim_{x\to a}h(x)=A$이다.

증명 가정에서 $\lim_{x\to a}f(x)=\lim_{x\to a}g(x)=A$이므로 임의의 $\epsilon>0$에 대하여 적당한 수 $\delta_1>0$과 $\delta_2>0$가 존재해서

$$0 < |x-a| < \delta_1 \text{이면 } |f(x)-A| < \epsilon, \text{ 즉 } A-\epsilon < f(x) < A+\epsilon,$$

$$0 < |x-a| < \delta_2 \text{이면 } |g(x)-A| < \epsilon, \text{ 즉 } A-\epsilon < g(x) < A+\epsilon$$

이 성립한다. $\delta = \min\{\delta_1, \delta_2\}$로 놓으면

$$A-\epsilon < f(x) \le h(x) \le g(x) < A+\epsilon$$

이므로

$$0 < |x-a| < \delta \text{ 일 때 } |h(x)-A| < \epsilon$$

이 된다. 따라서 $\lim_{x \to a} h(x) = A$.

미분학微分學에서 다음 정리定理는 중요重要하다.

정리 3 $\lim_{x \to 0} \dfrac{\sin x}{x} = 1$ (x는 라디안)임을 증명하라.

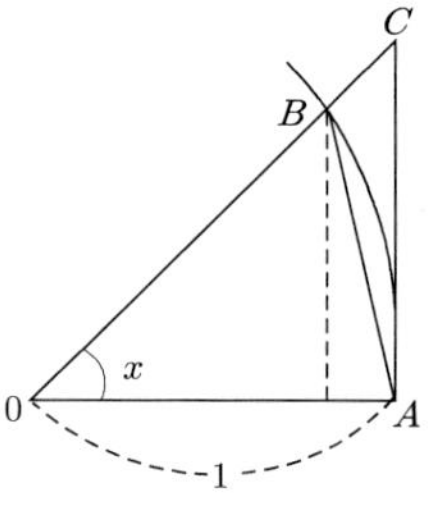

▮ 그림 1-1 ▮

증명 $0 < x < \dfrac{\pi}{2}$ 일 때 오른편 그림에서

$\Delta\, OAB <$ 부채꼴 $OAB < \Delta\, OAC$

가 성립한다. 따라서

$\sin x < x < \tan x = \dfrac{\sin x}{\cos x}$ 이므로

$$\cos x < \frac{\sin x}{x} < 1 \qquad (*)$$

이 성립한다.

또 $\lim_{x \to 0} \cos x = \cos 0 = 1$이므로 [정리 2]에 의하여 $\lim_{x \to 0+} \dfrac{\sin x}{x} = 1$

$$\lim_{x \to 0+} \frac{\sin x}{x} = 1.$$

$(*)$에서 $0 > x > -\dfrac{\pi}{2}$ 일 때도 성립한다. 따라서

$$\lim_{x \to 0} \frac{\sin x}{x} = 1.$$

연습문제

1. 다음 극한을 구하라.

❶ $\lim_{x\to 1}\frac{x^2-1}{x-1}$ ❷ $\lim_{x\to\infty}\frac{4x^3-2x+5}{2-3x^2+2x^3}$

❸ $\lim_{x\to\infty}\frac{2x^2+3x-1}{x^2-4x}$ ❹ $\lim_{x\to 0}\frac{x}{\sqrt{a+x}-\sqrt{a-x}}$ $(a>0)$

❺ $\lim_{x\to 1}\left(\frac{1}{x-1}-\frac{2}{x^2-1}\right)$ ❻ $\lim_{x\to 0}\frac{\sqrt{1+x+x^2}-\sqrt{1-x+x^2}}{\sqrt{1+x}-\sqrt{1-x}}$

2. $f(x)=x^2$에서 $0<|x-2|<\delta$이면 $|x^2-4|<\epsilon$ 되는 δ를

❶ $\epsilon=1$ ❷ $\epsilon=0.1$ ❸ $0<\epsilon<5$ 일 때 각각 구하라.

3. $\lim_{x\to a}f(x)=b$이면 $\lim_{x\to a}|f(x)|=|b|$임을 증명하라.

4. $\lim_{x\to a}x^2=a^2$임을 증명하라.

5. $\lim_{x\to p}f(x)=q$ 일 때, $\lim_{h\to 0}f(p+h)=q$임을 증명하라.

1.5 수열數列의 극한極限

정의 1

N을 자연수 전체의 집합이라 할 때 N을 정의역定義域으로 하는 함수 $f:\mathrm{N}\to\mathbb{R}$을 수열數列, sequence이라 한다. $f(n)=a_n$으로 표시하여 $a_1, a_2, a_3, \cdots, a_n, \cdots$과 같이 나타내고 간단히 $\{a_n\}$으로 쓰기도 한다.

수열數列 $\{a_n\}$에서 n이 한없이 커질 때 수열의 일반항一般項 a_n이 어떤 일정한 값 A에 한없이 가까워지면 이 수열 $\{a_n\}$이 A에 수렴收斂, converge한다고 하

며 A를 수열 $\{a_n\}$의 극한값limit이라 한다. 이때 기호로는

$$\lim_{n\to\infty} a_n = A \text{ 또는 } a_n \to A \ (n\to\infty)$$

와 같이 쓴다.

이것은 n이 한없이 커질 때 a_n과 A의 차는 0에 가까워진다는 뜻이며 따라서 충분히 작은 양의 수 ϵ을 잡더라도 어떤 번호 이후의 항項들에 대하여

$$|a_n - A| < \epsilon$$

이 성립함을 의미한다. $\{a_n\}$이 수렴收斂하지 않는다면 n이 한없이 커지더라도 어떤 수 a가 존재해서

$$|a_n - A| \geq a$$

가 성립되는 n이 존재함을 알 수 있다.

위의 사실에 의하여 수열數列의 극한極限은 다음과 같이 정의할 수 있다.

정의 2

임의의 $\epsilon > 0$에 대하여 자연수 N이 존재해서 $n > N$이면

$$|a_n - A| < \epsilon$$

이 성립할 때 수열 $\{a_n\}$은 A에 수렴收斂 converge한다고 하고

$$\lim_{n\to\infty} a_n = A$$

로 나타낸다.

만일 아무리 큰 양수 G를 잡아도

$$n > N \text{ 일 때 } a_n > G$$

인 자연수 N이 존재하면

$$\lim_{n\to\infty} a_n = \infty$$

로 나타낸다. 마찬가지로

$$\lim_{n\to\infty} a_n = -\infty$$

도 정의될 수 있다. 한편 수열 $\{(-1)^n\}$은 -1과 1은 번갈아 취해도 수렴하지 않는다. 수렴하지 않는 수열을 발산發散 diverge한다고 한다.

예 1 다음을 증명하라.

❶ $\lim_{n \to \infty} \frac{1}{\sqrt{n}} = 0$ ❷ $\lim_{n \to \infty} \frac{1}{n^2} = 0$ ❸ $\lim_{n \to \infty} n^2 = \infty$

풀이 ❶ 임의의 $\epsilon > 0$에 대하여

$$\frac{1}{\epsilon^2} = N$$

인 자연수 N을 잡으면 $n > N$일 때 $\frac{1}{\epsilon^2} < n$이므로

$$\left| \frac{1}{\sqrt{n}} - 0 \right| < \epsilon$$

이 된다. 즉 $\lim_{n \to \infty} \frac{1}{\sqrt{n}} = 0$.

❷ 임의의 $\epsilon > 0$에 대하여

$n > \frac{1}{\sqrt{\epsilon}}$ 이면 $\left| \frac{1}{n^2} - 0 \right| < \epsilon$이므로 $\lim_{n \to \infty} \frac{1}{n^2} = 0$.

❸ 충분히 큰 양수 G에 대하여

$$\sqrt{G} < N$$

인 N을 잡으면 $G < N^2$이고, $n > N$이면 $G < n^2$이 성립한다. 따라서

$$\lim_{n \to \infty} n^2 = \infty.$$

정리 1 $\lim_{n \to \infty} a_n = A$, $\lim_{n \to \infty} b_n = B$ (A, B는 유한값)일 때 다음 정리가 성립된다.

❶ $\lim_{n \to \infty} (a_n + b_n) = A + B$

❷ $\lim_{n \to \infty} a_n b_n = AB$

❸ $\lim_{n \to \infty} \frac{a_n}{b_n} = \frac{A}{B}$ (단, $\lim b_n \neq 0$).

증명 증명證明은 함수의 극한의 개념과 비슷하므로 생략한다.

예 2 다음을 구하라.

❶ $\lim_{n\to\infty} \frac{n^2+2}{3n^2-n+1}$ ❷ $\lim_{n\to\infty} \frac{\sqrt{n^2+1}}{n+1}$

풀이 ❶ 분자, 분모를 n^2으로 나누고 계산하면,

$$\lim_{n\to\infty} \frac{n^2+2}{3n^2-n+1} = \lim_{n\to\infty} \frac{1+\frac{2}{n^2}}{3-\frac{1}{n}+\frac{1}{n^2}} = \frac{\lim_{n\to\infty}\left(1+\frac{2}{n^2}\right)}{\lim_{n\to\infty}\left(3-\frac{1}{n}+\frac{1}{n^2}\right)} = \frac{1}{3}.$$

❷ $$\lim_{n\to\infty} \frac{\sqrt{n^2+1}}{n+1} = \lim_{n\to\infty} \frac{\sqrt{1+\frac{1}{n^2}}}{1+\frac{1}{n}} = \frac{\sqrt{1+0}}{\sqrt{1+0}} = 1.$$

예 3 $\lim_{n\to\infty} \frac{2n+1}{3n-1} = \frac{2}{3}$를 증명하기 위하여 $\epsilon = 0.01$를 택할 때 N의 값을 얼마로 잡으면 되는가?

풀이 $\epsilon = 0.01$에 대하여 $n > N$이면 $\left|\frac{2n+1}{3n-1} - \frac{2}{3}\right| < 0.01$이 되는 정수를 찾자.

위의 부등식은

$$\left|\frac{5}{3(3n-1)}\right| < \frac{1}{100}.$$

$$\therefore\ n > \frac{503}{9} = 55\frac{8}{9}.$$

따라서 $N = 55$이면

$$\left|\frac{2n+1}{3n-1} - \frac{2}{3}\right| = \frac{5}{3(3n-1)} = \frac{5}{3(3\cdot 55-1)} < 0.01.$$

1.6 단조수열單調數列

주어진 수열 $\{a_n\}$에 대하여

$$n_1 < n_2 < n_3 < \cdots\cdots\cdots$$

의 관계가 성립할 때 $\{a_{n_k}\}$를 수열 $\{a_n\}$의 부분수열部分數列, subsequence이라 한다.

이 정의에 의하여 수열 $\{a_n\}$이 수렴하면 부분수열 $\{a_{n_k}\}$도 수렴收斂함을 알 수 있다.

정의 1

수열 $\{a_n\}$에서

$$a_n \geq a_{n+1}\ (n=1, 2, 3, \cdots)$$

이 성립하면 $\{a_n\}$을 단조감소수열單調減少數列, monotone decreasing sequence이라 하고

$$a_n \leq a_{n+1} \quad (n = 1, 2, 3, \cdots)$$

이 성립하면 $\{a_n\}$을 단조증가수열單調增加數列, monotone increasing sequence이라 한다.

정리 1 수열 $\{a_n\}$이 단조증가單調增加이고 모든 n에 대해서 $a_n \leq K$가 되는 상수常數 K가 존재하면 수열 $\{a_n\}$은 수렴하고, $\lim_{n\to\infty} a_n \leq K$가 성립한다.

이 정리는 이 책의 정도가 넘기 때문에 증명없이 인정하기로 한다.

예 1 수열 $\left\{\left(1+\frac{1}{n}\right)^n\right\}$은 수렴함을 증명하라.

풀이 $a_n = \left(1+\frac{1}{n}\right)^n\ (n=1,2, \cdots)$이라 할 때, 이항정리二項定理에 의하여

$$\begin{aligned} a_n &= 1 + \frac{n}{1!}\left(\frac{1}{n}\right) + \frac{n(n-1)}{2!}\left(\frac{1}{n}\right)^2 + \cdots + \frac{n(n-1)\cdots(n-r+1)}{r!}\left(\frac{1}{n}\right)^r \\ &\quad + \cdots + \frac{n(n-1)\cdots 2\cdot 1}{n!}\left(\frac{1}{n}\right)^n \\ &= 1 + \frac{1}{1!} + \frac{1}{2!}\left(1-\frac{1}{n}\right) + \cdots + \frac{1}{r!}\left(1-\frac{1}{n}\right)\left(1-\frac{2}{n}\right)\cdots\left(1-\frac{r-1}{n}\right) \\ &\quad + \cdots + \frac{1}{n!}\left(1-\frac{1}{n}\right)\left(1-\frac{2}{n}\right)\cdots\left(1-\frac{n-1}{n}\right). \end{aligned}$$

같은 방법으로

$$a_{n+1} = 1 + \frac{1}{1!} + \frac{1}{2!}\left(1 - \frac{1}{n+1}\right) + \cdots$$
$$+ \frac{1}{r!}\left(1 - \frac{1}{n+1}\right)\left(1 - \frac{2}{n+1}\right) \cdots \left(1 - \frac{r-1}{n+1}\right)$$
$$+ \cdots + \frac{1}{(n+1)!}\left(1 - \frac{1}{n+1}\right)\left(1 - \frac{2}{n+2}\right) \cdots \left(1 - \frac{n}{n+1}\right).$$

위의 두 식에서

$$a_n < a_{n+1}$$

이고

$$\begin{aligned} a_n &< 1 + \frac{1}{1!} + \frac{1}{2!} + \cdots + \frac{1}{r!} + \cdots + \frac{1}{n!} \\ &< 1 + 1 + \frac{1}{2} + \cdots + \frac{1}{2^{r-1}} + \cdots + \frac{1}{2^{n-1}} \\ &= 3 - \frac{1}{2^{n-1}} \\ &< 3. \end{aligned}$$

즉, 수열 $\left\{\left(1 + \frac{1}{n}\right)^n\right\}$은 단조증가單調增加이고 어느 항項도 3보다 작으므로 [정리 1]에 의해서 이 수열은 수렴收斂한다.

보통 이 수열數列의 극한값을 e로 표시한다.

$$\lim_{n \to \infty}\left(1 + \frac{1}{n}\right)^n = e \ (= \ 2.71828 \cdots)$$

또, x가 실수이면, $\lim_{x \to 0}(1 + x)^{\frac{1}{x}} = e$가 성립한다.

연습문제

1. 다음 수열數列의 수렴收斂, 발산發散을 조사하라.

❶ $\{(-1)^n 2^{-n}\}$

❷ $\left\{\frac{(n-5)(5n-6)}{(4n+1)(6n+5)}\right\}$

❸ $\left\{\frac{1^2+2^2+\cdots+n^2}{n^3}\right\}$

❹ $\left\{\frac{1}{1\cdot 2}+\frac{1}{2\cdot 3}+\cdots+\frac{A1}{n(n+1)}\right\}$

❺ $\left\{\frac{2^n}{n!}\right\}$

❻ $\left\{\frac{\sin n}{n}\right\}$

2. 다음 극한값을 구하라.

❶ $\lim_{n\to\infty}\frac{4n^3-n^2+1}{3n^3+2n^2-2}$

❷ $\lim_{n\to\infty}\frac{n^2}{(n+2)^2-4}$

❸ $\lim_{n\to\infty}\sqrt{n}\,(\sqrt{n+1}-\sqrt{n})$

❹ $\lim_{n\to\infty}\frac{1+2\cdot 10^n}{5+3\cdot 10^n}$

❺ $\lim_{n\to\infty}\left(1+\frac{2}{n}\right)^n$

❻ $\lim_{n\to\infty}\left(1-\frac{3}{n}\right)^{2n}$

3. $a>0$이고 $a_n={}^n\sqrt{a}$ 일 때 $\lim_{n\to\infty}a_n=1$임을 증명하라.

4. $\lim_{n\to\infty}\frac{a_n-1}{a_n+1}=0$일 때 $\lim_{n\to\infty}a_n=1$임을 증명하라.

5. $\lim_{n\to\infty}(1+n+n^2)^{\frac{1}{n}}=1$임을 증명하라.

6. $a_1=\sqrt{2}$, $a_{n+1}=\sqrt{2+a_n}$ 일 때, 수열 $\{a_n\}$은 수렴함을 증명하라.

1.7 연속함수連續函數

다음에 함수의 연속성連續性에 대하여 생각하기로 한다.

$f(x)$가 어떤 구간區間에서 정의되어 있다고 하자. 이 구간區間 내의 한 점 a에 있어서

$$\lim_{x\to a}f(x)=f(a)$$

가 성립하면 $f(x)$는 $x=a$에서 연속連續, continuous이라고 한다.

이것을 $\epsilon-\delta$ 식으로 다음과 같이 나타낼 수 있다.

정의 1

임의의 양의 수 ϵ에 대해서 적당한 양수 δ가 존재하여 $|x-a|<\delta$이면

$$|f(x)-f(a)|<\epsilon$$

이 될 때 $f(x)$는 $x=a$에서 연속連續, continuous이라 한다.

$x=a$에서 연속이 아닐 때 $f(x)$는 $f(x)$에 불연속不連續, discontinuous이라 한다.

정리 1 두 함수 $f(x)$, $g(x)$가 $x=a$에서 연속이면 다음 함수들도 $x=a$에서 연속이다.

❶ $f(x)+g(x)$

❷ $f(x)\cdot g(x)$

❸ $\dfrac{f(x)}{g(x)}$ (단, $g(a)\neq 0$)

증명 가정에서

$$\lim_{x\to a} f(x)=f(a),\quad \lim_{x\to a} g(x)=g(a)$$

이므로 극한에 관한 정리를 이용하면 쉽게 증명된다.

예 1 함수 $f(x)=c$(c는 상수)와 $g(x)=x^n$(n은 자연수)는 $(-\infty,\infty)$에서 연속이다.

풀이 $\mathbb{R}$의 각 점 a에 대해서

$$\lim_{x\to a} f(x)=\lim_{x\to a} c=c$$

이므로 $f(x)=c$(c는 상수)는 $(-\infty,\infty)$에서 연속이다. 또 $(-\infty,\infty)$의 각 점 a에 대하여

$$\lim_{x\to a} x=a\text{이므로 } \lim_{x\to a} g(x)=\lim_{x\to a} x^n=a^n\text{이다.}$$

따라서 $g(x)=x^n$은 $(-\infty,\infty)$에서 연속이다.

예 2 $\sin x$, $\cos x$는 $(-\infty,\infty)$에서 연속이다.

풀이 임의의 실수 a에 대해서

$$\begin{aligned}|\sin x - \sin a| &= \left|2\sin\frac{x-a}{2}\cos\frac{x+a}{2}\right| \\ &\le 2\left|\sin\frac{x-a}{2}\right| \\ &\le 2\frac{|x-a|}{2} \\ &= |x-a|.\end{aligned}$$

따라서 임의의 $\epsilon > 0$에 대해서 $\delta = \epsilon$이면 $|x-a| < \delta$일 때

$$|\sin x - \sin a| < \epsilon.$$

같은 방법으로 $\cos x$ 에 대해서도 성립한다.

정리 2 $y = f(x)$가 $x = a$에서 연속이고 $z = g(y)$가 $y = f(a)$에서 연속이면 $z = (g \circ f)(x)$는 $x = a$에서 연속이다.

증명 임의의 $\epsilon > 0$에 대해서

$z = g(y)$는 $f(a)$에서 연속이므로 적당한 수 $\delta > 0$이 존재해서

$$|y - f(a)| < \delta' \text{ 이면 반드시 } |g(y) - g(f(a))| < \epsilon.$$

따라서

$$|f(x) - f(a)| < \delta' \text{ 이면 } |g(f(x)) - g(f(a))| < \epsilon \qquad (*)$$

또 $f(x)$는 $x = a$에서 연속이므로 적당한 수 $\delta > 0$가 존재해서

$$|x-a| < \delta \text{ 이면 반드시 } |f(x) - f(a)| < \delta' \qquad (**)$$

이므로 (*), (**)에서

$$|x-a| < \delta\text{이면 반드시 } |g(f(x)) - g(f(a))| \ \epsilon$$

이 성립한다.

예 3 $\displaystyle\lim_{x\to 0}\frac{\log_e(1+x)}{x} = 1$임을 보여라.

풀이 $\lim_{x \to 0} \dfrac{\log_e(1+x)}{x} = \lim_{x \to 0} \log_e(1+x)^{\frac{1}{x}}$

$$= \log_e \left\{ \lim_{x \to 0} (1+x)^{\frac{1}{x}} \right\}$$

$$= \log_e e$$

$$= 1.$$

다음은 연속함수連續函數에 관한 중요한 정리定理들이다. 이것은 실수實數에 관한 완비성完備性에 의거해서 설명해야 하므로 여기선 증명을 생략한다.

정리 3 (중간값정리: Intermediate-value theorem)

함수 $f(x)$가 구간 $[a, b]$에서 연속이고 $f(a) < k < f(b)$이면 $k = f(c)$를 만족하는 c가 a와 b 사이에 존재한다.

예 4 $f(x) = \sqrt{x}$에 대하여 구간 $[1, 4]$에서 평균값 정리를 적용할 때, c와 θ의 값을 구하여라.

풀이 $f'(x) = \dfrac{1}{2\sqrt{x}}$에서 $f'(c) = \dfrac{1}{2\sqrt{c}}$이고, $\dfrac{f(4) - f(1)}{4-1} = \dfrac{1}{3}$이므로 $\dfrac{1}{3} = \dfrac{1}{2\sqrt{c}}$

이다. 따라서 $c = \dfrac{9}{4}$이고 $\theta = \dfrac{c-a}{b-a} = \dfrac{\frac{9}{4} - 1}{4-1} = \dfrac{5}{12}$이다.

정리 4 함수 $f(x)$가 구간 $[a, b]$에서 연속이면 $f(x)$는 구간 $f(x)$에서 최댓값과 최솟값이 존재한다.

주의 위의 성질들은 직관적直觀的으로 명백하지만 연속連續이라는 조건이 반드시 있어야 한다. 예를 들면

$f(x) = \dfrac{1}{x}$일 때, $f(-1) \cdot f(1) < 0$이지만 $f(x) = 0$이 되는 근根이 -1과 1 사이에 존재하지 않는다. 이것은 $f(x) = \dfrac{1}{x}$이 $[-1, 1]$에서 연속이 아니기 때문이다.

연습문제

1. 다음 극한값을 구하라.

❶ $\lim_{x \to 0} \frac{\sin ax}{\sin bx} \quad (ab \neq 0)$

❷ $\lim_{x \to \frac{\pi}{2}} (\pi - 2x) \tan x$

❸ $\lim_{x \to 0} \frac{\sin ax - \sin bx}{x}$

❹ $\lim_{x \to 0} \frac{1 - \cos 2x}{\sin^2 x}$

2. 다음 함수의 연속성을 조사하라.

❶ $f(x) = x \cdot \sin \frac{1}{x}, \quad f(0) = 0$

❷ $f(x) = x - [x]$

❸ $f(x) = \frac{\sin x}{x}, \quad f(0) = 0$

3. 함수

$f(x) = x^2 + \frac{x^2}{1+x^2} + \frac{x^2}{(1+x^2)^2} + \cdots + \frac{x^2}{(1+x^2)^n} + \cdots$의

$x = 0$에서의 연속성을 조사하라.

4. 함수 $f(x)$가 $x = a$에서 연속이면 $|f(x)|$도 $x = a$에서 연속임을 증명하라.

5. 함수 $g(x)$가 $x = 0$에서 연속이고, $f(0) = g(0) = 0$, $|f(x)| \leq |g(x)|$이면 $f(x)$도 $x = 0$에서 연속임을 증명하라.

6. 함수 $f(x)$가 $x = a$에서 연속이고, $f(a) > 0$일 때 $|x - a| < \delta$이면 $f(x) > 0$이 되는 δ가 존재함을 증명하라.

7. $f(x) = \frac{x^2 - 1}{x - 1}$은 $x = 1$에서 불연속임을 보이고 $x = 0$에서 함수값을 적당히 취하여 연속함수가 되게 하라.

■ 제 2 장 ■

미분법

微分法

제2장 미분법微分法

2.1 미분계수微分係數와 도함수導函數

함수函數 $y=f(x)$에서 변수變數 x가 하나의 고정된 값 a에서 다른 값 $a+h$로 변할 때 $\Delta x = h$를 a로부터의 x의 증분增分, increment of x from a이라 하고 $\Delta y = f(a+h) - f(a)$를 x의 증분에 대한 y의 증분增分, increment of y이라고 하며 이 두 증분增分의 비比

$$\frac{\Delta y}{\Delta x} = \frac{f(a+h) - f(a)}{h}$$

를 함수函數 $f(x)$의 a에서 $a+h$까지의 평균변화율平均變化率, average rate of change이라 한다.

주의 1 x의 증분增分 h는 $h>0$ 또는 $h<0$이다.

예 1 함수函數 $f(x)=x^2$에 대하여 변수變數 x가 1.2로부터 1.2로 변했을 때, 1에서 1.2까지의 평균변화율平均變化率을 구하라.

풀이

$$\frac{\Delta y}{\Delta x} = \frac{(1.2)^2 - 1^2}{1.2 - 1} = \frac{0.44}{0.2} = 2.2.$$

함수 $y=f(x)$가 $x=a$를 포함하는 구간에서 정의되고 극한값

$$\lim_{\Delta x \to 0} \frac{\Delta y}{\Delta x} = \lim_{h \to 0} \frac{f(a+h) - f(a)}{h}$$

가 존재存在할 때 이 값을 $x=a$에서 함수 $f(x)$의 순간변화율瞬間變化率 또는 미분계수微分係數, differential coefficient라 하고 보통 $f'(a)$로 나타낸다.

또 $f'(a)$가 존재存在할 때 "함수 $f(x)$는 $x=a$에서 미분가능微分可能, differentiable at a"이라 한다. 더욱이 $f(x)$가 구간 I에 포함되는 모든 점點에서 미분가능微分可能하면 함수 "$f(x)$는 I 위에서 미분가능微分可能하다"고 하고 모든 값 x에 대하여 미분가능微分可能하면 "$f(x)$를 미분가능함수微分可能函數"라고 한다.

주의 2 함수 $f(x)$에서 두 극한값

$$f_+'(a) = \lim_{\Delta x \to 0^+} \frac{f(a+\Delta x) - f(a)}{\Delta x}$$

$$f_-'(a) = \lim_{\Delta x \to 0^-} \frac{f(a+\Delta x) - f(a)}{\Delta x}$$

를 각각 $x=a$에서 우방미분계수右方微分係數, 좌방미분계수左方微分係數라고 한다.

주의 3 함수 $f(x)$가 $x=a$에서 미분가능微分可能하기 위한 필요충분조건은 $f_+'(a)$와 $f_-'(a)$가 존재存在하고 일치一致할 때이다.

예 2 함수 $f(x)$의 $x=1$에서의 순간변화율瞬間變化率을 구하라.

풀이

$$\lim_{h \to 0} \frac{f(1+h) - f(1)}{h} = \lim_{h \to 0} \frac{(1+h)^2 - 1^2}{h}$$

$$= \lim_{h \to 0} \frac{2h + h^2}{h}$$

$$= \lim_{h \to 0} (2+h)$$

$$= 2.$$

예 3 함수 $f(x)$가

$$f(x) = \begin{cases} x \cdot \sin \dfrac{1}{x} & (x \neq 0) \\ 0 & (x = 0) \end{cases}$$

와 같이 정의되었을 때, $x=0$에서의 미분가능성微分可能性을 조사하라.

풀이 $\dfrac{\Delta y}{\Delta x} = \dfrac{f(0+h) - f(0)}{h} = \dfrac{h \cdot \sin \dfrac{1}{h}}{h} = \sin \dfrac{1}{h}$이지만

극한값 $\lim_{h \to 0} \sin \frac{1}{h}$이 존재存在하지 않으므로 $x=0$에서 미분불가능微分不可能이다.

함수 $y=f(x)$가 구간 I에서 미분가능微分可能일 때, I의 각 점點 x에 미분계수微分係數 $f'(x)$를 대응對應시키는 함수函數를 $f(x)$의 도함수導函數, derivative라 한다. 즉,

$$f'(x) = \lim_{\Delta x \to 0} \frac{f(x+\Delta x) - f(x)}{\Delta x} = \lim_{t \to x} \frac{f(t) - f(x)}{t - x}$$

가 도함수導函數의 정의식定義式이다. 또 $y=f(x)$의 도함수導函數를 표시하는데

$$y', \quad f'(x), \quad \frac{dy}{dx}, \quad \frac{df(x)}{dx}, \quad Df(x)$$

와 같은 기호가 쓰이며, $f'(x)$를 구하는 것을 "$y=f(x)$를 x에 관하여 미분微分, differentiate 한다"고 말한다.

예 4 $f(x)=c$ (c는 상수)이면 $f'(x)=0$임을 보여라.

풀이 $f'(x) = \lim_{h \to 0} \frac{f(x+h) - f(x)}{h} = \lim_{h \to 0} \frac{c-c}{h} = \lim_{h \to 0} 0 = 0.$

예 5 $f(x) = \sqrt{x}$ $(x>0)$의 도함수導函數를 구하라.

풀이

$$\begin{aligned} f'(x) &= \lim_{h \to 0} \frac{\sqrt{x+h} - \sqrt{x}}{h} = \lim_{h \to 0} \frac{(x+h) - x}{h(\sqrt{x+h} + \sqrt{x})} \\ &= \lim_{h \to 0} \frac{1}{\sqrt{x+h} + \sqrt{x}} \\ &= \frac{1}{2\sqrt{x}}. \end{aligned}$$

예 6 $f(x) = x\,|x|$에서 $f'(0)$를 구하라.

풀이 $f'(0) = \lim_{h \to 0} \frac{h\,|h|}{h} = \lim_{h \to 0} |h| = 0.$

예 7 $f(x) = x^n$(n은 자연수)이면 $f'(x) = n x^{n-1}$임을 증명하라.

풀이

$$f'(x) = \lim_{h\to 0} \frac{f(x+h) - f(x)}{h}$$
$$= \lim_{h\to 0} \frac{(x+h)^n - x^n}{h}$$
$$= \lim_{h\to 0} \frac{1}{h}\left[x^n + n x^{n-1} h + \frac{n(n-1)}{2!} x^{n-2} h^2 + \cdots + h^n - x^n \right]$$
$$= \lim_{h\to 0}\left[n x^{n-1} + \frac{n(n-1)}{2!} x^{n-2} h + \cdots + h^{n-1} \right]$$
$$= n x^{n-1}.$$

주의 4 [미분계수微分係數의 기하학적 의미幾何學的 意味]

함수 $y=f(x)$가 나타내는 곡선曲線 위에 $x=a$ 및 $x=a+h$에 대응對應되는 점을 [그림 2-1]과 같이 각각 P, Q라고 하면

$$\frac{\Delta y}{\Delta x} = \tan\theta = PQ\text{의 기울기}$$

이므로, $f'(a)$는 점 P에 있어서의 곡선曲線에 대한 접선接線의 기울기를 뜻한다.

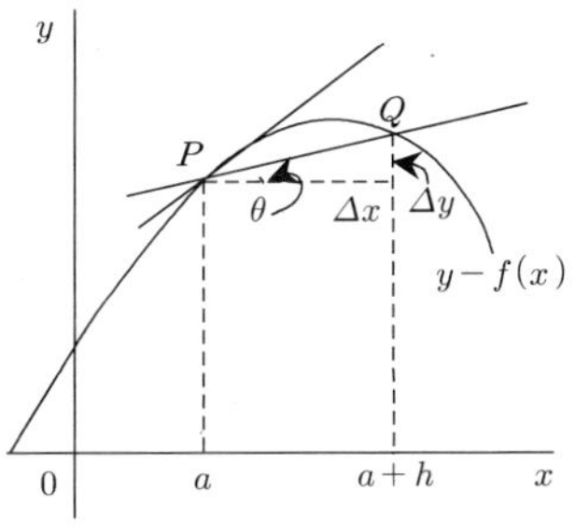

▮ 그림 2-1 ▮

정리 1 함수 $f(x)$가 $x=a$에서 미분가능微分可能하면 $f(x)$는 $x=a$에서 연속連續이다.

증명 함수 $f(x)$가 $x=a$에서 미분가능微分可能하므로 $f'(a)$가 존재한다. 따라서

$$\lim_{h\to 0} f(a+h) = \lim_{h\to 0}\left(\frac{f(a+h) - f(a)}{h} \cdot h + f(a) \right)$$
$$= f'(a) \lim_{h\to 0} h + f(a)$$
$$= f(a).$$

그러므로 $f(x)$는 $x=a$에서 연속連續이다.

주의 5 위 정리의 역逆은 성립成立하지 않는다.

예 8 함수 $f(x)=|x|$는 $x=0$에서 연속連續이지만 미분가능微分可能하지 않다.

풀이 $f'(0) = \lim_{\Delta x \to 0} \dfrac{f(0+\Delta x) - f(0)}{\Delta x}$

$= \lim_{\Delta x \to 0} \dfrac{|0+\Delta x| - |0|}{\Delta x} = \lim_{\Delta x \to 0} \dfrac{|\Delta x|}{\Delta x}$ 에서

$f_+ = \lim_{\Delta x \to 0^+} \dfrac{\Delta x}{\Delta x} = 1,\ f_-' = \lim_{\Delta x \to 0^-} \dfrac{-\Delta x}{\Delta x} = -1.$

그러므로 $f_+'(0) \neq f_-'(0)$이다. 따라서 $f'(0)$가 존재하지 않는다. 즉, $x=0$에서 미분불가능微分不可能이다.

연습문제

1. $f(x) = x^2 - x - 2$일 때, $f'(-2)$, $f'(0)$, $f'(2)$를 구하라.

2. $y = 2x - \dfrac{1}{x}$의 미분계수微分係數가 3이 되는 x의 값을 구하라.

3. 도함수導函數의 정의에 의해 $y = \sqrt{f(x)}$ 이면 $y' = \dfrac{f'(x)}{2\sqrt{f(x)}}$ 임을 보여라.

4. 함수 $f(x) = \lim_{n \to \infty} \dfrac{x^n [x] + x^2}{x^n + 1}$ 은 $x=1$에서 연속連續이지만 미분불가능微分不可能임을 증명하라.
(힌트: $1 \le x < 2$와 $0 < x < 1$로 나누어서 생각하라. 단, $[x]$는 가우스 기호이다.)

5. 곡선曲線 $y = x^3 + 1$ 위의 점 $(1, 2)$에 있어서의 이 곡선에 대한 접선接線의 방정식方程式을 구하라.

6. 다음 함수가 주어진 점에서 미분가능微分可能인지 아닌지를 말하고 미분가능微分可能이면 그 점에서의 미분계수微分係數를 구하라.

❶ $f(x)=|x|-x,\ x=0$

❷ $f(x)=|x-3|,\ x=3$

❸ $f(x)=\begin{cases} -x^2+4x & (x<0) \\ x^2-1 & (x\geq 0) \end{cases},\quad x=0$

❹ $f(x)=\begin{cases} 3x^2+4x & (x<0) \\ x^2-1 & (x\geq 0) \end{cases},\quad x=0$

2.2 도함수導函數의 성질性質

도함수導函數의 성질로서 다음 정리가 성립함을 알 수 있을 것이다.

정리 1 함수 $f(x)$와 $g(x)$가 미분가능微分可能이면

❶ $(f\pm g)'(x)=f'(x)\pm g'(x)$

❷ $(cf)'(x)=cf'(x)$ (단, c는 상수)

❸ $(fg)'(x)=f'(x)g(x)+f(x)g'(x)$

❹ $\left(\dfrac{f}{g}\right)'(x)=\dfrac{f'(x)g(x)-f(x)g'(x)}{\{g(x)\}^2}$ (단, $g(x)\neq 0$).

예 1 $f(x)=(4x^2-1)(7x^3+1)$일 때, $f'(x)$를 구하라.

풀이
$$\begin{aligned} f'(x) &= (4x^2-1)'(7x^3+1)+(4x^2-1)(7x^3+1)' \\ &= 8x(7x^3+1)+(4x^2-1)(21x^2) \\ &= 140x^4-21x^2+8x. \end{aligned}$$

예 2 $f(x)=\dfrac{x^2-4}{x^2+1}$일 때, $f'(x)$를 구하라.

풀이 $$f'(x) = \frac{(x^2+1)(x^2-4)' - (x^2-4)(x^2+1)'}{(x^2+1)^2}$$
$$= \frac{(x^2+1)(2x) - (x^2-4)(2x)}{(x^2+1)^2}$$
$$= \frac{10x}{(x^2+1)^2}.$$

예 3 $f(x) = x^n$(n은 정수整數)일 때, $f'(x) = nx^{n-1}$임을 보여라.

풀이 $n > 0$일 때, 2.1절의 예제 7에 의해서 $f'(x) = nx^{n-1}$이다. $n=0$일 때 $f(x)=1$이므로 $f'(x)=0=0\cdot x^{-1}$ $(x \neq 0)$이다. $n=-m$ (m은 양의 정수)이라고 두면, $f(x)=\dfrac{1}{x^m}$이고,

$$f'(x) = \frac{0\cdot x^m - 1\cdot m x^{m-1}}{(x^m)^2} = -mx^{-m-1} = nx^{n-1} \ (x \neq 0)$$

이다. 따라서 모든 정수整數 n에 대해서 $f'(x)=nx^{n-1}$이 성립한다.

만일 y가 u의 함수이고 u가 x의 함수일 때 y는 x에 종속되며, 이런 경우 y를 x의 합성함수合成函數, composite function라고 한다. 합성함수合成函數에 대한 도함수導函數는 다음과 같은 미분법微分法에 의해서 결정된다.

정리 2 함수 $y=f(u)$가 u에서 미분가능微分可能이고 $u=g(x)$가 x에서 미분가능微分可能이면 $y=f(g(x))$는 x에서 미분가능微分可能이고,

$$\frac{dy}{dx} = \frac{dy}{du}\cdot\frac{du}{dx} = f'(u)\cdot g'(x)$$
$$= f'(g(x))\cdot g'(x)$$

이다. 이것을 Chain rule이라고 부른다.

증명 $y=f(u)$, $u=g(x)$이므로 $y=f(g(x))$이다. 따라서

$$\frac{dy}{dx} = \lim_{h\to 0}\frac{f(g(x+h)) - f(g(x))}{h}$$

이다. 여기서 $k=g(x+h)-g(x)=g(x+h)-u$이면, $g(x)$는 연속連續이므로

$h \to 0$이면 $k \to 0$이다.

따라서,

$$\begin{aligned}\frac{dy}{dx} &= \lim_{h\to 0} \frac{f(g(x+h)) - f(g(x))}{h} \\ &= \lim_{h\to 0} \frac{f(u+k) - f(u)}{h} \\ &= \lim_{k\to 0} \frac{f(u+k) - f(u)}{k} \cdot \lim_{h\to 0} \frac{g(x+h) - g(x)}{h} \\ &= f'(u) \cdot g'(x) \\ &= f'(g(x)) \cdot g'(x).\end{aligned}$$

예 4 $y=(x^3+7x+1)^{35}$의 도함수導函數를 구하라.

풀이 $u=x^3+7x+1$이라고 두면 $y=u^{35}$이므로

$$\begin{aligned}\frac{dy}{dx} = \frac{dy}{du} \cdot \frac{du}{dx} &= 35\,u^{34} \cdot (3x^2+7) \\ &= 35\,(x^3+7x+1)^{34}\,(3x^2+7).\end{aligned}$$

예 5 $y=\frac{u}{u+1}$, $u=\frac{x}{x+1}$일 때, $\frac{dy}{dx}$를 구하라.

풀이 $\frac{dy}{dx} = \frac{dy}{du} \cdot \frac{du}{dx} = \frac{1}{(u+1)^2} \cdot \frac{1}{(x+1)^2} = \frac{1}{(2x+1)^2}$.

예 6 $y=\sqrt{1+x^4}$의 도함수導函數를 구하라.

풀이 $u=1+x^4$이라고 두면 $y=\sqrt{u}$이므로

$$\frac{dy}{dx} = \frac{dy}{du} \cdot \frac{du}{dx} = \frac{1}{2\sqrt{u}}\,(4x^3) = \frac{2x^3}{\sqrt{1+x^4}}.$$

예 7 $x^2-xy+y^2=1$에서 $\frac{dy}{dx}$를 구하라.

풀이 y는 x의 함수이다. Chain rule에 의하여

$$2x-y-x\frac{dy}{dx}+2y\frac{dy}{dx}=0$$

이다. 그러므로

$$\frac{dy}{dx}=\frac{2x-y}{x-2y}.$$

예 8 $y=x^r$ (r은 유리수有理數)이면 $y=r\,x^{r-1}$임을 보여라.

풀이 $r=\frac{p}{q}>0$ (p, q는 양의 정수)일 때 $y^q=x^p$. 따라서 양변을 x에 관하여 미분微分하면 $q\,y^{q-1}\frac{dy}{dx}=p\,x^{p-1}$. 그러므로

$$\frac{dy}{dx}=\frac{p\,x^{p-1}}{q\,y^{q-1}}=\frac{p}{q}\;x^{p-1}\left(x^{\frac{p}{q}}\right)^{1-q}=r\,x^{r-1}.$$

또 $r=0$일 때는 명백하다. 끝으로 $r<0$일 때는 $r=-t$(t는 양수)라고 두면 $y=x^r=x^{-t}=\frac{1}{x^t}$이 되고

$$\frac{dy}{dx}=\frac{(-x^t)'}{(x^t)^2}=\frac{-t\,x^{t-1}}{x^{2t}}=-t\,x^{-t-1}=r\,x^{r-1}.$$

예 9 $y=\sqrt[3]{x^2}-x\sqrt{x}$에서 $\frac{dy}{dx}$를 구하라.

풀이 $y=x^{\frac{2}{3}}-x^{\frac{3}{2}}$이므로 [예 8]을 이용하면

$$\begin{aligned} y' &= \frac{2}{3}\,x^{\frac{2}{3}-1}-\frac{3}{2}\,x^{\frac{3}{2}-1} \\ &= \frac{2}{3}x^{-\frac{1}{3}}-\frac{3}{2}x^{\frac{1}{2}} \\ &= \frac{2}{3\sqrt[3]{x}}-\frac{3}{2}\sqrt{x}. \end{aligned}$$

정리 1 점點 a의 어떤 근방에서 연속連續인 어떤 함수函數 f가 역함수逆函數 f^{-1}를 가지며, a가 a에서 미분가능微分可能이고 $f'(a)\neq 0$이면 f^{-1}는 $c=f(a)$에서

미분가능微分可能이고 $(f^{-1})'(c)=\dfrac{1}{f'(a)}$ 이다. 곧 $y=f(x)$라고 두면 f가 역함수逆函數를 가질 때, $x=f^{-1}(y)$이고

$$\frac{dx}{dy}=\frac{1}{\dfrac{dy}{dx}}$$

이다.

증명 f가 f^{-1}를 가지므로, $x\neq a$이면 $f(x)\neq f(a)$이다. f가 a의 어떤 근방에서 연속連續이므로 f^{-1}는 $c=f(a)$에서 연속連續이다. 그러므로

$$\begin{aligned}(f^{-1})'(c)&=\lim_{y\to c}\frac{f^{-1}(y)-f^{-1}(c)}{y-c}\\&=\lim_{x\to a}\frac{f^{-1}(f(x))-f^{-1}(f(a))}{f(x)-f(a)}\\&=\lim_{x\to a}\frac{x-a}{f(x)-f(a)}\\&=\lim_{x\to a}\frac{1}{\dfrac{f(x)-f(a)}{x-a}}\\&=\frac{1}{f'(a)}.\end{aligned}$$

예 10 $x=y^5-y$ 일 때, $\dfrac{dy}{dx}$를 구하라.

증명 주어진 식의 양변을 y에 관하여 미분微分하면

$$\frac{dx}{dy}=5y^4-1$$

이므로

$$\frac{dy}{dx}=\frac{1}{\dfrac{dx}{dy}}=\frac{1}{5y^4-1}$$

이다.

예 11 $f(x)=x^7+8x^3+4x-2$에서 $(f^{-1})'(11)$을 구하라.

풀이 $f(1)=11$, $f'(1)=35$이므로

$$(f^{-1})'(11)=\frac{1}{f'(1)}=\frac{1}{35}.$$

예 12 $y=\sqrt[n]{x}$ (n은 양의 정수)의 도함수導函數를 구하라.

풀이 $x=y^n$이므로 양변을 y에 관하여 미분微分하면 $\frac{dx}{dy}=n\,y^{n-1}=n\left(\sqrt[n]{x}\right)^{n-1}=$

$n\,x^{1-\frac{1}{n}}$. 따라서

$$\frac{dy}{dx}=\frac{1}{\frac{dx}{dy}}=\frac{1}{n\,x^{1-\frac{1}{n}}}=\frac{1}{n}\,x^{\frac{1}{n}-1}.$$

정리 4 함수 $x=f(t)$, $y=g(t)$가 각각 미분가능微分可能하고 $f'(t)\neq 0$이면

$$\frac{dy}{dx}=\frac{\frac{dy}{dt}}{\frac{dx}{dt}}=\frac{g'(t)}{f'(t)}$$

임을 증명하라. 이것을 매개변수媒介變數의 미분법微分法이라고 한다.

증명 역함수逆函數의 미분법微分法에서

$$\frac{dy}{dx}=\frac{dy}{dt}\,\frac{dt}{dx}=\frac{\frac{dy}{dt}}{\frac{dx}{dt}}=\frac{g'(t)}{f'(t)}$$

이다.

예 13 $x=\sqrt[3]{t}+1$, $y=t^3-t^2-4t+5$에서 $\frac{dy}{dx}$를 구하라.

풀이 $\frac{dx}{dt}=\frac{1}{3\sqrt[3]{t^2}}$, $\frac{dy}{dt}=3t^2-2t+4$이므로

$$\frac{dy}{dx}=(3t^2-2t+4)(3\sqrt[3]{t^2}).$$

연습문제

1. 다음 각 함수를 미분하라.

❶ $y=2x^3-7x+1$

❷ $y=\dfrac{x}{2-3x^2}$

❸ $y=\sqrt{x}-\dfrac{1}{\sqrt{x}}$

❹ $y=\dfrac{3}{x}-\dfrac{5}{x^2}$

❺ $y=\dfrac{x^2-4}{x^2+x}$

❻ $y=(5x^2-2x+4)^3$

❼ $y=x(a^2+x^2)\sqrt{a^2-x^2}$

❽ $y=\sqrt{\dfrac{1-\sqrt[3]{x}}{1+\sqrt[3]{x}}}$

❾ $y=\sqrt{\dfrac{a^2+x^2}{a^2-x^2}}$

❿ $y=\dfrac{x}{x+\sqrt{1-x^2}}$

2. 다음 각 함수에서 $\dfrac{dy}{dx}$를 구하라.

❶ $x^2+y^2=a^2$

❷ $y=\sqrt{2x+3\sqrt{3x}}$

❸ $\begin{cases} y=u^2+6u-2 \\ u=4x^2+8x+1 \end{cases}$

❹ $x=\dfrac{1-t^2}{1+t^2},\quad y=\dfrac{2t}{1+t^2}$

❺ $(x+y)^2=2ay$

❻ $x=\sqrt[3]{y^3+3y}$

3. 함수 f가 $fx+y)=f(x)\,f(y)$, $f'(0)=1$를 만족할 때, $f'(x)=f(x)$임을 증명하라.

4. 함수 $2x-\dfrac{1}{x}$ 의 도함수가 14가 되는 x의 값을 구하라.

5. $f(x)$가 x에 관한 3차식이고 $f(1)=\dfrac{8}{3}$, $f(-1)=0$이며 $f(x)$가 $f'(x)$로 나누어질 때 $f(x)$를 구하라.

6. 함수 f가 $x=1$에서 미분가능微分可能일 때

$$\lim_{x\to 1}\frac{x^2 f(1) - f(x^2)}{x-1} = 2(f(1) - f'(1))$$

임을 증명하라.

7. $f(x) = ax^2 + 2bx + c$가 x, y의 모든 실수값에 대하여 언제나 $|f(x) - f(y)| \le (x-y)^2$이 성립成立하도록 상수常數 a, b를 구하라.

8. $f'(xf(x)) = f'(x) + 2x^4 + 2x^2 - 1$ 을 만족하는 함수函數 $f(x)$를 구하라.

2.3 삼각함수三角函數의 도함수導函數

정리 1 기본적인 삼각함수三角函數의 도함수導函數에 대해서 이미 다음과 같음을 알고 있을 것이다(이것은 연습문제로 남겨두겠다).

❶ $\dfrac{d}{dx}(\sin x) = \cos x$

❷ $\dfrac{d}{dx}(\cos x) = -\sin x$

❸ $\dfrac{d}{dx}(\tan x) = \sec^2 x$

❹ $\dfrac{d}{dx}(\cot x) = -\operatorname{cosec}^2 x$

❺ $\dfrac{d}{dx}(\sec x) = \sec x \tan x$

❻ $\dfrac{d}{dx}(\operatorname{cosec} x) = -\operatorname{cosec} x \cot x$

예 1 $y=x^2 \cos x$에서 y'를 구하라.

풀이 $y' = \frac{d}{dx}(x^2)\cos x + x^2 \frac{d}{dx}(\cos x) = 2x\cos x - x^2 \sin x$.

예 2 $\sin x + \sin y = xy$ 에서 $\frac{dy}{dx}$를 구하라.

풀이 Chain rule에 의하여

$$\cos x + \cos y \frac{dy}{dx} = y + x\frac{dy}{dx}.$$

따라서 $\frac{dy}{dx} = \frac{\cos x - y}{x - \cos y}$.

예 3 $y=\sin(\cos x)$에서 y'를 구하라.

풀이 $\cos x = u$라 두면 $y = \sin u$이므로

$$y' = \frac{dy}{du}\frac{du}{dx} = \cos u(-\sin x) = -\sin x \cos(\cos x).$$

예 4 $f(x) = \operatorname{cosec}\frac{1}{x}$일 때, $f'\left(\frac{2}{\pi}\right)$을 구하라.

풀이
$$\begin{aligned} f'(x) &= -\operatorname{cosec}\frac{1}{x}\cot\frac{1}{x}\frac{d}{dx}\left(\frac{1}{x}\right) \\ &= -\operatorname{cosec}\frac{1}{x}\cot\frac{1}{x}\left(-\frac{1}{x^2}\right) \\ &= \frac{1}{x^2}\operatorname{cosec}\frac{1}{x}\cot\frac{1}{x}. \end{aligned}$$

그러므로 $f'\left(\frac{2}{\pi}\right) = \left(\frac{\pi}{2}\right)^2 \operatorname{cosec}\frac{\pi}{2}\cot\frac{\pi}{2} = 0$.

예 5 $x = a(\theta - \sin\theta)$, $y = a(1-\cos\theta)$ $(a \neq 0)$에서 $\frac{dy}{dx}$를 구하라.

풀이 $\frac{dx}{d\theta} = a(1-\cos\theta)$, $\frac{dy}{d\theta} = a\sin\theta$ 이므로

$$\frac{dy}{dx} = \frac{dy}{d\theta}\frac{d\theta}{dx} = \frac{a\sin\theta}{a(1-\cos\theta)} = \frac{\sin\theta}{1-\cos\theta}.$$

예 6 $y = \sqrt{\operatorname{cosec}(\tan x)}$ 에서 y를 구하라.

풀이 $\tan x = u$, $\operatorname{cosec} u = v$라 두면 $y = \sqrt{v}$ 이므로

$$y' = \frac{dy}{dv} \cdot \frac{dv}{du} \cdot \frac{du}{dx} = \frac{1}{2\sqrt{v}}(-\operatorname{cosec} u \cot u)\sec^2 x$$

$$= -\frac{\operatorname{cosec}(\tan x)\cot(\tan x)\sec^2 x}{2\sqrt{\operatorname{cosec}(\tan x)}}$$

$$= -\frac{1}{2}\sqrt{\operatorname{cosec}(\tan x)}\cot(\tan x)\sec^2 x\,.$$

삼각함수三角函數는 모두 주기함수週期函數이므로 역함수逆函數가 존재하지 않는다. 그러나 이들의 정의역定義域을 제한하여 역함수逆函數를 갖게 할 수 있다.

$f(x) = \sin x \left(-\frac{\pi}{2} \le x \le \frac{\pi}{2}\right)$는 단사單射가 되고

$$-1 \le \sin x \le 1 \left(-\frac{\pi}{2} \le x \le \frac{\pi}{2}\right)$$

이므로 sine 함수는 $[-1, 1]$에서 정의된 역함수逆函數를 가진다. 이것을 arcsine 함수라 부르고

$$\arcsin x \text{ 혹은 } \sin^{-1} x$$

와 같이 나타낸다. 또 이와 같은 $\sin^{-1} x$의 범위를 arc sine 함수函數의 주치主値, principal value라고 한다. 이 역함수逆函數의 그래프는 $y = x$에 관하여 $y = \sin x$ 그래프와 대칭임을 알 수 있다.

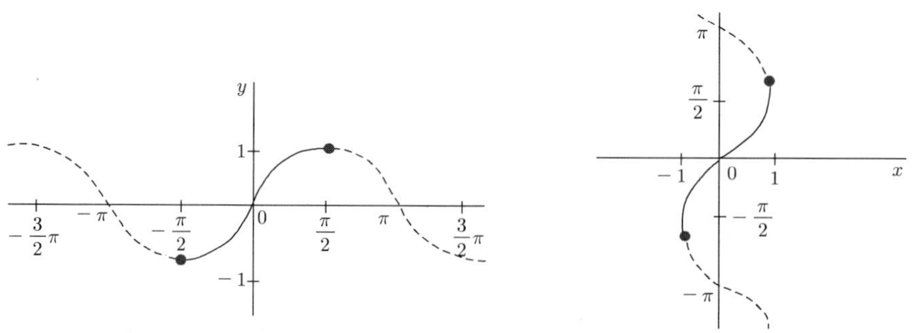

$\left(-\frac{\pi}{2} \le x \le \frac{\pi}{2}\right)$ $y = \sin^{-1} x \ (-1 \le x \le 1)$

▮ 그림 2-2 ▮

나머지 삼각함수三角函數의 역함수逆函數도 아래와 같이 얻을 수 있다.

$y = \cos x$의 역함수는 $y = \cos^{-1} x$ $\quad (0 \le y \le \pi,\ -1 \le x \le 1)$

$y = \tan x$의 역함수는 $y = \tan^{-1} x$ $\quad (-\frac{\pi}{2} < y < \frac{\pi}{2},\ -\infty \le x \le \infty)$

$y = \cos x$의 역함수는 $y = \cot^{-1} x$ $\quad (0 < y < \pi,\ -\infty \le x \le \infty)$

$y = \sec x$의 역함수는 $y = \sec^{-1} x$ $\quad (\frac{\pi}{2} < y \le \pi, x \le -1; 0 \le y < \frac{\pi}{2}, x \ge 1)$

$y = \mathrm{cosec}x$ 의 역함수는 $y = \mathrm{cosec}^{-1} x$ $\quad (-\frac{\pi}{2} \le y < 0, x \le -1; 0 < y \le \frac{\pi}{2}, x \ge 1)$

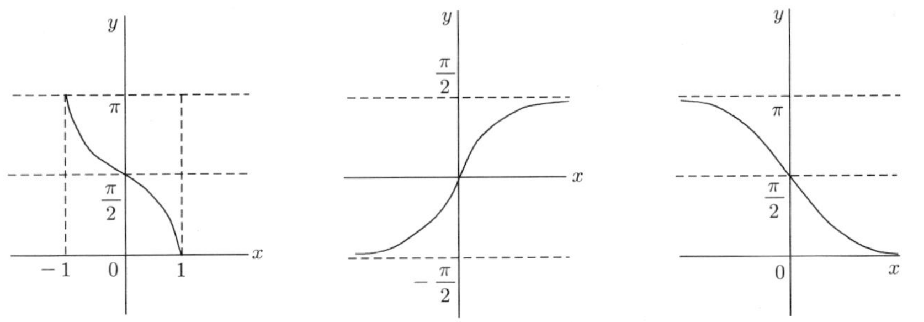

$y = \cos^{-1} x \ (-1 \le x \le 1)$ $\quad y = \tan^{-1} x (-\infty < x < \infty)$ $\quad y = \cot^{-1} x (-\infty < x < \infty)$

▮ 그림 2-3 ▮

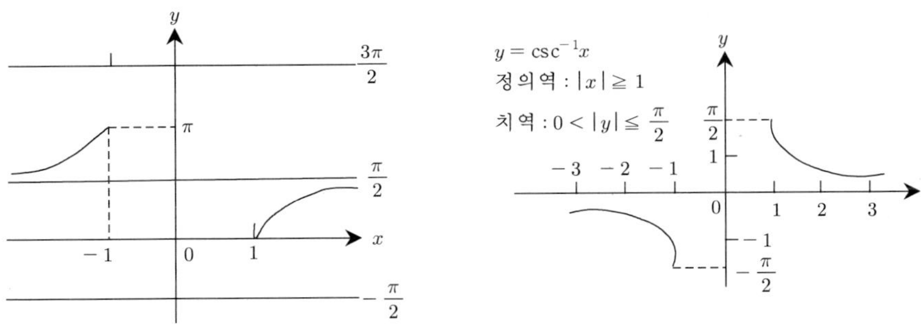

$y = \sec^{-1} x \ (1 \le |x|)$ $\quad y = \mathrm{cosec}^{-1} x \ (1 \le |x|)$

▮ 그림 2-4 ▮

참고 ❶ $\sin^{-1}(-x) = -\sin^{-1}x$, $\cos^{-1}(-x) = \pi - \cos^{-1}x$,

$\tan^{-1}(-x) = -\tan^{-1}x$.

❷ $\sin^{-1}x + \cos^{-1}x = \frac{\pi}{2}$, $\tan^{-1}x + \cot^{-1}x = \frac{\pi}{2}$,

$\sec^{-1}x + \mathrm{cosec}^{-1}x = \frac{\pi}{2}$.

❸ $\cos(\sin^{-1}x) = \sqrt{1-x^2}$, $\tan(\sec^{-1}x) = \sqrt{x^2-1}$,

$\sec^2(\tan^{-1}x) = 1 + x^2$.

정리 2 다음을 증명하라.

❶ $\frac{d}{dx}(\sin^{-1}x) = \frac{1}{\sqrt{1-x^2}}$ ❷ $\frac{d}{dx}(\cos^{-1}x) = -\frac{1}{\sqrt{1-x^2}}$

❸ $\frac{d}{dx}(\tan^{-1}x) = \frac{1}{1+x^2}$ ❹ $\frac{d}{dx}(\cot^{-1}x) = -\frac{1}{1+x^2}$

❺ $\frac{d}{dx}(\sec^{-1}x) = \frac{1}{|x|\sqrt{x^2-1}}$ ❻ $\frac{d}{dx}(\mathrm{cosec}^{-1}x) = -\frac{1}{|x|\sqrt{x^2-1}}$

증명 ❶ $y = \sin^{-1}x$이면 $x = \sin y$이므로 $\frac{dy}{dx} = \frac{1}{\frac{dx}{dy}} = \frac{1}{\cos y}$, $-\frac{\pi}{2} \le y \le \frac{\pi}{2}$

이므로 $\cos y \ge 0$. 그러므로 $\cos y = \sqrt{1-\sin^2 y} = \sqrt{1-x^2}$. 따라서 $\frac{dy}{dx} =$

$\frac{1}{\sqrt{1-x^2}}$.

❷ $y = \cos^{-1}x$이면 $x = \cos y$이므로 $\frac{dy}{dx} = -\frac{1}{\sin y}$, $0 \le y \le \pi$이므로 $\sin y \ge$

0. 그러므로 $\sin y = \sqrt{1-\cos^2 y} = \sqrt{1-x^2}$.

따라서 $\frac{dy}{dx} = -\frac{1}{\sqrt{1-x^2}}$.

❸ $y = \tan^{-1}x$이면 $x = \tan y$ 이므로

$$\frac{dy}{dx} = \frac{1}{\sec^2 y} = \frac{1}{1+\tan^2 y} = \frac{1}{1+x^2}.$$

❹, ❺, ❻의 증명은 연습문제로 남겨둔다.

예 7 $y=\sin^{-1}(x^3)$ 에서 $\dfrac{dy}{dx}$를 구하라.

풀이 $x^3=u$라고 두면 $y=\sin^{-1}u$이므로

$$\frac{dy}{dx}=\frac{dy}{du}\frac{du}{dx}=\frac{1}{\sqrt{1-u^2}}(3x^2)=\frac{3x^2}{\sqrt{1-x^6}}.$$

예 8 $a>0$일 때, $y=\cos^{-1}\dfrac{x}{a}$의 도함수導函數를 구하라.

풀이 $u=\dfrac{x}{a}$라고 두면 $\dfrac{du}{dx}=\dfrac{1}{a}$ 이므로

$$\frac{dy}{dx}=\frac{dy}{du}\frac{du}{dx}=-\frac{1}{\sqrt{1-u^2}}\frac{1}{a}=-\frac{1}{\sqrt{a^2-x^2}}.$$

예 9 $y=\tan^{-1}\dfrac{2x}{1-x^2}$ 의 도함수導函數를 구하라.

풀이 $u=\dfrac{2x}{1-x^2}$라고 두면 $y=\tan^{-1}u$ 이므로

$$\frac{dy}{dx}=\frac{dy}{du}\frac{du}{dx}=\frac{1}{1+u^2}\frac{2(1-x^2)-2x(-2x)}{(1-x^2)^2}$$

$$=\frac{1}{1+\left(\dfrac{2x}{1-x^2}\right)^2}\frac{2(1+x^2)}{(1-x^2)^2}$$

$$=\frac{2}{1+x^2}.$$

예 10 $y=x\sec^{-1}\sqrt{x}$의 도함수導函數를 구하라.

풀이 $$\frac{dy}{dx}=\sec^{-1}\sqrt{x}+x\frac{1}{\sqrt{x}\sqrt{(\sqrt{x})^2-1}}\frac{1}{2\sqrt{x}}$$

$$=\sec^{-1}\sqrt{x}+\frac{1}{2\sqrt{x-1}}.$$

예 11 $y = \operatorname{cosec}^{-1}\dfrac{\sqrt{1+x^2}}{x}$의 도함수導函數를 구하라.

풀이 $u = \dfrac{\sqrt{1+x^2}}{x}$ 라고 두면 $y = \operatorname{cosec}^{-1} u$이므로

$$\frac{dy}{dx} = \frac{dy}{du}\,\frac{du}{dx} = -\frac{1}{u\sqrt{u^2-1}}\,\frac{1}{x^2}\left(\frac{2x^2}{2\sqrt{1+x^2}} - \sqrt{1+x^2}\right)$$

$$= -\frac{1}{\sqrt{\dfrac{1+x^2}{x}\,\dfrac{1}{x}}}\,\frac{-1}{x^2\sqrt{1+x^2}}$$

$$= \frac{1}{-\dfrac{\sqrt{1+x^2}}{x^2}}\,\frac{-1}{x^2\sqrt{1+x^2}}$$

$$= \frac{1}{1+x^2}.$$

연습문제

1. 다음 함수의 도함수導函數를 구하라.

❶ $y = x\sin x + \left(1 - \dfrac{1}{2}x^2\right)\cos x$

❷ $y = \sin^m x\cos^n x$

❸ $y = \sin mx\cos nx$

❹ $\sin(x+y) + \sin(x-y) = 1$

❺ $y = \sqrt{1+\sin x} + \sqrt{1-\sin x}$

❻ $y = (\sec x + \tan x)^5$

❼ $y = \sin^2(2\pi x - a)$

❽ $y = \sec^{-1}\dfrac{1}{4}x$

❾ $y = \cot^{-1}\sqrt{x^2 - 2x}$

❿ $y = \cos^{-1}(\sin x)$

⓫ $y = \sin^{-1}\left(\dfrac{x}{a} + \dfrac{\sqrt{a^2-x^2}}{x}\right)$

⓬ $y = \tan^{-1}\dfrac{x}{a - \sqrt{a^2-x^2}}$

2. 정리 1, 정리 2의 ❹, ❺, ❻을 증명하라.

3. 다음 함수의 $\dfrac{dy}{dx}$를 구하라.

❶ $x = \sec y$ ❷ $x = y + \cot y$

❸ $y = \tan(x+y)$ ❹ $\sin^{-1} xy + y = 0$

❺ $\cot^{-1}(x+y) = 2$ ❻ $\tan^{-1} x + y\sqrt{x-y} = 2$

4. 다음 주어진 점에서 미분계수微分係數를 구하라.

❶ $y = x\cos^{-1} x \quad \left(x = -\dfrac{1}{2}\right)$ ❷ $y = x\tan^{-1} x \quad (x = 1)$

❸ $y = x^2 \sec^{-1}\sqrt{x} \quad (x = 2)$

5. 다음 식이 성립하도록 상수常數 a, b, c를 정하라.

$$\frac{d}{dx}(-x\cos 2x) = \frac{(a\sin bx + \operatorname{cosec} x)}{\cos x - \sin x}$$

6. $0 < a < 1$에 대하여 $f(x)$를 $0 \le x \le 1$에서 다음과 같이 정의定義된 함수函數라고 한다.

$$f(x) = \begin{cases} \sin x \sin(1-a) & 0 \le x \le a \\ \sin a \sin(1-x) & a < x \le 1 \end{cases}$$

❶ $f(x)$의 $x=0$, $x=1$에서의 값을 구하라.

❷ $x=a$에서 $f(x)$의 연속성連續性을 판정하라.

❸ $\lim\limits_{x \to a+0} f'(x) - \lim\limits_{x \to a-0} f'(x)$의 값을 구하라.

2.4 지수함수指數函數와 로그함수의 미분법微分法

우리는 이미 지수함수指數函數, exponential function $y = a^x\ (a > 0,\ a \ne 1)$와 로그함수logarithmic function $y=\log_a x\ (x>0)$에 대해서 알고 있다. 그리고 우리는 $\lim_{x\to\infty}\left(1+\frac{1}{x}\right)^x=e$임을 알고 있다. e를 밑base으로 하는 로그를 자연自然로그natural logarithm 하고 $\log_e x$ 혹은 $\ln x$로 나타낸다.

정리 1 ❶ $y=e^x$이면 $\frac{dy}{dx}=e^x$이고,

❷ $y=\ln|x|$이면 $\frac{dy}{dx}=\frac{1}{x}$ 임을 증명하라.

증명 ❶ $$\frac{dy}{dx}=\lim_{h\to 0}\frac{e^{x+h}-e^x}{h}=\lim_{h\to 0}\frac{e^x(e^h-1)}{h}$$
$$=e^x\lim_{h\to 0}\frac{e^h-1}{h}$$
$$=e^x.$$

❷ $x>0$일 때 $y=\ln x$이므로

$$\frac{dy}{dx}=\lim_{h\to 0}\frac{\ln(x+h)-\ln x}{h}=\lim_{h\to 0}\frac{\ln\left(1+\frac{h}{x}\right)}{h}$$
$$=\frac{1}{x}\lim_{h\to 0}\frac{\ln\left(1+\frac{h}{x}\right)}{\frac{h}{x}}$$
$$=\frac{1}{x}.\ (\S 1.7\ \text{예 } 3)$$

$x<0$일 때 $z=-x$라고 두면 $z>0$이므로

$$\frac{dy}{dx}=\frac{dy}{dz}\frac{dz}{dx}=\frac{1}{z}(-1)=\frac{1}{-z}=\frac{1}{x}.$$

예 1 $y=a^x$일 때 $\frac{dy}{dx}$를 구하라.

풀이 $y=a^x$의 양변에 자연自然로그를 취하면 ($y>0$이므로)

$\ln y=x\ln a$이고 여기서 양변을 x에 관하여 미분하면 $\frac{1}{y}y'=\ln a$이므로

$y' = a^x \ln a$가 된다.

예 2 $y = \log_a x$일 때 $\dfrac{dy}{dx}$를 구하라.

풀이 $y = \log_a x = \dfrac{\ln x}{\ln a}$이므로

$$\frac{dy}{dx} = \frac{1}{\ln a} \frac{d}{dx} \ln x = \frac{1}{\ln a} \frac{1}{x} = \frac{\log_a e}{x}.$$

예 3 다음 함수들의 도함수導函數를 구하라.

❶ $y = \ln |\sec x + \tan x|$

❷ $y = x^a$ (a는 실수)

❸ $y = \dfrac{x\sqrt{2x+1}}{\sqrt[3]{3x+1}}$

❹ $y = (\ln x)^x$

풀이 ❶ $\dfrac{dy}{dx} = \dfrac{(\sec x + \tan x)'}{\sec x + \tan x} = \dfrac{\sec x \tan x + \sec^2 x}{\sec x + \tan x} = \sec x.$

❷ $y = x^a$의 양변에 자연自然로그를 취하면

$$\ln y = a \ln x.$$

이 양변을 x 에 관하여 미분微分하면

$$\frac{1}{y} y' = \frac{a}{x}.$$

그러므로 $y' = a\dfrac{y}{x} = a x^{a-1}.$

❸ 양변에 자연自然로그를 취하면

$$\ln y = \ln x + \frac{1}{2}\ln(2x+1) - \frac{1}{3}\ln(3x+1).$$

양변을 x에 관하여 미분微分하면

$$\frac{1}{y}\frac{dy}{dx} = \frac{1}{x} + \frac{1}{2}\frac{2}{2x+1} - \frac{1}{3}\frac{3}{3x+1}.$$

그러므로 $\dfrac{dy}{dx} = \dfrac{x\sqrt{2x+1}}{\sqrt[3]{3x+1}}\left(\dfrac{1}{x} + \dfrac{1}{2x+1} - \dfrac{1}{3x+1}\right).$

❹ $y = (\ln x)^x$의 양변에 자연自然로그를 취하면

$$\ln y = x \ln(\ln x).$$

여기서 양변을 x에 관하여 미분微分하면

$$\frac{1}{y}\frac{dy}{dx} = \ln(\ln x) + x\frac{1}{\ln x}\frac{1}{x}.$$

그러므로

$$\frac{dy}{dx} = (\ln x)^x\left(\ln(\ln x) + \frac{1}{\ln x}\right)$$

이 된다.

예 4 $y^x = x^y$에서 $\dfrac{dy}{dx}$를 구하라.

풀이 $y^x = x^y$의 양변에 자연自然로그를 취하면

$$x \ln y = y \ln x.$$

여기서 양변에 x로 미분하면

$$\ln y + x\frac{1}{y}\frac{dy}{dx} = \frac{dy}{dx}\ln x + y\frac{1}{x}.$$

그러므로

$$\frac{dy}{dx} = \frac{\dfrac{y}{x} - \ln y}{\dfrac{x}{y} - \ln x}$$

가 된다.

예 5 $y = \sin^{-1}\left(\dfrac{e^x - e^{-x}}{e^x + e^{-x}}\right)$일 때 $\dfrac{dy}{dx}$를 구하라.

풀이 $u = \dfrac{e^x - e^{-x}}{e^x + e^{-x}}$로 놓으면 $y = \sin^{-1} u$가 된다.

또한 $\dfrac{dy}{du} = \dfrac{1}{\sqrt{1-u^2}} = \dfrac{1}{\sqrt{1-\left(\dfrac{e^x - e^{-x}}{e^x + e^{-x}}\right)^2}} = \dfrac{e^x + e^{-x}}{2}$ 이고,

$$\frac{du}{dx} = \frac{(e^x + e^{-x})\dfrac{d}{dx}(e^x - e^{-x}) - (e^x - e^{-x})\dfrac{d}{dx}(e^x + e^{-x})}{(e^x + e^{-x})^2}$$

$$= \frac{4}{(e^x + e^{-x})^2}$$

이다. 그러므로

$$\frac{dy}{dx} = \frac{dy}{du}\frac{du}{dx} = \frac{e^x + e^{-x}}{2}\frac{4}{(e^x + e^{-x})^2}$$

$$= \frac{2}{e^x + e^{-x}}$$

이 된다.

예 6 다음 함수의 도함수導函數를 구하라.

❶ $y = x^{\sin^{-1} x}$ ❷ $y = (\cos x)^{\cos x}$

❸ $y = x^x$

풀이 ❶ $y = x^{\sin^{-1} x}$의 양변에 자연自然로그를 취하면

$$\ln y = \sin^{-1} x \ln x$$

이므로 여기서 양변을 x 에 관하여 미분微分하면

$$\frac{1}{y}\frac{dy}{dx} = \frac{1}{\sqrt{1-x^2}}\ln x + \sin^{-1} x \frac{1}{x}.$$

그러므로

$$\frac{dy}{dx} = (x^{\sin^{-1} x})\left(\frac{1}{\sqrt{1-x^2}}\ln x + \frac{\sin^{-1} x}{x}\right)$$

이 된다.

❷ $y = (\cos x)^{\cos x}$의 양변에 자연自然로그를 취하면

$$\ln y = \cos x \ln(\cos x)$$

이므로 여기서 양변을 x에 관하여 미분微分하면

$$\frac{1}{y}\frac{dy}{dx} = (-\sin x)\ln(\cos x) + \cos x\frac{1}{\cos x}(-\sin x).$$

그러므로

$$\frac{dy}{dx} = (\cos x)^{\cos x}(-\sin x(1+\ln(\cos x)))$$

이 된다.

❸ $y = x^x$의 양변에 자연自然로그를 취하면

$$\ln y = x \ln x$$

이므로 여기서 양변을 x에 관하여 미분微分하면

$$\frac{1}{y}\frac{dy}{dx} = \ln x + x\frac{1}{x}.$$

그러므로

$$\frac{dy}{dx} = x^x(\ln x + 1)$$

이 된다.

연습문제

1. 다음 함수의 도함수導函數를 구하라.

❶ $y = \ln(x-1)^3$

❷ $y = x \ln x^3$

❸ $y = \frac{x}{\ln x}$

❹ $y = x \ln x$

❺ $y = e^x \log_a x$

❻ $y = \ln \frac{a + b\tan kx}{a - b\tan kx}$

❼ $y = \frac{e^x - e^{-x}}{e^x + e^{-x}}$

❽ $y = \sin(\ln x^2)$

❾ $y = (\sin x)^x$

❿ $y = \left(\frac{1}{x}\right)^x$

⓫ $y^x \ln y = x^3$

⓬ $x = a \ln \frac{a + \sqrt{a^2 - y^2}}{y}$

2. 다음 함수의 주어진 점에서 미분계수微分係數를 구하라.

❶ $y = x \ln(1+x)$ $(x = 1)$　　❷ $y = \sin(\ln x)$ $(x = 1)$

❸ $y = \tan^{-1}(\ln x)$ $\left(x = \dfrac{1}{e}\right)$　　❹ $y = \ln(e^{x} + e^{-x})$ $\left(x = \dfrac{1}{2}\right)$

❺ $y = e^{2x}\left(x - \dfrac{1}{2}\right)$ $\left(x = \dfrac{1}{4}\right)$　　❻ $y = \tan e^{x}$ $\left(x = \dfrac{\pi}{2}\right)$

3. 다음 함수의 도함수導函數를 구하라.

❶ $y = a^{x} \ln(1 + a^{x})$　　❷ $y = \log_{a}(\tan^{3}x + e^{x})$

❸ $y = e^{x} \cos x$　　❹ $y = \dfrac{x\sqrt[3]{x-5}}{1+\sin^{3}x}$

4. $\displaystyle\lim_{x\to a} \frac{b \ln x}{x^{2} - a^{2}} = 1$을 만족하는 상수 a, b를 구하라.

5. 다음 극한값을 구하라.

❶ $\displaystyle\lim_{x\to 0} \frac{1}{x} \ln \frac{e^{x} + e^{2x} + e^{3x} + \cdots + e^{nx}}{n}$

❷ $f(x) = \ln x$일 때 $\displaystyle\lim_{h\to 0} \frac{f(e+h) - f(e-h)}{h}$

6. $f(x) = u_{1}(x)\,u_{2}(x)\,u_{3}(x) \cdots u_{n}(x)$일 때

$$f'(x) = (x)\left[\frac{u_{1}'(x)}{u_{1}(x)} + \frac{u_{2}'(x)}{u_{2}(x)} + \cdots + \frac{u_{n}'(x)}{u_{n}(x)}\right]$$

임을 증명證明하라.

2.5 쌍곡선함수雙曲線函數의 미분법微分法

$\sinh x = \dfrac{e^{x} - e^{-x}}{2}$, $\cosh x = \dfrac{e^{x} + e^{-x}}{2}$에 의하여 함수 $\sinh x$, $\cosh x$를 정의하

고 이들을 각각 hyperbolic sine 함수, hyperbolic cosine 함수라고 부른다. 위의 두 함수를 활용利用하여 다음의 쌍곡선함수雙曲線函數를 정의한다.

$$\tanh x = \frac{\sinh x}{\cosh x} = \frac{e^{x} - e^{-x}}{e^{x} + e^{-x}}, \quad \coth x = \frac{\cosh x}{\sinh x} = \frac{e^{x} + e^{-x}}{e^{x} - e^{-x}}$$

$$\operatorname{sech} x = \frac{1}{\cosh x} = \frac{2}{e^{x} + e^{-x}}, \quad \operatorname{cosech} x = \frac{1}{\sinh x} = \frac{2}{e^{x} - e^{-x}}$$

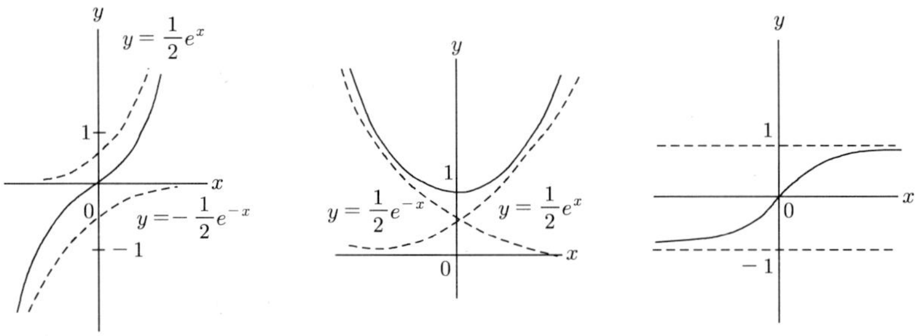

$y = \sinh x$ $\quad y = \cosh x$ $\quad y = \tanh x$

▮ 그림 2-5 ▮

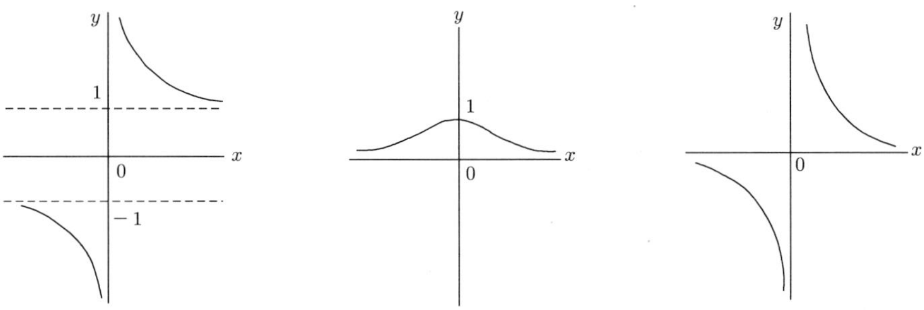

$y = \operatorname{cosech} x$ $\quad y = \operatorname{sech} x$ $\quad y = \coth x$

▮ 그림 2-6 ▮

참고

❶ $\sinh x \operatorname{cosech} x = 1$, $\cosh x \operatorname{sech} x = 1$, $\tanh x \coth x = 1$,

$\cosh^2 x - \sinh^2 x =$, $1 - \tanh^2 x = \operatorname{sech}^2 x$,

$\coth^2 x - 1 = \operatorname{cosech}^2 x$.

❷ $\sinh(x \pm y) = \sinh x \cosh y \pm \cosh x \sinh y$ (복호동순)

$\cosh(x \pm y) = \cosh x \cosh y \pm \sinh x \sinh y$ (복호동순)

❸ $\sinh 2x = 2\sinh x \cosh x$,

$\cosh 2x = \cosh^2 x + \sinh^2 = 2\cosh^2 x - 1 = 2\sinh^2 x + 1$.

정리 1 쌍곡선함수雙曲線函數에서 다음을 증명하라.

❶ $\frac{d}{dx}(\sinh x) = \cosh x$

❷ $\frac{d}{dx}(\cosh x) = \sinh x$

❸ $\frac{d}{dx}(\tanh x) = \operatorname{sech}^2 x$

❹ $\frac{d}{dx}(\coth x) = -\operatorname{cosech}^2 x$

❺ $\frac{d}{dx}(\operatorname{sech} x) = -\operatorname{sech} x \tanh x$

❻ $\frac{d}{dx}(\operatorname{cosech} x) = -\operatorname{cosech} x \coth x$

증명 ❶ $\frac{d}{dx}\left(\frac{e^x - e^{-x}}{2}\right) = \frac{e^x + e^{-x}}{2} = \cosh x$.

❷ $\frac{d}{dx}\left(\frac{e^x + e^{-x}}{2}\right) = \frac{e^x - e^{-x}}{2} = \sinh x$.

❸ $$\frac{d}{dx}\left(\frac{\sinh x}{\cosh x}\right) = \frac{\cosh x \cosh x - \sinh x \sinh x}{\cosh^2 x}$$

$$= \frac{1}{\cosh^2 x}$$

$$= \operatorname{sech}^2 x.$$

❹ $$\frac{d}{dx}\left(\frac{\cosh x}{\sinh x}\right) = \frac{\sinh x \sinh x - \cosh x \cosh x}{\sinh^2 x}$$

$$= -\frac{1}{\sinh^2 x}$$

$$= -\operatorname{cosech}^2 x .$$

❺ $\dfrac{d}{dx}\left(\dfrac{1}{\cosh x}\right)=\dfrac{-\sinh x}{\cosh^2 x}$

$$=-\frac{1}{\cosh x}\,\frac{\sinh x}{\cosh x}$$

$$=-\operatorname{sech} x\,\tanh x.$$

❻ $\dfrac{d}{dx}\left(\dfrac{1}{\sinh x}\right)=-\dfrac{\cosh x}{\sinh^2 x}$

$$=-\frac{1}{\sinh x}\,\frac{\cosh x}{\sinh x}$$

$$=-\operatorname{cosech} x\,\coth x.$$

예 1 다음 각 함수의 도함수導函數를 구하라.

❶ $y=e^x\sinh x$ ❷ $y=\sinh^2 x$

❸ $y=\tanh(1-x^2)$ ❹ $y=\sinh(\ln x^2)$

❺ $y=x^2\ln(\sinh x^2)$ ❻ $y=\ln(\sinh 2x)$

풀이 ❶ $y'=e^x\sinh x+e^x\cosh x=e^x(\sinh x+\cosh x).$

❷ $y'=2\sinh x\cosh x=\sinh 2x.$

❸ $y'=\operatorname{sech}^2(1-x^2)(-2x)=-2x\operatorname{sech}^2(1-x^2).$

❹ $y'=\cosh(\ln x^2)\dfrac{2x}{x^2}=\dfrac{2}{x}\cosh(\ln x^2).$

❺ $y'=2x\ln(\sinh x^2)+x^2\dfrac{1}{\sinh x^2}\cosh x^2\,2x$

$$=2x\ln(\sinh x^2)+2x^3\coth x^2.$$

❻ $y'=\dfrac{1}{\sinh 2x}\cosh 2x\;2=2\coth 2x.$

쌍곡선함수雙曲線函數 $\sinh x$는 증가함수增加函數이며 $-\infty<\sinh x<\infty$이므로 $\sinh x$는 $(-\infty,\infty)$에서 정의定義된 역함수逆函數를 가진다. 이 역함수逆函數를 inverse hyperbolic sine 함수라고 부르고 $\sinh^{-1}x$라 쓴다. 나머지 쌍곡선함수雙曲線函數의 역함수逆函數도

다음과 같이 정의할 수 있다.

$y = \cosh x \ (x \geq 0)$의 역함수는 $y = \cosh^{-1} x \ (x \geq 1)$,

$y = \tanh x \ (|x| < \infty)$의 역함수는 $y = \tanh^{-1} x \ (|x| < 1)$,

$y = \coth x \ (|x| > 0)$의 역함수는 $y = \coth^{-1} x \ (|x| > 1)$,

$y = \operatorname{sech} x \ (|x| < \infty)$의 역함수는 $y = \operatorname{sech}^{-1} x \ (0 < x \leq 1)$,

$y = \operatorname{cosech} x \ (|x| > 0)$의 역함수는 $y = \operatorname{cosech}^{-1} x \ (|x| > 0)$.

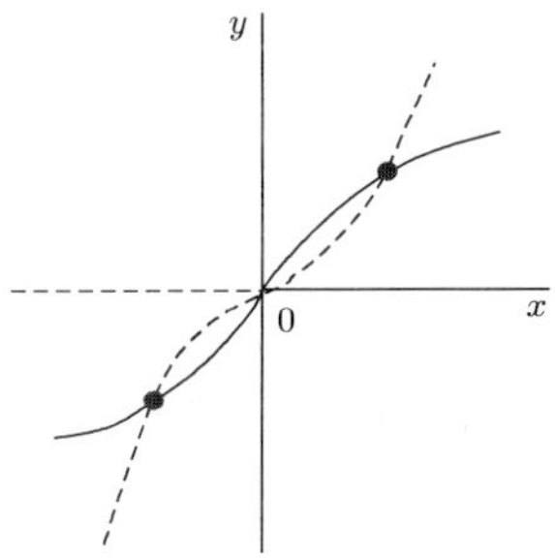

$y = \sinh^{-1} x \ (-\infty < x < \infty)$

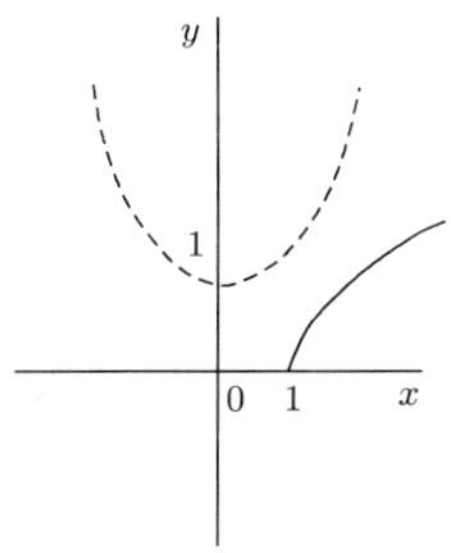

$y = \cosh^{-1} x \, (x \geq 1)$

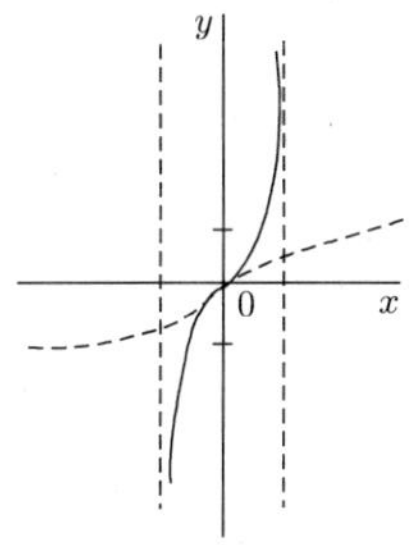

$y = \tanh^{-1} x \, (|x| < 1)$

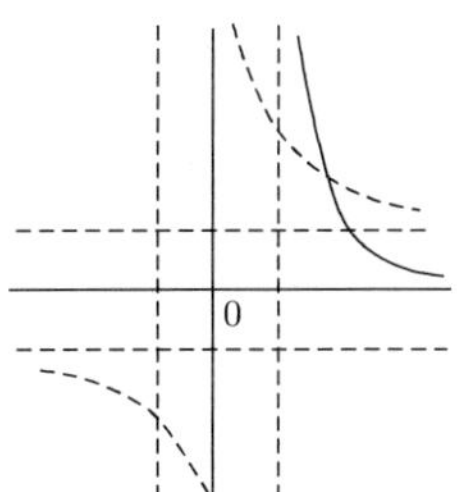

$y = \coth^{-1} x \ (|x| > 1)$

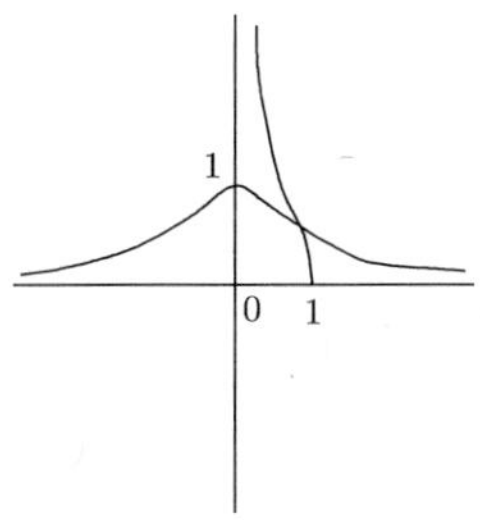

$y = \operatorname{sech}^{-1} x \, (0 < x \leq 1)$

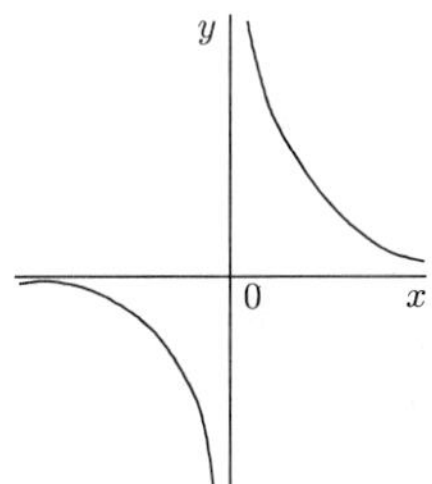

$y = \operatorname{cosech}^{-1} x \, (|x| > 0)$

▮ 그림 2-7 ▮

참고 ❶ $\sinh^{-1} x = \ln \left(x + \sqrt{x^2 + 1}\right) \ (-\infty < x < \infty)$,

$\cosh^{-1} x = \ln \left(x + \sqrt{x^2 - 1}\right) \ (x \geq 1)$,

$\tanh^{-1} x = \dfrac{1}{2} \ln \dfrac{1 + x}{1 - x} \quad (-1 < x < 1)$,

$$\coth^{-1} x = \frac{1}{2} \ln \frac{x+1}{x-1} \quad (|x| > 1),$$

$$\operatorname{sech}^{-1} x = \ln \frac{1+\sqrt{1-x^2}}{x} \quad (0 < x \leq 1),$$

$$\operatorname{cosech}^{-1} x = \ln \left(\frac{1}{x} + \frac{\sqrt{1+x^2}}{|x|} \right) \quad (|x| > 0).$$

❷ $\coth^{-1} x = \tanh^{-1} \dfrac{1}{x}$,

$\operatorname{sech}^{-1} x = \cosh^{-1} \dfrac{1}{x}$,

$\operatorname{cosech}^{-1} x = \sinh^{-1} \dfrac{1}{x}$.

정리 2 다음 역쌍곡선함수逆雙曲線函數의 정의에서 다음을 증명하라.

❶ $\dfrac{d}{dx}(\sinh^{-1} x) = \dfrac{1}{\sqrt{1+x^2}} \quad (-\infty < x < \infty)$,

❷ $\dfrac{d}{dx}(\cosh^{-1} x) = \dfrac{1}{\sqrt{x^2-1}} \quad (x > 1)$,

❸ $\dfrac{d}{dx}(\tanh^{-1} x) = \dfrac{1}{1-x^2} \quad (|x| < 1)$,

❹ $\dfrac{d}{dx}(\coth^{-1} x) = \dfrac{-1}{x^2-1} = \dfrac{1}{1-x^2} \quad (|x| > 1)$,

❺ $\dfrac{d}{dx}(\operatorname{sech}^{-1} x) = \dfrac{-1}{x\sqrt{1-x^2}} \quad (0 < x < 1)$,

❻ $\dfrac{d}{dx}(\operatorname{cosech}^{-1} x) = \dfrac{-1}{|x|\sqrt{1+x^2}} \quad (|x| > 0)$.

증명 ❶ $\dfrac{d}{dx}(\sinh^{-1} x) = \dfrac{d}{dx} \ln (x + \sqrt{x^2+1})$

$$= \frac{1}{x+\sqrt{x^2+1}} \left(1 + \frac{x}{\sqrt{x^2+1}} \right)$$

$$= \frac{x + \sqrt{x^2+1}}{(x + \sqrt{x^2+1})\sqrt{x^2+1}}$$

$$= \frac{1}{\sqrt{1+x^2}}.$$

❷ $\frac{d}{dx}(\cosh^{-1} x) = \frac{d}{dx} \ln(x + \sqrt{x^2-1})$

$$= \frac{1}{x + \sqrt{x^2-1}} \left(1 + \frac{x}{\sqrt{x^2-1}}\right)$$

$$= \frac{1}{\sqrt{x^2-1}}.$$

❸ $\frac{d}{dx}(\tanh^{-1} x) = \frac{1}{2} \frac{d}{dx} [\ln(1+x) - \ln(1-x)]$

$$= \frac{1}{2}\left(\frac{1}{1+x} + \frac{1}{1-x}\right)$$

$$= \frac{1}{1-x^2}.$$

❹ $\frac{d}{dx}(\coth^{-1} x) = \frac{1}{2} \frac{d}{dx} (\ln(x+1) - \ln(x-1))$

$$= \frac{1}{2}\left(\frac{1}{x+1} - \frac{1}{x-1}\right)$$

$$= \frac{1}{1-x^2}$$

$$= \frac{-1}{x^2-1}.$$

❺ $\frac{d}{dx}(\operatorname{sech}^{-1} x) = \frac{d}{dx} \ln \frac{1+\sqrt{1-x^2}}{x}$

$$= \frac{x}{1+\sqrt{1-x^2}} \frac{\frac{-x^2}{\sqrt{1-x^2}} - (1+\sqrt{1-x^2})}{x^2}$$

$$= \frac{-1}{x\sqrt{1-x^2}}.$$

❻ $x > 0$일 때 $\dfrac{d}{dx}(\operatorname{cosech}^{-1} x) = \dfrac{d}{dx}\left(\ln \dfrac{1+\sqrt{1+x^2}}{x}\right)$

$$= \frac{d}{dx}\left(\ln\left(1+\sqrt{1+x^2}\right) - \ln x\right)$$

$$= \frac{x}{\sqrt{1+x^2}\left(1+\sqrt{1+x^2}\right)} - \frac{1}{x}$$

$$= -\frac{1}{x\sqrt{1+x^2}}.$$

$x < 0$일 때 $\dfrac{d}{dx}(\operatorname{cosech}^{-1} x) = -\dfrac{1}{-x\sqrt{1+x^2}}.$

그러므로 $\dfrac{d}{dx}(\operatorname{cosech}^{-1} x) = \dfrac{-1}{|x|\sqrt{1+x^2}}.$

예 2 다음 각 함수函數의 도함수導函數를 구하라.

❶ $y = \sinh^{-1} 3x$　　❷ $y = \operatorname{cosech}^{-1}(\tan x)$

❸ $y = \tanh^{-1}(\cos x)$　　❹ $y = e^{\sinh^{-1} x}$

풀이 ❶ $y' = \dfrac{1}{\sqrt{(3x)^2+1}}\, 3 = \dfrac{3}{\sqrt{9x^2+1}}.$

❷ $y' = \dfrac{-1}{\tan x\sqrt{1+\tan^2 x}}\sec^2 x = \dfrac{-\sec^2 x}{\tan x \sec x} = -\operatorname{cosec} x.$

❸ $y' = \dfrac{1}{1-\cos^2 x}(\cos x)' = \dfrac{-\sin x}{\sin^2 x} = -\operatorname{cosec} x.$

❹ $y' = e^{\sinh^{-1} x}\dfrac{1}{\sqrt{1+x^2}} = \dfrac{e^{\sinh^{-1} x}}{\sqrt{1+x^2}}.$

연습문제

1. 다음 함수들의 도함수導函數를 구하라.

❶ $y = \operatorname{cosech}^{-1} e^x$　　❷ $y = \cosh \dfrac{1}{x}$

❸ $y = \coth(1 - x^2)$

❹ $y = e^x \sinh x$

❺ $y = \operatorname{sech}^3(1 - x^2)$

❻ $y = \sinh(\sin x)$

❼ $y = \ln(\cosh^{-1} x)$

❽ $y = \cosh(\tan^{-1} e^{2x})$

❾ $y = \tan^{-1}\left(\dfrac{1-x}{1+x}\right)$

❿ $y = x^2(\sinh^{-1} x)^3$

2. $y = \dfrac{\sinh^{-1} x}{\sqrt{1+x^2}}$ 일 때 $(1+x^2)\dfrac{dy}{dx} + xy = 1$임을 증명하라.

3. 다음 함수의 도함수導函數 구하라.

❶ $y = x \sinh^{-1} x^2$

❷ $y = \cosh^{-1} x \sqrt{1 - x^2}$

❸ $y = \operatorname{sech}^{-1}(\ln x)$

❹ $y = \cosh^{-1}(1 - x + \sqrt{x(2-x)})$

2.6 고차도함수高次導函數

함수 $y = f(x)$의 도함수導函數 $f'(x)$가 미분가능微分可能이면 $f'(x)$의 도함수導函數를 $f''(x)$로 나타내고 이를 $f(x)$의 제이차도함수第二次導函數, derivative of second order라 한다. 또 이것을 되풀이하여 $f(x)$의 n 차도함수n次導函數, nth derivative를 정의할 수 있고 이것을 $f^{(n)}(x)$로 나타낸다. 이차二次이상의 도함수導函數를 고차도함수高次導函數라 한다.

$y = f(x)$의 n차 도함수를

$$y^{(n)},\ \frac{d^n y}{dx^n},\ \frac{d^n}{dx^n} f(x),\ f^{(n)}(x),\ D^n f(x)$$

와 같이 표시한다.

정리 1 함수 $f(x)$, $g(x)$가 어떤 구간區間에서 n 회 미분가능微分可能)하면, $f(x) \pm g(x)$도 n회 미분가능微分可能하고

$$\frac{d^n}{dx^n}[f(x) \pm g(x)] = \frac{d^n}{dx^n} f(x) \pm \frac{d^n}{dx^n} g(x). \text{ (복호동순)}$$

풀이 $\frac{d}{dx}(f(x) \pm g(x)) = \frac{d}{dx} f(x) \pm \frac{d}{dx} g(x)$ 이므로,

수학적 귀납법數學的 歸納法에 의하여 명백하다.

정리 2 [Leibniz의 정리]

함수 $f(x)$, $g(x)$가 어떤 구간區間에서 n회 미분가능微分可能하면 $f(x)\,g(x)$도 그 구간區間에서 n회 미분가능微分可能하며

$$\begin{aligned}[f(x)g(x)]^n &= f^{(n)}(x)g(x) + \frac{n}{1!}f^{(n-1)}(x)g'(x) \\ &\quad + \frac{n(n-1)}{2!}f^{(n-2)}(x)g''(x) + \cdots + \\ &\quad + \frac{n(n-1)\cdots(n-r+1)}{r!}f^{(n-r)}(x)g^{(r)}(x) \\ &\quad + \cdots + f(x)g^{(n)}(x) \\ &= \sum_{r=0}^{n} {}_nC_r f^{(n-r)}(x)g^{(r)}(x)\end{aligned}$$

(단, $f^{(0)}(x) = f(x)$, $g^{(0)}(x) = g(x)$)

와 같이 나타낼 수 있다.

증명 수학적 귀납법數學的 歸納法에 의해 증명하겠다.

❶ $n=1$일 때

$(f(x)g(x))' = f'(x)g(x) + f(x)g'(x)$이므로 이 정리定理는 성립成立한다.

❷ $n=k$ (k는 양의 정수)일 때

$$\begin{aligned}(f(x)g(x))^{(k)} &= f^{(k)}(x)g(x) + \frac{k}{1!}f^{(k-1)}(x)g'(x) \\ &\quad + \frac{k(k-1)}{2!}f^{(k-2)}(x)g''(x) + \cdots\end{aligned}$$

$$+\frac{k(k-1)\cdots(k-r+1)}{r!}f^{(k-r)}(x)g^{(r)}(x)$$

$$+\cdots+f(x)g^{(k)}(x)$$

가 성립함을 가정하고,

❸ $n=k+1$일 때 성립成立함을 보이자.

$$\begin{aligned}(f(x)g(x))^{(k+1)} &= \{f^{(k+1)}(x)g(x)+f^{(k)}(x)g'(x)\}\\ &+k\{f^{(k)}(x)g'(x)+f^{(k-1)}(x)g''(x)\}\\ &+\frac{k(k-1)}{2!}\{f^{(k-1)}(x)g''(x)+f^{(k-2)}(x)g^{(3)}(x)\}\\ &+\cdots\\ &+\frac{k(k-1)\cdots(k-r+1)}{r!}\{f^{(k-r+1)}(x)g^{(r)}(x)\\ &+f^{(k-r)}(x)g^{(r+1)}(x)\}\\ &+\cdots+\{f'(x)g^{(k)}(x)+f(x)g^{(k+1)}(x)\}\end{aligned}$$

이 되므로 $n=k+1$일 때 정리定理가 성립成立한다.

예 1 다음 각 함수의 n 차 도함수를 구하라.

❶ $y=x^n$ (n은 양의 정수) ❷ $y=\sin x$

풀이 ❶ $y'=nx^{n-1}$, $y''=n(n-1)x^{n-2}$, $\cdots$,

$y^{(n-1)}=n(n-1)\cdots3\cdot2\cdot1\cdot x$. 그러므로 $y^{(n)}=n!$.

❷ $y'=\cos x=\sin\left(x+\frac{\pi}{2}\right)$, $y''=\cos\left(x+\frac{\pi}{2}\right)=\sin\left(x+2\frac{\pi}{2}\right)$,

$y'''=\cos(x+\pi)=\sin\left(x+\frac{3}{2}\pi\right)$, $\cdots$, $y^{(n)}=\sin\left(x+\frac{n\pi}{2}\right)$.

예 2 $y=x^n+\sin ax$의 n차 도함수를 구하라.

풀이 $f(x)=x^n$이라고 하면 $f^{(n)}(x)=n!$,

$g(x)=\sin ax$이면 $g'(x)=a\cos ax=a\sin\left(ax+\frac{\pi}{2}\right)$,

$$g''(x) = a^2 \cos\left(ax + \frac{\pi}{2}\right) = a^2 \sin\left(ax + \frac{2}{2}\pi\right)$$ 이므로

$$g^{(n)}(x) = a^n \sin\left(ax + \frac{n\pi}{2}\right).$$

그러므로 $y^{(n)} = n! + a^n \sin\left(ax + \dfrac{n\pi}{2}\right)$.

예 3 $y = x^2 e^{kx}$의 n차 도함수를 구하라.

풀이 $f(x) = x^2$, $g(x) = e^{kx}$라 하면

$f'(x) = 2x$, $f''(x) = 2$, $f^{(3)}(x) = f^{(4)}(x) = \cdots = f^{(n)}(x) = 0$,

$g'(x) = ke^{kx}$, $g''(x) = k^2 e^{kx}$, $\cdots$, $g^{(n)}(x) = k^n e^{kx}$.

그러므로

$$\begin{aligned} y^{(n)} &= 0 + \cdots + 0 + \frac{n(n-1)\cdots 4\cdot 3}{(n-2)!} 2k^{n-2}e^{kx} \\ &\quad + \frac{n(n-1)\cdots 4\cdot 3\cdot 2}{(n-1)!} 2x\,k^{n-1}e^{kx} + x^2 k^n e^{kx} \\ &= k^{n-2}e^{kx}\{n(n-1) + 2nkx + k^2x^2\}. \end{aligned}$$

예 4 $y = \dfrac{1}{a^2 - x^2}$ 의 n차 도함수를 구하라.

풀이 $y = \dfrac{1}{a^2 - x^2} = \dfrac{1}{2a}\left(\dfrac{1}{a+x} + \dfrac{1}{a-x}\right)$이므로

$f(x) = \dfrac{1}{a+x}$라고 하면,

$$f'(x) = \frac{-1}{(a+x)^2},\ f''(x) = \frac{(-1)(-2)}{(a+x)^3} = \frac{(-1)^2 2!}{(a+x)^3},\ \cdots,$$

$$f^{(n)}(x) = \frac{(-1)^n n!}{(a+x)^{n+1}}.$$

한편 $g(x) = \dfrac{1}{a-x}$라고 하면,

$$g'(x) = \frac{1}{(a-x)^2},\ g''(x) = \frac{2!}{(a-x)^3},\ \cdots,\ g^{(n)}(x) = \frac{n!}{(a-x)^{n+1}}$$

이 된다. 따라서

$$y^{(n)} = \frac{1}{2a}\left\{(-1)^n \frac{n!}{(a+x)^{n+1}} + \frac{n!}{(a-x)^{n+1}}\right\}$$
$$= \frac{n!}{2a}\left\{\frac{(-1)^n}{(a+x)^{n+1}} + \frac{1}{(a-x)^{n+1}}\right\}.$$

연습문제

1. 다음 각 함수의 n차 도함수를 구하라.

❶ $y = e^{ax}$ ❷ $y = \ln x$

❸ $y = \cos ax$ ❹ $y = ax$

❺ $y = \cos ax \cos bx$ ❻ $y = x^3 \ln x$

❼ $y = \dfrac{x^4}{1-x}$ ❽ $y = x^{n-1} e^{\frac{1}{x}}$

❾ $y = x^3 a^x$ ❿ $y = (1-x^2)^n$

2. $x = \phi(t)$, $y = \varphi(t)$가 2회 미분가능微分可能하고 $\phi'(t) \neq 0$일 때

$$\frac{d^2y}{dx^2} = \frac{\varphi''(t)\phi'(t) - \varphi'(t)\phi''(t)}{\{\phi'(t)\}^3}$$

임을 증명하라.

3. $y = f(x)$가 2회 미분가능微分可能하고, $f'(x) \neq 0$일때 역함수逆函數 $x = f^{-1}(y)$도 2회 미분가능微分可能하며,

$$\frac{d^2x}{dy^2} = \frac{-\left(\dfrac{d^2y}{dx^2}\right)}{\left(\dfrac{dy}{dx}\right)^3}$$

임을 증명하라.

4. $y = \sin(n \sin^{-1} x)$일 때,

$$(1-x^2)y'' - xy' + n^2 y = 0$$

임을 증명하라.

2.7 평균치정리平均値定理

정리 1 [Roll의 정리定理]

함수 $f(x)$가 $[a, b]$에서 연속連續이고, (a, b)에서 미분가능微分可能하며, $f(a) = f(b) = 0$이면 $f'(c) = 0$되는 c가 a와 b 사이에 존재한다.

증명 $f(x)$가 상수함수常數函數이면 (a, b)의 모든 점 c에 대하여 $f'(c) = 0$이므로 정리定理가 성립成立한다. $f(x)$가 상수함수常數函數가 아니라면 $f(x)$는 $f(a) = f(b)$가 아닌 값을 (a, b)에서 반드시 갖게 된다. 또 $f(x)$는 $[a, b]$에서 연속連續이므로 $f(x)$는 (a, b)에서 최대 혹은 최솟값을 가진다. 만일, $a < c < b$인 점 c에서 $f(c)$가 최댓값이라 하면 임의의 양의 수 h에 대하여

$$f(c+h) - f(c) \le 0 \text{이고 } f(c-h) - f(c) \le 0$$

이다. 그러므로

$$\frac{f(c+h) - f(c)}{h} \le 0 \text{이고 } \frac{f(c-h) - f(c)}{-h} \ge 0$$

이 된다.

그런데 $f(x)$는 $x = c$에서 미분가능微分可能하므로

$$\lim_{h \to 0} \frac{f(c+h) - f(c)}{h} \le 0 \text{이고}$$

$$\lim_{h \to 0} \frac{f(c-h) - f(c)}{-h} \ge 0$$

이 된다.

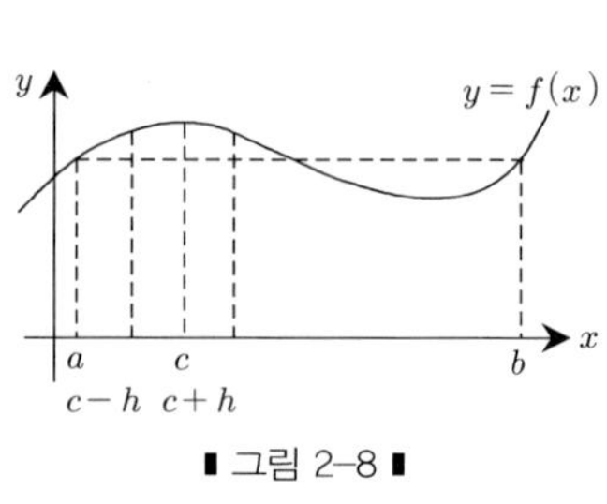

▮ 그림 2–8 ▮

즉, $f'(c) \le 0$이고 $f'(c) \ge 0$이므로 $f'(c) = 0$이다. $f(c)$가 최솟값인 경우도

마찬가지로 증명된다.

주의 1 Rolle의 정리定理의 기하학적幾何學的 의미는 정리定理의 가정假定 하에서 적어도 (a, b) 내의 한 점에서 x 축에 평행平行한 $y=f(x)$의 접선接線을 그을 수 있다는 것이다.

주의 2 정리定理의 가정假定에서 $f(a)=f(b)=0$을 $f(a)=f(b)$로 바꾸어도 좋다.

예 1 $f(x)=(x-1)(x-2)$에서 $f'(c)=0$인 점 c를 찾아라.

풀이 $f(x)$는 $[1, 2]$에서 연속連續이며, $(1, 2)$에서 미분가능微分可能하고 $f(1)=f(2)=0$이다. 그러므로 Roll의 정리에 의하여 $f'(c)=0$인 점點 c가 $(1, 2)$에 반드시 존재한다. 즉 $f'(x)=2x-3$이므로 $c=\dfrac{3}{2}$.

주의 3 함수 $y=f(x)$가 $[a, b]$에서 연속連續이고, $f(a)=f(b)$일지라도 (a, b)에서 미분가능微分可能하지 않으면 Rolle의 정리定理가 성립成立하지 않는다.

예 2 $f(x)=1-|x|$는 $(-1, 1)$에서 $f'(c)=0$인 점 c가 존재存在하지 않음을 밝혀라.

풀이 $f(x)$는 $[-1, 1]$에서 연속連續이고, $f(-1)=f(1)=0$이다.

그러나

$$f'_+(0)=\lim_{\Delta x\to 0+}\frac{(1-|0+\Delta x|)-(1-|0|)}{\Delta x}=\lim_{\Delta x\to 0+}\frac{-|\Delta x|}{\Delta x}=-1,$$

$$f'_-(0)=\lim_{\Delta x\to 0-}\frac{(1-|0+\Delta x|)-(1-|0|)}{\Delta x}=\lim_{\Delta x\to 0-}\frac{|\Delta x|}{\Delta x}=1,$$

이므로 $f'(0)$가 존재存在하지 않으므로 $f'(c)=0$인 점 c가 $(-1, 1)$에서 없다.

정리 2 [평균치정리平均値定理, Lagrange의 mean value theorem]

함수 $y=f(x)$가 $[a, b]$에서 연속連續이고 (a, b)에서 미분가능微分可能이면 $\dfrac{f(b)-f(a)}{b-a}=f'(c)$인 점 c가 (a, b)에서 반드시 존재한다.

증명 새로운 함수 $F(x)=f(b)-f(x)-\dfrac{f(b)-f(a)}{b-a}(b-x)$를 $[a,b]$에서 정의하면 $F(x)$는 $[a,b]$에서 연속連續이고, (a,b)에서 미분가능微分可能이며, $F(a)=0=F(b)$이므로, Rolle의 정리에 의해 $F'(c)=0$인 점 c가 (a,b)에 존재한다. 그러므로

$$0=F'(c)=-f'(c)+\frac{f(b)-f(a)}{b-a}.$$

따라서

$$\frac{f(b)-f(a)}{b-a}=f'(c)\ (a<c<b).$$

주의 4 평균치정리平均値定理의 기하학적幾何學的 의미는 [그림 2-9]에서 보는 바와 같이 두 점 $(a, f(a))$, $(b, f(b))$를 맺는 선분線分과 평행平行인 $y=f(x)$의 접선接線을 (a,b) 내의 점에서 그을 수 있다는 것이다.

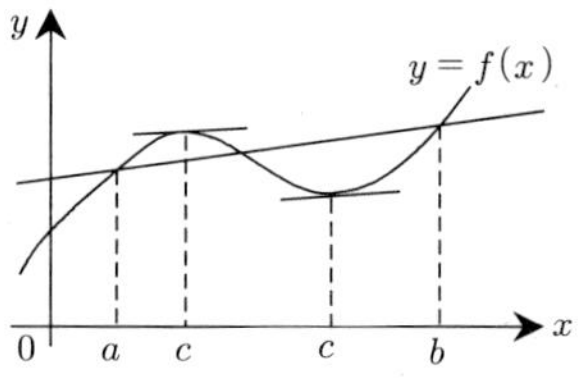

▮ 그림 2-9 ▮

주의 5 평균치정리平均値定理는 $b-a=h$, $c-a=\theta h(0<\theta<1)$라고 두면 $f(a+h)=f(a)+hf'(a+\theta h)\ (0<\theta<1)$이고 $a=0$, $h=x$라고 두면 $f(x)=f(0)+xf'(\theta x)\ (0<\theta<1)$와 같이 나타낼 수 있다.

예 3 $f(x)=\sqrt{x}$ 에 대해 [1, 4]에서 평균치정리平均値定理를 적용할 때 c의 값을 구하라.

풀이 $f'(x)=\dfrac{1}{2\sqrt{x}}$ 이므로 $f'(c)=\dfrac{1}{2\sqrt{c}}$, $\dfrac{f(4)-f(1)}{4-1}=\dfrac{\sqrt{4}-\sqrt{1}}{3}=\dfrac{1}{3}$이므로 따라서 $\dfrac{1}{3}=\dfrac{1}{2\sqrt{c}}$. 그러므로 $c=\dfrac{9}{4}$이다.

예 4 모든 실수實數 a, b에 대하여 $|\sin b-\sin a|\leq|b-a|$임을 보여라.

풀이 $f(x)=\sin x$라 두면 $f'(x)=\cos x$이다. 그러므로

$$M' = \max f'(x) = 1,\ m' = \min f'(x) = -1.$$

이것을 평균치정리平均値定理에 이용하면

$$(b-a)m' < f(b) - f(a) < (b-a)M'$$

이다. 따라서

$$|\sin b - \sin a| \leq |b-a|.$$

예 5 함수 $y = f(x)$가 구간 (a, b)에서 미분가능微分可能하고 모든 $x \in (a, b)$에 대하여 $f'(x) = 0$이면 $f(x)$는 $[a, b]$에서 상수함수常數函數이다.

풀이 $x_1, x_2 (x_1 < x_2)$를 (a, b)내의 임의의 두 점이라고 하면 평균치정리平均値定理에 의하여

$$f(x_2) = f(x_1) + (x_2 - x_1) f'(c)$$

를 만족하는 c가 (a, b)내에 존재한다. 그런데 $f'(c) = 0$이므로 $f(x_1) = f(x_2)$. 따라서 $f(x)$는 상수함수常數函數이다.

예 6 두 함수 $f(x)$, $g(x)$가 (a, b)에서 미분가능微分可能하고 $f'(x) = g'(x)$이면 $g(x) = f(x) + c$(단, c는 상수常數)이다.

풀이 $F(x) = g(x) - f(x)$로 놓으면 $F(x)$는 (a, b)에서 미분가능微分可能하고, $F'(x) = g'(x) - f'(x) = 0$이다. 그러므로 [예 5]에 의하여 $c = F(x) = g(x) - f(x)$이다. 따라서 $g(x) = f(x) + c$이다.

예 7 구간區間 (4, 5)내의 함수 $f(x) = x^2 + 2x + 3$에 대하여 [주의 5]를 적용할 때, θ의 값을 구하라.

풀이 $f(x) = x^2 + 2x + 3$에서 $f'(x) = 2x + 2$, 또 [주의 5]에서 $a = 4$, $h = 5 - 4 = 1$, $a + h = 5$이므로 $f(a+h) = f(5) = 38$, $f(a) = f(4) = 27$이다. 따라서 주어진 식式에 대입代入하면, $38 = 27 + f'(4+\theta) = 27 + 2(4+\theta) + 2$이다.

그러므로 $\theta = \dfrac{1}{2}$이다.

정리 3 [Cauchy의 일반화一般化된 평균치정리平均値定理]

함수 $f(x)$와 $g(x)$가 $[a, b]$에서 연속連續이고, (a, b)에서 미분가능微分可能이며 $g'(x) \neq 0$이면

$$\frac{f(b)-f(a)}{g(b)-g(a)} = \frac{f'(c)}{g'(c)}$$

를 만족하는 점 c가 (a, b) 내에 적어도 하나 존재한다.

증명 (a, b)에서 새로운 함수 $\phi(x)$를

$$\phi(x) = \{f(b)-f(a)\}g(x) - \{g(b)-g(a)\}f(x)$$

라고 정의하자. 그러면 (a, b)도 $[a, b]$에서 연속連續이고, (a, b)에서 미분가능微分可能하다. 또 $\phi(a) = f(b)\,g(a) - f(a)\,g(b) = \phi(b)$이므로 $\phi(x)$에 Roll의 정리를 적용시키면 $\phi'(c) = 0$인 점 c가 (a, b)내에 존재存在한다. 즉,

$$\{f(b)-f(a)\}\,g'(c) = \{g(b)-g(a)\}\,f'(c)$$

를 만족한다. 또 $g'(x) \neq 0$이므로 $g'(c) \neq 0$이고, Rolle의 정리의 대우에서 $g'(x) \neq 0$이므로 $g(a) \neq g(b)$이다. 그러므로 우리는 정리定理의 결과를 얻을 수 있다.

주의 6 [정리 3]에서

$$F(x) = f(x) - f(a) - \frac{f(b)-f(a)}{g(b)-g(a)}\{g(x)-g(a)\}$$

라 두고 해도 증명할 수 있다.

주의 7 [정리 3]에서 $g(x) = x$이면 $g(b) = b$, $g(a) = a$, $g'(x) = 1$, $g'(c) = 1$이므로 바로 평균치정리平均値定理가 된다. 그러므로 Cauchy의 평균치정리平均値定理는 Lagrange의 평균치정리平均値定理의 일반화一般化이다.

예 8 Cauchy의 평균치정리平均値定理를 이용하여 부등식不等式 $\tan x > x$가 성립成立함을 증명하라(단, $0 < x < \frac{\pi}{2}$).

풀이 $[0, x]$에서 $f(x) = \tan x$이면 $f(0) = 0$이므로

$$\frac{\tan x}{x} = \frac{\tan x - \tan 0}{x - 0} = \frac{\sec^2 c}{1} = \frac{1}{\cos^2 c}$$

를 만족하는 c가 $(0, x)$에 존재한다. $0 < c < \frac{\pi}{2}$이므로 $\cos c < 1$. 따라서 $\frac{\tan x}{x} > 1$이므로 $\tan x > x$임을 알 수 있다.

정리 4 Taylor의 정리

함수 $y = f(x)$가 (a, b)에서 제 n계 도함수까지 존재하고 $0 < \theta < 1$인 θ를 적당히 취하면,

$$f(b) = f(a) + \frac{b-a}{1!} f'(a) + \frac{(b-a)^2}{2!} f''(a) + \cdots + \frac{(b-a)^{n-1}}{(n-1)!} f^{(n-1)}(a) + \frac{(b-a)^n}{n!} f^{(n)}\{a + \theta(b-a)\}.$$

증명 (i) $n = 1$일 때, 평균치정리平均値定理에 의해

$f(b) = f(a) + (b-a) f'\{a + \theta(b-a)\}$여서 정리는 성립한다.

(ii) $n \geq 2$일 때

$$f(b) - \left[f(a) + \frac{(b-a)}{1!} f'(a) + \frac{(b-a)^2}{2!} f''(a) + \cdots + \frac{(b-a)^{n-1}}{(n-1)!} f^{(n-1)}(a) + \frac{(b-a)^n}{n!} k \right] = 0$$

인 k가 $k = f^{(n)}\{a + \theta(b-a)\}$ $(0 < \theta < 1)$임을 증명하면 된다.

위 식의 좌변左邊에서 a 대신 x로 바꾼 식을 $\phi(x)$라 하자.

즉,

$$\phi(x) = f(b) - \left[f(x) + \frac{(b-x)}{1!} f'(x) + \frac{(b-x)^2}{2!} f''(x) + \cdots + \frac{(b-x)^{n-1}}{(n-1)!} f^{(n-1)}(x) + \frac{(b-x)^n}{n!} k \right]$$

라 하자.

$f(x)$가 (a, b)에서 제 n계 도함수까지 존재하므로 당연히 $[a, b]$에서 연속連

續이 되어 $\phi(x)$도 $[a, b]$에서 연속이며 (a, b)에서 미분가능微分可能하며 $\phi(a)=\phi(b)=0$. 여기서 $\phi(x)$에 Rolle의 정리를 적용시킬 수가 있다. 그러므로

$$\begin{aligned}
\phi'(x) &= -f'(x) - \left\{-f(x) + \frac{b-x}{1!} f''(x)\right\} \\
&\quad - \left\{\frac{-2(b-x)}{2!} f''(x) + \frac{(b-x)^2}{2!} f'''(x)\right\} \\
&\quad - \cdots \\
&\quad - \left\{-\frac{(n-1)(b-x)^{n-2}}{(n-1)!} f^{(n-1)}(x) + \frac{(b-x)^{n-1}}{(n-1)!} f^{(n)}(x)\right\} \\
&\quad - \left\{-\frac{n(b-x)^{n-1}}{n!} k\right\} \\
&= -\frac{(b-x)^{n-1}}{(n-1)!} f^{(n)}(x) + \frac{(b-x)^{n-1}}{(n-1)!} k \\
&= \frac{(b-x)^{n-1}}{(n-1)!} \left\{k - f^{(n)}(x)\right\}
\end{aligned}$$

이므로 $\phi'(c)=0$, $c=a+\theta(b-a)$ $(0<\theta<1)$인 점 c가 (a, b)에서 적어도 하나 존재한다. 즉,

$$\frac{(b-c)^{n-1}}{(n-1)!}\left\{k - f^{(n)}(c)\right\} = 0.$$

$k = f^{(n)}(c) = f^{(n)}\{a+\theta(b-a)\}$ $(0<\theta<1)$이므로

$$\begin{aligned}
f(b) &= f(a) + \frac{(b-a)}{1!} f'(a) + \frac{(b-a)^2}{2!} f''(a) + \cdots \\
&\quad + \frac{(b-a)^{n-1}}{(n-1)!} f^{(n-1)}(a) + \frac{(b-a)^n}{n!} f^{(n)}\{a+\theta(b-a)\}.
\end{aligned}$$

주의 7 [정리 4]로부터 다음을 얻을 수 있다.

❶ $$\begin{aligned}
f(a+h) &= f(a) + hf'(a) + \frac{h^2}{2!} f''(a) + \cdots + \frac{h^{n-1}}{(n-1)!} f^{(n-1)}(a) \\
&\quad + \frac{h^n}{n!} f^{(n)}(a+\theta h).
\end{aligned}$$

❷ $$f(x)=f(a)+(x-a)f'(a)+\frac{(x-a)^2}{2!}f''(a)+\cdots+\frac{(x-a)^{n-1}}{(n-1)!}f^{(n-1)}(a)+\frac{(x-a)^n}{n!}f^{(n)}(a+\theta(x-a)).$$

풀이 ❶ Taylor 정리에서 $b-a=h$라 하면 된다.

❷ Taylor 정리에서 $b=x$라 하면 된다.

정리 5 Maclaurin의 정리

0을 포함하는 어떤 개구간 I에서 $f^{(n)}(x)$가 존재할 때, $x(\neq 0)\in I$에 대해서

$$f(x)=f(0)+\frac{f'(0)}{1!}x+\frac{f''(0)}{2!}x^2+\cdots+\frac{f^{(n-1)}(0)}{(n-1)!}x^{n-1}+\frac{f^{(n)}(\theta x)}{n!}x^n$$

$(0<\theta<1)$인 θ $(0<\theta<1)$가 존재한다.

증명 Taylor의 정리에서 $b=x$, $a=0$이라 하면 Maclaurin의 정리가 된다. 여기서 $R_n=\dfrac{f^{(n)}(\theta x)}{n!}x^n$라 두고 $f(x)$가 몇 번이라도 미분가능微分可能하고 $n\to\infty$ 일 때, R_n의 극한極限값이 0이 되면 Maclaurin의 정리를 다음과 같이 쓴다.

$$f(x)=f(0)+\frac{f'(0)}{1!}x+\frac{f''(0)}{2!}x^2+\cdots=\sum_{n=0}^{\infty}\frac{f^{(n)}(0)}{n!}x^n.$$

주의 8 ❶ Taylor 정리에서

$$\frac{(b-a)^n}{n!}f^{(n)}\{a+\theta(b-a)\}$$

를 Lagrange의 잉여항剩餘項이라 한다.

❷ Taylor 정리는 $n=1$일 때 평균치정리平均値定理가 되므로 평균치정리平均値定理의 확장이다.

❸ Maclaurin의 정리定理에 의하면 x가 아주 작을 때는 $f(x)$를 1차 또는 2차 함수로 근사화近似化할 수 있다. 예를 들면 $\sin x \fallingdotseq x$ 이다.

❹ 함수 $f(x)$를 $f(x)=\sum_{n=0}^{\infty}\frac{f^{(n)}(0)}{n!}x^n$ 과 같이 고쳐 쓰는 것을 $f(x)$를 전개展開, expansion한다고 한다.

❺ Taylor 정리에서 $a<b$를 가정하고 있으나 $a>b$일 때도 마찬가지로 정리는 성립한다. 따라서 Maclaurin의 정리定理는 $x<0$일 때도 성립한다. 즉 Maclaurin의 정리는 모든 x에 대하여 항상 성립한다.

예 9 모든 실수 x에 대하여

$$e^x = 1 + \frac{x}{1!} + \frac{x^2}{2!} + \cdots + \frac{x^n}{n!} + \cdots$$

임을 증명하라.

풀이 $f(x)=e^x$라 하면, $f^{(n)}(x)=e^x$ 여서 $f^{(n)}(0)=1$이고 $f^{(n)}(\theta x)=e^{\theta x}$이므로 Maclaurin의 정리에 의해

$$e^x = 1 + \frac{x}{1!} + \frac{x^2}{2!} + \cdots + \frac{x^{n-1}}{(n-1)!} + \frac{e^{\theta x}}{n!}x^n \quad (0<\theta<1)$$

x가 모든 실수구간實數區間에서 하나로 고정될 때 $e^{\theta x} \le e^{\theta|x|} \le e^{|x|} \le M$(상수)이라 하고, $m>|x|$인 자연수 m을 하나로 정하면, $0<\frac{|x|}{m}<1$ 이고 m과 x는 일정한 수이므로 m보다 큰 자연수 n에 대하여

$$\frac{|x|^n}{n!} = \frac{|x|^m}{m!}\frac{|x|}{m+1}\frac{|x|}{m+2}\cdots\frac{|x|}{n}$$

$$< \frac{|x|^m}{m!}\frac{|x|}{m}\frac{|x|}{m}\cdots\frac{|x|}{m}$$

$$= \frac{|x|^m}{m!}\left(\frac{|x|}{m}\right)^{n-m},$$

$\lim_{n\to\infty}\left(\frac{|x|}{m}\right)^{n-m}=0$이므로 $\lim_{n\to\infty}\frac{|x|^n}{n!}=0$,

$$|R_n| = \left| \frac{x^n}{n!} e^{\theta x} \right| \leq \frac{|x|^n}{n!} M \text{이므로 } \lim_{n\to\infty} |R_n| = 0.$$

그러므로

$$e^x = 1 + \frac{x}{1!} + \frac{x^2}{2!} + \frac{x^3}{3!} + \cdots + \frac{x^{n-1}}{(n-1)!} + \frac{x^n}{n!} + \cdots.$$

예 10 모든 실수 x 에 대하여 다음 식이 성립함을 증명하라.

❶ $\sin x = \dfrac{x}{1!} - \dfrac{x^3}{3!} + \dfrac{x^5}{5!} - \cdots + (-1)^n \dfrac{x^{2n+1}}{(2n+1)!} + \cdots$

❷ $\cos x = 1 - \dfrac{x^2}{2!} + \dfrac{x^4}{4!} - \cdots + (-1)^n \dfrac{x^{2n}}{(2n)!} + \cdots$

풀이 ❶ $f(x) = \sin x$라 하면, $f^{(n)}(x) = \sin\left(x + \dfrac{n}{2}\pi\right)$이므로

$$f^{(n)}(0) = \sin \frac{n\pi}{2} = \begin{cases} 0 & (n = 2m) \\ (-1)^m & (n = 2m+1) \end{cases}.$$

$$(m = 0, 1, 2, \cdots)$$

따라서

$$\sin x = x - \frac{x^3}{3!} + \frac{x^5}{5!} - \frac{x^7}{7!} + \cdots + (-1)^{n-1} \frac{x^{2n-1}}{(2n-1)!} + R_{2n+1},$$

$$|R_{2n+1}| \leq \frac{|x|^{2n+1}}{(2n+1)!} \left| \sin\left(\theta x + \frac{2n+1}{2}\pi\right) \right|$$

$$\leq \frac{|x|^{2n+1}}{(2n+1)!} \to 0 \ (n \to \infty) \text{이므로}$$

$$\sin x = \frac{x}{1!} - \frac{x^3}{3!} + \frac{x^5}{5!} - \cdots + (-1)^n \frac{x^{2n+1}}{(2n+1)!} + \cdots.$$

❷ ❶과 같이 증명하면 된다.

[예 9]의 e^x의 전개식展開式에서 x 대신 ix를 대입하자. 단 $i = \sqrt{-1}$ 이다.

$$e^{ix} = 1 + \frac{ix}{1!} + \frac{(ix)^2}{2!} + \frac{(ix)^3}{3!} + \cdots$$

$$= 1 + ix - \frac{x^2}{2!} - i\frac{x^3}{3!} + \cdots$$

$$= \left(1 - \frac{x^2}{2!} + \frac{x^4}{4!} - \frac{x^6}{6!} + \cdots\right) + i\left(x - \frac{x^3}{3!} + \frac{x^5}{5!} - \frac{x^7}{7!} + \cdots\right)$$

$$= \cos x + i \sin x \, .$$

그러므로 $e^{ix} = \cos x + i \sin x$. 이 식을 Leonhard Euler의 공식이라 한다. 또 이 식에서 x대신 π로 놓으면

$$e^{i\pi} = \cos \pi + i \sin \pi = -1$$

$$\therefore \ e^{i\pi} = -1.$$

이 식은 신비수神秘數 e와 i와 π와의 관계를 말하고 있다.

예 11 $f(x) = \dfrac{1}{1-x}$의 Maclaurin 급수級數를 구하라.

풀이 $f^{(n)}(x) = \dfrac{n!}{(1-x)^{n+1}}$ 이므로 $f^{(n)}(0) = n!$이다. 그리고, $|\xi| < |x|$에 대해서

$$\lim_{n\to\infty} |R_n(x)| \le \lim_{n\to\infty} \left|\frac{x}{1-\xi}\right|^n \le \lim_{n\to\infty} |\xi|^n = 0 \quad (|x| < 1)$$

이므로

$$\frac{1}{1-x} = \sum_{n=0}^{\infty} x^n = 1 + x + x^2 + x^3 + \cdots + x^n + \cdots \quad (|x| < 1)$$

을 얻으며, 이것이 $f(x)$의 Maclaurin 급수級數이다.

예 12 $-1 < x < 1$인 x에 대하여

$$\tan^{-1} x = x - \frac{x^3}{3} + \frac{x^5}{5} - \frac{x^7}{7} + \cdots$$

임을 증명하라.

풀이 $-1 < x < 1$일 때, $f(x) = \tan^{-1} x$가

$$f(x) = a_0 + a_1 x + a_2 x^2 + a_3 x^3 + a_4 x^4 + \cdots$$

로 전개展開되었다고 가정假定하면

$$f'(x) = \frac{1}{1+x^2} = a_1 + 2a_2 x + 3a_3 x^3 + 4a_4 x^4 + \cdots.$$

그런데 $-1 < x < 1$인 x에 대하여 [예 11]을 이용하면

$$\frac{1}{1+x^2} = 1 - x^2 + x^4 - x^6 + \cdots$$

이므로 두 식의 계수係數를 비교比較하여

$$a_2 = a_4 = a_6 = \cdots = 0, \quad a_1 = 1, \quad 3a_3 = -1, \quad 5a_5 = 1, \quad \cdots$$

이고 $a_0 = \tan^{-1} 0 = 0$

$$\tan^{-1} x = x - \frac{x^3}{3} + \frac{x^5}{5} - \frac{x^7}{7} + \cdots.$$

연습문제

1. 다음 함수에서 $f(b) = f(a) + (b-a) f'(c)$ 되는 c가 존재하면 그 값을 구하라.

❶ $f(x) = x^2 + x$; $a = 4, b = 6$

❷ $f(x) = \log x$; $a = 1, b = e$

❸ $f(x) = x - \frac{2}{3}$; $a = -1, b = 1$

❹ $f(x) = \cot \pi x$; $a = -\frac{1}{2}, b = \frac{1}{2}$

2. 방정식方程式 $x^3 + 4x - 1 = 0$은 두 개 이상의 실근實根을 가질 수 없음을 보여라.

3. 함수 $f(x)$, $g(x)$가 $[a, b]$에서 연속이고 (a, b)에서 미분가능微分可能이며, $f(a) = g(a)$, $f(b) = g(b)$일 때, $f'(c) = g'(c)$되는 c가 (a, b)안에 존재함을 보여라.

4. 평균치정리平均値定理를 써서

$$1.5 < \sqrt{3} < 1.75$$

임을 증명하라.

5. $f(x) = e^x$ 이고 $a = 0$ 일 때

$$h < e^h - 1 < h\,e^h \;(h \neq 0)$$

임을 보여라.

6. $f(x) = x \ln x$, $a = 1$일 때 $b > 1$이면

$$\frac{1}{b} < \frac{\ln b}{b-1} < 1$$

임을 보여라.

7. $f(x) = x^n$(n은 양의 정수)일 때 구간區間 $a \le x \le b$에 적용한 평균치정리平均値定理에 있어서의 θ의 값은

$$\frac{1}{b-a}\left\{\left(\frac{b^n - a^n}{n(b-a)}\right)^{\frac{1}{n-1}} - a\right\}$$

임을 보여라.

8. $f(x) = x^3$일 때 $f(a+h) = f(a) + h f'(a+\theta h)$ 인 등식等式 중의 θ는 $a + \frac{h}{3} = 2a\theta + \theta^2 h$를 만족함을 보이고 $\lim_{h \to 0} \theta$ 를 구하라.

2.8 함수函數의 증감增減과 극치極値

함수 $f(x)$가 어떤 구간에서 정의되고, 그 구간의 임의의 두 점 x_1, x_2에 대하여 $x_1 < x_2$일 때 $f(x_1) < f(x_2)$이면 $f(x)$는 그 구간에서 증가增加, increasing한다 하고, $x_1 < x_2$일 때 $f(x_1) > f(x_2)$이면 $f(x)$는 그 구간에서 감소減少, decreasing한다고 한다.

정리 1 함수 $f(x)$가 $[a, b]$에서 연속連續이고 (a, b)에서 미분가능微分可能하며 (a, b) 안의 모든 점 x에 대하여 $f'(x) > 0$($f'(x) < 0$)이면, $f(x)$는 $[a, b]$에서 증

가(감소) 함수이다.

증명 구간 (a, b)에 속하는 임의의 두 점 x_1, $x_2(x_1 < x_2)$라 하면, 평균치정리平均値定理에 의하여 $f(x_2) - f(x_1) = f'(c)(x_2 - x_1)$을 만족하는 c가 (x_1, x_2) 내에 반드시 존재한다. 그런데 가정에서 $f'(c) > 0$이므로 $f(x_{2)} - f(x_1) > 0$이다. 따라서 $f(x)$는 $[a, b]$에서 증가함수增加函數이다. $f'(x) < 0$인 경우도 같은 방법에 의하여 증명할 수 있다.

예 1 다음 함수의 증감상태增減狀態를 조사하라.

❶ $y = x^3 - 3x^2 - 9x$ ❷ $y = x^2 e^{-x}$

풀이 ❶ $y' = 3x^2 - 6x - 9 = 3(x+1)(x-3)$에서 $x < -1$와 $x > 3$이면 y는 증가상태增加狀態에 있고 $-1 < x < 3$이면 y는 감소상태減少狀態에 있다.

❷ $y' = x(2-x)e^{-x}$에서 $e^{-x} > 0$이므로 $x > 2$ 또는 $x < 0$이면 감소상태減少狀態에 있고 $0 < x < 2$이면 증가상태增加狀態에 있다.

예 2 $x > 0$일 때 $x - \dfrac{x^2}{2} < \ln(1+x) < x$임을 증명하라.

풀이 $f(x) = x - \ln(1+x)$라 두면, $f'(x) = 1 - \dfrac{1}{1+x} = \dfrac{x}{1+x} > 0$이므로 $f(x)$는 증가함수增加函數이다. 그러므로

$f(x) > f(0) = 0$이다. 따라서 $x > \ln(1+x)$이다. 한편

$$g(x) = \ln(1+x) - \left(x - \frac{x^2}{2}\right)$$

이면 $g'(x) = \dfrac{1}{1+x} - 1 + x = \dfrac{x^2}{1+x} > 0$이므로 $g(x)$는 증가함수增加函數이다. 그러므로 $g(x) > g(0) = 0$이다. 따라서 $\ln(1+x) > x - \dfrac{x^2}{2}$.

위의 두 결과에서

$$x - \frac{x^2}{2} < \ln(1+x) < x$$

를 얻는다.

예 3 $f(x)=ax^2+bx^3+cx^4$이 $(-\infty,\infty)$에서 증가함수增加函數가 되려면, $a=c=0$, $b>0$가 되어야 함을 밝혀라.

풀이 $f'(x)=2ax+3bx^2+4cx^3$에서 $c>0(c<0)$일 때

$$\lim_{x\to-\infty} f'(x)=\lim_{x\to-\infty} x^3\left(4c+\frac{3b}{x}+\frac{2a}{x^2}\right)=-\infty \text{이므로}$$

$$\left(\lim_{x\to\infty} f'(x)=-\infty\right)$$

$c=0$이다. 따라서 $f'(x)>0$ $((-\infty<x<\infty))$이려면 $2ax+3bx^2>0$ $(-\infty,\infty)$이 되어야 하며, 그렇게 되기 위해서는 $a=0$, $b>0$이라야 한다.

함수 $f(x)$가 정의定義된 구간區間 내內의 한 점點 $x=a$를 경계로 하여 증가상태增加狀態에서 감소상태減少狀態로 변하면 $f(x)$는 $x=a$에서 극댓값maximal value을 갖는다고 하며, 감소상태減少狀態에서 증가상태增加狀態로 변하면 $f(x)$는 $x=a$에서 극솟값minimal value을 갖는다고 한다. 극댓값과 극솟값을 합쳐 극치極値, extreme value라고 한다.

정리 2 함수 $f(x)$가 $x=a$의 근방近傍에서 미분가능微分可能하고, 이 점에서 극치極値를 가지면 $f'(a)=0$이다.

증명 $f(x)$가 $x=a$에서 극댓값을 갖는다고 하자. (극소일 때도 같은 방법으로 증명된다.) 충분히 작은 $h>0$에 대하여

$$\frac{f(a+h)-f(a)}{h}<0, \quad \frac{f(a-h)-f(a)}{-h}>0$$

이고

$$\lim_{h\to 0}\frac{f(a+h)-f(a)}{h}\le 0, \quad \lim_{h\to 0}\frac{f(a-h)-f(a)}{-h}\ge 0$$

이므로

$$0\le f'(a)\le 0.$$

즉, $f'(a)=0$이 된다.

예 4 $f(x) = 2x^3 - 9x^2 + 12x - 2(0 \leq x \leq 3)$의 극치極値를 구하라.

풀이 $f'(x) = 6x^2 - 18x + 12$

$= 6(x-1)(x-2)$이며

$f'(x) = 0$에서 $x = 1, 2$를 얻는다. 따라서

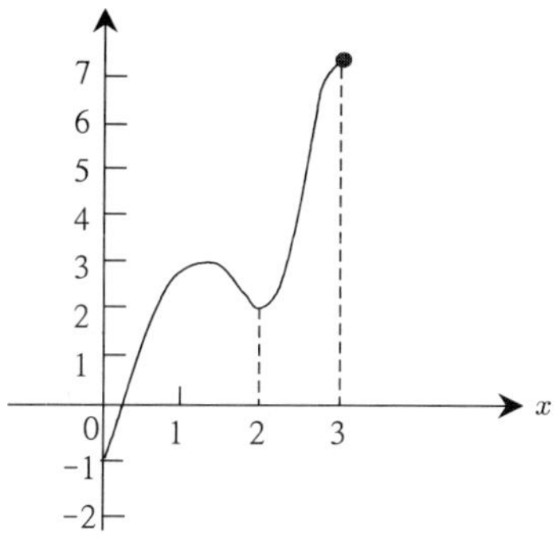

▮ 그림 2-10 ▮

x	0	1		2	3
$f'(x)$	+	0	−	0	+
$f(x)$	↗	극대	↘	극소	↗

$x = 1$에서 극댓값 $f(1) = 3$,

$x = 2$에서 극솟값 $f(2) = 2$.

예 5 $f(x) = x^3 - 3ax + b$에서 극댓값이 6, 극솟값이 2가 되도록 a, b를 정하라.

풀이 $f'(x) = 3x^2 - 3a = 3(x^2 - a) = 3(x + \sqrt{a})(x - \sqrt{a})$, $f(x)$가 극치極値를 가지므로 $a > 0$이어야한다. 그러므로 $f(-\sqrt{a}) = 2a\sqrt{a} + b = 6$, $f(\sqrt{a}) = -2a\sqrt{a} + b = 2$에서 $a = 1$, $b = 4$.

x	$\cdots$	$-\sqrt{a}$	$\cdots$	$\sqrt{a}$	$\cdots$
$f'(x)$	+	0	−	0	+
$f(x)$	↗	극대	↘	극소	↗

예 6 $f(x) = \sqrt[3]{(x-1)^2}$ 의 극치極値를 구하라.

풀이 $f'(x) = \dfrac{2}{3\sqrt[3]{x-1}}$ 이므로 $f'(x) = 0$인 값은 없다. 지금 $x = 1$ 근방에서 $f'(x)$의 부호를 조사하면 충분히 작은 $h > 0$에 대하여

$$f'(1-h) = \frac{2}{3\sqrt[3]{-h}} < 0,$$

$$f'(1+h) = \frac{2}{3\sqrt[3]{h}} > 0$$

이므로 $x=1$에서 극솟값 $f(1)=0$을 갖는다.

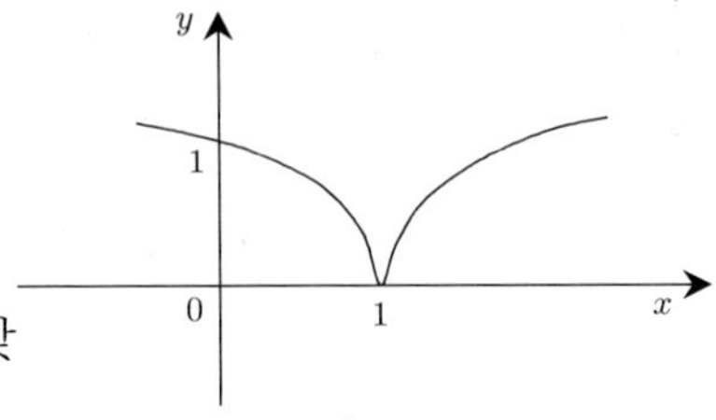

▮ 그림 2-11 ▮

주의 1 미분가능微分可能한 함수函數 $f(x)$에서 $f'(a)=0$은 $f(a)$가 극치極値이기 위한 필요조건必要條件이지만 충분조건充分條件은 아니다. 그러므로 [예 6]에서처럼 $f'(x)=0$인 점點이 존재하지 않을 때는 함수函數의 증감상태增減狀態에 의해서 극치極値를 판정해야 한다.

예 7 $f(x)=x\,|x(x-3)|+1$일 때 $f(x)$의 극치極値를 구하고 그래프를 그려라.

풀이 $x<0$일 때 $f(x)=x\{x(x-3)\}+1=x^3-3x^2+1$, $0 \le x < 3$일 때 $f(x)=x\{-x(x-3)\}+1=-x^3+3x^2+1$, $x \ge 3$일 때 $f(x)=x\{x(x-3)\}+1=x^3-3x^2+1$.

따라서

$x<0$, $x \ge 3$일 때 $f'(x)=3x^2-6x=3x(x-2)$,

$f'(x)=0$에서 $x=0, 2$.

$0 \le x < 3$일 때 $f'(x)=-3x^2+6x$
$=-3x(x-2)$,

$f'(x)=0$에서 $x=0, 2$.

$x=3$은 f가 미분가능微分可能이 아닌 연속점連續點이다.

x		0		2		3	
$f'(x)$	+	0	+	0	−		+
$f(x)$	↗	1	↗	5	↘	1	↗

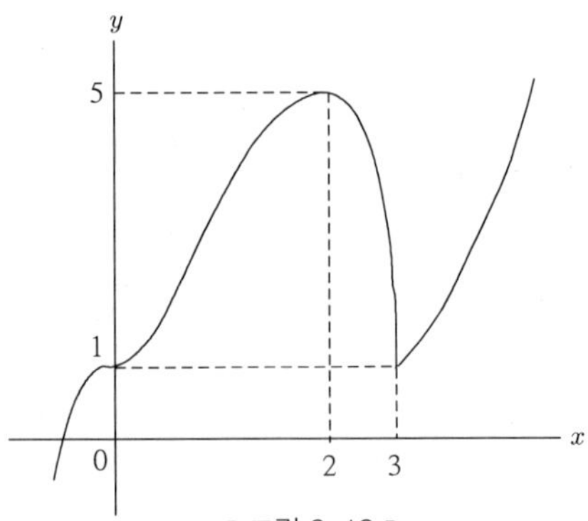

▮ 그림 2-12 ▮

함수 $f(x)$가 $[a, b]$의 모든 x에 대하여 $f(x) \le f(\alpha)$ $(a \le \alpha \le b)$일 때, $f(x)$는 $x=\alpha$는 최대最大가 된다고 하고 $f(\alpha)$를 이 구간에서 $f(x)$의 최댓값greatest value이라고 한다.

또 $[a, b]$의 모든 x에 대하여 $f(x) \ge f(\beta)$ $(a \le \beta \le b)$일 때, $f(x)$는 $x=\beta$는 최소最小가 된다고 하고 $f(\beta)$를 이 구간에서 $f(x)$의 최솟값least value이라고 한다.

예 8 함수 $f(x)=|x|+|x-1|$의 $[0, 2]$에서의 최댓값 및 최솟값을 구하라.

풀이 주어진 구간區間 $[0, 2]$에서의 최댓값은 3이고 최솟값은 1이다.

곡선曲線 $y=f(x)$의 그래프가 그 위의 한 점 P의 어떤 근방近傍에서 $[0, 2]$에서의 곡선曲線의 접선接線 위쪽에 있을 때, 이 곡선曲線은 점 $[0, 2]$에서 아래로 볼록convex downward이라고 하고, 반대로 접선接線의 아래쪽에 있을 때 이 곡선曲線은 점 $[0, 2]$에서 위로 볼록convex upward이라고 한다.

또 곡선曲線의 한 쪽은 접선接線의 위쪽에 있고, 다른 한 쪽은 접선接線의 아래쪽에 있을 때 점 $[0, 2]$를 이 곡선曲線의 변곡점變曲點, point of inflection이라고 한다.

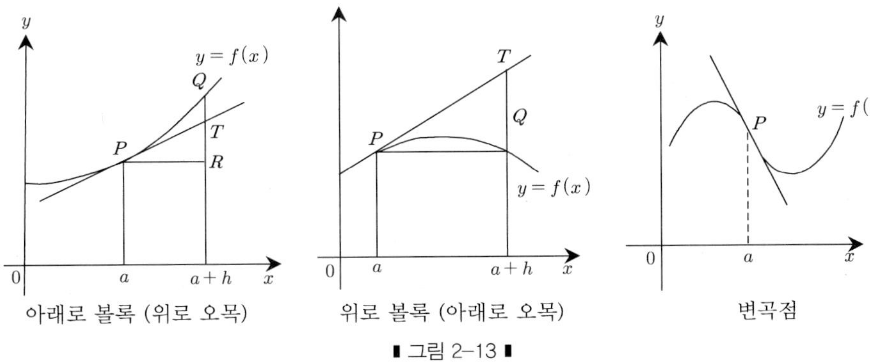

▮ 그림 2-13 ▮

정리 3 함수 $y=f(x)$가 한 점點 $x=a$의 근방近傍에서 연속連續인 $f''(x)$를 가질 때

❶ $f''(a)>0$이면 곡선曲線 $y=f(x)$는 $x=a$에서 아래로 볼록convex downward 하고,

❷ $f''(a)<0$이면 곡선曲線 $y=f(x)$는 $x=a$에서 위로 볼록convex upward하며,

❸ $f''(a)=0$이고, x가 a를 통과할 때 $f''(x)$의 부호가 변하면 $(a, f(a))$는 변곡점變曲點이다.

증명 ❶ 곡선曲線 상의 점 $P(a, f(a))$에 충분히 가까운 점 $Q(a-h, f(a+h))$를 잡고, P에서의 곡선曲線의 접선接線 및 x 축에 평행하게 그은 직선이 Q에서 x축에 내린 수선과 만나는 점을 각각 T, R이라고 하면,

$$\overline{PQ}=f(a+h)-f(a),\ \overline{RT}=hf'(a).$$

그러므로

$$\overline{TQ}=\overline{RQ}-\overline{RT}=f(a+h)-f(a)-hf'(a).$$

Taylor의 [정리(2.7의 정리 4)]에서

$$f(a+h)=f(a)+hf'(a)+\frac{h^2}{2}f''(a+\theta h)\quad(0<\theta<1)$$

이므로

$$\overline{TQ}=\frac{h^2}{2}f''(a+\theta h).$$

그런데 $f''(x)$가 연속連續이므로 $f''(a)>0$이면 충분히 작은 $|h|$에 대해서 $f''(a+\theta h)>0$이 되어 $\overline{TQ}>0$이다. 즉, 점 P의 근방에서 곡선曲線 $y=f(x)$는 접선接線 $\overline{PT}$ 의 위쪽에 있으므로 아래로 볼록하다.

❷ 같은 방법으로 $f''(a)<0$이면 $\overline{TQ}<0$이 되어 점 P의 근방에서 곡선曲線 $y=f(x)$는 접선接線 $\overline{PT}$ 의 아래쪽에 있으므로 위로 볼록하다.

❸ $f'(a)=0$이고, x 가 a 를 통과할 때 $f''(x)$의 부호가 변하면 위의 ❶, ❷와 변곡점變曲點의 정의에 의해 점 P는 $y=f(x)$의 변곡점變曲點이 된다.

주의 2 곡선曲線 상의 한 점에서의 접선接線이 x 축에 수직일 경우는 변곡점變曲點의 정의와 같이 곡선曲線이 접선接線의 위, 아래쪽을 생각할 수 없다. 이 경우는 곡선曲線이 위로 볼록에서 아래로 볼록, 또는 아래로 볼록에서 위로 볼록으로 바뀌는 경계점이 되어 있는 접점接點을 변곡점變曲點으로 정의한다는 것을 다음 예에서 취급한다.

예 9 다음 함수의 오목, 볼록을 조사하고 변곡점變曲點을 구하라.

❶ $y = x^3 - x^2$ ❷ $(y-2)^3 = x-1$

풀이 ❶ $y' = 3x^2 - 2x = x(3x-2)$. 그러므로 $f'(0) = 0$, $f'\left(\frac{2}{3}\right) = 0$이다.

x	$\cdots$	0	$\cdots$	$\frac{1}{3}$	$\cdots$	$\frac{2}{3}$	$\cdots$
y'	$+$	0			$-$	0	$+$
y''	$-$			0	$+$		$+$
y	↗	극대極大	↘	변곡점	$-$	극소極小	$-$

그러므로 $x < \frac{1}{3}$일 때, $y'' < 0$이고, 이때 곡선曲線은 위로 볼록하다. $x > \frac{1}{3}$일 때 $y'' > 0$이고, 곡선曲線은 아래로 볼록하다. $x = \frac{1}{3}$일 때 $y'' = 0$이고, y'는 $-$에서 $+$로 부호가 변하므로 점 $\left(\frac{1}{3}, -\frac{2}{27}\right)$는 변곡점變曲點이다.

❷ $y' = \dfrac{1}{3\sqrt[3]{(x-1)^2}}$, $y'' = -\dfrac{2}{9\sqrt[3]{(x-1)^5}}$.

그러므로 $x < 1$일 때, $y'' > 0$이므로 곡선曲線은 아래로 볼록, $x > 1$일 때, $y' < 0$이므로 곡선曲線은 위로 볼록, $x = 1$일 때, $y' = \pm\infty$이므로 $x = 1$에서 접선接線은 x축에 수직이다. 그러므로 $(1, 2)$는 변곡점變曲點이다.

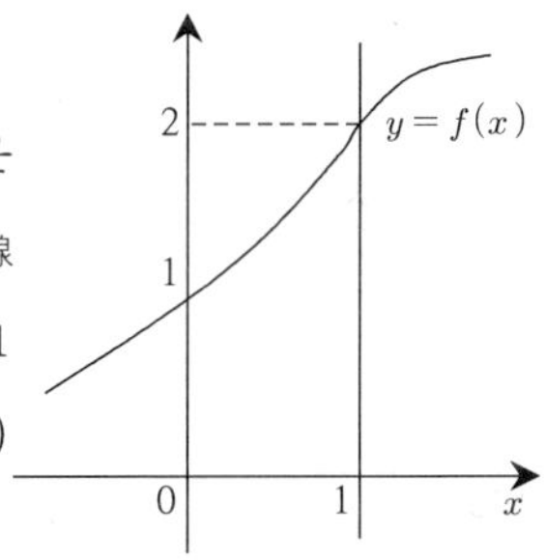

▮ 그림 2-14 ▮

예 10 $a > 0$, $b > 0$, $0 < x < 1$일 때, $a^x b^{1-x} < ax + (1-x)b$를 증명하라.

풀이 $f(x) = ax + (1-x)b$라 하면, $f(0) = b$, $f(1) = a$이므로 $f(x)$의 그래프는 두 점 $(0, b)$, $(1, a)$를 지나는 직선이다. 또 $g(x) = a^x b^{1-x}$라면, $g(0) = b$, $g(1) = a$이므로 $g(x)$의 그래프도 두 점 $(0, b)$, $(1, a)$를 지나는 곡선이다. 다음에 $g(x)$의 이차도함수二次導函數를 구해보면 $\ln g(x) = x\ln a + (1-x)\ln b$이므로

$$\frac{1}{g(x)}\,g'(x)=\ln a-\ln b.$$

그러므로 $g'(x)=\left(\ln\dfrac{a}{b}\right)g(x)$이고

$$g''(x)=\left(\ln\frac{a}{b}\right)^2 g(x)$$

$$=\left(\ln\frac{a}{b}\right)^2 a^x b^{1-x}$$

$$\geq 0$$

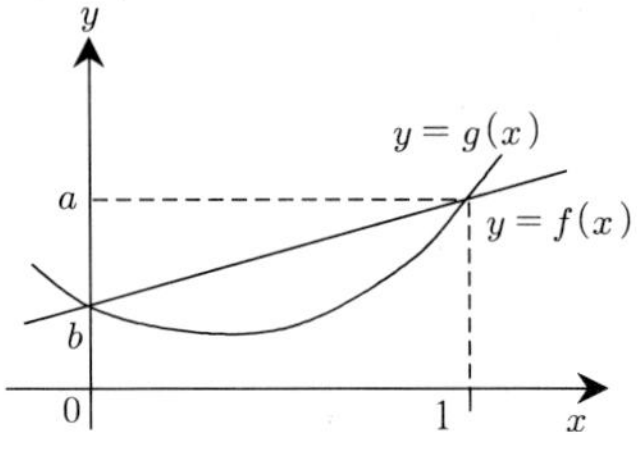

▮ 그림 2–15 ▮

이므로 $g(x)$의 그래프는 $0<x<1$에서 아래로 볼록하다.

그러므로 $g(x)<f(x)$이다.

즉, $a^x b^{1-x}<ax+(1-x)b\ (0<x<1)$이다.

정리 4 함수 $f(x)$가 한 점 $x = a$ 의 근방에서 연속連續인 $f''(x)$를 가지고 $f'(a)=0$일 때

❶ $f''(a)<0$이면, $f(a)$는 극댓값이 되고,

❷ $f''(a)>0$이면, $f(x)$는 극솟값이 된다.

증명 $f'(a)=0$이므로 점 $(a, f(a))$에서의 곡선曲線의 접선接線은 x축에 평행하다. 그러므로 [정리 3]에 의해 이 정리定理의 결과結果는 명백하다.

예 11 함수 $f(x)=e^{-x}\sin x\ (x\geq 0)$의 극치極値를 구하라.

풀이 $f'(x)=-e^{-x}(\sin x-\cos x)$,

$f''(x)=-2e^{-x}\cos x$.

또 $e^{-x}>0$이므로 $f'(x)=0$에서

$$x=n\pi+\frac{\pi}{4}\ \ (n=0,1,2,\cdots)$$

를 얻는다. 따라서

$$n=2k\text{이면 } f''\left(n\pi+\frac{\pi}{4}\right)<0,$$

$$n = 2k+1 \text{이면 } f''\left(n\pi + \frac{\pi}{4}\right) > 0$$

$$(k=0, 1, \cdots)$$

이다. 그러므로 $k=0, 1, 2, \cdots$에 대하여

$$f\left(2k\pi + \frac{\pi}{4}\right) = \frac{1}{\sqrt{2}} e^{-\left(2k\pi + \frac{\pi}{4}\right)} \text{는}$$

극댓값이고,

$$f\left(2k\pi + \frac{5\pi}{4}\right) = -\frac{1}{\sqrt{2}} e^{-\left(2k\pi + \frac{5\pi}{4}\right)} \text{는}$$

극솟값이다.

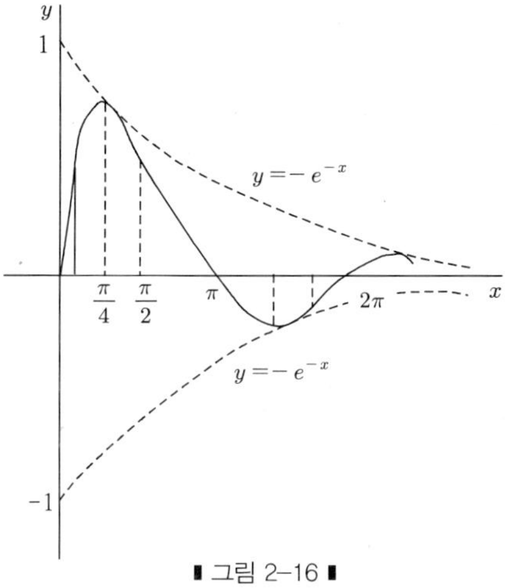

▮ 그림 2-16 ▮

정리 5 함수 $f(x)$가 한 점 $x=a$의 근방에서 연속連續인 $f^{(n)}(x)$를 가지고

❶ $f'(a)=f''(a)=\cdots=f^{(n-1)}(a)=0$, $f^{(n)}(a)\neq 0$(n은 짝수)일 때

ⓐ $f^{(n)}(a)<0$이면 $f(a)$는 극댓값이고,

ⓑ $f^{(n)}(a)>0$이면 $f(a)$는 극솟값이다.

❷ $f''(a)=f'''(a)=\cdots=f^{(n-1)}(a)=0$, $f^{(n)}(a)\neq 0$(n은 홀수)이면 점 $(a, f(a))$는 곡선曲線 $y=f(x)$의 변곡점變曲點이다.

증명 ❶ $f'(a)=f''(a)=\cdots=f^{(n-1)}(a)=0$이므로 Taylor의 정리에 의해

$$f(a+h)-f(a)=\frac{h^n}{n!}f^{(n)}(a+\theta h) \quad (0<\theta<1).$$

$f^{(n)}(x)$의 연속성連續性에 의해 충분히 작은 $|h|$에 대하여 $f^{(n)}(a+\theta h)$와 $f^{(n)}(a)$는 같은 부호이며, n이 짝수이므로 $h^n>0$이어서

ⓐ $f^{(n)}(a)<0$이면, $\frac{h^n}{n!}f^{(n)}(a+\theta h)<0$이므로

$f(a+h)<f(a)$에서 $f(a)$는 극댓값이 된다.

ⓑ $f^{(n)}(a)>0$이면, $\frac{h^n}{n!}f^{(n)}(a+\theta h)>0$이므로

$f(a+h)>f(a)$에서 $f(a)$는 극솟값이 된다.

❷ $f''(a)=f'''(a)=\cdots=f^{(n-1)}(a)=0$이므로 Taylor의 정리에 의하여

$$f(a+h)-f(a)-hf'(a)=\frac{h^n}{n!}f^{(n)}(a+\theta h)\quad(0<\theta<1).$$

[정리 3]의 증명에서 $\overline{TQ}$의 값은

$$\overline{TQ}=\frac{h^n}{n!}f^{(n)}(a+\theta h)\quad(0<\theta<1)$$

이다.

n이 홀수이므로 h의 음, 양에 따라서 $\overline{TQ}$의 부호가 변한다. 즉, 점 $(a, f(a))$는 곡선曲線 $y=f(x)$의 변곡점變曲點이다.

예 12 함수 $f(x)=\cos 2x-4\cos x$의 극치極値를 구하라.

풀이 $f'(x)=4\sin x(1-\cos x)=0$에서 $\sin x=0$ 혹은 $\cos x=1$, 그러므로 $f'(2n\pi)=0$ 혹은 $f'((2n+1)\pi)=0$이다.

$f''(x)=-4\cos 2x+4\cos x$에서 $f''(2n\pi)=0$, $f''((2n+1)\pi)=-8<0$,

$f'''(x)=8\sin 2x-4\sin x$에서 $f'''(2n\pi)=0$,

$f^{(4)}(x)=16\cos 2x-4\cos x$에서 $f^{(4)}(2n\pi)=12>0$.

그러므로 $x=2n\pi$ (n은 정수)일 때, $f'(x)=f''(x)=f'''(x)=0$, $f^{(4)}(x)>0$이므로 [정리 5-❶-ⓑ]에 의하여 $f(2n\pi)=-3$은 극솟값이 된다. 또 $x=(2n+1)\pi$ (n은 정수)일 때, $f'(x)=0$, $f''(x)<0$이므로 [정리 5-❶-ⓐ]에 의하여 $f((2n+1)\pi)=5$는 극댓값이 된다.

예 13 다음 함수의 변곡점變曲點을 구하라.

❶ $f(x)=x^5-5x^4+10x^3 0x^2+5x-1$

❷ $f(x)=x-\sin x$

풀이 ❶ $f'(x)=5(x-1)^4$에서 $f'(1)=0$,

$f''(x)=20(x-1)^3$에서 $f''(1)=0$,

$f'''(x)=60(x-1)^2$에서 $f'''(1)=0$,

$f^{(4)}(x) = 120(x-1)$에서 $f^{(4)}(1) = 0$,

$f^{(5)}(x) = 120$에서 $f^{(5)}(1) = 120 > 0$.

그러므로 점 (1, 0)은 $y = f(x)$의 변곡점變曲點이다.

❷ $f'(x) = 1 - \cos x$에서 $f'(2n\pi) = 0$,

$f''(x) = \sin x$에서 $f''(2n\pi) = 0$,

$f'''(x) = \cos x$에서 $f'''(2n\pi) = 1 > 0$.

그런데 $f''(x) = 0$의 근根은 $x = n\pi$이고 $f'''(n\pi) \neq 0$이므로 점 $(n\pi, n\pi)$는 $y = f(x)$의 변곡점變曲點이다.

연습문제

1. 다음 함수의 증가增加, 감소減少하는 범위를 구하라.

❶ $y = x^2 - 6x - 7$　　❷ $y = x^3 + 6x^2 - 15x - 20$

2. 3차 함수 $f(x) = ax^3 + bx^2 + cx + d$가 증가함수增加函數가 되기 위한 조건을 구하라.

3. 다음 부등식不等式을 증명하라.

❶ $4x^2 + \frac{1}{x} \geq 3\ (0 < x < 1)$　　❷ $\sin x < x\ \left(0 < x < \frac{\pi}{2}\right)$

❸ $(x+1)^3 > 6x^2 + 1\ (x > 0)$　　❹ $\cos x > 1 - 12x^2\ (x \neq 0)$

4. 다음 함수의 극치極値를 구하라.

❶ $f(x) = x^4 - 9x^2 + 4x + 12$　　❷ $f(x) = \sin x + \frac{1}{2}x$

❸ $f(x) = \frac{1 + x^3}{x}$　　❹ $f(x) = \sqrt{|x|}$

❺ $f(x) = x\,e^{-x}$　　❻ $f(x) = x^{\frac{1}{x}}$

❼ $f(x)=\dfrac{1}{\sqrt{x+1}}$ ❽ $f(x)=x\sqrt{\dfrac{a+x}{a-x}}\ \ (a>0)$

5. 다음 곡선의 변곡점變曲點을 구하라.

❶ $y=\dfrac{1}{3}x^3-12x^2-2x$ ❷ $y=3x^4-8x^2+6x$

6. $y=ax^3+bx^2$이 (1, 2)에서 변곡점變曲點을 가질 때 a, b를 결정하라.

7. 함수 $y=x+a+\dfrac{b}{x}$의 극댓값이 0이 되기 위한 조건을 구하라.

8. 곡선曲線 $y=x^3\ 3ax^2+3bx+c$는 $x=-1$에서 극대極大가 되고, 점 (0, 3)이 변곡점變曲點이 되도록 a, b, c의 값을 정하라.

9. $y=x^3+3ax^2-ax-1$이 극치極値를 갖지 않도록 a의 값을 정하라.

10. $y=\dfrac{x^2-ax+1}{x^2+x+1}\ \ (a\neq-1)$의 극댓값이 b이고, 극솟값이 $\dfrac{1}{b}$일 때, a 및 b의 값을 구하라.

11. 함수 $f(x)=x^3-2ax^2-3a^2x$가 극댓값을 $-1<x<1$에서 갖고, 극솟값을 $x>1$에서 갖도록 실수 a의 범위를 정하라.

2.9 곡선曲線의 추적追跡

곡선曲線의 방정식方程式이 주어졌을 때 그 곡선의 개형槪形을 그리는 것을 곡선曲線의 추적追跡, tracing이라고 한다.

주어진 함수 $f(x, y)=0$이 나타내는 곡선曲線의 개형을 추적追跡하려면 필요必要에 따라 다음 방법方法을 따른다.

ⓐ 곡선曲線의 존재범위存在範圍를 조사한다.

$f(x, y)=0$에서 x, y가 실수實數가 되는 x, y의 범위를 구한다.

ⓑ 대칭성對稱性을 조사한다.

$f(-x, y)=f(x, y)$이면 $f(x, y)=0$은 y축에 관하여 대칭,

$f(x, -y)=f(x, y)$이면 $f(x, y)=0$은 x축에 관하여 대칭,

$f(-x, -y)=f(x, y)$이면 $f(x, y)=0$은 원점에 관하여 대칭.

ⓒ x축과 y축의 교점을 구한다.

ⓓ 점근선漸近線이 있으면 구한다.

$f(x, y)=0$를 y에 관해 풀어 $y=F(x)$가 되었을 때,

$\lim_{x \to a} F(x)=\infty$ 이면 $x=a$가 점근선漸近線,

$\lim_{x \to \infty} F(x)=K$(상수)이면 $y=K$가 점근선漸近線,

$\lim_{x \to \infty} \frac{F(x)}{x}=m$, $\lim_{x \to \infty}(F(x)-mx)=b$가 존재하면

$y=mx+b$가 점근선漸近線이다.

ⓔ 도함수導函數를 이용한다.

곡선曲線의 증가增加, 감소減少의 상태, 극치極値, 변곡점變曲點 등을 조사한다.

예 1 곡선曲線 $y=\dfrac{x^2+2x-2}{2x}$의 점근선漸近線을 구하라.

풀이 $y=\dfrac{x}{2}+1-\dfrac{1}{x}$에서

$$m=\lim_{x \to \pm\infty}\frac{y}{x}=\lim_{x \to \pm\infty}\left(\frac{1}{2}+\frac{1}{x}-\frac{1}{x^2}\right)=\frac{1}{2},$$

$$b=\lim_{x \to \pm\infty}(y-mx)=\lim_{x \to \pm\infty}\left(1-\frac{1}{x}\right)=1$$

이므로

점근선漸近線 $y=\dfrac{1}{2}x+1$.

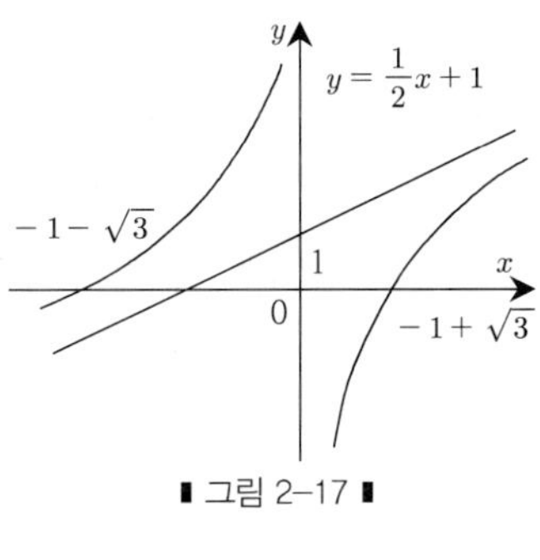

▮ 그림 2-17 ▮

더욱이 $\lim_{x \to \pm 0} F(x) = \mp \infty$이므로 $x=0$이 점근선漸近線이다.

예 2 다음 각 함수의 그래프를 추적追跡하라.

❶ $y^2(a-x)=x^3 \quad (a>0)$ ❷ $y^2=x^2(3-x)$

풀이 ❶ ⓐ 곡선曲線의 존재범위存在範圍는 $0 \le x < a$이다.

ⓑ $f(x, -y)=f(x, y)$이므로 x축軸에 관하여 대칭이다.

ⓒ $f(0, 6)=0$이므로 원점原點을 지난다.

ⓓ $\lim_{x \to a} y = \lim_{x \to a}\left(\pm\sqrt{\dfrac{x^3}{a-x}}\right) = \pm\infty$ 이므로

$x=a$는 점근선漸近線.

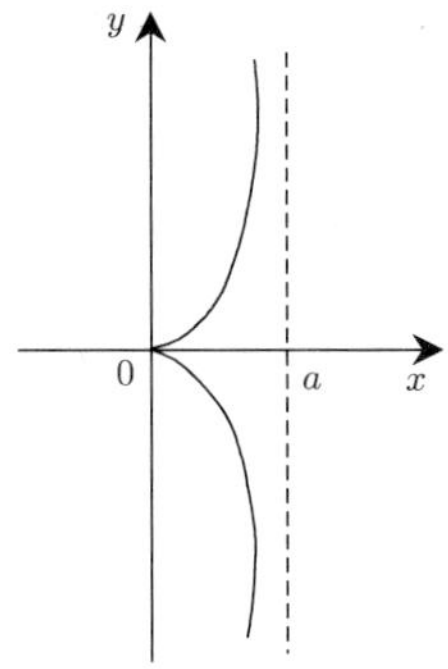

❚ 그림 2-18 ❚

ⓔ $y>0$일 때, $y=\sqrt{\dfrac{x^3}{a-x}}$ 이므로

$$y' = \frac{(3a-2x)\sqrt{x}}{2\sqrt{(a-x)^3}},$$

$$y'' = \frac{3a^2}{4\sqrt{x}\sqrt{(a-x)^5}}$$ 이고

$0 \le x < a$에서

$y'>0,\ y''>0$이므로

$0 \le x < a,\ y>0$의 범위에서 곡선曲線은 증가상태이고 아래로 볼록하다. 또 x축에 관하여 대칭 이동한다.

❷ ⓐ 곡선曲線의 존재범위存在範圍는 $x \le 3$이다.

ⓑ $f(x, -y)=f(x, y)$이므로 x축에 관하여 대칭이다.

ⓒ $y=0$이면 $x=0$ 혹은 $x=3$이므로 점 (0, 0)과 (0, 3)을 지난다.

ⓓ $y>0$일 때 $y=\sqrt{x^2(3-x)}$ 이므로

$$y' = \frac{3(2-x)}{2\sqrt{3-x}},\ y'' = \frac{3(x-4)}{4\sqrt{(3-x)^3}}.$$

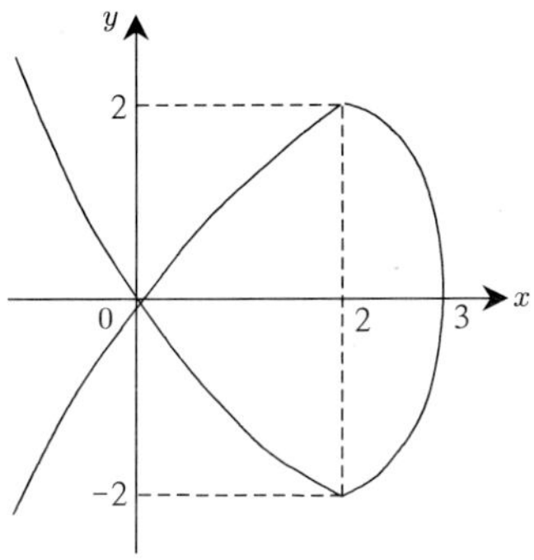

▮ 그림 2-19 ▮

예 3 $y^2 = \dfrac{x^2}{(x-1)(x-2)}$ 의 그래프를 그려라.

풀이 ⓐ 구간 $1 < x < 2$에서는 $y^2 < 0$이 되어서 곡선曲線의 존재범위存在範圍가 아니다.

ⓑ $f(x, -y) = f\,x, y)$이므로 x축에 관하여 대칭이다.

ⓒ $x = 0$일 때 $y = 0$, $y = 0$일 때 $x = 0$이므로 좌표축과의 교점은 (0, 0)뿐이다.

ⓓ $y' = \dfrac{4-3x}{2\,(x-1)\,\dfrac{3}{2}\,(x-2)\,\dfrac{3}{2}}$ 에서 $y = 0$이면 $x = \dfrac{4}{3}$이다.

그러나 $1 < x < 2$에서는 곡선曲線의 근根이 존재하지 않으므로 극점極點은 없다.

ⓔ 직선 $x = 1$, $x = 2$는 점근선漸近線이다.

또 $\displaystyle\lim_{x \to \infty} \frac{x^2}{(x-1)(x-2)} = 1$이므로 $y = \pm 1$도 점근선漸近線이다.

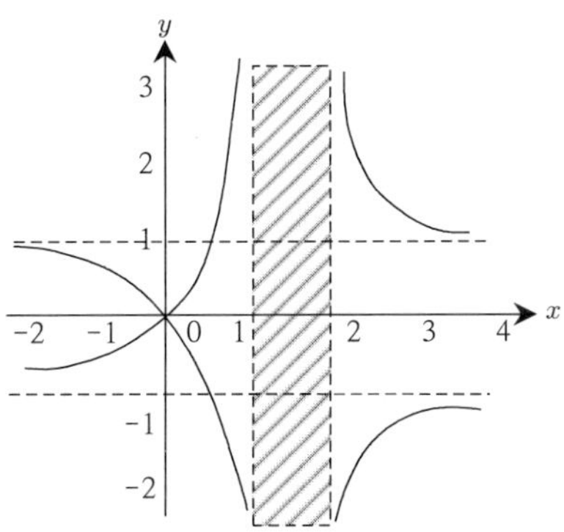

▮ 그림 2-20 ▮

연습문제

1. 다음에서 $y=f(x)$의 그래프를 그려라.

❶ $f(x)=\dfrac{e^x}{x}$ ❷ $f(x)=\dfrac{\ln x}{x}$

❸ $f(x)=\dfrac{1}{x^3-1}$ ❹ $(f(x)+1)^5=(x-2)^3$

2. $f(x)=x\,|\,x(x-3)\,|+1$일 때, $f(x)$의 극치極値를 구하고, $y=f(x)$의 그래프를 그려라.

3. 곡선曲線 $xy=x^2-\ln x$의 점근선漸近線을 구하라.

4. 곡선曲線 $y^3=(x-1)(x-3)^2$의 점근선漸近線을 구하라.

2.10 부정형不定形의 극한값

$x\to a$ 또는 $x\to\pm\infty$일 때 $f(x)\to 0$, $g(x)\to 0$ 또는 $f(x)\to\pm\infty$, $g(x)\to\pm\infty$로 되는 경우는

$$\frac{f(x)}{g(x)},\quad f(x)\,g(x),\quad f(x)-g(x),\ [f(x)]^{g(x)}$$

등의 극한極限은

$$\frac{0}{0},\ \frac{\infty}{\infty},\ 0\cdot\infty,\ \infty-\infty,\ 1^{\infty},\ 0^0,\ \ \infty^0$$

인 형태形態로 나올 때가 있다. 이것들을 부정형不定形, indefinite form이라고 한다.

정리 1 (L'Hospital의 정리)

$x=a$의 근방에서 $f(x)$, $g(x)$가 미분가능微分可能하고 $g'(x)\neq 0$이라고 하

자. 만일 $f(a)=g(a)=0$이고

$$\lim_{x\to a}\frac{f'(x)}{g'(x)}$$

가 존재存在하면

$$\lim_{x\to a}\frac{f(x)}{g(x)}=\lim_{x\to a}\frac{f'(x)}{g'(x)}$$

이 성립한다.

증명 a의 근방에서 임의의 한 점 x를 취하여 $a<x$라고 하자. 그러면 Cauchy의 평균치정리平均値定理에 의하여

$$\frac{f(x)-f(a)}{g(x)-g(a)}=\frac{f'(\xi)}{g'(\xi)},\quad a<\xi<x$$

인 ξ가 존재한다. 가정에서 $f(a)=g(a)=0$이므로

$$\frac{f(x)}{g(x)}=\frac{f'(\xi)}{g'(\xi)},\quad a<\xi<x$$

이다. 여기서 $x\to a$이면 $\xi\to a$ 이므로

$$\lim_{x\to a^+}\frac{f(x)}{g(x)}=\lim_{\xi\to a^+}\frac{f'(\xi)}{g'(x)}=\lim_{x\to a^+}\frac{f'(x)}{g'(x)}$$

이 된다.

마찬가지로 a의 근방에서 임의의 한 점 x를 취하여 $a>x$라고 하면

$$\lim_{x\to a^-}\frac{f(x)}{g(x)}=\lim_{\xi\to a^-}\frac{f'(x)}{g'(x)}=\lim_{x\to a^-}\frac{f'(x)}{g'(x)}.$$

그러므로

$$\lim_{x\to a}\frac{f(x)}{g(x)}=\lim_{x\to a}\frac{f'(x)}{g'(x)}.$$

만일 a의 근방에서 $f(x)$, $g(x)$가 2차次 미분가능微分可能하고 $g''(x)\neq 0$이며 $f(a)=g(a)=f'(a)=g'(a)=0$일 때는 이 정리를 계속 적용하면

$$\lim_{x\to a}\frac{f(x)}{g(x)}=\lim_{x\to a}\frac{f'(x)}{g'(x)}=\lim_{x\to a}\frac{f''(x)}{g''(x)}.$$

이와 같이 계속하면

$$\lim_{x\to a}\frac{f(x)}{g(x)}=\lim_{x\to a}\frac{f'(x)}{g'(x)}=\cdots=\lim_{x\to a}\frac{f^{(m)}(x)}{g^{(m)}(x)}$$

이다.

예 1 다음의 극한값을 구하라.

❶ $\lim_{x\to 0}\frac{x-\sin x}{x^3}$ ❷ $\lim_{x\to 0}\frac{\tanh x}{x}$

풀이 ❶ $\lim_{x\to 0}\frac{x-\sin x}{x^3}=\lim_{x\to 0}\frac{1-\cos x}{3x^2}=\lim_{x\to 0}\frac{\sin x}{6x}=\lim_{x\to 0}\frac{\cos x}{6}=\frac{1}{6}$

❷ $\lim_{x\to 0}\frac{\tanh x}{x}=\lim_{x\to 0}\frac{\operatorname{sech}^2 x}{1}=1\ (\operatorname{sech}0=1)$.

다음은 $\frac{\infty}{\infty}$ 형태形態의 부정형不定形에 대하여 그 극한값을 구하는 방법을 생각하자.

정리 2 $f(x)$, $g(x)$가 $x=a$근방에서 미분가능微分可能이고, $g(x)\neq 0$, $g'(x)\neq 0$이고, $x\to a$일 때 $f(x)\to\infty$, $g(x)\to\infty$라고 하자. 만일

$$\lim_{x\to a}\frac{f'(x)}{g'(x)}$$

가 존재하면

$$\lim_{x\to a}\frac{f(x)}{g(x)}=\lim_{x\to a}\frac{f'(x)}{g'(x)}$$

이다.

증명 $\frac{f(x)}{g(x)}=\frac{\frac{1}{g(x)}}{\frac{1}{f(x)}}$로 쓰면 우변은 $\frac{0}{0}$ 형태形態의 부정형不定形이다. 따라서 [정리 1]에 의하여

$$\lim_{x\to a}\frac{f(x)}{g(x)}=\lim_{x\to a}\frac{\frac{1}{g(x)}}{\frac{1}{f(x)}}=\lim_{x\to a}\frac{\frac{-g'(x)}{\{g(x)\}^2}}{\frac{-f'(x)}{\{f(x)\}^2}}$$

$$= \lim_{x \to a} \left[\left\{ \frac{f(x)}{g(x)} \right\}^2 \frac{g'(x)}{f'(x)} \right]$$

$$= \left\{ \lim_{x \to a} \frac{f(x)}{g(x)} \right\}^2 \lim_{x \to a} \frac{g'(x)}{f'(x)}.$$

그러므로

❶ $\lim_{x \to a} \frac{f(x)}{g(x)} \neq 0$인 경우는 양변을 $\lim_{x \to a} \frac{f(x)}{g(x)}$로 나누면 정리의 결과를 얻는다.

❷ $\lim_{x \to a} \frac{f(x)}{g(x)} = 0$인 경우는 $x \to a$일 때 $f(x) \to \infty$, $g(x) \to \infty$이므로 $x \to a$일 때 $f(x) + g(x) \to \infty$이다. 또

$$\lim_{x \to a} \frac{f(x) + g(x)}{g(x)} = \lim_{x \to a} \left(1 + \frac{f(x)}{g(x)} \right) = 1 \neq 0.$$

따라서 (1)에 의하여

$$\lim_{x \to a} \frac{f(x) + g(x)}{g(x)} = \lim_{x \to a} \frac{f'(x) + g'(x)}{g'(x)}.$$

그러므로

$$\lim_{x \to a} \frac{f(x)}{g(x)} = \lim_{x \to a} \frac{f'(x)}{g'(x)}$$

이다.

예 2 다음의 극한값을 구하라.

❶ $\lim_{x \to \infty} \frac{x^n}{e^x}$ (n은 자연수) ❷ $\lim_{x \to \infty} \frac{\ln x}{x^2}$

풀이 ❶ $\lim_{x \to \infty} \frac{x^n}{e^x} = \lim_{x \to \infty} \frac{n x^{n-1}}{e^x} = \lim_{x \to \infty} \frac{n(n-1)x^{n-2}}{e^x} = \cdots = \lim_{x \to \infty} \frac{n!}{e^x} = 0.$

❷ $\lim_{x \to \infty} \frac{\ln x}{x^2} = \lim_{x \to \infty} \frac{\frac{1}{x}}{2x} = \lim_{x \to \infty} \frac{1}{2x^2} = 0.$

$\infty \cdot \infty$, $\infty - \infty$, 1^{∞}, 0^0, ∞^0 형태의 부정형不定形에 대해서는 다음과 같이 하여 $\dfrac{0}{0}$, 또는 $\dfrac{\infty}{\infty}$ 형태로 변형시켜서 [정리 1] 및 [정리 2]를 적용한다.

❶ $g \cdot f$가 $0 \cdot \infty$형이면 $g \cdot f = \dfrac{g}{\frac{1}{f}}$로 하면 $\dfrac{0}{0}$형태,

❷ $f-g$가 $\infty - \infty$형이면 $f - g = \dfrac{\frac{1}{g} - \frac{1}{f}}{\frac{1}{fg}}$로 하면 $\dfrac{0}{0}$형태,

❸ f^g가 1^{∞}, 0^0 또는 ∞^0형이면 $f^g = e^{g \ln f}$로 하여 $g \cdot \ln f$에 위의 ❶을 적용한다.

예 3 다음의 극한값을 구하라.

❶ $\lim_{x \to \frac{\pi}{2}} (\sec x - \tan x)$

❷ $\lim_{x \to 0} (\operatorname{cosech} x - \coth x)$

❸ $\lim_{x \to 0} x^x$

❹ $\lim_{x \to 0} (1 - \sin x)^{\frac{1}{x}}$

풀이 ❶ 이것은 $\infty - \infty$ 형태의 부정형不定形이다. 그러므로

$$\sec x - \tan x = \frac{1}{\cos x} - \frac{\sin x}{\cos x} = \frac{1 - \sin x}{\cos x}$$

이고 우변은 $\dfrac{0}{0}$형태의 부정형不定形이다. 따라서

$$\lim_{x \to \frac{\pi}{2}} (\sec x - \tan x) = \lim_{x \to \frac{\pi}{2}} \frac{-\cos x}{-\sin x} = 0.$$

❷ $\operatorname{cosech} 0 = \pm\infty$, $\coth 0 = \pm\infty$이므로 $\infty - \infty$형의 부정형不定形이다. 그러므로

$\operatorname{cosech} x - \coth x = \dfrac{1 - \operatorname{cosech} x}{\sinh x}$ 이고 우변은 $\dfrac{0}{0}$형태의 부정형不定形이다.

따라서

$$\lim_{x \to 0} (\operatorname{cosech} x - \coth x) = \lim_{x \to 0} \frac{1 - \sin x}{\cos x} = \lim_{x \to 0} \frac{1 - \cosh x}{\sinh x}$$

$$= \lim_{x \to 0} \frac{-\sinh x}{\cosh x} = 0.$$

❸ $\lim_{x \to 0} x^x = \lim_{x \to 0} e^{x \ln x}$이다. 그런데

$$\lim_{x \to 0} x \ln x = \lim_{x \to 0} \frac{\ln x}{\frac{1}{x}} = \lim_{x \to 0} \frac{\frac{1}{x}}{-\frac{1}{x^2}} = 0$$

이므로 $\lim_{x \to 0} x^x = e^0 = 1$이다.

❹ 이것은 1^∞형태의 부정형不定形이다. $y = (1 - \sin x)^{\frac{1}{x}}$이라고 하고 양변에 ln를 취하면

$$\ln y = \frac{1}{x} \ln (1 - \sin x),$$

$$\lim_{x \to 0} \ln y = \lim_{x \to 0} \frac{\ln (1 - \sin x)}{x} = \lim_{x \to 0} \frac{\frac{-\cos x}{1 - \sin x}}{1} = -1.$$

따라서

$$\lim_{x \to 0} y = e^{-1} = \frac{1}{e}.$$

그러므로

$$\lim_{x \to 0} (1 - \sin x)^{\frac{1}{x}} = \frac{1}{e}.$$

연습문제

1. 다음의 극한값을 구하라.

❶ $\lim_{x \to 3} \frac{x^3 - x^2 - 18}{x^2 - 9}$ ❷ $\lim_{x \to a} \frac{x - a}{x^m - a^m}$

❸ $\lim_{x \to 0} \frac{\sqrt{2+x} - \sqrt{2-x}}{x}$ ❹ $\lim_{x \to 0} \frac{e^x - e^{-x}}{\tan x}$

5 $\lim_{x\to 0}\left(\frac{1}{\sin^2 x}-\frac{1}{x^2}\right)$

6 $\lim_{x\to 1}\left(\frac{1}{x-1}-\frac{1}{\ln x}\right)$

7 $\lim_{x\to\infty}(\ln x-\ln(\ln x))$

8 $\lim_{x\to\infty}\left(1-\frac{1}{x^3}\right)^x$

9 $\lim_{x\to 0}(1+ax)^{\frac{b}{x}}$

10 $\lim_{x\to 0^+}(\sin x)^x$

2. 다음의 극한값을 구하라.

1 $\lim_{x\to 0}\frac{e^x-10}{\ln(1+x)}$

2 $\lim_{x\to 0}\frac{1-\cos 3x}{x^2}$

3 $\lim_{x\to 0}\frac{(1+x)^{\frac{1}{x}}-e}{x}$

4 $\lim_{x\to 0}x^{\frac{1}{x}}$

5 $\lim_{x\to 0}\frac{a-\sqrt{a^2-x^2}}{x}$

6 $\lim_{x\to\frac{\pi}{2}}(\tan 5x-\tan x)$

7 $\lim_{x\to\infty}\left(\frac{x}{x-2}\right)^x$

8 $\lim_{x\to 0}(1+\tan x)^{\frac{1}{x}}$

3. 다음의 극한값을 구하라.

1 $\lim_{x\to 1}\frac{\ln x}{x-1}$

2 $\lim_{x\to 1}\frac{\ln x}{\tan \pi x}$

3 $\lim_{x\to 0}\frac{x-\tan x}{\sin x-x}$

4 $\lim_{x\to 0^+}\frac{\ln\cos x}{\ln\cos 3x}$

5 $\lim_{x\to a}\frac{3\sqrt{x}-3\sqrt{a}}{x-a}$

6 $\lim_{x\to 0}\frac{\sin^2 x-\sin x^2}{x^4}$

4. 다음의 극한값을 구하라.

1 $\lim_{x\to\infty}\frac{\ln x}{x}$

2 $\lim_{x\to\infty}\frac{x\ln x}{x+\ln x}$

3 $\lim_{x\to\infty}x\sin\frac{\pi}{x}$

4 $\lim_{x\to 0^+}x^{\sin x}$

5 $\lim_{x \to 0} \left(\frac{1}{x} - \frac{1}{e^x - 1} \right)$

6 $\lim_{x \to 0^+} \frac{\cot x}{\cot 2x}$

7 $\lim_{x \to 0^+} \frac{x}{\ln x}$

8 $\lim_{x \to 0^+} \ln x \cot x$

9 $\lim_{x \to \infty} \left(\ln \frac{1}{x} - e^x \right)$

10 $\lim_{x \to 0} (\sin x)^{\tan x}$

■ 제 3 장 ■

적분법

積分法

제3장 적분법積分法

3.1 부정적분不定積分

$f(x)$가 $F(x)$의 도함수導函數일 때, 즉

$$\frac{d}{dx}\ F(x) = f(x)$$

인 관계가 성립할 때 $F(x)$를 $f(x)$의 원시함수原始函數, primitive function 또는 부정적분不定積分, indefinite integral이라 하고 $f(x)$의 부정적분不定積分을

$$\int f(x)\,dx$$

로 표시한다.

정리 1 $F(x)$를 $f(x)$의 원시함수原始函數의 하나라 하고, c를 임의의 상수라 할 때 $F(x)+c$는 $f(x)$의 부정적분不定積分이 된다. 또 역으로 $f(x)$의 부정적분不定積分은 $F(x)+c$이다.

증명 $\frac{d}{dx}F(x)=f(x)$에서 c가 임의의 상수이면

$$\frac{d}{dx}\{F(x)+c\} = f(x)$$

이므로 $F(x)+c$는 $f(x)$의 부정적분不定積分이 된다.

역으로 $G(x)$를 $f(x)$의 부정적분不定積分이라 하면

$$\frac{d}{dx}\{G(x)\} = f(x)$$

이다. 그런데 $\frac{d}{dx}F(x) = f(x)$에서

$\frac{d}{dx}F(x) = \frac{d}{dx}G(x)$이므로 $\frac{d}{dx}(F(x) - G(x)) = 0$이 되어

$$F(x) - G(x) = c$$

이다. 따라서

$$\int f(x)\,dx = Fx) + c \ (c\text{는 상수})$$

임을 알 수 있다. 이때 c를 적분상수積分常數, constant of integration라 한다.

$f(x)$의 원시함수原始函數를 구하는 것을 $f(x)$를 적분積分한다integrate고 하며, $f(x)$를 피적분함수被積分函數, integrand, x를 적분변수積分變數, variable of integration라고 한다.

적분법積分法은 미분법微分法의 역연산逆演算임을 부정적분不定積分의 정의에서 알 수 있다. 따라서 주어진 함수의 부정적분不定積分을 미분하면 원시함수原始函數가 된다. 즉

$$\frac{d}{dx}\left\{\int f(x)\,dx\right\} = f(x)$$

이다. 미분법微分法의 공식에서 다음 부정적분不定積分의 기본공식基本公式이 간단히 유도된다.

❶ $\int x^n\,dx = \frac{1}{n+1}x^{n+1} + c \ (n \neq -1)$

❷ $\int \frac{1}{x}\,dx = \ln|x| + c$

❸ $\int a^x\,dx = \frac{a^x}{\log a} + c, \quad a > 0,\ a \neq 1$

❹ $\int e^x\,dx = e^x + c$

❺ $\int \sin x\,dx = -\cos x + c$

❻ $\int \cos x\,dx = \sin x + c$

⑦ $\int \sec^2 x \, dx = \tan x + c$

⑧ $\int \operatorname{cosec}^2 x \, dx = -\cot x + c$

⑨ $\int \sec x \tan x \, dx = \sec x + c$

⑩ $\int \operatorname{cosec} x \cot x \, dx = -\operatorname{cosec} x + c$

⑪ $\int \tan x \, dx = \ln |\sec x| + c$

⑫ $\int \cot x \, dx = \ln |\sin x| + c$

⑬ $\int \sec x \, dx = \ln |\sec x + \tan x| + c$

⑭ $\int \operatorname{cosec} x \, dx = \ln |\operatorname{cosec} x - \cot x| + c$

⑮ $\int \frac{1}{\sqrt{a^2 - x^2}} \, dx = \sin^{-1} \frac{x}{a} + c$

⑯ $\int \frac{dx}{a^2 + x^2} = \frac{1}{a} \tan^{-1} \frac{x}{a} + c$

⑰ $\int \frac{dx}{x \sqrt{x^2 - a^2}} = \frac{1}{a} \sec^{-1} \left| \frac{x}{a} \right| + c$

⑱ $\int \frac{dx}{\sqrt{x^2 \pm a^2}} = \ln \left| x + \sqrt{x^2 \pm a^2} \right| + c$

⑲ $\int \frac{dx}{a^2 - x^2} = \frac{1}{2a} \ln \left| \frac{a+x}{a-x} \right| + c, \quad x^2 < a^2$

⑳ $\int \frac{dx}{x^2 - a^2} = \frac{1}{2a} \ln \left| \frac{x-a}{x+a} \right| + c, \quad x^2 > a^2$

㉑ $\int \sqrt{a^2 - x^2} \, dx = \frac{1}{2} x \sqrt{a^2 - x^2} + \frac{a^2}{2} \sin^{-1} \frac{x}{a} + c$

㉒ $\int \sqrt{x^2 \pm a^2} \, dx = \frac{1}{2} x \sqrt{x^2 - a^2} \pm \frac{a^2}{2} \ln \left| x + \sqrt{x^2 \pm a^2} \right| + c$

적분積分한다는 것은 미분微分한다는 것의 역逆의 계산計算이므로 적분법積分法의 공식은 미분법微分法의 공식에서 유도된다. 미분법微分法이 공식

$$\frac{d}{dx}\{aF(x)\} = a\frac{d}{dx}F(x) \quad (a\text{는 상수}),$$

$$\frac{d}{dx}\{F(x)+G(x)\} = \frac{d}{dx}F(x) + \frac{d}{dx}G(x)$$

에서 적분법積分法에 관한 다음 공식을 얻는다.

$$\int af(x)\,dx = a\int f(x)\,dx\,,$$

$$\int\{f(x)+g(x)\}\,dx = \int f(x)\,dx + \int g(x)\,dx\,.$$

예 1 ❶ $\displaystyle\int \frac{(1+\sqrt{3x}\,)^2}{\sqrt{x}}\,dx = \int\left(x^{-\frac{1}{2}} + 2\sqrt{3} + 3x^{\frac{1}{2}}\right)dx$

$$= \frac{x^{\frac{1}{2}}}{\frac{1}{2}} + 2\sqrt{3}\,x + 3\,\frac{x^{\frac{3}{2}}}{\frac{3}{2}} + c$$

$$= 2x^{\frac{1}{2}} + 2\sqrt{3}\,x + 2x^{\frac{3}{2}} + c.$$

❷ $\displaystyle\int \tan^2 x\,dx = \int(\sec^2 x - 1)\,dx = \tan x - x + c.$

❸ $\displaystyle\int \frac{dx}{a^2x^2+b^2} = \frac{1}{a^2}\int\frac{dx}{x^2+\left(\frac{b}{a}\right)^2}$

$$= \frac{1}{ab}\tan^{-1}\frac{ax}{b} + c.$$

❹ $\displaystyle\int \frac{x^2}{x^2+1}\,dx = \int\left(1-\frac{1}{x^2+1}\right)dx$

$$= \int dx - \int\frac{1}{x^2+1}\,dx$$

$$= x - \tan^{-1}x + c\,.$$

❺ $\displaystyle\int \frac{dx}{x^2+2x-3} = \int\frac{dx}{(x+1)^2-2^2}$

$$= \frac{1}{4}\ln\left|\frac{x+1-2}{x+1+2}\right| + c$$

$$= \frac{1}{4} \ln \left| \frac{x-1}{x+3} \right| + c.$$

연습문제

다음 부정적분不定積分을 구하라.

❶ $\int \sqrt{3x}\, dx$　　❷ $\int \frac{x^2-1}{x^2+1}\, dx$

❸ $\int \frac{4}{\sqrt{4-x^2}}\, dx$　　❹ $\int \frac{1}{x^2+x+1}\, dx$

❺ $\int \frac{\cos 2x}{1+\sin 2x}\, dx$　　❻ $\int \frac{e^x}{\sqrt{1-e^x}}\, dx$

❼ $\int \frac{x+4}{x-4}\, dx$　　❽ $\int \frac{\sec^2\theta}{\tan\theta}\, d\theta$

❾ $\int \frac{x^2+3x}{x^2+1}\, dx$　　❿ $\int \frac{x^3+1}{x-1}\, dx$

⓫ $\int \frac{\cos\theta}{\sqrt{1+\sin\theta}}\, d\theta$　　⓫ $\int \frac{\tan^{-1}x}{1+x^2}\, dx$

3.2 치환적분법置換積分法

정리 1 $u = g(x)$일 때, $f(g(x))$가 정의되고 $g'(x)$가 연속連續이면

$$\int f(u)\, du = \int f(g(x))\, g'(x)\, dx + c.$$

증명 $\int f(u)\, du = F(u) + c$라 하면 $\frac{d}{du} F(u) = f(u)$이므로 합성함수合成函數의 미분법微分法에 의하여

$$\frac{d(F(u))}{dx} = \frac{d(F \circ g)}{dx} = \frac{dF}{du}\frac{du}{dx} = f(u)\, g'(x) = f(g(x))\, g'(x)$$

이므로 부정적분不定積分의 정의에 의하여

$$F(u) = \int f(g(x))\, g'(x)\, dx + c$$

가 되어

$$\int f(u)\, du = \int f(g(x))\, g'(x)\, dx + c.$$

위의 정리를 이용하여 적분積分하는 방법을 치환적분법置換積分法, integration of substitution 이라 한다.

예 1 $I = \int \dfrac{1}{x^2 + 2x + 5}\, dx$를 구하라.

풀이 $x^2 + 2x + 5 = (x+1)^2 + 4$이므로 $x+1 = t$로 놓으면 $dx = dt$가 된다. 따라서

$$I = \int \frac{1}{x^2 + 2x + 5}\, dx = \int \frac{dt}{t^2 + 4} = \frac{1}{2}\tan^{-1}\frac{t}{2} + c$$

$$= \frac{1}{2}\tan^{-1}\frac{x+1}{2} + c.$$

예 2 $I = \int \dfrac{dx}{\sqrt{ax - x^2}}\ (a > 0)$을 구하라.

풀이 피적분함수被積分函數의 분모를 바꾸어 쓰면

$$ax - x^2 = \frac{a^2}{4} - \left(x - \frac{a}{2}\right)^2$$

이므로 $x - \dfrac{a}{2} = t$로 놓으면 $dx = dt$가 된다. 따라서

$$I = \int \frac{dx}{\sqrt{ax - x^2}} = \int \frac{dt}{\sqrt{\left(\frac{a}{2}\right)^2 - t^2}} = \sin^{-1}\frac{2t}{a} + c$$

$$= \sin^{-1}\frac{2x - a}{a} + c$$

$$= \sin^{-1}\left(\frac{2x}{a} - 1\right) + c.$$

예 3 $\displaystyle\int \frac{e^{3x}}{5+2e^{3x}}\,dx$를 구하라.

풀이 $t=5+2e^{3x}$로 놓으면 $dt=6e^{3x}\,dx$이므로

$$\int \frac{e^{3x}}{5+2e^{3x}}\,dx = \frac{1}{6}\int \frac{dt}{t} = \frac{1}{6}\ln|t|+c$$

$$= \frac{1}{6}\ln(5+2e^{3x})+c.$$

연습문제

다음 적분積分을 계산하라.

1. $\displaystyle\int e^{4x}\,dx$
2. $\displaystyle\int \sqrt{10^{3x}}\,dx$
3. $\displaystyle\int x^2 e^x\,dx$
4. $\displaystyle\int 3^x e^x\,dx$
5. $\displaystyle\int (e^x+e^{-x})^2\,dx$
6. $\displaystyle\int \frac{e^{2x}}{1+e^x}\,dx$
7. $\displaystyle\int \cot x\,dx$
8. $\displaystyle\int 6x^2(x^3+1)^{19}\,dx$
9. $\displaystyle\int \frac{x}{\sqrt{x+1}}\,dx$
10. $\displaystyle\int \frac{1+\cos x}{\sin^2 x}\,dx$
11. $\displaystyle\int [\sin(\sin x)]\cos x\,dx$
12. $\displaystyle\int \frac{x^2-1}{\sqrt{x}}\,dx$
13. $\displaystyle\int \sec^4 x\,dx$
14. $\displaystyle\int \tan^3 x\sec^3 x\,dx$
15. $\displaystyle\int \sin^3\theta\,d\theta$
16. $\displaystyle\int \cos^4 2x\,dx$

3.3 삼각치환법三角置換法

피적분함수被積分函數가 $\sqrt{a^2+x^2}$, $\sqrt{a^2-x^2}$, $\sqrt{x^2-a^2}$ 일 때는 다음과 같이 치환置換한다. 이와 같은 방법을 삼각치환법三角置換法, trigonometric subsititution이라 하고 다음과 같이 변환變換한다.

❶ $\sqrt{a^2+x^2}$ 일 때 $x=a\tan\theta \left(a>0, |\theta|<\dfrac{\pi}{2}\right)$

❷ $\sqrt{a^2-x^2}$ 일 때 $x=a\sin\theta \left(a>0, |\theta|\leq\dfrac{\pi}{2}\right)$

❸ $\sqrt{x^2-a^2}$ 일 때 $x=a\sec\theta$

$$\left(a>0, 0\leq\theta<\frac{\pi}{2} \text{ 또는 } -\pi\leq\theta<-\frac{\pi}{2}\right)$$

로 치환置換하면 각각 다음과 같이 변환變換된다.

❶ $\sqrt{a^2+x^2}=a\sec\theta,\ dx=a\sec^2\theta\, d\theta,$

❷ $\sqrt{a^2-x^2}=a\cos\theta,\ dx=a\cos\theta\, d\theta,$

❸ $\sqrt{x^2-a^2}=a\tan\theta,\ dx=a\sec\theta\tan\theta\, d\theta,$

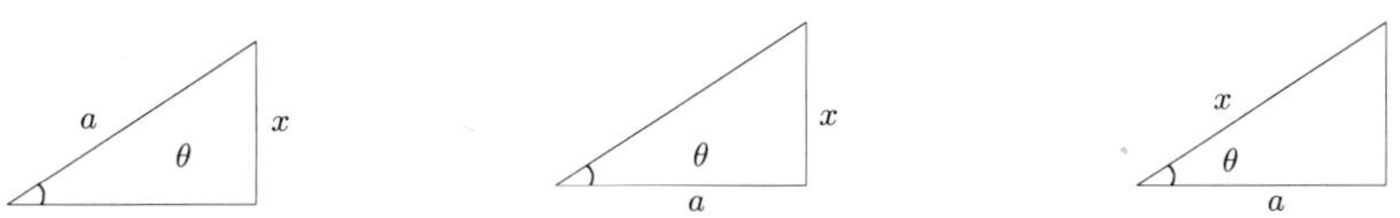

$x=a\sin\theta$ $\quad$ $x=a\tan\theta$ $\quad$ $x=a\sec\theta$

$\sqrt{a^2-x^2}=a\cos\theta$ $\quad$ $\sqrt{x^2+a^2}=a\sec\theta$ $\quad$ $\sqrt{x^2-a^2}=a\tan\theta$

▮ 그림 3-1 ▮

예 1 $\displaystyle\int\frac{dx}{(9-x^2)^{\frac{3}{2}}}$를 구하라.

풀이 $x=3\sin\theta$로 놓으면 $\sqrt{9-x^2}=3\cos\theta,\ dx=3\cos\theta\, d\theta$ 이므로

$$\int \frac{dx}{(9-x^2)^{\frac{3}{2}}} = \int \frac{3\cos\theta}{(3\cos\theta)^3}\,d\theta$$

$$= \frac{1}{9}\int \sec^2\theta\,d\theta$$

$$= \frac{1}{9}\tan\theta + c$$

$$= \frac{x}{9\sqrt{9-x^2}} + c.$$

예 2 $\int \frac{dx}{x\sqrt{x^2-a^2}}$ 를 구하라.

풀이 $x = a\sec\theta$로 놓으면

$$\sqrt{x^2-a^2} = a\tan\theta,\ dx = a\sec\theta\tan\theta\,d\theta$$

이므로

$$\int \frac{dx}{x\sqrt{x^2-a^2}} = \int \frac{a\sec\theta\tan\theta}{a\sec\theta\, a\tan\theta}\,d\theta = \int \frac{1}{a}\,d\theta$$

$$= \frac{1}{a}\theta + c$$

$$= \frac{1}{a}\sec^{-1}\frac{x}{a} + c.$$

예 3 $\int \sqrt{a^2-x^2}\,dx\ (a>0)$를 구하라.

풀이 $x = a\sin\theta\left(|\theta| \le \frac{\pi}{2}\right)$로 치환하면

$$\sqrt{a^2-x^2} = a\cos\theta,\ dx = a\cos\theta\,d\theta$$

이므로

$$\int \sqrt{a^2-x^2}\,dx = a^2\int \cos^2\theta\,d\theta = \frac{a^2}{2}\int (1+\cos 2\theta)\,d\theta$$

$$= \frac{a^2}{2}\left(\theta + \frac{1}{2}\sin 2\theta\right) + c$$

$$= \frac{a^2}{2}\,(\theta + \sin\theta\,\cos\theta) + c.$$

다시 x로 변환하기 위하여 [그림 3-1]을 이용하면

$$\sin\theta = \frac{x}{a}\text{이고 } \cos\theta = \frac{\sqrt{a^2 - x^2}}{a},\ \theta = \sin^{-1}\frac{x}{a}$$

이므로

$$\begin{aligned}\int \sqrt{a^2 - x^2}\,dx &= \frac{a^2}{2}\left(\sin^{-}\frac{x}{a} + \frac{x}{a}\,\frac{\sqrt{a^2 - x^2}}{a}\right) + c \\ &= \frac{1}{2}\left(x\,\sqrt{a^2 - x^2} + a^2\sin^{-1}\frac{x}{a}\right) + c.\end{aligned}$$

3.4 부분적분법部分積分法

두 함수函數 $f(x)$와 $g(x)$가 미분가능할 때

$$\frac{d}{dx}\{f(x)\,g(x)\} = f'(x)\,g(x) + f(x)\,g'(x)$$

이므로

$$f(x)\,g(x) = \int f'(x)\,g(x)\,dx + \int f(x)\,g'(x)\,dx$$

이다. 따라서

$$\int f(x)\,g'(x)\,dx = f(x)\,g(x) - \int f'(x)\,g(x)\,dx$$

가 된다. 이 공식에 의한 적분법積分法을 부분적분법部分積分法, integration by parts이라 한다.

예 1 $I = \int \tan^{-1}x\,dx$ 를 구하라.

풀이 $f(x) = \tan^{-1}x$, $g'(x) = 1$로 놓으면, $f'(x) = \dfrac{1}{1+x^2}$, $g(x) = x$이므로

$$\int \tan^{-1}x\,dx = x\tan^{-1}x - \int \frac{x}{1+x^2}\,dx$$

$$= x \tan^{-1} x - \frac{1}{2} \ln (1 + x^2) + c.$$

예 2 $\int x^2 \cos 3x \, dx$를 구하라.

풀이 $f(x) = x^2$, $g'(x) = \cos 3x$로 놓으면 $f'(x) = 2x$, $g(x) = \frac{1}{3} \sin 3x$이므로

$$\int x^2 \cos 3x \, dx = \frac{1}{3} x^2 \sin 3x - \frac{2}{3} \int x \sin 3x \, dx. \qquad (*)$$

$\int x \sin 3x \, dx$에서 $f(x) = x$, $g'(x) = \sin 3x$로 놓으면

$f'(x) = 1$, $g(x) = -\frac{1}{3} \cos 3x$이므로

$$\int x \sin 3x \, dx = -\frac{1}{3} x \cos 3x + \frac{1}{3} \int \cos 3x \, dx$$

$$= -\frac{1}{3} x \cos 3x + \frac{1}{9} \sin 3x + c. \qquad (**)$$

(**)를 (*)에 대입해서

$$\int x^2 \cos 3x \, dx = \frac{1}{3} x^2 \sin 3x + \frac{2}{9} x \cos 3x - \frac{2}{27} \sin 3x + c.$$

예 3 $I = \int e^{ax} \cos bx \, dx$ (단, a, b는 상수)를 구하라.

풀이 $f(x) = \cos bx$, $g'(x) = e^{ax}$으로 놓으면

$$f'(x) = -b \sin bx, \quad g(x) = \frac{e^{ax}}{a}$$

이므로

$$I = \int e^{ax} \cos bx \, dx = \frac{1}{a} e^{ax} \cos bx + \frac{b}{a} \int e^{ax} \sin bx \, dx$$

이 된다. 다시 이와 같은 부분적분部分積分을 반복하면

$$\int e^{ax} \sin bx \, dx = \frac{1}{a} e^{ax} \sin bx - \frac{b}{a} \int e^{ax} \cos bx \, dx$$

이므로

$$I = \frac{1}{a} e^{ax} \cos bx + \frac{b}{a} \left\{ \frac{1}{a} e^{ax} \sin bx - \frac{b}{a} \int e^{ax} \cos bx \, dx \right\}$$

$$= \frac{1}{a} e^{ax} \cos bx + \frac{b}{a^2} e^{ax} \sin bx - \frac{b^2}{a^2} I$$

이다. 여기서 우변의 끝 항項을 좌변으로 옮기면

$$\frac{a^2 + b^2}{a^2} I = \frac{1}{a} e^{ax} \cos bx + \frac{b}{a^2} e^{ax} \sin bx$$

가 된다. 따라서

$$I = \frac{1}{a^2 + b^2} (a \cos bx + b \sin bx) e^{ax} + c.$$

예 4 $I = \int \sec^3\theta \, d\theta$를 구하라.

풀이 $f(\theta) = \sec\theta$, $g'(x) = \sec^2\theta$로 놓으면

$$f'(\theta) = \sec\theta \tan\theta, \ g(\theta) = \tan\theta$$

이므로

$$I = \int \sec^3\theta \, d\theta = \sec\theta \tan\theta - \int \sec\theta \tan^2\theta \, d\theta$$

$$= \sec\theta \tan\theta - \int \sec\theta \, (\sec^2\theta - 1) \, d\theta$$

$$= \sec\theta \tan\theta - \int \sec^3 d\theta + \int \sec\theta \, d\theta$$

$$= \sec\theta \tan\theta - I + \ln|\sec\theta + \tan\theta| + c.$$

여기서 우변의 I를 좌변으로 옮기면

$$2I = \sec\theta \tan\theta + \ln|\sec\theta + \tan\theta| + c$$

이 되어 따라서

$$I = \frac{1}{2} \sec\theta \tan\theta + \frac{1}{2} \ln|\sec\theta + \tan\theta| + c \quad \left(c = \frac{c'}{2}\right).$$

예 5 $I_n = \int \sin^n x \, dx \ (n > 0)$을 구하라.

풀이 $f(x) = \sin^{n-1} x$, $g'(x) = \sin x$로 놓으면

$$f'(x)=(n-1)\sin^{n-2}x\cos x,\quad g(x) = -\cos x$$

이므로

$$\begin{aligned} I_n &= \int \sin^n x\,dx \\ &= \sin^{n-1}x\,(-\cos x) - \int (-\cos x)(n-1)\sin^{n-2}x\cos x\,dx \\ &= -\sin^{n-1}x\cos x + (n-1)\int \sin^{n-2}x\cos^2 x\,dx \\ &= -\sin^{n-1}x\cos x + (n-1)\int \sin^{n-2}x\,dx - (n-1)\int \sin^n x\,dx \end{aligned}$$

이고, 우변의 끝 항項을 좌변으로 옮기고 n으로 나누면

$$\begin{aligned} I_n &= \int \sin^n x\,dx \\ &= -\frac{1}{n}\sin^{n-1}x\cos x + \frac{n-1}{n}\int \sin^{n-2}x\,dx \\ &= -\frac{1}{n}\sin^{n-1}x\cos x + \frac{n-1}{n}I_{n-2} \end{aligned}$$

를 얻는다. 이 공식을 점화공식漸化公式, reduction formular이라 한다.

주의 위의 공식에서 $x=\frac{\pi}{2}-y$로 놓으면

$$\begin{aligned} -\int \sin^n\left(\frac{\pi}{2}-y\right)dy = &-\frac{1}{n}\sin^{n-1}\left(\frac{\pi}{2}-y\right)\cos\left(\frac{\pi}{2}-y\right) \\ &-\frac{n-1}{n}\int \sin^{n-2}\left(\frac{\pi}{2}-y\right)dy \end{aligned}$$

에서

$$\int \cos^n y\,dy = \frac{1}{n}\cos^{n-1}y\sin y + \frac{n-1}{n}\int \cos^{n-2}y\,dy$$

를 얻을 수 있다.

연습문제

1. 다음의 부정적분不定積分을 구하라.

❶ $\int x^2 \ln x\,dx$ ❷ $\int x\sin x\,dx$

❸ $\int \sin^{-1}x \, dx$ ❹ $\int \tan^{-1}x \, dx$

❺ $\int x^n \ln x \, dx$ ❻ $\int x^3 \tan^{-1}x \, dx$

❼ $\int x^2 e^{ax} \, dx$ ❽ $\int e^{-ax} \sin bx \, dx$

❾ $\int \sin(\ln x) \, dx$ ❿ $\int e^{-x} \cos 2x \, dx$

⓫ $\int \tan^{-1}\sqrt{x} \, dx$ ⓬ $\int t^3 e^t \, dt$

2. 다음 공식을 유도하라.

❶ $\int \tan^n x \, dx = \dfrac{\tan^{n-1}x}{n-1} - \int \tan^{n-2}x \, dx \quad (n > 1)$

❷ $\int \sec^n x \, dx = \dfrac{\sec^{n-2}x \tan x}{n-1} + \dfrac{n-2}{n-1}\int \sec^{n-2}x \, dx \quad (n > 1)$

❸ $\int x^n \sin ax \, dx = -\dfrac{x^n \cos ax}{a} + \dfrac{n}{a}\int x^{n-1}\cos ax \, dx$

❹ $\int x^n e^{ax} \, dx = \dfrac{x^n e^{ax}}{a} - \dfrac{n}{a}\int x^{n-1} e^{ax} \, dx$

❺ $\int x^m (\ln x)^n = \dfrac{x^{m+1}(\ln x)^n}{m+1} - \dfrac{n}{m+1}\int x^m (\ln x)^{n-1} \, dx \; (m \neq -1)$

3.5 유리함수有理函數의 적분법積分法

여기서는 유리함수有理函數 $\dfrac{f(x)}{g(x)}$ ($f(x)$, $g(x)$는 다항식多項式에 관한 적분법積分法에 관해서 알아본다.

분자分子 $f(x)$의 차수次數가 분모分母 $g(x)$의 차수次數보다 낮을 때는

❶ $g(x) = (ax+b)^n g_1(x)$이고, $g_1(x)$가 $ax+b$의 인수因數를 갖지 않는 다항식多項

式일 때

$$\frac{f(x)}{g(x)} = \frac{A_1}{ax+b} + \frac{A_2}{(ax+b)^2} + \cdots + \frac{A_n}{(ax+b)^n} + \frac{f_1(x)}{f_2(x)}$$

(단, A_1, A_2, $\cdots$, A_n은 상수이고, $A_n \neq 0$)

와 같이 변형變形할 수 있다는 것이 증명된다.

❷ $g(x) = (x^2+ax+b)^n g_1(x)$이고, $g_1(x)$가 $x^2+ax+b(a^2-4b<0)$의 인수因數를 갖지 않는 다항식多項式일 때는 적당한 상수常數 A_1, A_2,, $\cdots$, A_n, B_1, B_2, $\cdots$, B_n에 대하여

$$\frac{f(x)}{g(x)} = \frac{A_1 x + B_1}{x^2+ax+b} + \frac{A_2 x + B_2}{(x^2+ax+b)^2} + \cdots + \frac{A_n x + B_n}{(x^2+ax+b)^n} + \frac{f_1(x)}{f_2(x)}$$

(단, $f_1(x)$는 $g_1(x)$보다 차수가 낮은 다항식이고 $A_n x + B_n \neq 0$)

와 같이 변형變形할 수 있음은 알려져 있다. 유리함수有理函數 $\dfrac{f(x)}{g(x)}$를 몇 개의 유리함수有理函數의 합合의 모양으로 고치는 것을 부분분수部分分數로 분해分解한다고 한다.

위의 사실을 미루어 보아서 부정적분不定積分

❶ $\displaystyle\int \frac{1}{(x-a)^n}\,dx$와 ❷ $\displaystyle\int \frac{px+q}{(x^2+ax+b)^n}\,dx$ $(a^2-4b<0)$

를 구한다면 모든 유리함수有理函數의 부정적분不定積分을 구할 수 있음을 알 수 있다.

이러한 경우의 적분은 다음과 같다.

❶ $$\int \frac{dx}{(x-a)^n} = \begin{cases} \dfrac{1}{1-n}(x-a)^{1-n} + c, & n \neq 1 \\ \ln|x-a| + c, & n = 1 \end{cases}$$

❷ $x^2+ax+b = \left(x+\dfrac{a}{2}\right)^2 + \dfrac{4b-a^2}{4}$이므로

$$x + \frac{a}{2} = u, \quad \frac{4b - a^2}{4} = v^2 > 0$$

으로 놓으면

$$\int \frac{px + q}{(x^2 + ax + b)^n}\, dx = p \int \frac{u}{(u^2 + v^2)^n}\, du + \left(q - \frac{ap}{2}\right) \int \frac{du}{(u^2 + v^2)^n}.$$

여기서 아래와 같은 부정적분을 구할 수 있으면 된다.

❶ $$\int \frac{x\, dx}{(x^2 + a^2)^n} = \begin{cases} \dfrac{1}{2} \ln (x^2 + a^2) + c, & n = 1, \\[2ex] \dfrac{-1}{2(n-1)(x^2 + a^2)^{n-1}} + c, & n \neq 1. \end{cases}$$

❷ $$I_n = \int \frac{dx}{(x^2 + a^2)^n}$$

$$= \begin{cases} \dfrac{1}{a} \tan^{-1} \dfrac{x}{a} + c, & n = 1, \\[2ex] \dfrac{1}{2(n-1)a^2} \left\{ \dfrac{x}{(x^2 + a^2)^{n-1}} + (2n-3) I_{n-1} \right\} + c, & n \neq 1. \end{cases}$$

예 1 $\displaystyle\int \frac{dx}{x^2 - a^2}$를 구하라.

풀이 $\displaystyle\frac{1}{x^2 - a^2} = \frac{A}{x+a} + \frac{B}{x-a}$로 놓으면

$$1 = A(x - a) + B(x + a),$$

$$1 = (A + B)x + (-A + B)a,$$

$$\begin{cases} A + B = 0 \\ (-A + B)a = 1 \end{cases}$$

에서

$$A = -\frac{1}{2a}, \quad B = \frac{1}{2a}$$

이므로

$$\int \frac{dx}{x^2-a^2} = \frac{1}{2a}\int\left(-\frac{1}{x+a}+\frac{1}{x-a}\right)dx$$
$$= \frac{1}{2a}\{-\ln|x+a|+\ln|x-a|\}+c$$
$$= \frac{1}{2a}\ln\left|\frac{x-a}{x+a}\right|+c.$$

예 2 $\int \frac{x^5+x^4-8}{x^3-4x}\,dx$를 구하라.

풀이 $\frac{x^5+x^4-8}{x^3-4x} = x^2+x+4+\frac{4x^2+16x-8}{x^3-4x}$,

$x^3-4x = x(x-2)(x+2)$이므로

$$\frac{4x^2+16x-8}{x^3-4x} = \frac{A}{x}+\frac{B}{x-2}+\frac{C}{x+2}$$

로 놓고 정리하면,

$4x^2+16x-8 = A(x-2)(x+2)+Bx(x+2)+Cx(x-2)$,

$x=0$일 때 $\quad -8=-4A \quad \therefore\ A=2$,

$x=2$일 때 $\quad 40=8B \quad \therefore\ B=5$,

$x=-2$일 때 $\quad -24=8C \quad \therefore\ C=-3$.

$$\therefore \int \frac{x^5+x^4-8}{x^3-4x}\,dx$$
$$= \int\left(x^2+x+4+\frac{2}{x}+\frac{5}{x-2}+\frac{-3}{x+2}\right)dx$$
$$= \frac{x^3}{3}+\frac{x^2}{2}+4x+2\ln|x|+5\ln|x-2|-3\ln|x+2|+c$$
$$= \frac{1}{3}x^3+\frac{1}{2}x^2+4x+\ln\left|\frac{x^2(x-2)^5}{(x+2)^3}\right|+c.$$

예 3 $I=\int \frac{(x-1)^2}{(x+1)(x^2+1)}\,dx$를 구하라.

풀이 피적분함수被積分函數를 부분분수部分分數로 분해하면

$$\frac{(x-1)^2}{(x+1)(x^2+1)} = \frac{A}{(x+1)} + \frac{Bx+C}{x^2+1}$$

이고 분모를 없애면

$$(x-1)^2 = A(x^2+1) + (Bx+C)(x+1)$$

에서 $x=-1$일 때 $A=2$이다. 이것을 위의 식에 대입하고 정리하면

$$(x-1)^2 - 2(x^2+1) = (Bx+C)(x+1),$$

$$Bx+C = \frac{(x-1)^2 - 2(x^2+1)}{x+1} = -(x+1),$$

$$\therefore\ B=-1,\quad C=-1.$$

따라서

$$\begin{aligned} I &= \int \frac{(x-1)^2}{(x+1)(x^2+1)}\,dx \\ &= 2\int \frac{1}{x+1}\,dx - \int \frac{x+1}{x^2+1}\,dx \\ &= 2\int \frac{1}{x+1}\,dx - \frac{1}{2}\int \frac{2x}{x^2+1}\,dx - \int \frac{1}{x^2+1}\,dx \\ &= 2\ln|x+1| - \frac{1}{2}\ln(x^2+1) - \tan^{-1}x + c \\ &= \frac{1}{2}\ln\frac{(x+1)^4}{x^2+1} - \tan^{-1}x + c. \end{aligned}$$

예 4 $I = \int \frac{x^2+6x-1}{(x-1)(x-3)^2}\,dx$를 구하라.

풀이 피적분함수被積分函數를 부분분수部分分數로 분해하면

$$\frac{x^2+6x-1}{(x-1)(x-3)^2} = \frac{A}{x-1} + \frac{B}{x-3} + \frac{C}{(x-3)^2}$$

이고 분자分子를 정리하면

$$x^2+6x-1 = A(x-3)^2 + B(x-1)(x-2) + C(x-1)$$

이다. 여기서

$x=1$일 때 $\quad 6=4A \quad \therefore\ A=\frac{3}{2}$,

$x=3$일 때 $\quad 26=2C \quad \therefore\ C=13$,

$x=0$일 때 $\quad -1=9A+3B-C \quad \therefore\ B=-\frac{1}{2}$.

따라서

$$\begin{aligned} I &= \int \frac{x^2+6x-1}{(x-1)(x-3)^2}\,dx \\ &= \frac{3}{2}\int \frac{dx}{x-1} - \frac{1}{2}\int \frac{dx}{x-3} + 13\int \frac{dx}{(x-3)^2} \\ &= \frac{3}{2}\ln|x-1| - \frac{1}{2}\ln|x-3| - \frac{13}{x-3} + c \\ &= \ln\sqrt{\frac{(x-1)^3}{x-3}} - \frac{13}{x-3} + c. \end{aligned}$$

연습문제

다음 부정적분不定積分을 구하라.

❶ $\displaystyle\int \frac{dx}{x^2+x-2}$

❷ $\displaystyle\int \frac{x^3+2x^2}{x^2-1}\,dx$

❸ $\displaystyle\int \frac{2x+4}{x^3-2x^2}\,dx$

❹ $\displaystyle\int \frac{dx}{x^2-a^2}$

❺ $\displaystyle\int \frac{x+7}{x^2+2x-8}\,dx$

❻ $\displaystyle\int \frac{dx}{x^2(x^2-4)}$

❼ $\displaystyle\int \frac{2x^2+1}{x^2+3x+2}\,dx$

❽ $\displaystyle\int \frac{dx}{(x^2+a^2)(x^2+b^2)}$

❾ $\displaystyle\int \frac{x^2-2}{x^2(x+2)^2}\,dx$

❿ $\displaystyle\int \frac{(x-1)^2}{(x+1)(x^2+1)}\,dx$

⓫ $\displaystyle\int \frac{x^2+2x-10}{x^2(x^2+4x+5)}\,dx$

⓬ $\displaystyle\int \frac{x^3+x+2}{x(x^2+1)^2}\,dx$

3.6 무리함수無理函數의 적분법積分法

여기서는 피적분함수被積分函數가 무리함수無理函數일 때 이 무리함수無理函數를 적당히 치환置換함으로써 유리함수有理函數가 되는 적분법積分法에 대해서 알아본다.

3.6.1 ❶ $I=\int f\left(x,\ \sqrt[n]{ax+b}\right)dx$의 적분법積分法

여기서 f는 x와 $\sqrt[n]{ax+b}$의 유리함수有理函數로서 $a \neq 0$이라 한다.

이와 같은 함수를 적분하기 위해

$$\sqrt[n]{ax+b}=t$$

로 놓으면

$$x=\frac{1}{a}\left(t^n-b\right),\ dx=\frac{n}{a}t^{n-1}\,dt$$

이므로

$$I=\int f\left(x,\ \sqrt[n]{ax+b}\right)dx=\int f\left(\frac{t^n-b}{a},\ t\right)\frac{n\,t^{n-1}}{a}\,dt$$

가 된다. 이것은 t 에 관한 유리함수有理函數의 적분이 가능하다. 마찬가지로

❷ $I=\int f\left(x,\ \sqrt[n]{\dfrac{ax+b}{cx+d}}\right)dx,\quad ad-bc\neq 0$

에 있어서도

$$\sqrt[n]{\frac{ax+b}{cx+d}}=t$$

로 놓았을 때

$$x=\frac{dt^n-b}{a-ct^n},\quad dx=\frac{n(ad-bc)t^{n-1}}{(a-ct^n)^2}\,dt$$

이므로

$$\int f\left(x,\ \sqrt[n]{\frac{ax+b}{cx+d}}\right)dx=\int f\left(\frac{dt^n-b}{a-ct^n},\ t\right)\frac{n(ad-bc)t^{n-1}}{(a-ct^n)^2}\,dt$$

가 되어서 적분이 가능하다.

예 1 $\displaystyle\int \frac{1}{x}\sqrt{\frac{x+1}{x-1}}\,dx$를 구하라.

풀이 $\sqrt{\dfrac{x+1}{x-1}}=t$로 놓으면

$$x=\frac{t^2+1}{t^2-1},\quad dx=\frac{-4t}{(t^2-1)^2}\,dt$$

이므로

$$\begin{aligned}\int \frac{1}{x}\sqrt{\frac{x+1}{x-1}}\,dx &= \int \frac{t^2-1}{t^2+1}\,t\,\frac{-4t}{(t^2-1)^2}\,dt\\ &= -4\int \frac{t^2}{(t^2+1)(t^2-1)}\,dt\\ &= -2\int\left(\frac{1}{t^2-1}+\frac{1}{t^2+1}\right)dt\\ &= \ln\left|\frac{t+1}{t-1}\right| - 2\tan^{-1}t + c\\ &= \ln\frac{\sqrt{x+1}+\sqrt{x-1}}{\sqrt{x+1}-\sqrt{x-1}} - 2\tan^{-1}\sqrt{\frac{x+1}{x-1}}+c.\end{aligned}$$

예 2 $I=\displaystyle\int \frac{dx}{\sqrt{x}\,(1+\sqrt[3]{x})}$를 구하라.

풀이 $\sqrt[6]{x}=t$로 놓으면 $x=t^6$.

따라서 $\sqrt{x}=t^3$, $\sqrt[3]{x}=t^2$, $dx=6t^5\,dt$가 되므로

$$\begin{aligned}I=\int \frac{dx}{\sqrt{x}\,(1+\sqrt[3]{x})} &= \int \frac{6t^5\,dt}{t^3(1+t^2)}\\ &= 6\int \frac{t^2}{t^2+1}\,dt\\ &= 6\int\left(1-\frac{1}{t^2+1}\right)dt\\ &= 6(t-\tan^{-1}t)+c\end{aligned}$$

$$= 6\left(\sqrt[6]{x} - \tan^{-1}\sqrt[6]{x}\right) + c$$

이다.

3.6.2 $I = \int f\left(x,\ \sqrt{ax^2 + bx + c}\right) dx$의 적분법積分法

여기서 f와 $\sqrt{ax^2 + bx + c}$ 의 유리함수有理函數로서 $a \neq 0$이라 한다.

❶ $a > 0$일 때

$$\sqrt{ax^2 + bx + c} = t - \sqrt{a}\,x$$

로 놓고 양변을 제곱하여 x 에 대해서 풀면

$$x = \frac{t^2 - c}{b + 2\sqrt{a}\,t}$$

이고

$$dx = \frac{2\left(\sqrt{a}\,t^2 + bt + c\sqrt{a}\right)}{(b + 2\sqrt{a}\,t)^2}\,dt$$

이므로 모두 t의 유리함수有理函數가 된다. 따라서

$$I = \int f\left(x,\ \sqrt{ax^2 + bx + c}\right) dx$$

$$= \int f\left(\frac{t^2 - c}{b + 2\sqrt{a}\,t},\ t - \sqrt{a}\,\frac{t^2 - c}{b + 2\sqrt{a}\,t}\right) \frac{2\left(\sqrt{a}\,t^2 + bt + c\sqrt{a}\right)}{(b + 2\sqrt{a}\,t)^2}\,dt$$

가 되어 유리함수有理函數의 적분으로 유도된다.

❷ $a < 0$일 때 $ax^2 + bx + c = 0$이 서로 다른 실근實根 α, $\beta(\alpha < \beta)$라 하면 $\alpha \leq x \leq \beta$ 되는 x에 대해서 $\sqrt{ax^2 + bx + c}$는 항상 실수實數가 된다. 그런데 $b^2 - 4ac < 0$일 때 $ax^2 + bx + c = 0$이 실근實根을 갖지 않게 되므로

$$a(ax^2 + bx + c) = \left(ax + \frac{b}{2}\right)^2 - \frac{1}{4}\left(b^2 - 4ac\right) > 0$$

이 되어 $ax^2 + bx + c$는 a와 같은 부호를 갖게 된다. 따라서 $a < 0$이면 모든 실수 x 에 대하여 $ax^2 + bx + c < 0$이므로 $\sqrt{ax^2 + bx + c}$는 실수實數가 되지 않는다. 따라서 $ax^2 + bx + c = 0$이 서로 다른 실근實根을 가질 때에 한해서만 생각한

다. 지금

$$\sqrt{\frac{x-\alpha}{\beta-x}}=t$$

로 놓으면

$$x=\frac{\alpha+\beta t^2}{1+t^2},\ dx=\frac{2(\beta-\alpha)t}{(1+t^2)^2}\,dt$$

이고 또한

$$\sqrt{ax^2+bx+c}=\sqrt{-a}\,(\beta-x)\sqrt{\frac{x-\alpha}{\beta-x}}=\frac{\sqrt{-a}\,(\beta-\alpha)t}{1+t^2}$$

이므로 모두 t에 관한 유리함수有理函數가 된다. 따라서

$$\begin{aligned}I&=\int f(x,\sqrt{ax^2+bx+c})\,dx\\&=\int f\left(\frac{\alpha+\beta t^2}{1+t^2},\frac{\sqrt{-a}\,(\beta-\alpha)t}{1+t^2}\right)\frac{2(\beta-\alpha)t}{(1+t^2)^2}\,dt\end{aligned}$$

가 되어 유리함수有理函數의 적분積分이 된다.

예 3 $I=\int\frac{dx}{\sqrt{x^2+a}}$를 구하라.

풀이 x^2의 계수係數가 양陽이므로

$$\sqrt{x^2+a}=t-x$$

로 놓으면

$$x=\frac{t^2-a}{2t}=\frac{1}{2}\left(t-\frac{a}{t}\right),$$

$$dx=\frac{1}{2}\left(1+\frac{a}{t^2}\right)dt$$

이고

$$\sqrt{x^2+a}=\frac{1}{2}\left(t+\frac{a}{t}\right)$$

가 된다. 따라서

$$I=\int \frac{dx}{\sqrt{x^2+a}}=\int \frac{1}{\frac{1}{2}\left(t+\frac{a}{t}\right)}\ \frac{1}{2}\left(1+\frac{a}{t^2}\right) dt$$

$$=\int \frac{1}{t}\ dt$$

$$=\ln t+c$$

$$=\ln\left(x+\sqrt{x^2+a}\ \right)+c.$$

3.6.3 $I=\int x^m\left(ax^n+b\right)^{\frac{p}{q}}\ dx$ 의 적분법積分法

여기서 m, n, p, q는 양陽 또는 음陰의 정수整數로서 p는 q로 나누어지지 않는다고 한다. 그리고 p와 q는 동시에 그 부호를 바꿀 수 있으므로 q는 양陽이라고 생각한다. 지금

❶ $$\sqrt[q]{ax^n+b}=t$$

로 놓으면

$$x=\left(\frac{t^q-b}{a}\right)^{\frac{1}{n}},\quad dx=\frac{1}{n}\left(\frac{t^q-b}{a}\right)^{\frac{1}{n}-1}\ \frac{q\,t^{q-1}}{a}\ dt$$

이므로

$$I=\int x^m\left(ax^n+b\right)^{\frac{p}{q}}\ dx$$

$$=\int\left(\frac{t^q-b}{a}\right)^{\frac{m}{n}} t^p\ \frac{1}{n}\left(\frac{t^q-b}{a}\right)^{\frac{1}{n}-1}\ \frac{q\,t^{q-1}}{a}\ dt$$

$$=\frac{q}{na}\int\left(\frac{t^q-b}{a}\right)^{\frac{m+1}{n}-1} t^{p+q-1}\ dt$$

가 되어 $\dfrac{m+1}{n}$ 이 정수整數이면 이것은 유리함수有理函數의 적분이 된다.

또는

❷ $$\sqrt[q]{a+bx^{-n}}=t$$

로 놓으면

$$x=\left(\frac{t^q-a}{b}\right)^{-\frac{1}{n}}, \quad dx=-\frac{1}{n}\left(\frac{t^q-a}{b}\right)^{-\frac{1}{n}-1}\frac{qt^{q-1}}{b}\,dt$$

이고

$$(ax^n+b)^{\frac{p}{q}}=\{x^n(a+bx^{-n})\}^{\frac{p}{q}}=\left(\frac{t^q-a}{a}\right)^{-\frac{p}{q}}t^p$$

이므로

$$\begin{aligned}I&=\int x^m(ax^n+b)^{\frac{p}{q}}\,dx\\&=\int\left(\frac{t^q-a}{b}\right)^{-\frac{m}{n}}\left(\frac{t^q-a}{b}\right)^{-\frac{p}{q}}t^p\left(-\frac{1}{n}\right)\left(\frac{t^q-a}{b}\right)^{-\frac{1}{n}-1}\frac{qt^{q-1}}{b}\,dt\\&=-\frac{q}{nb}\int\left(\frac{t^q-a}{b}\right)^{-\left(\frac{m+1}{n}+\frac{p}{q}+1\right)}t^{p+q-1}\,dt\end{aligned}$$

가 되어 $\dfrac{m+1}{n}+\dfrac{p}{q}$이 정수整數이면 이것은 유리함수有理函數의 적분이 된다.

예 4 $I=\displaystyle\int\frac{(a+bx^3)^{\frac{3}{2}}}{x}\,dx$ $(a>0)$를 구하라.

풀이 이 적분에서는 $m=-1$, $n=3$이다.

$$\frac{m+1}{n}=0$$

이 정수整數가 되므로

$$\sqrt{a+bx^3}=t$$

로 놓으면

$$x=\left(\frac{t^2-a}{b}\right)^{\frac{1}{3}}, \quad dx=\frac{2}{3}\frac{t}{b^{\frac{1}{3}}(t^2-a)^{\frac{2}{3}}}\,dt$$

가 된다. 따라서

$$I=\int\frac{(a+bx^3)^{\frac{3}{2}}}{x}\,dx$$

$$= \int \frac{t^3}{\left(\frac{t^2-a}{b}\right)^{\frac{1}{3}}} \cdot \frac{2}{3} \cdot \frac{t}{b^{\frac{1}{3}}(t^2-a)^{\frac{2}{3}}}\, dt$$

$$= \frac{2}{3}\int \frac{t^4}{t^2-a}\, dt$$

$$= \frac{2}{3}\int \left(t^2+a+\frac{a^2}{t^2-a}\right) dt$$

$$= \frac{2}{3}\left(\frac{1}{3}t^3+at+\frac{a^2}{2\sqrt{a}}\ln\frac{t-\sqrt{a}}{t+\sqrt{a}}\right)+c$$

$$= \frac{2}{3}\left(\frac{1}{3}(a+bx^3)^{\frac{3}{2}}+a(a+bx^3)^{\frac{1}{2}}+\frac{a\sqrt{a}}{2}\ln\frac{\sqrt{a+bx^3}-\sqrt{a}}{\sqrt{a+bx^3}+\sqrt{a}}\right)+c.$$

예 5 $I = \int \frac{dx}{\sqrt[3]{(1+x^3)^4}}$ 를 구하라.

풀이 이 적분에서는 $m=0$, $n=3$, $\frac{p}{q}=-\frac{4}{3}$ 이다. 따라서

$$\frac{m+1}{n}+\frac{p}{q}=\frac{1}{3}-\frac{4}{3}=-1.$$

이 정수整數가 되므로 $\sqrt[3]{1+x^{-3}}=t$로 놓으면

$$x=\frac{1}{\sqrt[3]{t^3-1}}, \quad dx=-\frac{t^2}{\sqrt[3]{(t^3-1)^4}}\, dt$$

이고

$$\sqrt[3]{1+x^3} = \sqrt[3]{x^3(x^{-3}+1)} = xt = \frac{t}{\sqrt[3]{t^3-1}}$$

가 된다. 따라서

$$I = \int \frac{dx}{\sqrt[3]{(1+x^3)^4}}$$

$$= \int \frac{1}{\frac{t^4}{\sqrt[3]{(t^3-1)^4}}} \frac{-t^2}{\sqrt[3]{(t^3-1)^4}}\, dt$$

$$= -\int \frac{1}{t^2}\, dt$$

$$= \frac{1}{t} + c$$

$$= \frac{1}{\sqrt[3]{1+x^{-3}}} + c$$

$$= \frac{x}{\sqrt[3]{1+x^3}} + c\,.$$

3.6.4 $I = \int f(\sin x, \cos x)\, dx$의 적분법積分法

f는 유리함수有理函數를 표시한다. 지금 $t = \tan\frac{x}{2}$로 놓으면

$$dx = \frac{2}{1+t^2}\, dt$$

이고

$$\sin x = \frac{2t}{1+t^2}, \quad \cos x = \frac{1-t^2}{1+t^2}$$

이므로

$$\int f(\sin x, \cos x)\, dx = \int f\left(\frac{2t}{1+t^2}, \frac{1-t^2}{1+t^2}\right) \frac{2}{1+t^2}\, dt$$

가 되어 피적분함수被積分函數는 t에 관한 유리함수有理函數의 적분積分으로 변형變形된다.

예 6 $I = \int \frac{1}{a + b\cos x}\, dx \ (a, b > 0)$를 구하라.

풀이 $\tan\frac{x}{2} = t$로 놓으면 $\cos x = \frac{1-t^2}{1+t^2}$이고 $dx = \frac{2}{1+t^2}\, dt$이므로

$$I = \int \frac{1}{a + b\cos x}\, dx$$

$$= \int \frac{1}{a + b\,\frac{1-t^2}{1+t^2}}\, \frac{2}{1+t^2}\, dt$$

$$= \int \frac{2}{a+b+(a-b)t^2}\, dt\,.$$

만일 $a>b$이면

$$I = \frac{2}{a-b}\int \frac{1}{t^2 + \dfrac{a+b}{a-b}}\, dt$$

$$= \frac{2}{a-b}\sqrt{\frac{a-b}{a+b}}\tan^{-1}\left(\sqrt{\frac{a-b}{a+b}}\, t\right) + c$$

$$= \frac{2}{\sqrt{a^2-b^2}}\tan^{-1}\left(\sqrt{\frac{a-b}{a+b}}\tan\frac{x}{2}\right) + c$$

이고 $a<b$이면

$$I = \frac{2}{b-a}\int \frac{1}{\dfrac{b+a}{b-a} - t^2}\, dt$$

$$= \frac{2}{b-a}\sqrt{\frac{b-a}{b+a}}\ln\left(\frac{\sqrt{\dfrac{b+a}{b-a}} + t}{\sqrt{\dfrac{b+a}{b-a}} - t}\right) + c$$

$$= \frac{2}{\sqrt{b^2-a^2}}\ln\left(\frac{\sqrt{b+a} + \sqrt{b-a}\tan\dfrac{x}{2}}{\sqrt{b+a} - \sqrt{b-a}\tan\dfrac{x}{2}}\right) + c$$

이다.

예 7 $\displaystyle\int \frac{\sin x}{1+\sin x}\, dx$를 구하라.

풀이 $\tan\dfrac{x}{2} = t$로 놓으면

$$\int \frac{\sin x}{1+\sin x}\, dx = \int \frac{\dfrac{2t}{1+t^2}}{1+\dfrac{2t}{1+t^2}}\,\frac{2}{1+t^2}\, dt$$

$$= \int \frac{4t}{(1+t^2)(1+t)^2}\, dt$$

$$\frac{4t}{(1+t^2)(1+t)^2}=\frac{At+B}{1+t^2}+\frac{C}{1+t}+\frac{D}{(1+t)^2}$$

로 놓으면 $A=C=0,\ B=2,\ D=-2$

$$=2\int\left(\frac{1}{1+t^2}-\frac{1}{(1+t)^2}\right)dt$$

$$=2\left(\tan^{-1}t+\frac{1}{1+t}\right)+c$$

$$=2\left(\tan^{-1}\left(\tan\frac{x}{2}\right)+\frac{1}{1+\tan\frac{x}{2}}\right)+c$$

$$=x+\frac{1}{1+\tan\frac{x}{2}}+c\,.$$

주의 치환置換 $x=\frac{1}{t}$을 역수치환逆數置換, reciprocal substitution이라 한다.

예 8 $\int\frac{dx}{x\sqrt{2x-x^2}}$를 구하라.

풀이 $x=\frac{1}{t}$로 놓으면 $dx=-\frac{1}{t^2}\,dt$이므로

$$\int\frac{dx}{x\sqrt{2x-x^2}}=\int\frac{1}{\frac{1}{t}\sqrt{\frac{2}{t}-\frac{1}{t^2}}}\left(-\frac{1}{t^2}\right)dt$$

$$=-\int\frac{dt}{\sqrt{2t-1}}$$

$$=-\sqrt{2t-1}+c$$

$$=-\sqrt{\frac{2-x}{x}}+c.$$

연습문제

1. 다음 부정적분不定積分을 구하라.

❶ $\displaystyle\int \frac{dx}{a\sqrt{x}+b}$

❷ $\displaystyle\int \frac{dx}{2+2\sqrt{x}}$

❸ $\displaystyle\int \sqrt{\frac{2+x}{2-x}}\,dx$

❹ $\displaystyle\int \frac{dx}{(x-1)\sqrt{x}+2}$

❺ $\displaystyle\int \frac{\sqrt{x}}{\sqrt{x}+1}\,dx$

❻ $\displaystyle\int \sqrt{1+e^{x}}\,dx$

❼ $\displaystyle\int \frac{x}{\sqrt{4-x}}\,dx$

❽ $\displaystyle\int x\sqrt[3]{x+4}\,dx$

❾ $\displaystyle\int \frac{dx}{x-\sqrt[3]{x}}$

❿ $\displaystyle\int \frac{x+1}{x\sqrt[3]{x-8}}\,dx$

⓫ $\displaystyle\int \frac{dx}{(x+1)^{\frac{2}{3}}-(x+1)^{\frac{1}{2}}}$

⓬ $\displaystyle\int \frac{1}{x}\sqrt{\frac{x+4}{1-x}}\,dx$

⓭ $\displaystyle\int \frac{dx}{x\sqrt{x^2+2x-1}}$

⓮ $\displaystyle\int \frac{\sqrt{x^2+4x}}{x^2}\,dx$

⓯ $\displaystyle\int \frac{dx}{(2+3x)\sqrt{4-x^2}}$

⓰ $\displaystyle\int \frac{\sqrt{2x-x^2}}{x^2}\,dx$

2. $\tan\frac{x}{2}=t$로 치환하여 다음 부정적분不定積分을 구하라.

❶ $\displaystyle\int \frac{1}{\sin x}\,dx$

❷ $\displaystyle\int \frac{1}{\cos x}\,dx$

❸ $\displaystyle\int \frac{dx}{2+\sin x}$

❹ $\displaystyle\int \frac{dx}{\cos x\,(5+3\cos x)}$

❺ $\displaystyle\int \frac{dx}{3+5\sin x}$

❻ $\displaystyle\int \frac{dx}{\sin x+\tan x}$

3. 역수치환법逆數置換法에 의하여 다음 부정적분을 구하라.

❶ $\displaystyle\int \frac{dx}{x\sqrt{x^2+2x-1}}$

❷ $\displaystyle\int \frac{(x^2-x^3)^{\frac{1}{3}}}{x^3}\,dx$

❸ $\displaystyle\int \frac{dx}{x\sqrt{3x^2-2x-1}}$

❹ $\displaystyle\int \frac{dx}{x^2\sqrt{2x-x^2}}$

3.7 정적분定積分의 정의定義

함수 $f(x)(>0)$는 유계有界인 폐구간閉區間 $[a, b]$에서 정의定義된 연속함수連續函數)라 하자. 구간區間 $[a, b]$를 n 개의 소구간小區間으로 분할分割하고 그 분점分點을

$$a = x_0 < x_1 < \cdots < x_{n-1} < x_n = b$$

라고 한다.

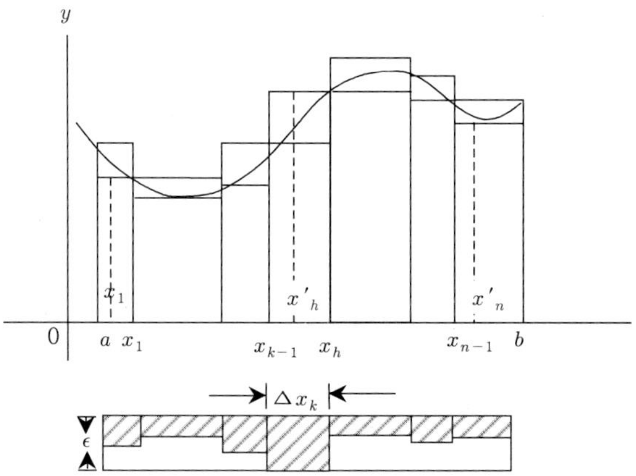

▮ 그림 3-2 ▮

구간 $[x_{k-1}, x_k]$에 속하는 임의의 점 ξ_k $(k = 1, 2, \cdots, n)$을 잡고 $[x_{k-1}, x_k]$에서의 $f(x)$의 최댓값, 최솟값을 각각 M_k, m_k라고 하면

$$m_k \leq f(\xi_k) \leq M_k$$

가 된다. 한편

$$S_n = \sum_{k=1}^{n} f(\xi_k)(x_k - x_{k-1})$$

에 대해서 실수實數의 성질을 다루지 않았으므로 여기서는 기하학적 직관幾何學的 直觀에 의거해서 따져본다.

지금

$$\overline{S_n} = \sum_{k=1}^{n} M_k(x_k - x_{k-1}), \quad \underline{S_n} = \sum_{k=1}^{n} m_k(x_k - x_{k-1})$$

로 놓으면 분명히

$$\underline{S_n} \leq \overline{S_n}$$

이고, 또 곡선曲線 $y=f(x)$와 직선直線 $x=a$, $x=b$, $y=0$에 의해서 둘러싸인 도형의 면적面積을 S라 하면

$$\underline{S_n} \leq S \leq \overline{S_n}$$

가 되며, 따라서

$$0 \leq S - \underline{S_n} \leq \overline{S_n} - \underline{S_n} \qquad \text{(i)}$$

인 관계가 성립한다. 한편

$$\overline{S_n} - \underline{S_n} = \sum_{k=1}^{n} (M_k - m_k)\Delta x_k$$

$$(\text{단, } \Delta x_k = x_k - x_{k-1})$$

에서 $M_k - m_k = \epsilon_k \ (k = 1, 2, \cdots, n)$로 놓으면

$$\overline{S_n} - \underline{S_n} = \sum_{k=1}^{n} \epsilon_k \Delta x_k$$

가 되어 $\epsilon_1, \epsilon_2, \cdots, \epsilon_n$ 중의 최댓값을 ϵ로 표시할 때

$$\overline{S_n} - \underline{S_n} \leq \epsilon \sum_{k=1}^{n} \Delta x_k = (b-a)\epsilon$$

이 된다. 그런데 $f(x)$의 연속성連續性에 의해서 $\Delta x_k \to 0 (k = 1, 2, \cdots, n)$ (또는 $n \to \infty$) 이면 $\epsilon_k \to 0$이므로 $\epsilon \to 0$이 된다.

따라서

$$\lim_{\Delta x_k \to 0} \left(\overline{S_n} - \underline{S_n}\right) = 0. \qquad \text{(ii)}$$

(i)과 (ii)에서

$$\lim_{\Delta x_k \to 0} \overline{S_n} = \lim_{\Delta x_k \to 0} \underline{S_n} = S \qquad \text{(iii)}$$

가 성립한다. 또 소구간小區間 $[x_{k-1}, x_k]$ $(k=1, 2, \cdots, n)$에서 임의의 한 점 $x_k{}'$을 택해

서 합

$$S_n = \sum_{k=1}^{n} f(x_k')\,\Delta x_k$$

라 하면 $m_k \le f(x_k') \le M_k\ (k=1, 2, \cdots, n)$이므로

$$\underline{S_n} \le S_n \le \overline{S_n}. \tag{iv}$$

(iii)과 (iv)에서

$$\lim_{n\to\infty} S_n = \lim_{n\to\infty} \sum_{k=1}^{n} f(x_k')\,\Delta x_k = S$$

이다. 따라서 유계인 폐구간閉區間 $[a, b]$에서 정의定義된 $f(x)(>0)$이고, 연속일 때

$$\sum_{k=1}^{n} f(x_k')\,\Delta x_k$$

는 곡선 $y=f(x)$와 직선直線 $x=a,\ x=b,\ y=0$으로 싸인 도형의 면적에 수렴收斂함을 알 수 있다.

같은 방법으로 연속함수 $f(x)$가 $[a, b]$에서 $f(x)<0$이면

$$\sum_{k=1}^{n} f(x_k')\,\Delta x_k$$

는 도형의 면적에 "-"부호를 붙인 값에 수렴收斂함을 알 수 있다.

따라서 다음의 기본정리가 성립함을 알 수 있다.

정리 1 함수 $f(x)$가 폐구간閉區間 $[a, b]$에서 연속이면 $f(x)$는 이 구간에서 다음 S_n의 극한값이 존재한다.

$\Delta x_k = x_k - x_{k-1}\ (k = 1, 2, \cdots, n)$은 x 의 증분增分이므로

$$S_n = f(\xi_1)\,\Delta x_1 + f(\xi_2)\,\Delta x_2 + \cdots + f(\xi_n)\,\Delta x_n$$
$$= \sum_{k=1}^{n} f(\xi_k)\,\Delta x_k$$

이고 $\Delta x_k \to 0$일 때의 극한값을 I라 하면

$$I = \lim_{\Delta x_k\to 0} \sum_{k=1}^{n} f(\xi_k)\,\Delta x_k = \int_a^b f(x)\,dx$$

이다. 이것을 $f(x)$의 $x=a$에서 $x=b$까지의 정적분定積分, definite integral이라 한다. $f(x)$가 연속함수일 때에는 반드시 위의 극한값이 존재하지만 $f(x)$가 불연속함수일 때에도 이와 같은 극한값이 존재하면 $f(x)$는 구간(區間) $[a, b]$에서 적분가능積分可能, integrable이라 한다.

분할의 방법에는 여러 가지가 있으며 소구간小區間 $[x_{k-1}, x_k]$ 내에 취한 점도 임의이므로 일반적으로는 구간 $[a, b]$를 n 등분하여

$$\Delta x = \frac{b-a}{n}$$

로 놓고

$$S_n = [f(a + f(a+\Delta x) + \cdots + f\{a+(n-1)\Delta x\}]\Delta x$$

$$= \sum_{k=0}^{n-1} f(a+k\Delta x)\Delta x$$

또는

$$S_n = [f(a+\Delta x) + f(a+2\Delta x) + \cdots + f\{a+n\Delta x\}]\Delta x$$

$$= \sum_{k=1}^{n} f(a+k\Delta x)\Delta x$$

를 사용한다.

예 1 다음의 극한값을 정적분定積分으로 표시하라.

$$\lim_{n\to\infty} \frac{1}{n}\left(1 + \sqrt{1+\frac{1}{n}} + \sqrt{1+\frac{2}{n}} + \cdots + \sqrt{1+\frac{n-1}{n}}\right).$$

풀이 $S_n = \dfrac{1}{n}\left(1 + \sqrt{1+\dfrac{1}{n}} + \sqrt{1+\dfrac{2}{n}} + \cdots + \sqrt{1+\dfrac{n-1}{n}}\right)$

로 놓으면 $n\to\infty$일 때 $\dfrac{1}{n}\to 0$이 되므로 $\Delta x = \dfrac{1}{n}$이며, 여기서 $\xi_k = \dfrac{k}{n}$라 하면

$1,\ \sqrt{1+\dfrac{1}{n}},\ \sqrt{1+\dfrac{2}{n}},\ \cdots,\ \sqrt{1+\dfrac{n-1}{n}}$은 $\sqrt{1+\xi_k}$에서 각각 $0,\ \dfrac{1}{n},\ \dfrac{2}{n},\ \cdots,\ \dfrac{n-1}{n}$을 대입한 것이 된다. 그런데

$$a = \lim_{n\to\infty} \frac{1}{n} = 0 \text{이고 } b = \lim_{n\to\infty} \frac{n-1}{n} = 1$$

이므로

$$\lim_{n\to\infty} \sum_{k=0}^{n-1} \sqrt{1+\xi_k}\ \Delta x = \int_0^1 \sqrt{1+x}\ dx\ .$$

예 2 정적분定積分의 정의定義에 의하여 $\int_0^1 x^2\,dx$를 구하라.

풀이 구간區間 $[0, 1]$을 n 등분하여 $\Delta x = \frac{1-0}{n} = \frac{1}{n}$로 놓는다. 그러면 ξ_0, ξ_1, $\cdots$, ξ_{n-1}은 각각 0, $\frac{1}{n}$, $\cdots$, $\frac{n-1}{n}$이 되므로 $f(x) = x^2$에서

$$\begin{aligned} S_n &= f(\xi_0)\,\Delta x + f(\xi_1)\,\Delta x + \cdots + f(\xi_{n-1})\,\Delta x \\ &= \frac{1}{n^3}\left[1^2 + 2^2 + \cdots + (n-1)^2\right] \\ &= \frac{1}{6}\left(1 - \frac{1}{n}\right)\left(2 - \frac{1}{n}\right) \end{aligned}$$

이 된다. 따라서

$$\int_0^1 x^2\,dx = \lim_{n\to\infty} S_n = \lim_{n\to\infty} \frac{1}{6}\left(1 - \frac{1}{n}\right)\left(2 - \frac{1}{n}\right) = \frac{1}{3}.$$

3.8 정적분定積分의 성질性質

정의 1

정적분定積分 $\int_a^b f(x)\,dx$는 극한값 $\lim_{n\to\infty} \sum_{k=1}^{n} f(\xi_k)\,\Delta x_k$가 표시하는 하나의 수數이므로 $\int_a^b f(x)\,dx$는 변수 x의 함수가 아니므로 $\int_a^b f(t)\,dt$로 표시하든지

$\int_a^b f(u)\,du$로 나타내든지 상관없다.

$a=b$일 때는 $\int_a^b f(x)\,dx=0$이고, 또 $a>b$일 때는 $\int_a^b f(x)\,dx=-\int_b^a f(x)\,dx$로 정의한다.

정리 1 두 함수 $f, g: [a, b] \to \mathbb{R}$ 이 연속함수이면 다음 ❶~❻이 성립한다.

❶ $\int_a^b \alpha f(x)\,dx = \alpha \int_a^b f(x)\,dx$ (α는 상수).

❷ $\int_a^b (f(x)+g(x))\,dx = \int_a^b f(x)\,dx + \int_a^b g(x)\,dx$.

❸ $\int_a^b f(x)\,dx = \int_a^c f(x)\,dx + \int_c^b f(x)\,dx$

(a, b, c의 대소관계에 상관없다).

❹ $a < b,\ m \le f(x) \le M$이면

$$m(b-a) \le \int_a^b f(x)\,dx \le M(b-a).$$

❺ $a < b$이면 $\left|\int_a^b f(x)\,dx\right| \le \int_a^b |f(x)|\,dx$.

증명 $P=\{a=x_0<x_1<\cdots<x_n=b\}$를 구간區間 $[a, b]$의 분할分割이라 하고 $a<c<b$인 c는 $c=x_m(m<n)$이라 하자.

❶ $$\int_a^b \alpha f(x)\,dx = \lim_{\Delta x_k \to 0} \sum_{k=1}^{n} \alpha f(\xi_k)\Delta x_k = \alpha \lim_{\Delta x_k \to 0} \sum_{k=1}^{n} f(\xi_k)\,\Delta x_k$$
$$= \alpha \int_a^b f(x)\,dx.$$

❷ $$\int_a^b (f(x)+g(x))\,dx = \lim_{\Delta x_k \to 0} \sum_{k=1}^{n} (f(\xi_k)+g(\xi_k))\,\Delta x_k$$
$$= \lim_{\Delta x_k \to 0} \sum_{k=1}^{n} f(\xi_k)\Delta x_k + \lim_{\Delta x_k \to 0} \sum_{k=1}^{n} g(\xi_k)\Delta x_k$$

$$= \int_a^b f(x)\,dx + \int_a^b g(x)\,dx\,.$$

❸ ⓐ $a<c<b$일 때

$$a = x_0 < x_1 < \cdots < x_m = c < x_{m+1} < \cdots < x_n = b,$$

$$\int_a^b f(x)\,dx = \lim_{\Delta x_k \to 0} \sum_{k=1}^{n} f(\xi_k)\Delta x_k$$

$$= \lim_{\Delta x_k \to 0} \left(\sum_{k=1}^{m} f(\xi_k)\Delta x_k + \sum_{k=m+1}^{n} f(\xi_k)\Delta x_k \right)$$

$$= \int_a^c f(x)\,dx + \int_c^b f(x)\,dx.$$

ⓑ $a < b < c$일 때

ⓐ에서 $\int_a^c f = \int_a^b f + \int_b^c f.$

$$\therefore \int_a^b f = \int_a^c f - \int_b^c f = \int_a^c f + \int_c^b f.$$

❹ $$\int_a^b f(x)\,dx = \lim_{\Delta x_k \to 0} \sum_{k=1}^{n} f(\xi_k)\Delta x_k \le \lim_{\Delta x_k \to 0} \sum_{k=1}^{n} g(\xi_k)\Delta x_k$$

$$= \int_a^b g(x)\,dx\,.$$

❺ α가 상수常數일 때, $\int_a^b \alpha\,dx = \alpha \int_a^b dx = \alpha(b-a)$에 주의하면 ❹에서

$$m(b-a) = \int_a^b m\,dx \le \int_a^b f(x)\,dx \le \int_a^b M\,dx = M(b-a)\,.$$

❻ $$\left| \int_a^b f(x)\,dx \right| = \left| \lim_{\Delta x_k \to 0} \sum_{k=1}^{n} f(\xi_k)\Delta x_k \right| \le \lim_{\Delta x_k \to 0} \sum_{k=1}^{n} |f(\xi_k)|\,\Delta x_k$$

$$= \int_a^b |f(x)|\,dx\,.$$

정리 2 구간 $[a, b]$에서 $f(x)$가 연속함수이면,

$$\int_a^b f(x)\,dx = (b-a)\,f(\xi)$$

를 만족하는 점 ξ가 $[a, b]$ 안에 적어도 하나 존재한다.

또는 $\xi = a+(b-a)\theta$로 놓으면

$$\int_a^b f(x)\,dx = (b-a)\,f(a+(b-a)\theta),\ 0<\theta<1$$

이 된다. 이것을 적분에 관한 **평균치정리**平均値定理라 한다.

적분의 평균치 정리는 미분의 평균치 정리와 미적분학의 기본정리의 결과이다.

증명 $f(x)$를 구간 $[a, b]$에서 연속인 함수라 하고 그 구간 내에 있어서 $f(x)$의 최솟값을 m, 최댓값을 M이라 하면

$$m \le f(x) \le M$$

이고 $a<b$이면

$$\int_a^b m\,dx \le \int_a^b f(x)\,dx \le \int_a^b M\,dx$$

에서

$$m(b-a) \le \int_a^b f(x)\,dx \le M(b-a)$$

가 된다.

특히 $m=M$일 때 즉, $f(x)$가 구간 $[a, b]$에서 일정할 때에는 등호等號가 성립한다.

여기서

$$\int_a^b f(x)\,dx = k(b-a)$$

로 놓으면

$$m \le k \le M$$

이다. 지금 $f(x)$가 구간 $[a, b]$에서 연속일 때 그 사이에 어떤 ξ의 값에 대하여 $f(\xi)=k$ 되는 것이 반드시 존재한다.

정리 3 $f(x)$가 구간區間 $[a, b]$에서 연속함수이면 $F(x)=\int_a^x f(t)\,dt$는 $f(x)$의 원

시함수原始函數이다.

증명 $f(x)$가 구간區間 $[a, b]$에서 연속連續일 때 구간區間 $[a, b]$에 속하는 한 점 x에 대해서 일의적一義的으로 정해진다. 따라서

$F(x)=\int_a^x f(t)\,dt$는 구간區間 $[a, b]$ 위에서 x의 함수函數이고 또,

$$F(x+h)-F(x)=\int_a^{x+h} f(t)\,dt-\int_a^x f(t)\,dt=\int_x^{x+h} f(t)\,dt$$

이므로 평균치정리平均値定理에 의하여

$$\frac{F(x+h)-F(x)}{h}=\frac{1}{h}\int_x^{x+h} f(t)\,dt=f(\xi)$$

가 되는 ξ가 x와 $x+h$ 사이에 있다.

따라서 $h\to 0$일 때 $\xi\to x$이고, $f(x)$는 연속이므로

$$\frac{dF(x)}{dx}=\lim_{h\to 0}\frac{F(x+h)-F(x)}{h}=\lim_{\xi\to x} f(\xi)=f(x)$$

가 된다. 따라서 $F(x)$는 $f(x)$의 원시함수이다.

정리 4 (적분積分의 기본정리基本定理)

구간區間 $[a, b]$에서 연속인 함수函數 $f(x)$의 한 원시함수原始函數를 $F(x)$라 하면

$$\int_a^b f(x)\,dx=F(b)-F(a)$$

이 성립成立한다.

증명 [정리 3]에서 $G(x)=\int_a^x f(t)\,dt$는 $f(x)$의 원시함수原始函數이므로

$$G(x)=F(x)+c\ (c\text{는 상수})$$

이다. 그런데

$$0=\int_a^a f(t)\,dt=G(a)=F(a)+c$$

이므로

$$c = -F(a).$$

따라서

$$\int_a^b f(x)\,dx = G(b) = F(b) - F(a).$$

주의 $F(b)-F(a)$를 기호 $[\,F(x)\,]_a^b$로 표시表示한다.

예 1 $D = \displaystyle\int_{-2}^{2} \frac{dx}{x^2+4}$를 구하라.

풀이 $I = \displaystyle\int \frac{dx}{x^2+4} = \frac{1}{2}\tan^{-1}\frac{x}{2} + c$에서

$$\begin{aligned} D = \int_{-2}^{2} \frac{dx}{x^2+4} &= \left[\frac{1}{2}\tan^{-1}\frac{x}{2}\right]_{-2}^{2} \\ &= \frac{1}{2}\left[\tan^{-1}1 - \tan^{-1}(-1)\right] \\ &= \frac{1}{2}\left[\frac{\pi}{4} - \left(-\frac{\pi}{4}\right)\right] \\ &= \frac{\pi}{4}. \end{aligned}$$

예 2 $D = \displaystyle\int_0^{\frac{\pi}{2}} \sin^2 x\,dx$를 구하라.

풀이 $\displaystyle\int \sin^2 x\,dx = \frac{1}{2}\left(x - \frac{1}{2}\sin 2x\right) + c$에서

$$D = \int_0^{\frac{\pi}{2}} \sin^2 x\,dx = \left[\frac{1}{2}\left(x - \frac{1}{2}\sin 2x\right)\right]_0^{\frac{\pi}{2}} = \frac{\pi}{4}$$

이다.

예 3 $D = \displaystyle\int_0^1 \frac{1}{x^2-x+1}\,dx$를 구하라.

풀이 $\displaystyle\int \frac{1}{x^2-x+1}\,dx = \frac{2}{\sqrt{3}}\tan^{-1}\left(\frac{2x-1}{\sqrt{3}}\right) + c$에서

$$D=\int_0^1 \frac{1}{x^2-x+1}\,dx=\left[\frac{2}{\sqrt{3}}\tan^{-1}\left(\frac{2x-1}{\sqrt{3}}\right)\right]_0^1$$

$$=\frac{2}{\sqrt{3}}\left\{\tan^{-1}\left(\frac{1}{\sqrt{3}}\right)-\tan^{-1}\left(\frac{-1}{\sqrt{3}}\right)\right\}$$

$$=\frac{2}{\sqrt{3}}\left\{\frac{\pi}{6}-\left(-\frac{\pi}{6}\right)\right\}$$

$$=\frac{2\pi}{3\sqrt{3}}.$$

연습문제

1. 다음 정적분定積分을 구하라.

❶ $\displaystyle\int_{-3}^{-2} \frac{x+2}{x^2+4x}\,dx$

❷ $\displaystyle\int_0^a \frac{dx}{a^2+x^2}$

❸ $\displaystyle\int_1^2 \frac{x}{1+x^2}\,dx$

❹ $\displaystyle\int_0^{\frac{\pi}{4}} \frac{\cos\theta}{1+\sin^2\theta}\,d\theta$

❺ $\displaystyle\int_1^2 \frac{2x^2+1}{x(x+1)^2}\,dx$

❻ $\displaystyle\int_4^5 \frac{dx}{x^2-9}$

❼ $\displaystyle\int_0^1 x^2 e^x\,dx$

❽ $\displaystyle\int_1^2 (2-e^{-t})\,dt$

2. 다음 부등식不等式을 증명하라.

❶ $\displaystyle\frac{\pi}{2}<\int_0^{\frac{\pi}{2}} \frac{dx}{\sqrt{1-\frac{\sin^2 x}{2}}}<\frac{\pi}{\sqrt{2}}$

❶ $\displaystyle\frac{1}{2}+\frac{1}{3}+\cdots+\frac{1}{n}<\int_1^n \frac{1}{x}\,dx<1+\frac{1}{2}+\cdots+\frac{1}{n-1}$

3.9 정적분定積分의 계산計算

정리 1 치환적분법置換積分法

$f(x)$가 $[a, b]$에서 연속이고 $x=\phi(t)$가 $[\alpha, \beta]$에서 미분가능微分可能하고 연속이며 $a=\phi(\alpha)$, $b=\phi(\beta)$이면

$$\int_a^b f(x)\,dx = \int_\alpha^\beta f(\phi(t))\,\phi'(t)\,dt$$

이다.

증명 $f(x)$의 원시함수原始函數를 $F(x)$라 하면

$$\frac{d}{dx}F(x) = f(x)$$

에서

$$\frac{d}{dt}F\{\phi(t)\} = F'\{\phi(t)\}\,\phi'(t) = f(\phi(t))\,\phi'(t)$$

이므로

$$\begin{aligned}\int_\alpha^\beta f(\phi(t))\,\phi'(t)\,dt &= [F\{\phi(t)\}]_\alpha^\beta \\ &= F(b) - F(a) \\ &= \int_a^b f(x)\,dx.\end{aligned}$$

예 1 $\int_0^a \sqrt{a^2-x^2}\,dx\ (a>0)$를 구하라.

풀이 ⓐ $x=a\sin t\left(0\le t\le\frac{\pi}{2}\right)$로 놓으면 $x=a$일 때 $t=\frac{\pi}{2}$, $x=0$일 때 $t=0$이고

$$dx = a\cos t\,dt,$$

$$\begin{aligned}\therefore \int_0^a \sqrt{a^2-x^2}\,dx &= \int_0^{\frac{\pi}{2}} a\cos t\; a\cos t\,dt \\ &= a^2\int_0^{\frac{\pi}{2}} \cos^2 t\,dt\end{aligned}$$

$$= a^2 \int_0^{\frac{\pi}{2}} \frac{1+\cos 2t}{2}\, dt$$

$$= \frac{a^2}{2}\left[t + \frac{1}{2}\sin 2t\right]_0^{\frac{\pi}{2}}$$

$$= \frac{a^2}{2}\,\frac{\pi}{2}$$

$$= \frac{\pi a^2}{4}.$$

ⓑ $\displaystyle\int_0^a \sqrt{a^2 - x^2}\, dx = \left[\frac{1}{2}\, x\sqrt{a^2-x^2} + \frac{a^2}{2}\sin^{-1}\frac{x}{a}\right]_0^a$

$$= \frac{a^2}{2}\sin^{-1}(1)$$

$$= \frac{a^2}{2}\,\frac{\pi}{2}$$

$$= \frac{\pi a^2}{4}.$$

예 2 ❶ $\displaystyle\int_{-a}^{a} f(x)\, dx = \int_0^a (f(x) + f(-x))\, dx$

❷ $\displaystyle\int_{-a}^{a} f(x)\, dx = \begin{cases} 2\displaystyle\int_0^a f(x)\, dx & (f(x)\text{는 우함수}) \\ 0 & (f(x)\text{는 기함수}) \end{cases}$

증명 ❶ $\displaystyle\int_{-a}^{a} f(x)dx = \int_{-a}^{0} f(x)dx + \int_0^a f(x)dx$ (*)

$x=-t$이면 $dx=-dt$, $x=-a$이면 $t=a$, $x=0$이면 $t=0$이므로

$\therefore\ \displaystyle\int_{-a}^{0} f(x)\, dx = \int_0^a f(-t)\, dt = \int_0^a f(-x)\, dx$ (**)

(**)를 (*)에 대입代入하면 된다.

❷ $f(x)$가 우함수이면 $f(-x)=f(x)$이므로

(*)에서 $\displaystyle\int_{-a}^{a} f(x)dx = \int_0^a (f(x)+f(-x))dx = 2\int_0^a f(x)\, dx,$

$f(x)$가 기함수이면 $f(-x)=-f(x)$이므로

(*)에서 $\int_{-a}^{a} f(x)\,dx = \int_{0}^{a} (f(x)+f(-x))\,dx = 0$이 된다.

3.10 부분적분법部分積分法

정리 1 $f(x)$, $g(x)$가 모두 구간 $[a, b]$에서 미분가능微分可能한 함수이면

$$\int_a^b f(x)\,g'(x)\,dx = [\,f(x)\,g(x)\,]_a^b - \int_a^b f'(x)\,g(x)\,dx.$$

특히

$$\int_a^b f(x)\,dx = [\,x\,f(x)\,]_a^b - \int_a^b x\,f'(x)\,dx$$

이다.

증명 부정적분不定積分에 관한 부분적분법部分積分法의 공식에 의하여

$$\int f(x)\,g'(x)\,dx = f(x)\,g(x) - \int f'(x)\,g(x)\,dx.$$

또

$$\int f(x)\,dx = x\,f(x) - \int x\,f'(x)\,dx$$

이므로

$$\begin{aligned}\int_a^b f(x)\,g'(x)\,dx &= \left[\int f(x)\,g'(x)\,dx\right]_a^b \\ &= \left[f(x)\,g(x) - \int f'(x)\,g(x)\,dx\right]_a^b \\ &= [\,f(x)\,g(x)\,]_a^b - \int_a^b f'(x)\,g(x)\,dx.\end{aligned}$$

특히 $g(x)=x$이면

$$\int_a^b f(x)\,dx = [\,x\,f(x)\,]_a^b - \int_a^b x\,f'(x)\,dx\,.$$

예 1 $\displaystyle\int_0^1 \tan^{-1}x\,dx = [\,x\tan^{-x}\,]_0^1 - \int_0^1 x\,\frac{1}{1+x^2}\,dx$

$$= \tan^{-1}1 - \left[\frac{1}{2}\ln(1+x^2)\right]_0^1$$

$$= \frac{\pi}{4} - \frac{1}{2}\ln 2\,.$$

예 2 $\displaystyle\int_0^1 x^2 e^x\,dx = [\,x^2 e^x\,]_0^1 - 2\int_0^1 x\,e^x\,dx$

$$= e - 2\left[x\,e^x - \int e^x\,dx\right]_0^1$$

$$= e - 2\,[\,x\,e^x\,]_0^1 + 2\int_0^1 e^x\,dx$$

$$= e - 2e + 2(e-1)$$

$$= e - 2.$$

예 3 $D_n = \displaystyle\int_0^{\frac{\pi}{2}} \sin^n x\,dx$ (n은 양의 정수整數)를 구하라.

풀이 $D_n = \displaystyle\int_0^{\frac{\pi}{2}} \sin^n x\,dx$

$$= \left[-\frac{\sin^{n-1}x\cos x}{n}\right]_0^{\frac{\pi}{2}} + \frac{n-1}{n}\int_0^{\frac{\pi}{2}} \sin^{n-2}x\,dx$$

$$= \frac{n-1}{n}\int_0^{\frac{\pi}{2}} \sin^{n-2}x\,dx\,.$$

따라서

$$D_n = \frac{n-1}{n}\,D_{n-2}$$

가 된다.

$$D_1 = \int_0^{\frac{\pi}{2}} \sin x \, dx = [-\cos x]_0^{\frac{\pi}{2}} = 1,$$

$$D_0 = \int_0^{\frac{\pi}{2}} dx = [x]_0^{\frac{\pi}{2}} = \frac{\pi}{2}$$

가 되어서 다음의 결과가 얻어진다.

$$D_{2m} = \frac{2m-1}{2m} \frac{2m-3}{2m-2} \cdots \frac{3}{4} \frac{1}{2} \frac{\pi}{2} \quad (n = 2m),$$

$$D_{2m+1} = \frac{2m}{2m+1} \frac{2m-2}{2m-1} \cdots \frac{4}{5} \frac{2}{3} 1 \quad (n = 2m+1).$$

주의 $x = \frac{\pi}{2} - y$로 놓으면

$$\int_0^{\frac{\pi}{2}} \cos^n x \, dx = \int_{\frac{\pi}{2}}^0 \cos^n \left(\frac{\pi}{2} - y \right) (-dy) = \int_0^{\frac{\pi}{2}} \sin^n y \, dy$$

가 되어서 $\int_0^{\frac{\pi}{2}} \cos^n x \, dx$는 $\int_0^{\frac{\pi}{2}} \sin^n x \, dx$와 같아진다.

연습문제

1. 다음 정적분定積分을 구하라.

❶ $\int_0^{\frac{\pi}{2}} x^2 \sin x \, dx$

❷ $\int_{-1}^1 \cos^{-1} x \, dx$

❸ $\int_0^4 \frac{x \, dx}{\sqrt{2+4x}}$

❹ $\int_1^e x \ln x \, dx$

❺ $\int_0^a x^2 \sqrt{a^2 - x^2} \, dx$

❻ $\int_0^{\frac{\pi}{2}} \sin^6 x \cos^4 x \, dx$

❼ $\int_0^1 x^2 \tan^{-1} x \, dx$

❽ $\int_0^a \sin^{-1} \sqrt{\frac{x}{a+x}} \, dx \ (a > 0)$

2. 다음을 증명하라. (단, $f(x)$는 연속함수)

❶ $\int_0^a f(x) \, dx = \int_0^a f(a-x) \, dx$

❷ $\int_{0}^{a} f(x)\,dx = \int_{0}^{\frac{\pi}{2}} \{f(x) + f(a-x)\}\,dx$

3.11 이상적분異常積分

함수 $f(x)$가 연속일 때 정적분定積分 $\int_{a}^{b} f(x)\,dx$를 정의하였으나 이 절에서는 구간區間 $[a, b]$ 안에 연속이 아닌 점이 있을 경우와 f의 정의구역이 $(-\infty, b]$, $[a, \infty)$, $(-\infty, \infty)$로 확장된 연속함수일 때의 정적분을 정의한다.

정의 1

f가 구간區間 $[a, b]$의 한 점 c에서 연속이 아닐 때 c를 이상점異常點이라 한다. 이상점異常點을 포함하는 구간에서 다음과 같이 적분積分을 정의하고 이상적분異常積分이라 부른다.

b가 이상점異常點일 때

$$\int_{a}^{b} f(x)\,dx = \lim_{t \to b-} \int_{a}^{t} f(x)\,dx \left(= \lim_{\epsilon \to 0} \int_{a}^{b-\epsilon} f(x)\,dx \right)$$

(ϵ은 충분히 작은 양수)

a가 이상점異常點일 때

$$\int_{a}^{b} f(x)\,dx = \lim_{t \to a+} \int_{t}^{b} f(x)\,dx \left(= \lim_{\epsilon \to 0} \int_{a+\epsilon}^{b} f(x)\,dx \right)$$

(ϵ은 충분히 작은 양수)

$c(a < c < b)$가 이상점異常點일 때

$$\int_{a}^{b} f(x)\,dx = \int_{a}^{c} f(x)\,dx + \int_{c}^{b} f(x)\,dx$$

$$= \lim_{t \to c-} \int_a^t f(x)\, dx + \lim_{t \to c+} \int_t^b f(x)\, dx.$$

이상적분異常積分이 존재할 때는 적분값은 수렴收斂한다고 하고 존재하지 않을 때는 발산發散한다고 한다.

예 1 ❶ $\displaystyle\int_{-1}^{0} \frac{1}{x^2}\, dx = \lim_{t \to 0-} \int_{-1}^{t} \frac{1}{x^2}\, dx = \lim_{t \to 0-} \left[-\frac{1}{x} \right]_{-1}^{t}$

$$= \lim_{t \to 0-} \left[-\frac{1}{t} - 1 \right]$$

$= \infty$ 발산發散.

❷ $\displaystyle\int_{0}^{1} \frac{1}{x}\, dx = \lim_{t \to 0+} \int_{t}^{1} \frac{1}{x}\, dx = \lim_{t \to 0+} [\log x]_t^1 = \lim_{t \to 0+} [-\log t]$

$= \infty$ 발산發散.

❸ $\displaystyle\int_{0}^{a} \frac{1}{\sqrt{a^2 - x^2}}\, dx = \lim_{t \to a-} \int_{0}^{t} \frac{1}{\sqrt{a^2 - x^2}}\, dx = \lim_{t \to a-} \left[\sin^{-1} \frac{x}{a} \right]_0^t$

$\displaystyle= \lim_{t \to a-} [\sin^{-1} 1 - 0] = \frac{\pi}{2}$ 수렴收斂.

❹ $\displaystyle\int_{-1}^{1} \frac{1}{x^2}\, dx = \int_{-1}^{0} \frac{1}{x^2}\, dx + \int_{0}^{1} \frac{1}{x^2}\, dx = 2\int_{-1}^{0} \frac{1}{x^2}\, dx = \infty$

($\frac{1}{x^2}$은 우함수) 발산發散.

정의 2

f가 $(-\infty, b]$, $[a, \infty)$, $(-\infty, \infty)$에서 각각 연속일 때

$\displaystyle\int_a^{\infty} f(x)\, dx$, $\displaystyle\int_{-\infty}^{b} f(x)\, dx$, $\displaystyle\int_{-\infty}^{\infty} f(x)\, dx$를 다음과 같이 정의한다.

$$\int_a^{\infty} f(x)\, dx = \lim_{b \to \infty} \int_a^b f(x)\, dx,$$

$$\int_{-\infty}^{b} f(x)\,dx = \lim_{a\to-\infty}\int_{a}^{b} f(x)\,dx,$$

$$\int_{-\infty}^{\infty} f(x)\,dx = \lim_{\substack{a\to-\infty\\ b\to\infty}}\int_{a}^{b} f(x)\,dx.$$

예 2 ❶ $\displaystyle\int_{1}^{\infty}\frac{1}{x^2}\,dx = \lim_{b\to\infty}\int_{1}^{b}\frac{1}{x^2}\,dx = \lim_{b\to\infty}\left[-\frac{1}{x}\right]_{1}^{b}$

$\displaystyle= \lim_{b\to\infty}\left(1-\frac{1}{b}\right)$

$= 1$ 수렴收斂.

❷ $\displaystyle\int_{0}^{\infty}\cos x\,dx = \lim_{b\to\infty}\int_{0}^{b}\cos x = \lim_{b\to\infty}[\sin x]_{0}^{\infty} = \lim_{b\to\infty}\sin b$

$=$ 부정不定.

❸ $\displaystyle\int_{-\infty}^{\infty}\frac{dx}{x^2+4} = \lim_{\substack{b\to\infty\\ a\to-\infty}}\left[\frac{1}{2}\tan^{-1}\frac{x}{2}\right]_{a}^{b}$

$\displaystyle= \frac{1}{2}\left[\lim_{b\to\infty}\tan^{-1}\frac{b}{2} - \lim_{a\to-\infty}\tan^{-1}\frac{a}{2}\right]$

$\displaystyle= \frac{1}{2}\left[\frac{\pi}{2}-\left(-\frac{\pi}{2}\right)\right]$

$\displaystyle= \frac{\pi}{2}.$

❹ $\displaystyle\int_{1}^{\infty}\frac{\ln x}{x^2}\,dx = \lim_{b\to\infty}\int_{1}^{b}\ln x\left(-\frac{1}{x}\right)'dx$

$\displaystyle= \lim_{b\to\infty}\left[-\frac{1}{x}(\ln x+1)\right]_{1}^{b}$

$\displaystyle= -\lim_{b\to\infty}\frac{\ln b+1}{b}+1$

$= 0+1 = 1.$

예 3. Gamma 함수函數 $\Gamma(p) = \int_0^\infty e^{-x} x^{p-1}\, dx \ (p>0)$에서

$$\Gamma(p+1) = p\,\Gamma(p),\ \Gamma(n+1) = n!$$

임을 보여라.

풀이 $\Gamma(p+1) = \lim_{b\to\infty} \int_0^b e^{-x} x^p\, dx = \lim_{b\to\infty} \int_0^b (-e^{-x})' x^p\, dx$

$$= \lim_{b\to\infty} \left\{ \left[-e^{-x} x^p \right]_0^b + \int_0^b e^{-x}\, p\, x^{p-1}\, dx \right\}$$

$$= p \int_0^\infty e^{-x} x^{p-1}\, dx$$

$$= p\,\Gamma(p)$$

$$\therefore\ \Gamma(n+1) = n\,\Gamma(n) = \cdots = n!\,\Gamma(1)$$

$$\Gamma(1) = \int_0^\infty e^{-x}\, dx = \lim_{b\to\infty} \left[-e^{-x} \right]_0^b = 1 - \lim_{b\to\infty} \frac{1}{e^b} = 1$$

$$\therefore\ \Gamma(n+1) = n!$$

연습문제

다음 적분積分을 구하라.

1. $\int_0^1 (\ln x)^2\, dx$
2. $\int_0^1 \ln x\, dx$
3. $\int_0^2 \frac{dx}{(x-1)^{\frac{2}{3}}}$
4. $\int_0^1 \frac{x}{\sqrt{1-x}}\, dx$
5. $\int_0^1 \frac{x^n}{\sqrt{1-x^2}}\, dx$ (n은 양의 정수)
6. $\int_{-a}^a \frac{dx}{\sqrt{a^2-x^2}}\ (a>0)$
7. $\int_1^\infty \frac{dx}{\sqrt[3]{x}}$
8. $\int_0^\infty \sin\theta\cos\theta\, d\theta$
9. $\int_{-\infty}^1 e^x\, dx$
10. $\int_{-\infty}^\infty x\, e^{-x^2}\, dx$

3.12 평면도형平面圖形의 면적面積

함수 $f:[a,b]\to\mathbb{R}$ 이 $[a,b]$에서 연속이고 $f(x)\geq 0$이면, 곡선 $y=f(x)$와 세 직선 $x=a$, $x=b$, x축으로 둘러싸인 도형圖形의 면적面積은 정적분定積分의 정의에서 $\int_a^b f(x)\,dx$임을 알고 있다.

예 1 타원楕圓 $\dfrac{x^2}{a^2}+\dfrac{y^2}{b^2}=1$의 면적을 구하라.

풀이 타원은 x축, y축에 관하여 대칭이므로 면적을 S라 하면

$$S=4\int_0^a \frac{b}{a}\sqrt{a^2-x^2}\,dx$$

이다.

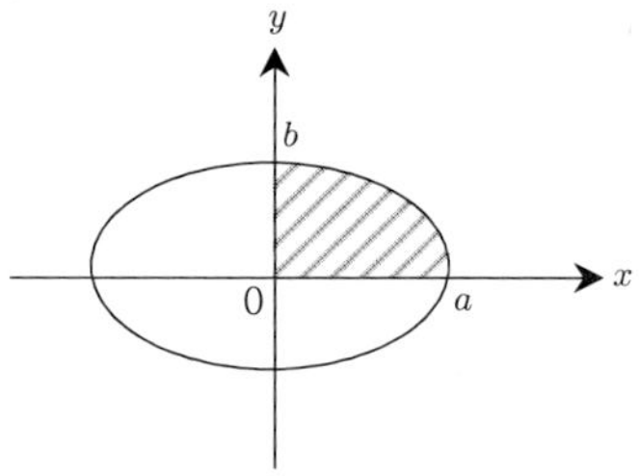

▮ 그림 3-2 ▮

$$x=a\sin\theta,\ dx=a\cos\theta\,d\theta,$$

$\sqrt{a^2-x^2}=a\cos\theta$ 이므로

$$\int_0^a\sqrt{a^2-x^2}\,dx=\int_0^{\frac{\pi}{2}}a^2\cos^2\theta\,d\theta$$

$$=\frac{a^2}{2}\int_0^{\frac{\pi}{2}}(1+\cos 2\theta)\,d\theta$$

$$=\frac{a^2}{2}\left[\theta+\frac{1}{2}\sin 2\theta\right]_0^{\frac{\pi}{2}}$$

$$=\frac{\pi a^2}{4}.$$

$$\therefore\ S=4\,\frac{b}{a}\times\frac{\pi a^2}{4}=\pi ab.$$

예 2 곡선 $y=\dfrac{8a^3}{x^2+4a^2}$과 포물선 $4ay=x^2$에 의해서 둘러싸인 부분의 면적을 구하라.

풀이 두 곡선의 교점交點을 구하기 위하여 위의 방정식을 연립으로 풀면

$$x = \pm 2a$$

이다. 이 두 곡선은 모두 y축에 관하여 대칭이므로, 따라서 구하는 면적을 S라 하면

$$S = 2\left\{\int_0^{2a} \frac{8a^3}{x^2+4a^2}\,dx - \int_0^{2a} \frac{x^2}{4a}\,dx\right\}$$

$$= 16a^3\left[\frac{1}{2a}\tan^{-1}\frac{x}{2a}\right]_0^{2a} - \frac{1}{2a}\left[\frac{1}{3}x^3\right]_0^{2a}$$

$$= 2\pi a^2 - \frac{4}{3}a^2$$

$$= 2a^2\left(\pi - \frac{2}{3}\right).$$

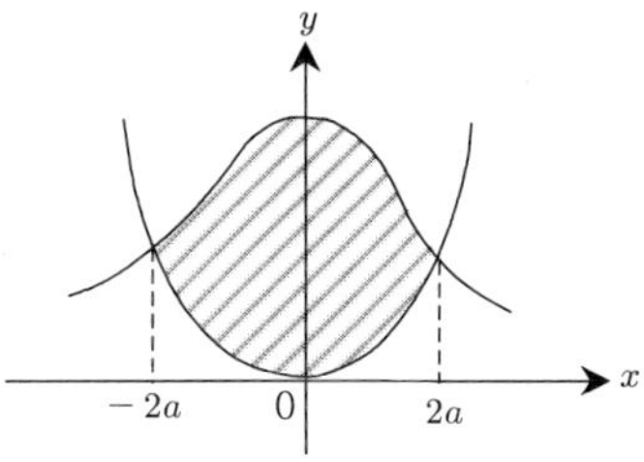

▮ 그림 3-4 ▮

곡선의 방정식이 $x=f(t)$, $y=g(t)$로 주어질 때에는 t_1, t_2를 적당히 취하면

$$\int_a^b y\,dx = \int_{t_1}^{t_2} g(t)\,f'(t)\,dt$$

가 되므로 위의 곡선이 덮는 도형圖形의 면적은 윗 식과 같이 적분함으로써 구할 수 있다.

예 3 cycloid(파선擺線)의 한 예

$x=a(\theta-\sin\theta)$, $y=a(1-\cos\theta)$와 x축 사이의 면적을 구하라. (단, $0 \le \theta \le 2\pi$)

풀이 구하는 면적을 S라 하면

$$S = \int_0^{2\pi} y\,\frac{dx}{d\theta}\,d\theta$$

$$= \int_0^{2\pi} a(1-\cos\theta)\,a(1-\cos\theta)\,d\theta$$

$$= a^2\int_0^{2\pi}(1-2\cos\theta+\cos^2\theta)\,d\theta$$

$$= a^2 \int_0^{2\pi} \left\{ 1 - 2\cos\theta + \frac{1}{2}(1 + \cos 2\theta) \right\} d\theta$$

$$= a^2 \left[\frac{3}{2}\theta - 2\sin\theta + \frac{1}{4}\sin 2\theta \right]_0^{\frac{\pi}{2}}$$

$$= 3\pi a^2 .$$

연습문제

1. 다음 평면도형의 면적을 구하라.
   ❶ 포물선 $y=4x-x^2$과 x축으로 둘러싸인 면적
   ❷ 곡선 $y=xe^{-x}$와 x축으로 둘러싸인 면적
   ❸ 곡선 $\sqrt{x}+\sqrt{y}=1$과 좌표축 사이의 면적
   ❹ 곡선 $a^2y=x^2(x+a)$와 x축 사이의 면적
   ❺ 곡선 $y^2=x^2(1-x)$의 자폐선自閉線 내의 면적
   ❻ 곡선 $y=\ln x$와 x축, $x=a$, $(a>0)$로 둘러싸인 부분의 면적
   ❼ 곡선 $x=a\theta$, $y=a(1-\cos\theta)$ $(0 \le \theta \le 2\pi)$와 x축 사이의 면적

2. 다음 두 타원楕圓 $\frac{x^2}{a^2}+\frac{y^2}{b^2}=1$, $\frac{x^2}{b^2}+\frac{y^2}{a^2}=1$의 공통부분의 면적을 구하라.

3.13 극좌표極座標에 의한 면적面積

평면平面 상의 반직선半直線 Ox를 그어서 이것을 x축이라고 한다. 평면平面 상의 임의의 점 P의 자리는 동경 OP가 x축과 이루는 각 θ와 OP의 길이 r에 의하여 정하여진다. 이 때 r을 P의 동경動徑, radius이라 하고, θ를 P의 편각偏角, argument이라고 한다. 또, r, θ를 P의 극좌표極座標, polar coordinate라 하고, $P(r, \theta)$와 같이 나타내며, O를 극極,

pole, 반직선 Ox를 기선基線, base line이라 한다.

O를 지나고 x축과 직교하는 y축을 잡아서 P의 직교좌표直交座標를 (x, y)라고 하면, 이것과 극좌표極座標 사이에 다음 관계가 있음을 알 수 있다.

$$\begin{cases} x = r\cos\theta \\ y = r\sin\theta, \end{cases} \qquad \begin{cases} x^2 + y^2 = r^2 \\ \tan\theta = \dfrac{y}{x}. \end{cases}$$

점 P의 극좌표極座標 $P(r, \theta)$에서 $r > 0$로 생각하였으나, $r = f(\theta)$의 그래프를 구하기 위하여 편의상 (r, θ)와 $(-r, \theta+\pi)$를 동일시하기로 한다. 이렇게 하였을 때도 $r\cos\theta = (-r)\cos(\pi+\theta)$, $r\sin\theta = (-r)\sin(\pi+\theta)$, $\tan(\pi+\theta) = \tan\theta$이므로 직교좌표直交座標와 극좌표極座標의 사이의 관계는 유지된다.

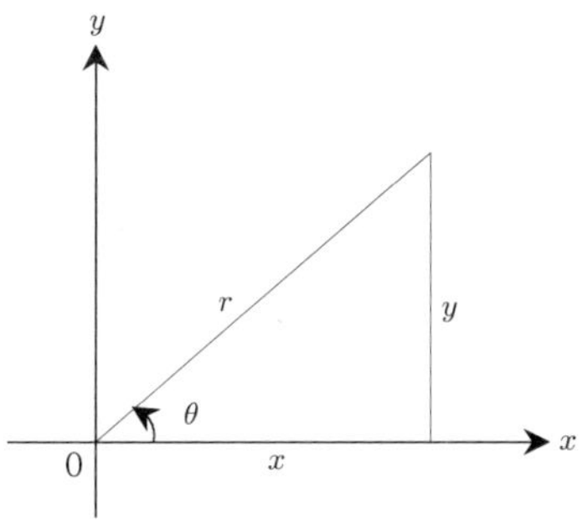

▮ 그림 3-5 ▮

정리 1 극좌표極座標에 의한 연속곡선連續曲線의 방정식이

$$r = f(\theta)$$

일 때 편각偏角 $\theta = \alpha$, $\theta = \beta$ $(\alpha < \beta)$의 두 동경動徑과 위의 곡선으로 둘러싸인 부분의 면적 S는

$$S = \frac{1}{2}\int_{\alpha}^{\beta} r^2\, d\theta = \frac{1}{2}\int_{\alpha}^{\beta} \{f(\theta)\}^2\, d\theta$$

이다.

증명 편각偏角 α, β $(\alpha < \beta)$ 사이에 있는 부채꼴의 면적을 $F(\theta)$로 표시하면

$$F(\alpha) = 0$$

이다. 그런데 θ를 $\theta + \Delta\theta$까지 변하면 $F(\theta)$의 변화량 ΔF는 폐구간閉區間 $[\theta, \theta + \Delta\theta]$ 상에서 곡선이 덮는 면적이 된다. 따라서 구간 $[\theta, \theta + \Delta\theta]$ 상에서의 동경動徑 $f(\theta)$의 최댓값을 M, 최솟값을 m이라 할 때 ΔF는 M 및 m을 각각 반지름으로 하는 부채꼴 사이에 있다.

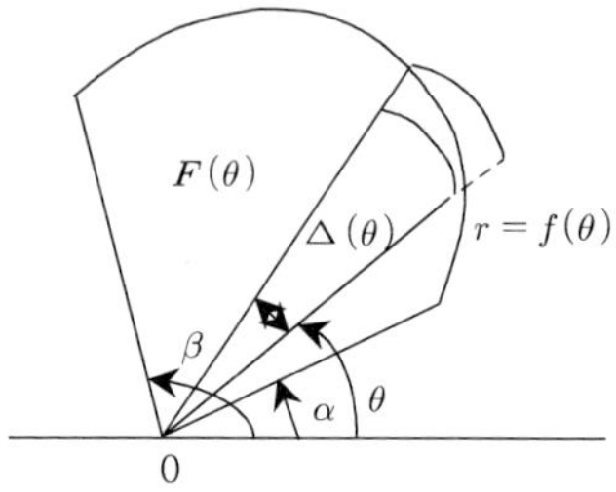

▮ 그림 3-6 ▮

그러므로

$$\frac{1}{2} m^2 \Delta\theta \le \Delta F \le \frac{1}{2} M^2 \Delta\theta \quad (\Delta\theta > 0)$$

에서

$$\frac{1}{2} m^2 \le \frac{\Delta F}{\Delta\theta} \le \frac{1}{2} M^2$$

$[\Delta\theta < 0$이면 $\frac{1}{2} m^2(-\Delta\theta) \le -\Delta F \le \frac{1}{2} M^2(-\Delta\theta)]$

이 된다. $f(\theta)$는 연속이므로 $\Delta\theta \to 0$일 때 $M \to f(\theta)$, $m \to f(\theta)$이므로

$$F'(\theta) = \lim_{\Delta\theta \to 0} \frac{\Delta F}{\Delta\theta} = \frac{1}{2} \{f(\theta)\}^2$$

이 된다. 따라서 구하는 면적은

$$S = F(\beta) - F(\alpha) = \frac{1}{2} \int_\alpha^\beta \{f(\theta)\}^2 \, d\theta = \frac{1}{2} \int_\alpha^\beta r^2 \, d\theta$$

이다.

예 1 쌍엽곡선雙葉曲線, lemniscate of Bernoulli

$r^2 = a^2 \cos 2\theta \ (a > 0)$에 의하여 둘러싸인 부분의 면적을 구하라.

풀이 θ가 0에서 $\frac{\pi}{4}$가지 증대增大하면서 r^2은 a^2에서 0까지 감소하며 $\frac{\pi}{4} < \theta < \frac{3\pi}{4}$에서는 $\cos 2\theta < 0$이므로 허수虛數가 된다.

또 $\cos(-2\theta)=\cos 2\theta$이므로 곡선은 직교축直交軸에서 x축에 관해 대칭이 된다. 그리고

$$\cos 2(\pi-0)=\cos 2\theta$$

에서 곡선은 y 축에 관해서도 대칭이 된다.

지금 구하는 면적을 S라 하면

$$S=4\times\frac{1}{2}\int_0^{\frac{\pi}{4}} r^2\,d\theta$$

$$=2\int_0^{\frac{\pi}{4}} a^2\cos 2\theta\,d\theta$$

$$=2a^2\left[\frac{1}{2}\sin 2\theta\right]_0^{\frac{\pi}{4}}$$

$$=a^2.$$

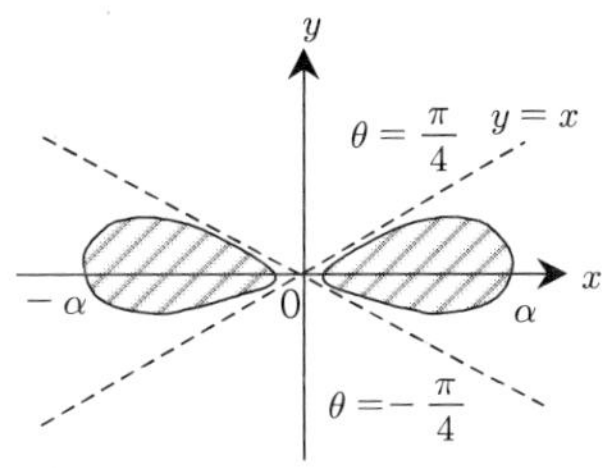

▮ 그림 3-7 ▮

예 2 곡선 $r=1+\cos\theta$(심장형)에 의해서 둘러싸인 부분의 면적面積을 구하라.

풀이 구하는 면적面積을 S라 하면

$$S=\frac{1}{2}\int_0^{2\pi} r^2\,d\theta$$

$$=\frac{1}{2}\int_0^{2\pi}(1+\cos\theta)^2\,d\theta$$

$$=\frac{1}{2}\,2\int_0^{\pi}(1+2\cos\theta+\cos^2\theta)\,d\theta$$

$$=\int_0^{\pi}\left(1+2\cos\theta+\frac{1+\cos 2\theta}{2}\right)d\theta$$

$$=\left[\theta+2\sin\theta+\frac{1}{2}\left(\theta+\frac{1}{2}\sin 2\theta\right)\right]_0^{\pi}$$

$$=\frac{3}{2}\pi.$$

예 3 원 $r=3\cos\theta$의 내부에 있고 심장형 $r=1+\cos\theta$의 외부에 있는 부분의 면적面積을 구하라.

풀이 구하는 면적面積을 S라 하면

$$S = \frac{1}{2}\int_{-\frac{\pi}{3}}^{\frac{\pi}{3}} \{(3\cos\theta)^2 - (1+\cos\theta)^2\}\, d\theta$$

$$= \frac{1}{2}\, 2\int_{0}^{\frac{\pi}{3}} (8\cos^2\theta - 2\cos\theta - 1)\, d\theta$$

$$= \int_{0}^{\frac{\pi}{3}} (4(1+\cos 2\theta) - 2\cos\theta - 1)\, d\theta$$

$$= [\,3\theta + 2\sin 2\theta - 2\sin\theta\,]_0^{\frac{\pi}{3}}$$

$$= \pi.$$

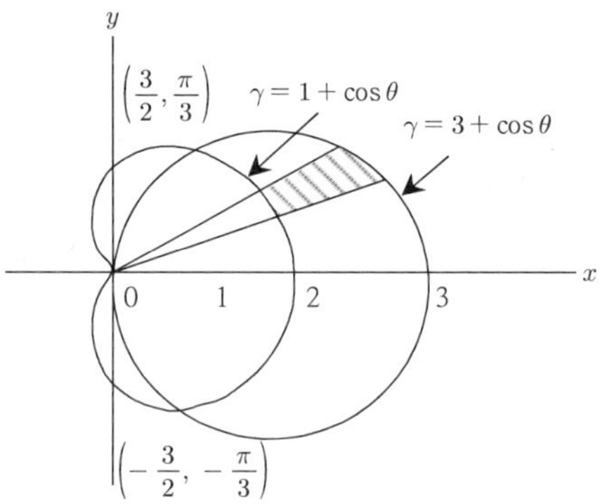

▮ 그림 3-8 ▮

예 4 곡선 $(x^2+y^2)^3 = 4a^2x^2y^2$으로 둘러싸인 부분의 면적을 구하라.

풀이 $x = r\cos\theta,\ y = r\sin\theta$에서 $x^2+y^2 = r^2$이므로

$$r^6 = 4a^2r^4\cos^2\theta\,\sin^2\theta$$

이고

$$r^2 = a^2\sin^2 2\theta$$

가 된다. 따라서 곡선의 극방정식極方程式은 $r = \pm\, a\sin 2\theta$이다.

그런데 θ가 0에서 $\frac{\pi}{4}$까지 증가하면 r은 0에서 a, θ가 $\frac{\pi}{4}$에서 $\frac{\pi}{2}$까지 증가하면 r은 a에서 0으로 감소한다.

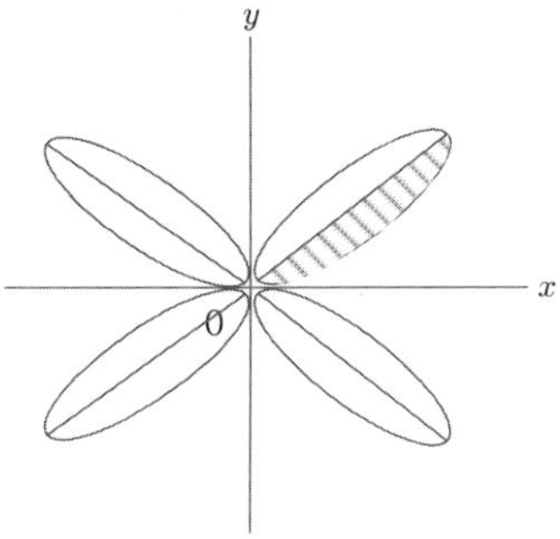

▮ 그림 3-9 ▮

따라서 구하는 면적 S는

$$\begin{aligned} S &= 8 \times \frac{1}{2} \int_0^{\frac{\pi}{4}} r^2 \, d\theta \\ &= 4a^2 \int_0^{\frac{\pi}{4}} \sin^2 2\theta \, d\theta \\ &= 4a^2 \int_0^{\frac{\pi}{4}} \frac{1}{2} (1 - \cos 4\theta) \, d\theta \\ &= 2a^2 \left[\theta - \frac{1}{4} \sin 4\theta \right]_0^{\frac{\pi}{4}} \\ &= \frac{1}{2} a^2 \pi \end{aligned}$$

가 된다.

연습문제

1. 다음 곡선으로 둘러싸인 부분의 면적을 구하라.

❶ $r = 4 \sin \theta$ ❷ $r = 2 \cos 3\theta$

❸ $r = 8 \sin^2 \frac{1}{2} \theta$ ❹ $r = 2 - \cos \theta$

❺ $r^2 = 4 \cos 2\theta$ ❻ $r = \sin^2\theta \cos\theta$

2. 다음 두 곡선으로 둘러싸인 공통부분의 면적을 구하라.

❶ $\begin{cases} r = 3 \cos \theta \\ r = 1 + \cos \theta \end{cases}$ ❷ $\begin{cases} r = 5 \sin \theta \\ r = 5 \cos \theta \end{cases}$

❸ $\begin{cases} r = 3 - 2\cos\theta \\ r = 2 \end{cases}$ ❹ $\begin{cases} r^2 = 6\cos 2\theta \\ r = 2\cos\theta \end{cases}$

3. 첫째 곡선의 내부에 있고, 둘째 곡선의 외부에 있는 부분의 면적을 구하라.

❶ $\begin{cases} r = 4(1 + \sin\theta) \\ r = 4 \end{cases}$ ❷ $\begin{cases} r = 4\cos\theta \\ r = 2 \end{cases}$

❸ $\begin{cases} r = 2 + 2\cos\theta \\ r = 1 \end{cases}$ ❹ $\begin{cases} r = 3\cos\theta \\ r = 2 - \cos\theta \end{cases}$

3.14 입체立體의 부피

입체立體의 부피를 구하려면 넓이를 구할 때와 같은 문제에 직면直面하게 된다. 부피의 의미는 직관적直觀的으로 알고 있지만, 부피가 뜻하는 정확한 정의를 미분적분학微分積分學을 이용하여 명확하게 해야 한다. 주면체柱面體라고 부르는 간단한 형태의 입체立體를 생각해 보자.

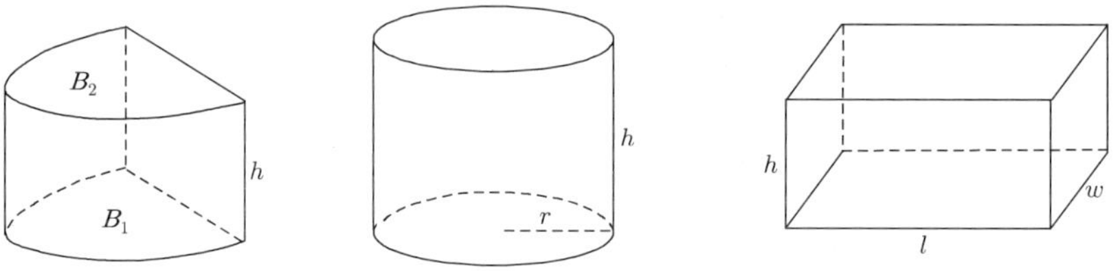

(a) 주면체 $V = Ah$ (b) 원기둥 $V = \pi r^2/h$ (c) 직사각형 상자 $V = lwh$

▮ 그림 3-10 ▮

[그림 3-10] (a)와 같이 주면체柱面體는 밑면이라고 하는 평면영역 B_1과 이것과 평행이며 합동인 평면영역 B_2로 둘러싸여 있다. 주면체柱面體는 밑면과 수직垂直이며

B_1과 B_2를 연결하는 선분線分 위의 모든 점들로 이루어져 있다. 밑면의 넓이는 A, 주면체柱面體의 높이(B_1과 B_2 사이의 거리)를 h라고 하면, 주면체柱面體의 부피 V는

$$V = Ah$$

로 정의한다. 특히 밑면이 반지름 r인 원이면 주면체柱面體를 원기둥이라고 하고 부피는 $V=\pi r^2 h$([그림 3-10]의 (b))이다. 또한 밑면이 가로 l, 세로 w인 직사각형이면 주면체柱面體를 직사각형 상자(또는 직육면체)라고 하고, 부피는 $V=lwh$([그림 3-10]의 (c))이다.

주면체柱面體가 아닌 입체立體 S의 경우에는 S를 작은 조각으로 자른 후에 각각의 조각을 주면체柱面體로 근사近似시킨다. S의 부피는 이러한 주면체柱面體의 부피를 모두 합하여 계산하다. 조각의 수를 더욱 크게 증가시키는 극한極限 과정을 통하여 S의 정확한 부피를 구한다.

입체 S와 하나의 평면이 만나서 생기는 평면영역을 절단면切斷面이라고 부른다. $A(x)$는 점 $x(a \le x \le b)$를 지나며 x축과 수직인 평면 P_x 안에 있는 S의 절단면切斷面의 넓이라고 하자([그림 3-11] 참조. 입체 S를 점 x를 지나게 칼로 자른다고 생각하고, 잘린 조각의 넓이는 계산한다). 절단면切斷面의 넓이 $A(x)$는 x가 a에서 b로 증가하면 변할 것이다.

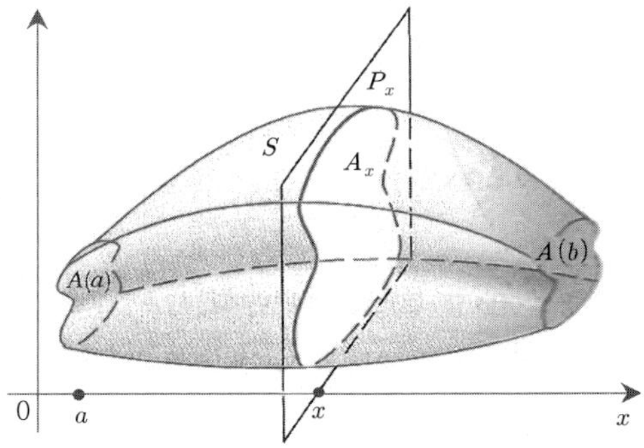

▮ 그림 3-11 ▮

입체 S를 평면 P_{x_1}, P_{x_2}, $\cdots$을 이용하여 같은 폭 Δx로 잘라서 n개의 평판조각으로 나누어 보자. i번째 소구간 $[x_{i-1}, x_i]$에서 표본점 $x_i{}^*$를 택하면, 위에서 나눈 i번째 평판조각 S_i(평면 $P_{x_{i-1}}$과 P_{x_i} 사이의 조각)는 밑면의 넓이 $A(x_i{}^*)$와 높이 Δx의 주면체柱面體로 근사近似시킬 수 있다([그림 3-12]).

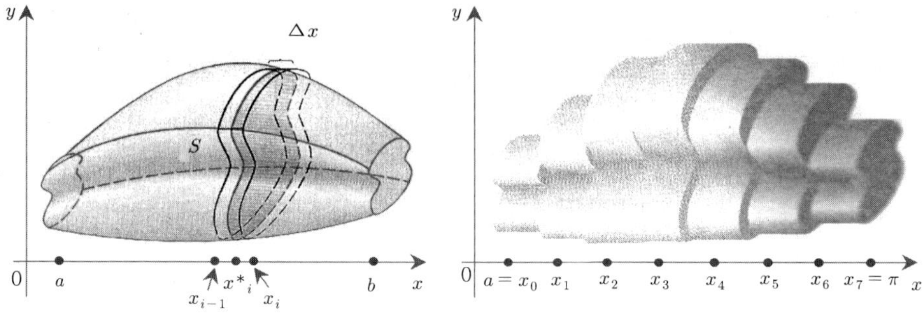

▮ 그림 3-12 ▮

이 주면체柱面體의 부피는 $A(x_i^*)\Delta x$이며, 이것은 직관적으로 i번째 평판조각의 부피에 대한 근삿값이다.

$$V(S_i) \approx A(x_i^*)\Delta x\,.$$

이러한 평판조각들의 부피를 모두 합하면, (직관적으로 부피라고 생각하는) 입체 S의 부피의 근삿값

$$V \approx \sum_{i=1}^{n} A(x_i^*)\Delta x$$

을 얻게 되며, 이것은 $n \to \infty$ (조각들이 점점 얇게 된다고 생각하자)으로 더욱더 참값에 가까워진다. 그러므로 부피는 이러한 합에 극한極限을 취한 값으로 정의한다. 그러나 리만합의 극한極限이 정적분定積分으로 표현되기 때문에 다음과 같은 정의를 얻는다.

S는 $x=a$와 $x=b$ 사이에 놓인 입체立體라고 하자. 만일 점 x를 지나고 x축에 수직垂直인 평면 P_x에 있는 S의 절단면切斷面의 넓이를 $A(x)$라고 하자. 그러면 S의 부피volume는

$$V = \lim_{n\to\infty}\sum_{i=1}^{n} A(x_i^*)\Delta x = \int_a^b A(x)\,dx$$

이다(단, A는 연속함수이다).

부피공식 $V=\int_a^b A(x)\,dx$을 사용할 때, $A(x)$는 점 x를 지나고 x축에 수직으로

잘라서 얻은 임의의 절단면切斷面의 넓이라는 것을 기억하자.

주면체柱面體인 경우, 절단면切斷面의 넓이는 $A(x)=A$이므로, 부피는 $V=\int_a^b A\,dx=A(b-a)$이다. 이것은 공식 $V=Ah$와 일치한다.

예 1 반지름이 r인 구球의 부피가 $V=\frac{4}{3}\pi r^3$임을 보여라.

풀이 [그림 3-13]과 같이 구球의 중심을 원점에 두면, 평면 P_x 과 구球의 절단면切斷面은 반지름이 (피타고라스 정리에 의하여) $y=\sqrt{r^2-x^2}$ 인 원圓이다. 그러므로 절단면切斷面의 넓이는

$$A(x)=\pi y^2=\pi(r^2-x^2)$$

이다. $a=-r$과 $b=r$일 때, 부피의 정의에 의하여

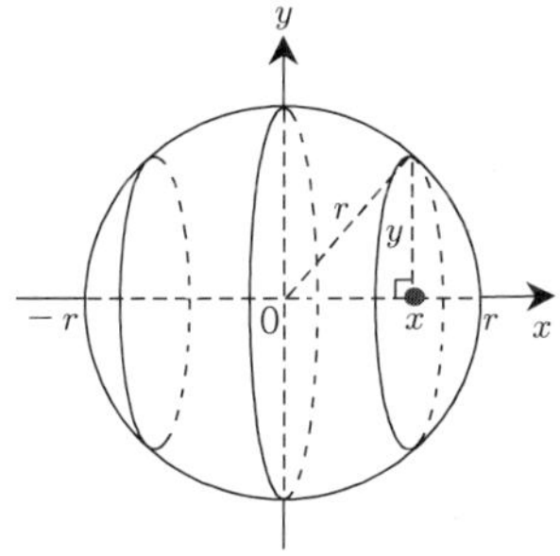

▮ 그림 3-13 ▮

$$\begin{aligned} V &= \int_{-r}^{r} A(x)\,dx \\ &= \int_{-r}^{r} \pi(r^2-x^2)\,dx \\ &= 2\pi\int_0^r (r^2-x^2)\,dx \\ &= 2\pi\left[r^2x-\frac{x^3}{3}\right]_0^r = 2\pi\left(r^3-\frac{r^3}{3}\right) \\ &= \frac{4}{3}\pi r^3. \end{aligned}$$

예 2 $x=0$부터 $x=1$까지 곡선 $y=\sqrt{x}$ 아래의 영역領域을 x축으로 회전하여 생기는 입체立體의 부피를 구하여라.

풀이 [그림 3-14(a)]와 같은 영역領域을 x축으로 회전하면 [그림 3-14(b)]와 같은 입체立體를 얻는다. 점 x를 지나게 자르면 반지름 $\sqrt{x}$ 인 원판圓板이 생기

고, 이 절단면切斷面의 넓이는

$$A(x) = \pi(\sqrt{x})^2 = \pi x$$

이다. 또한 이 근사주면체(두께가 Δx 인 원판)의 부피는

$$A(x)\Delta x = \pi x \Delta x$$

이다. 따라서 $x=0$에서 $x=1$까지 입체의 부피는

$$V = \int_0^1 A(x)\,dx = \int_0^1 \pi x\,dx = \left[\pi\frac{x^2}{2}\right]_0^1 = \frac{\pi}{2}$$

이다.

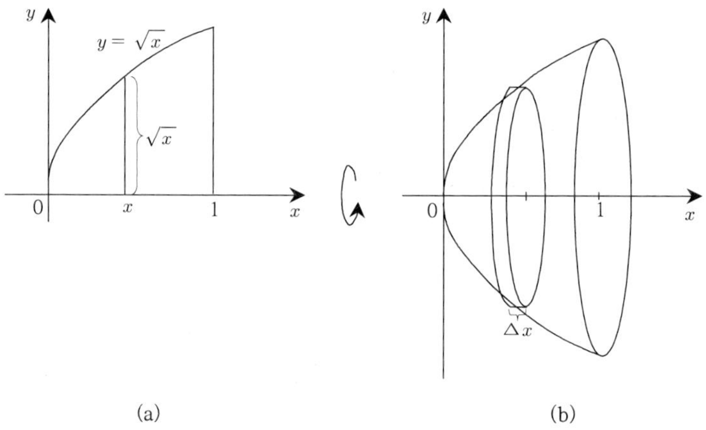

▮ 그림 3-14 ▮

예 3 $y=x^3$, $y=8$, $x=0$으로 둘러싸인 영역을 y축으로 회전하여 생기는 입체의 부피를 구하여라.

풀이 [그림 3-15(a)]와 같은 영역領域을 회전回轉하면 [그림 3-15(b)]와 같은 입체立體를 얻는다. 영역領域을 y축으로 회전回轉하기 때문에 입체立體를 y축에 수직으로 잘라야 하고 y변수로 적분積分을 해야 한다. 만일 높이 y에서 자르면 반지름이 x $(x=\sqrt[3]{y})$인 원판圓板이 생기고, y를 지나는 절단면切斷面의 넓이는

$$A(y) = \pi x^2 = \pi(\sqrt[3]{y})^2 = \pi y^{\frac{2}{3}}$$

이며, [그림 3-15(b)]에 있는 근사주면체近似柱面體의 부피는

$$A(y)\,\Delta y = \pi y^{\frac{2}{3}}\,\Delta y$$

이다. 따라서 $y=0$에서 $y=8$까지 입체立體의 부피는

$$V = \int_0^8 A(y)\,dy = \int_0^8 \pi y^{\frac{2}{3}}\,dy = \pi\left[\frac{3}{5}y^{\frac{5}{3}}\right]_0^8 = \frac{96\pi}{5}$$

이다.

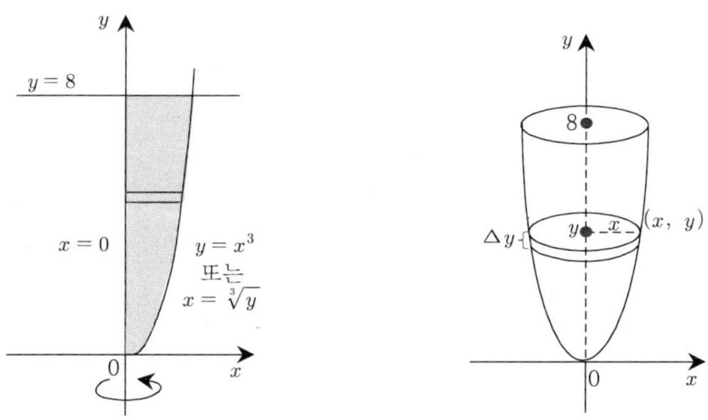

(a) (b)

▮ 그림 3-15 ▮

예 4 직선直線 $y=x$와 곡선曲線 $y=x^2$으로 둘러싸인 영역 $\mathfrak{R}$을 x축으로 회전回轉하여 생기는 입체立體의 부피를 구하여라.

풀이 직선直線 $y=x$와 곡선曲線 $y=x^2$의 교점交點은 점 (0, 0)과 (1, 1)이다. 주어진 영역領域과 입체立體, 그리고 x축에 수직인 절단면切斷面이 [그림 3-16]에 주어져 있다.

평면 P_x에 놓여 있는 절단면切斷面은 내부반지름 x^2, 외부반지름 x인 고리 모양(환형環形)이다. 따라서 절단면切斷面의 넓이는 외부원의 넓이에서 내부원의 넓이는 뺀 값이다.

$$A(x) = \pi x^2 - \pi (x^2)^2 = \pi (x^2 - x^4).$$

그러므로 부피는

$$V = \int_0^1 A(x)\,dx = \int_0^1 \pi (x^2 - x^4)\,dx = \pi \left[\frac{x^3}{3} - \frac{x^5}{5} \right]_0^1 = \frac{2\pi}{15}.$$

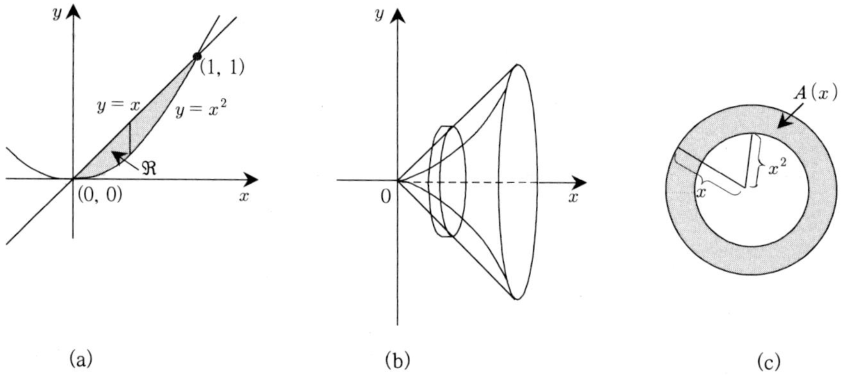

▮ 그림 3-16 ▮

예 5 [예 4[에서 주어진 영역을 $y=2$를 축으로 회전回轉하여 생기는 입체立體의 부피를 구하여라.

풀이 입체立體와 절단면切斷面이 [그림 3-17]에 주어져 있다. 이 경우도 절단면切斷面은 고리 모양이고 내부반지름은 $2-x$, 외부반지름은 $2-x^2$이다.

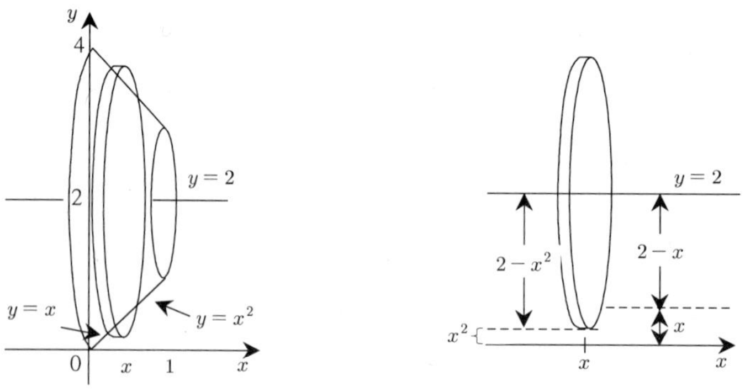

▮ 그림 3-17 ▮

따라서 절단면切斷面의 넓이는

$$A(x)\ \pi(2-x^2)^2-\pi(2-x)^2$$

이고, 부피는

$$\begin{aligned} V=\int_0^1 A(x)\,dx &= \pi\int_0^1 [(2-x^2)^2-(2-x)^2]\,dx \\ &= \pi\int_0^1 (x^4-5x^2+4x)\,dx \\ &= \pi\left[\frac{x^5}{5}-5\frac{x^3}{3}+4\frac{x^2}{2}\right]_0^1 = \frac{8\pi}{15} \end{aligned}$$

이다.

[예 1]에서 [예 5]의 입체立體들은 주어진 영역領域을 한 직선直線을 축으로 회전하여 생기기 때문에 회전체回轉體, solid of revolution라고 부른다. 일반적으로 회전체回轉體의 부피는

$$V=\int_a^b A(x)\,dx \quad \text{또는} \quad V=\int_c^d A(y)\,dy$$

을 이용하여 계산하며, 절단면切斷面의 넓이 $A(x)$나 $A(y)$는 다음과 같은 방법 중 한 가지로 구한다.

❶ 만일 절단면切斷面이 원판圓板이라면, (x변수나 y변수로) 원판圓板의 반지름을 구하고

$$A=\pi(\text{반지름})^2$$

을 이용한다.

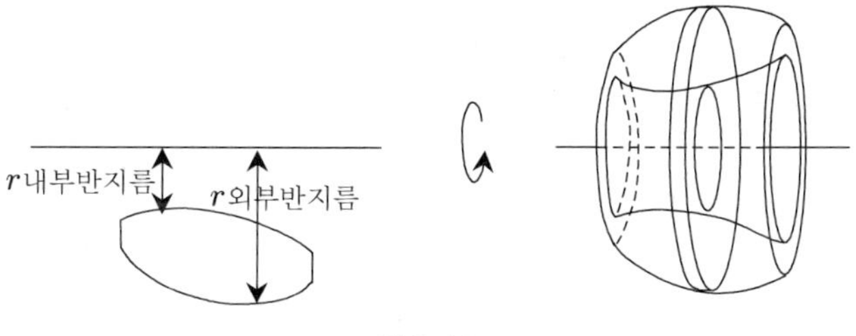

▮ 그림 3-18 ▮

❷ 만일 절단면切斷面이 고리 모양이라면 내부반지름 r_{in}과 외부반지름 r_{out}를 구하여, 외부원판에서 내부원판의 차를 고리 모양의 넓이로 계산한다.

$$A = \pi(\text{외부반지름})^2 - \pi(\text{내부반지름})^2$$

예 6 [예 4]에서 주어진 영역을 $x=-1$를 축으로 회전回轉하여 생기는 입체立體의 부피를 구하여라.

풀이 [그림 3-19]는 수평절단면水平切斷面을 나타낸 것이다. 즉, 수평절단면水平切斷面은 내부반지름 $1+y$, 외부반지름 $1+\sqrt{y}$인 고리모양이고, 넓이는

$$A = \pi(\text{외부반지름})^2 - \pi(\text{내부반지름})^2$$
$$= \pi(1+\sqrt{y})^2 - \pi(1+y)^2$$

이다. 부피는

$$V = \int_0^1 A(y)\,dy = \pi\int_0^1 [(1+\sqrt{y})^2 - (1+y)^2]\,dy$$
$$= \pi\int_0^1 (2\sqrt{y} - y - y^2)\,dy = \pi\left[\frac{4y^{3/2}}{3} - \frac{y^2}{2} - \frac{y^3}{3}\right]_0^1 = \frac{\pi}{2}$$

이다.

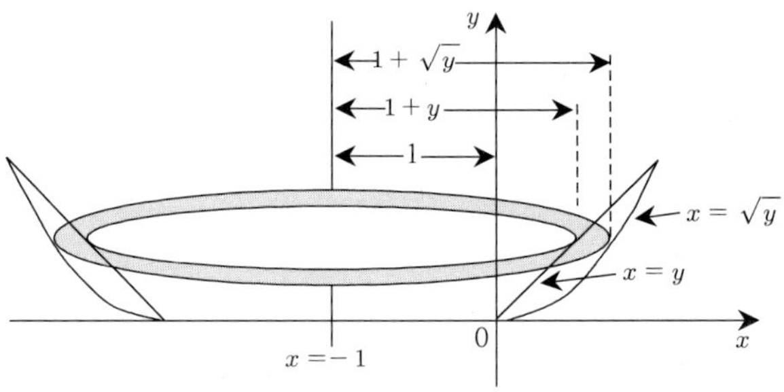

▮ 그림 3-19 ▮

연습문제

1. 주어진 곡선曲線들로 둘러싸인 영역을 주어진 직선直線을 축으로 회전回轉하여 생기는 입체立體의 부피를 구하여라. 또한 둘러싸인 영역, 입체와 대표 원판 또는 고리 모양의 절단면을 그려라.

❶ x축에 대하여 $y=2-\frac{1}{2}x,\ y=0,\ x=1,\ x=2$

❷ x축에 대하여 $y=\frac{1}{x},\ x=1,\ x=2,\ y=0$

❸ y축에 대하여 $x=2\sqrt{y},\ x=0,\ x=9$

❹ y축에 대하여 $y=x^3,\ y=x,\ x\geq 0$

❺ y축에 대하여 $y^2=x,\ x=2y$

❻ $y=1$ 에 대하여 $y=x,\ y=\sqrt{x}$

2. 다음 적분은 어떤 입체의 부피를 나타내고 있다. 그 입체를 설명하라.

❶ $\pi\int_0^{\frac{\pi}{2}}\cos^2 x\,dx$ ❷ $\pi\int_0^1 (y^4-y^8)\,dy$

3. 주어진 입체의 부피를 구하여라.

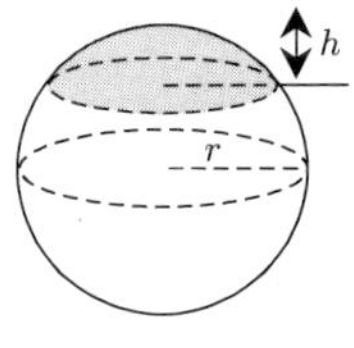

❶ 밑면의 반지름 r, 높이 h인 직원뿔

❷ 반지름 r인 구에서 위로부터 거리 h 만큼 잘라낸 부분

3.15 곡선曲線의 길이

함수 $y=f(x)$가 나타내는 곡선 C의 $x=a,\ x=b$ 사이에 있는 부분, 즉 폐구간閉區間 $[a,b]$에 대응하는 C의 부분의 길이를 구하려면 $a,\ b$ 사이를 n개의 소구간小區間으로 나누어서 그 분점分點을

$$a = x_0 < x_1 < x_2 < x_3 < \cdots < x_{n-1} < x_n = b$$

라 하고 각각의 소구간小區間의 길이를 Δx_i 라 한다.

그리고 이것에 대응하는 곡선 C상의 점을 각각 P_0, P_1, P_2, $\cdots$, P_{n-1}, P_n이라 하고 이들의 점을 연결하여 굴절선屈折線을 만든다. 이 때 분점分點 x_{k-1}, x_k에 대한 선분線分 $\overline{P_{k-1}P_k}$의 길이를 s_k 라 하면

$$s_k = \sqrt{(x_k - x_{k-1})^2 + \{f(x_k) - f(x_{k-1})\}^2}$$

이 된다. 그런데 $f(x)$가 이 구간에서 미분가능微分可能이라 하면 미분학微分學의 평균치정리平均値定理에 의하여

$$f(x_k) - f(x_{k-1}) = (x_k - x_{k-1})f'(\xi_k),$$

$$x_{k-1} < \xi_k < x_k$$

가 되므로

$$a = x_0,\ b = x_n$$

사이에 있는 굴절선屈折線의 길이는

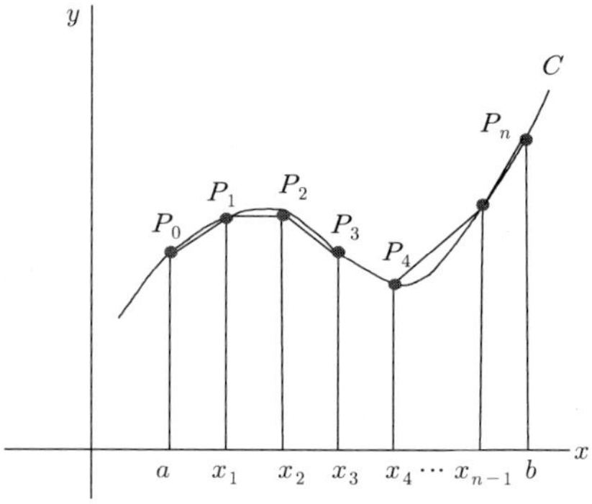

▮ 그림 3-20 ▮

$$\sum_{k=1}^{n} s_k = \sum_{k=1}^{n} \sqrt{1 + \{f'(\xi_k)\}^2}\ (x_k - x_{k-1})$$

로 표시된다. 여기서 적분의 정의에 의하여 $f'(x)$가 연속일 때에는 이 식의 우변은 $\Delta x_i \to 0$일 때 극한값을 갖는다.

이 극한값을 L이라 하면

$$L = \int_a^b \sqrt{1 + \{f'(x)\}^2}\ dx = \int_a^b \sqrt{1 + \left(\frac{dy}{dx}\right)^2}\ dx$$

이며, 곡선 $y = f(x)$ $(a \le x \le b)$의 길이로 정의한다.

이 밖에 다른 모양의 곡선의 길이도 알아보자.

ⓐ 곡선의 방정식이 $x = g(y)$의 모양으로 주어질 때에는

$$L = \int_c^d \sqrt{1 + \left(\frac{dx}{dy}\right)^2}\ dy$$

이다.

ⓑ 그리고 곡선의 방정식이

$$x = f(t),\ y = g(t) \quad (c \le t \le d)$$

로 주어졌을 때 f', g'가 $[c, d]$에서 연속이고 $f' > 0$이면 $a = f(c)$, $b = f(d)$일 때 곡선을 직교방정식直交方程式 $y = g(f^{-1}(x))\,(a \le x \le b)$로 생각하면 곡선의 길이는 치환적분에 의하여

$$\begin{aligned} L = \int_a^b \sqrt{1 + \left(\frac{dy}{dx}\right)^2}\, dx &= \int_c^d \sqrt{1 + \left(\frac{g'(t)}{f'(t)}\right)^2}\, f'(t)\, dt \\ &= \int_c^d \sqrt{(f'(t))^2 + (g'(t))^2}\, dt \\ &= \int_c^d \sqrt{\left(\frac{dx}{dt}\right)^2 + \left(\frac{dy}{dt}\right)^2}\, dt \end{aligned}$$

임을 알 수 있다. 한편

ⓒ 곡선曲線의 극방정식極方程式이 $r = f(\theta)\ (\alpha \le \theta \le \beta)$로 주어졌을 때 매개변수방정식媒介變數方程式으로 고치면

$$\begin{cases} x = r\cos\theta \\ y = r\sin\theta \end{cases} \quad (\alpha \le \theta \le \beta)$$

이므로 곡선의 길이 L 은

$$\begin{aligned} L &= \int_\alpha^\beta \sqrt{\left(\frac{dx}{d\theta}\right)^2 + \left(\frac{dy}{d\theta}\right)^2}\, d\theta \\ &= \int_\alpha^\beta \sqrt{(r'\cos\theta - r\sin\theta)^2 + (r'\sin\theta + r\cos\theta)^2}\, d\theta \\ &= \int_\alpha^\beta \sqrt{r^2 + \left(\frac{dr}{d\theta}\right)^2}\, d\theta \end{aligned}$$

이 됨을 알 수 있다.

예 1 반지름이 a인 원주의 길이를 구하라.

풀이 $y = \sqrt{a^2 - x^2}$, $\dfrac{dy}{dx} = -\dfrac{x}{\sqrt{a^2 - x^2}}$,

$$\sqrt{1+\left(\frac{dy}{dx}\right)^2} = \frac{a}{\sqrt{a^2-x^2}},$$

$$\begin{aligned} L &= 4\int_0^a \sqrt{1+\left(\frac{dy}{dx}\right)^2}\,dx \\ &= 4a\int_0^a \frac{1}{\sqrt{a^2-x^2}}\,dx \\ &= 4a\left[\sin^{-1}\frac{x}{a}\right]_0^a \\ &= 4a\times\frac{\pi}{2} \\ &= 2\pi a. \end{aligned}$$

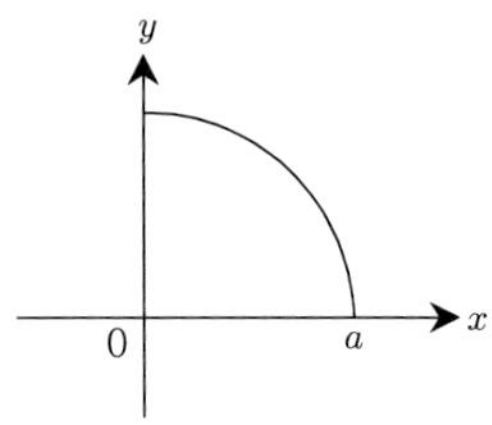

▮ 그림 3–21 ▮

예 2 cycloid(파선擺線) $x=a(t-\sin t)$, $y=a(1-\cos t)$의 $[0, 2\pi]$ 위의 길이를 구하라.

풀이 곡선의 방정식에서

$$\frac{dx}{dt} = a(1-\cos t), \quad \frac{dy}{dt} = a\sin t,$$

$$\begin{aligned} \left(\frac{dx}{dt}\right)^2 + \left(\frac{dy}{dt}\right)^2 &= a^2(1-\cos t)^2 + a^2\sin^2 t \\ &= 4a^2\sin^2\frac{t}{2} \end{aligned}$$

이므로 구하는 곡선의 길이 L은

$$\begin{aligned} L &= 2a\int_0^{2\pi} \sin\frac{t}{2}\,dt \\ &= 2a\left[-2\cos\frac{t}{2}\right]_0^{2\pi} \\ &= 8a. \end{aligned}$$

예 3 심장형心臟形 $r=a(1+\cos\theta)$ $(a>0)$의 전全 길이를 구하라.

풀이 이 곡선은 기선基線에 관하여 대칭이다.

그런데 곡선의 방정식에서 $\frac{dr}{d\theta}=-a\sin\theta$이므로

$$r^2+\left(\frac{dr}{d\theta}\right)^2=a^2(1+\cos\theta)^2+a^2\sin^2\theta=4a^2\cos^2\frac{\theta}{2}$$

이 되어 구하는 곡선의 길이 L은

$$\begin{aligned} L &= 2\int_0^{\pi} 2a\cos\frac{\theta}{2}\,d\theta \\ &= 4a\left[2\sin\frac{\theta}{2}\right]_0^{\pi} \\ &= 8a. \end{aligned}$$

연습문제

다음 곡선의 길이를 구하라.

1. $y=x\sqrt{x}$ 의 $x=0$에서 $x=\frac{4}{3}$까지
2. $x=\ln y$의 $y=\frac{3}{4}$에서 $y=\frac{4}{3}$까지
3. $8x=y^4+2y^{-2}$의 $y=1$에서 $y=2$까지
4. $4y=2x^2-\ln x$의 $x=1$에서 $x=3$까지
5. $6xy=x^4+3$의 $x=1$에서 $x=3$까지
6. $y=\ln(e^x+1)-\ln(e^x-1)$의 $x=1$에서 $x=2$까지
7. $y=\sqrt{1-x^2}+\ln(1-\sqrt{1-x^2})-\ln x$의 $x=\frac{1}{2}$에서 $x=1$까지
8. $x=t^3-3t,\ y=3t^2$의 $t=0$에서 $t=1$까지
9. $x=\ln(\sec\theta+\tan\theta),\ y=\ln(\operatorname{cosec}\theta-\cot\theta)$의 $\theta=\frac{\pi}{6}$에서 $\theta=\frac{\pi}{3}$
10. 곡선 $r=a\sin\frac{1}{3}\theta$의 전 길이

3.16 회전체回轉體의 표면적表面積

곡선 $y=f(x)$ $(a \le x \le b)$가 x축 주위를 회전해서 생기는 곡면을 회전면回轉面이라 하고 그 회전면回轉面의 표면적表面積을 구하여 보자.

$f(x)$의 도함수導函數 $f'(x)$가 연속이고 $f(x)>0$라 하자.

구간 $[a, b]$의 한 분할分割 $P=\{x_0, x_1, \cdots, x_n\}$의 각 분점分點에 대응하는 곡선 위의 점을 P_0, P_1, $\cdots$, P_n이라 하자.

호 $P_{k-1}P_k$의 회전면의 표면적을 우선 근사적으로 원뿔대의 표면적表面積으로 보면 평균치정리平均値定理에서

$$\pi\left(f(x_k)+f(x_{k-1})\right)\sqrt{(x_k-x_{k-1})^2+\left(f(x_k)-f(x_{k-1})\right)^2}$$
$$=\pi\left(f(x_k)+f(x_{k-1})\right)\sqrt{1+\{f'(c_k)\}^2}\ \Delta x_k \quad (x_{k-1} \le c_k \le x_k).$$

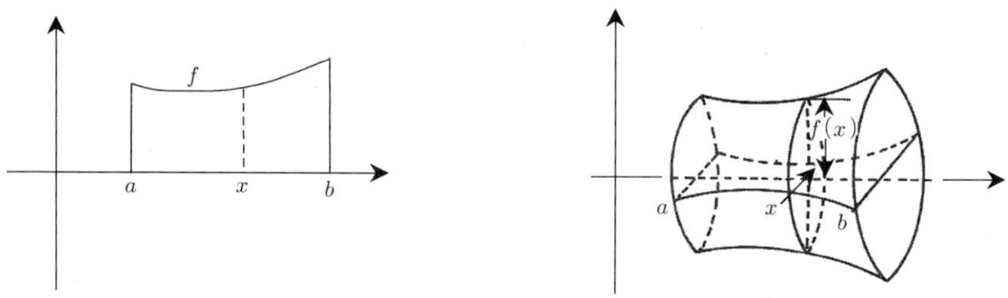

▮ 그림 3-22 ▮

구하는 회전체回轉體의 표면적表面積을 S라 하면

$$S=\lim_{n\to\infty}\sum_{k=1}^{n}\pi\left(f(x_k)+f(x_{k-1})\right)\sqrt{1+\{f'(c_k)\}^2}\ \Delta x_k$$

로 정의한다.

여기서 함수 $F(x)=2\pi f(x)\sqrt{1+\{f'(x)\}^2}$의 $[x_{k-1}, x_k]$에서의 최솟값을 m_k, 최댓값을 $M_k(k=1, 2, \cdots, n)$라 하면

$$\lim_{n\to\infty}\sum_{k=1}^{n} m_k\,\Delta x_k=\lim_{n\to\infty}\sum_{k=1}^{n} M_k\,\Delta x_k$$

$$= \int_a^b 2\pi f(x)\sqrt{1+\{f'(x)\}^2}\,dx$$

임을 알고 있으며, 또

$$\sum_{k=1}^{n} m_k \Delta x_k \le \sum_{k=1}^{n} \pi\left(f(x_k)+f(x_{k-1})\right)\sqrt{1+\{f'(c_k)\}^2} \le \sum_{k=1}^{n} M_k \Delta x_k$$

이므로

$$S = \lim_{n\to\infty}\sum_{k=1}^{n} \pi\left(f(x_k)+f(x_{k-1})\right)\sqrt{1+\{f'(c_k)\}^2}\,\Delta x_k$$

$$= \int_a^b 2\pi f(x)\sqrt{1+\{f'(x)\}^2}\,dx.$$

즉, $S = 2\pi\int_a^b f(x)\sqrt{1+\{f'(x)\}^2}\,dx$ 이다.

만약 이 곡선의 방정식이 매개변수 방정식 $x=f(t)$, $y=g(t)$ $(c \le t \le d)$로 주어질 때의 회전체回轉體의 표면적表面積은

ⓐ $S = 2\pi\int_c^d g(t)\sqrt{\{f'(t)\}^2+\{g'(t)\}^2}\,dt$ 이고,

또 곡선의 방정식이 극방정식極方程式 $r=f(\theta)$ $(\alpha \le \theta \le \beta)$이면 회전체回轉體의 표면적表面積은

ⓑ $S = 2\pi\int_\alpha^\beta r\sin\theta\sqrt{r^2+\left(\dfrac{dr}{d\theta}\right)^2}\,d\theta$

가 된다.

예 1 반지름이 a인 구球의 표면적을 구하라.

풀이 반원의 방정식이 $y=\sqrt{a^2-x^2}$ 에서

$$y' = -\frac{x}{\sqrt{a^2-x^2}},\quad \sqrt{1+(y')^2} = \frac{a}{\sqrt{a^2-x^2}}$$

가 되므로 구球의 표면적表面積을 S라 하면

$$S = 2\pi\int_{-a}^{a}\sqrt{a^2-x^2}\,\frac{a}{\sqrt{a^2-x^2}}\,dx$$

$$= 4\pi a \int_0^a dx$$

$$= 4\pi a \left[x \right]_0^a$$

$$= 4\pi a^2.$$

예 2 Cycloid $x=a(t-\sin t)$, $y=a(1-\cos t)$ $(0 \le t \le 2\pi)$를 x축 중심으로 회전回轉한 회전체回轉體의 표면적表面積 S를 구하라.

풀이 $y=a(1-\cos t) = 2a\sin^2\dfrac{t}{2}$ 이고

$$\sqrt{\left(\frac{dx}{dt}\right)^2 + \left(\frac{dy}{dt}\right)^2} = 2a\sin\frac{t}{2}$$

이므로

$$S = 2\pi \int_0^{\pi} 2a\sin^2\frac{t}{2}\, 2a\sin\frac{t}{2}\, dt$$

$$= 16\pi a^2 \int_0^{\pi} \sin^3\frac{t}{2}\, dt$$

$$= 16\pi a^2 \left[-\frac{1}{3}\sin^2\frac{t}{2}\cos\frac{t}{2} \right]_0^{\pi} + \frac{2}{3}\int_0^{\pi} \sin\frac{t}{2}\, dt$$

$$= 16\pi a^2 \left[-\frac{4}{3}\cos\frac{t}{2} \right]_0^{\pi}$$

$$= 16\pi a^2 \frac{4}{3} = \frac{64}{3}\pi a^2.$$

예 3 심장형 $r=a(1-\cos\theta)$를 기선基線(직선 $\theta=0$)을 축으로 회전한 회전체回轉體의 표면적表面積 S를 구하라.

풀이 $r\sin\theta = a(1-\cos\theta)\sin\theta$이고

$$\sqrt{r^2 + \left(\frac{dr}{d\theta}\right)^2} = \sqrt{2}\, a\, \sqrt{1-\cos\theta}$$

이므로, 따라서

$$S = 2\pi \int_0^{\pi} a(1-\cos\theta)\sin\theta \ \sqrt{2}\,a\sqrt{1-\cos\theta}\ d\theta$$

$$= 2\sqrt{2}\,\pi a^2 \int_0^{\pi} (1-\cos\theta)^{\frac{3}{2}} \sin\theta\ d\theta$$

$$= 2\sqrt{2}\,\pi a^2 \left[\frac{2}{5}(1-\cos\theta)^{\frac{5}{2}}\right]_0^{\pi}$$

$$= 2\sqrt{2}\,\pi a^2 \frac{2}{5}\, 2^{\frac{5}{2}}$$

$$= \frac{4\sqrt{2}}{5}\pi a^2 4\sqrt{2}$$

$$= \frac{32}{5}\pi a^2.$$

연습문제

1. 다음 곡선을 x축 주위로 회전했을 때 생기는 회전체回轉體의 표면적表面積을 구하라.

❶ $9y = x^3$; $x=0$에서 $x=2$까지

❷ (bypocycoid) $x = a\cos^3\theta$, $y = a\sin^3\theta$

❸ $4y = 2x^2 - \ln x$; $x=1$에서 $x=4$까지

❹ (cardioid) $r = a(1+\cos\theta)$

❺ $9y^2 = x(3-x)^2$의 자폐선自閉線

2. 다음 곡선을 y축 주위로 회전回轉했을 때 생기는 회전체回轉體의 표면적表面積을 구하라.

❶ $y = x^2$; $x=0$에서 $x=\frac{6}{5}$까지

❷ $y = \frac{1}{3}(x^2+2)^{\frac{3}{2}}$; $x=0$에서 $x=3$까지

❸ $x = 3t(t-2)$, $y = 8t^{\frac{3}{2}}$; $t=0$에서 $t=1$까지

❹ $x = \cos\theta + \theta\sin\theta$, $y = \sin\theta - \theta\cos\theta$; $\theta=0$에서 $\theta=\frac{1}{2}\pi$까지

■ 제 4 장 ■

무한급수 및 함수의 전개

無限級數 函數 展開

제4장 무한급수無限級數 및 함수函數의 전개展開

4.1 무한급수無限級數

정의 1

수열數列 $\{a_n\}$에 대해서, 그 합合

$$\sum a_n \equiv \sum_{n=1}^{\infty} a_n = a_1 + a_2 + \cdots + a_n + \cdots \qquad ①$$

을 무한급수無限級數, infinite series라고 부른다. 무한급수無限級數 ①의 부분합partial sum

$$s_n = a_1 + a_2 + \cdots + a_n$$

을 각항各項으로 하는 수열數列 $\{s_n\}$이 수렴收斂(발산發散)할 때, 무한급수無限級數 ①은 수렴收斂(발산發散)한다고 말하며, ①이 수렴收斂할 때, 곧,

$$s_n \to s \quad (n \to \infty)$$

일 때 s를 ①의 합合, sum이라고 부르고, $\sum a_n = s$와 같이 나타낸다.

정리 1 $\sum a_n$이 수렴收斂하면 $a_n \to 0$ $(n \to \infty)$이다.

증명 $\sum a_n$이 수렴收斂하므로 그 부분합部分合

$$s_n = a_1 + a_2 + \cdots + a_n, \; s_{n-1} = a_1 + a_2 + \cdots + a_{n-1}$$

으로 이루어지는 수열數列 $\{s_n\}$, $\{s_{n-1}\}$은 수렴收斂한다. $\sum a_n = s$라고 두면, $a_n = s_n - s_{n-1}$이므로

$$\lim_{n\to\infty} a_n = \lim_{n\to\infty} s_n - \lim_{n\to\infty} s_{n-1} = s - s = 0.$$

주의 ❶ [정리 1]에 의하면 $\lim_{n\to\infty} a_n = 0$은 $\sum a_n$이 수렴收斂하기 위한 필요조건必要條件이다. 그러나 이것이 $\sum a_n$이 수렴收斂하기 위한 충분조건充分條件은 되지 못한다. 예를 들면,

$$\lim_{n\to\infty} \frac{1}{n} = 0, \ \sum \frac{1}{n}: \text{ 발산發散.}$$

❷ 정리 1의 대우를 쓰면

$$\lim_{n\to\infty} a_n \neq 0 \Rightarrow \sum a_n: \text{ 발산發散 (발산판정發散判定).}$$

예 1 다음 급수級數의 수렴, 발산을 조사하라.

$$\sum \frac{n}{n+1} = \frac{1}{2} + \frac{2}{3} + \frac{3}{4} + \cdots + \frac{n}{n+1} + \cdots.$$

풀이 $$\lim_{n\to\infty} \frac{n}{n+1} = \lim_{n\to\infty} \frac{1}{1+\frac{1}{n}} = 1 \neq 0$$

이므로 주어진 급수級數는 발산한다.

예 2 $$\sum_{n=0}^{\infty} r^n = 1 + r + r^2 + \cdots + r^{n-1} + \qquad ②$$

의 수렴, 발산을 조사하라. ②를 등비급수等比級數, geometric series라고 한다.

풀이 ⓐ $|r| < 1$일 때,

$$\lim_{n\to\infty} s_n = \lim_{n\to\infty} \frac{1-r^n}{1-r} = \frac{1}{1-r},$$

ⓑ $|r| \geq 1$일 때,

$$\lim_{n\to\infty} r^{n-1} \neq 0$$

이다. 따라서 $|r|<1$일 때 ②는 $\frac{1}{1-r}$에 수렴하고, $|r| \ge 1$일 때 ②는 발산한다.

정리 1 $\sum a_n$, $\sum b_n$이 각각 s, t에 수렴收斂하면

$$\sum k a_n, \ \sum (a_n + b_n), \ \sum (a_n - b_n)$$

도 모두 수렴收斂하며,

$$\sum k a_n = ks, \ \sum (a_n + b_n) = s + t, \ \sum (a_n - b_n) = s - t.$$

증명 $\sum a_n$, $\sum b_n$의 부분합部分合을 각각 s_n, t_n이라 하면

$$s_n \to s, \ t_n \to t \ (n \to \infty)\text{이므로, } n \to \infty \text{ 일 때}$$

$$k s_n \to k s, \ s_n + t_n \to s + t, \ s_n - t_n \to s - t$$

이다. 그런데

$$k s_n = k a_1 + k a_2 + \cdots + k a_n,$$

$$s_n + t_n = (a_1 + b_1) + (a_2 + b_2) + \cdots + (a_n + b_n),$$

$$s_n - t_n = (a_1 - b_1) + (a_2 - b_2) + \cdots + (a_n - b_n)$$

이므로, 정의에 의해서

$$\sum k a_n = ks, \ \sum (a_n + b_n) = s + t, \ \sum (a_n - b_n) = s - t$$

를 얻는다.

예 3 다음 급수級數의 합을 구하라.

$$\sum \left(\frac{3}{4^n} - \frac{2}{5^{n-1}} \right)$$

풀이 $\sum \frac{3}{4^n}$, $\sum \frac{1}{5^{n-1}}$은 각각 공비가 $\frac{1}{4}$, $\frac{1}{5}$인 등비급수等比級數이며, $\left|\frac{1}{4}\right|$, $\left|\frac{1}{5}\right| < 1$이므로 [예 2]에 의해서 수렴收斂한다. 다시, [정리 2]에 의해서 주어진 급수級數는 수렴收斂하며, 그 합은

$$\sum \left(\frac{3}{4^n} - \frac{2}{5^{n-1}} \right) = 3 \sum \frac{1}{4^n} - 2 \sum \frac{1}{5^{n-1}} = 3 \frac{\frac{1}{4}}{1 - \frac{1}{4}} - 2 \frac{1}{1 - \frac{1}{5}}$$

$$= 1 - \frac{5}{2} = -\frac{3}{2}.$$

예 4 $\sum \frac{1}{n^{\alpha}}$ $(\alpha > 1)$이 수렴收斂함을 알고, 다음 급수級數의 수렴, 발산을 조사하라.

$$\sum \frac{3n^2 - 2n + 4}{n^4}$$

풀이 [정리 1, 2] 및 가정에 의해서 주어진 급수級數는 다음 값에 수렴한다.

$$3\sum \frac{1}{n^2} - 2\sum \frac{1}{n^3} + 4\sum \frac{1}{n^4}.$$

정리 3 $\sum a_n$이 수렴收斂할 때, $\sum a_n$의 유한개有限個의 a_n을 다른 값 a_n'로 바꾸어 놓은 급수級數 또한 수렴收斂한다.

증명 a_i, a_j, $\cdots$, a_k를 각각 a_i', a_j', $\cdots$, a_k'으로 바꾸어 놓았다고 생각하자. 그러면 두 급수級數는

$$a_1 + \cdots + a_i + \cdots + a_j + \cdots + a_k + \cdots + a_n + \quad ③$$

$$a_1 + \cdots + a_i' + \cdots + a_j' + \cdots + a_k' + \cdots + a_n + \quad ④$$

이다. ③의 부분합部分合을 s_n, ④의 부분합部分合을 t_n 이라고 두면 $n > k$일 때,

$$s_n - t_n = (a_i - a_i') + (a_j - a_j') + \cdots + (a_k - a_k')$$

이다. 이 식의 우변을 c라고 두면 $t_n = s_n - c$이며, $\{s_n\}$이 수렴收斂하므로 $\{t_n\}$ 또한 수렴收斂한다.

예 5 무한급수無限級數 $\sum a_n$이 수렴할 때,

$$r_n = a_{n+1} + a_{n+2} + \quad ⑤$$

라고 두면 ⑤는 0에 수렴收斂함을 밝혀라. r_n을 $\sum a_n$의 나머지remainder라고 한다.

풀이 $r_n = 0 + 0 + \cdots + 0 + a_{n+1} + a_{n+2} + \cdots$

이므로, [정리 3]에 의해서 ⑤는 수렴收斂한다. $\sum a_n = s$라고 두면 $s_n + r_n$

$= s$이다. 따라서

$$\lim_{n\to\infty} s_n + \lim_{n\to\infty} r_n = s, \ \therefore \ s + \lim_{n\to\infty} r_n = s$$

$$\therefore \ \lim_{n\to\infty} r_n = 0.$$

정의 2

$a_n > 0, \ \forall n \in \mathbb{N}$ 일 때, $\sum a_n$을 양항급수陽項級數, positive series라고 부른다.

정리 4 양항급수陽項級數 $\sum a_n$이 수렴收斂할 필요충분조건必要充分條件은 그 부분합部分合으로 이루어진 수열數列 $\{s_n\}$이 유계有界인 것이다. 곧,

$$\exists \ K \text{ s.t } s_n = a_1 + a_2 + \cdots + a_n \le K, \ \forall n \in N.$$

증명 $\sum a_n$이 양항급수陽項級數이므로

$s_1 < s_2 < \cdots < s_n <$ ⑥

$\sum a_n$이 s에 수렴收斂하면, 임의로 주어진 $\epsilon > 0$에 대해서

$$\exists \ n_0 \in \mathbb{N} \ \text{ s.t } \ |s_n - s| < \epsilon, \quad \forall n \ge n_0$$

$$\therefore \ s_n < s + \epsilon, \quad \forall n \ge n_0$$

이다. $K = s + \epsilon$이라고 두면, ⑥에 의해서 $s_n < K, \ \forall n$이다. 곧, $\{s_n\}$은 유계有界이다.

역으로 각 s_n이 유계有界라고 가정하자. 곧, $s_n < K, \ \forall n$이라고 가정하면, ⑥에 의해서 $\{s_n\}$은 위로 유계有界인 증가수열增加數列이다. 따라서 $\{s_n\}$은 수렴收斂한다. 곧, $\sum a_n$은 수렴收斂한다.

4.1.1 양항급수陽項級數의 수렴판정收斂判定

정리 5 적분판정積分判定, integral test :

양항급수陽項級數 $\sum a_n$이 수렴收斂할 필요충분조건必要充分條件은 $[n_0, \infty)(n_0 \in \mathbb{N})$에서 연속連續이고 감소減少하며,

$$f(n) = a_n \ (n = n_0, n_0+1, n_0+2, \cdots)$$

인 함수 $f(\geq 0)$가 존재해서

$$\int_{n_0}^{\infty} f(x)\, dx < \infty$$

인 것이다.

증명 $n_0 = 1$일 때를 증명하면 충분하겠다. f는 연속連續이고 감소減少하므로 $m \leq x \leq m+1$일 때,

$$a_{m+1} = f(m+1) \leq f(x) \leq f(m) = a_m \ (m = 1, 2, \cdots)$$

이다. 따라서

$$a_{m+1} \leq \int_{m}^{m+1} f(x)\, dx \leq a_m \quad (m = 1, 2, \cdots). \tag{7}$$

$$\therefore \int_{1}^{n+1} f(x)\, dx \leq s_n \leq a_1 + \int_{1}^{n} f(x)\, dx$$

를 얻는다. 만약 $\int_{1}^{\infty} f(x)\, dx = L$이면 ⑦에 의하여

$$s_n \leq a_1 + \int_{1}^{n} f(x)\, dx \leq a_1 + \int_{1}^{\infty} f(x)\, dx = a_1 + L, \ \forall n \in \mathbb{N}$$

이므로 [정리 4]에 의해서 $\sum a_n$은 수렴收斂한다.

한편, $\int_{1}^{\infty} f(x)\, d = \infty$이면

$$\lim_{n \to \infty} \int_{1}^{n+1} f(x)\, dx = \infty$$

이므로 ⑦에 의해서 $\lim_{n \to \infty} S_n = \infty$이다. 곧, $\sum a_n$은 발산發散한다.

예 6 $\sum \frac{1}{n^2}$의 수렴, 발산을 조사하라.

풀이 $f(x) = \frac{1}{x^2}$이라고 두면 함수 f는 적분판정積分判定의 조건을 만족한다. 그리고

$$\int_1^\infty f(x)\,dx = \lim_{n\to\infty}\int_1^n \frac{1}{x^2}\,dx = \lim_{n\to\infty}\left[-\frac{1}{x}\right]_1^n = \lim_{n\to\infty}\left[1-\frac{1}{n}\right] = 1$$

이다. 따라서 $\sum \frac{1}{n^2}$은 수렴收斂한다.

예 7 급수級數 $\sum \frac{\ln n}{n}$의 수렴, 발산을 조사하라.

풀이 $f(x) = \frac{\ln x}{x}$로 두면, $x > 1$에서 이 함수는 연속이고 양의 값을 갖는다. 그러나 $x > 1$일 때 함수의 증가, 감소는 분명하지 않기 때문에 도함수를 이용하자.

$$f'(x) = \frac{1-\ln x}{x^2} \quad (x > 1),$$

$\ln x > 1$, 즉 $x > e$이면 $f'(x) < 0$. 따라서 $f(x)$는 $[e, \infty)$에서 감소함수이다. 따라서 적분판정積分判定법에 의해서

$$\int_1^\infty \frac{\ln x}{x}\,dx = \lim_{t\to\infty}\int_1^t \frac{\ln x}{x}\,dx = \infty.$$

따라서 주어진 급수는 발산發散한다.

예 8 조화급수調和級數, harmonic series :

$\sum \frac{1}{n}$은 발산發散함을 증명하라.

풀이 $f(x) = \frac{1}{x}$이라고 두면 f는 적분판정積分判定의 조건을 만족하며,

$$\int_1^\infty f(x)\,dx = \lim_{n\to\infty}\int_1^n \frac{1}{x}\,dx = \lim_{n\to\infty}[\ln n - \ln 1] = \infty$$

이다. 따라서 $\sum \frac{1}{n}$은 발산發散한다.

예 9 $\sum n\,e^{-n^2}$의 수렴, 발산을 조사하라.

풀이 $f(x)=xe^{-x^2}$이라고 두면 f는 $x \geq 1$일 때, 연속連續이고

$$f'(x) = e^{-x^2} - 2x^2 e^{-x^2} = e^{-x^2}(1-2x^2) < 0 \ (x \geq 1)$$

이므로 f는 감소減少한다. 따라서 f는 적분판정積分判定의 조건을 만족한다. 또,

$$\int_1^{\infty} x\,e^{-x^2}dx = \lim_{n\to\infty}\int_1^n x\,e^{-x^2}dx = \lim_{n\to\infty}\left[-\frac{1}{2}e^{-x^2}\right]_1^n$$

$$= \lim_{n\to\infty}\left[-\frac{1}{2}(e^{-n^2}-e^{-1})\right]$$

$$= \frac{1}{2e}$$

이다. 따라서 $\sum n\,e^{-n^2}$은 수렴收斂한다.

예 10 p–급수級數 (p–series):

$\sum \dfrac{1}{n^p}$은 $p>1$일 때 수렴收斂하고, $0<p\leq 1$일 때 발산發散함을 증명하라.

풀이 $p=1$이면 [예 7]에 의해서 이 급수級數는 발산한다. $p \neq 1$일 때,

$$\int_1^{\infty}\frac{1}{x^p}\,x = \lim_{n\to\infty}\int_1^n x^{-p}dx = \lim_{n\to\infty}\left[\frac{1}{1-p}x^{1-p}\right]_1^n$$

$$= \lim_{n\to\infty}\left[\frac{1}{1-p}(n^{1-p}-1)\right]$$

이므로,

❶ $p>1$일 때, $1-p<0 \quad \therefore \lim_{n\to\infty} n^{1-p}=0$,

❷ $0<p<1$일 때, $1-p>0 \quad \therefore \lim_{n\to\infty} n^{1-p}=\infty$

이다. 따라서 구하는 결과를 얻는다.

정리 6 비교판정比較判定, comparision test:

두 양항급수陽項級數 $\sum a_n$, $\sum b_n$에 대하여 자연수自然數 n_0가 존재存在하여

$a_n \le b_n,\ \forall\, n \ge n_0$이면 $\sum b_n$이 수렴收斂할 때 $\sum a_n$은 수렴收斂하며, $\sum a_n$이 발산發散할 때 $\sum b_n$은 발산發散한다.

증명 무한급수無限級數의 수렴收斂, 발산發散은 유한개有限個의 항項을 바꾸어도 변하지 않으므로, $n_0 = 1$이라고 두어서 $a_n \le b_n, \forall n$이라고 가정하여도 무방하다. 그렇게 하면

$$a_1 + a_2 + \cdots + a_n \le b_1 + b_2 + \cdots + b_n$$

이므로, 정리 4에 의하여 판정判定은 명백하다.

예 11 $\sum \dfrac{1}{2n^2+n}$의 수렴, 발산을 조사하라.

풀이

$$\frac{1}{2n^2+n} < \frac{1}{2n^2} \quad (n = 1, 2, \cdots)$$

이고, $\sum \dfrac{1}{2n^2} = \dfrac{1}{2} \sum \dfrac{1}{n^2}$은 수렴收斂한다. 따라서 주어진 급수級數는 수렴收斂한다.

예 12 $\sum \dfrac{1}{2n^2-n}$의 수렴, 발산을 조사하라.

풀이

$$\frac{1}{2n^2-n} < \frac{1}{2n^2-n^2} = \frac{1}{n^2} \quad (n = 1, 2, \cdots)$$

이고, $\sum \dfrac{1}{n^2}$은 수렴한다. 따라서 주어진 급수級數는 수렴한다.

예 13 $\sum \dfrac{1}{\sqrt{n}+5}$의 수렴, 발산을 조사하라.

풀이

$$\frac{1}{\sqrt{n}+5} \ge \frac{1}{\sqrt{n}+\sqrt{n}} = \frac{1}{2\sqrt{n}} \quad (n = 25, 26, \cdots)$$

이고, $\sum \dfrac{1}{2\sqrt{n}} = \dfrac{1}{2} \sum \dfrac{1}{\sqrt{n}}$은 발산한다. 따라서 주어진 급수級數는 발산한다.

주의 $\sum a_n$의 수렴, 발산을 판정함에 있어서 a_n의 모양을 보고 수렴, 발산을 대략

추측할 수 있는 경우가 많다. 그것을 아래에 들어보면,

❶ a_n에 상수항이 들어 있으면 그것을 무시하고 생각하여도 수렴, 발산에 영향을 미치지 않는다.

❷ a_n의 분모, 분자가 n 의 다항식多項式으로 되어 있을 때에는 분모와 분자에 있는 n 의 최고차의 항項만 남기고 다른 항은 무시하여도 수렴, 발산에는 영향을 미치지 않는다.

정리 7 비比에 의한 판정判定, ratio test :

양항급수陽項級數 $\sum a_n$에 대해서

$$\lim_{n\to\infty}\frac{a_{n+1}}{a_n}=\rho$$

일 때,

❶ $\rho<1$이면 $\sum a_n$은 수렴한다.

❷ $\rho>1$ 또는 $\rho=\infty$이면 $\sum a_n$은 발산한다.

증명 ❶ $\rho<\beta<1$이라고 하면 $\beta-\rho>0$이다. $\lim_{n\to\infty}\frac{a_{n+1}}{a_n}=\rho$이므로

$$\exists\ n_0\in\mathbb{N}\ \text{ s.t }\ \frac{a_{n+1}}{a_n}-\rho<\beta-\rho,\ \forall\, n\ge n_0.$$

$$\therefore\ a_{n+1}<\beta a_n\quad(n=n_0,n_0+1,\cdots)$$

$$\therefore\ a_n<a_{n-1}\beta<a_{n-2}\beta^2<\cdots<a_{n_0}\beta^{n-n_0}\quad(n>n_0).$$

그런데 $\sum a_{n_0}\beta^{n-n_0}$는 등비급수等比級數이고 $|\beta|<1$이므로 $\sum a_{n_0}\beta^{n-n_0}$는 수렴한다. 따라서 비교판정比較判定에 의해서 $\sum a_n$은 수렴한다.

❷ $\rho>1$이면 $\rho-1>0$이고, $\lim_{n\to\infty}\frac{a_{n+1}}{a_n}=\rho$이므로

$$\exists\ n_0\in\mathbb{N}\ \text{ s.t }\ -(\rho-1)<\frac{a_{n+1}}{a_n}-\rho,\ \forall\, n\ge n_0.$$

$$\therefore\ a_{n+1}>a_n\quad(n=n_0,n_0+1,\cdots)$$

$$\therefore \quad a_n > a_{n-1} > \cdots < a_{n_0} \qquad (n > n_0).$$

따라서 $a_{n_0} \leq \lim\limits_{n\to\infty} a_n \neq 0$이다. 곧, $\sum a_n$은 발산한다.

$\rho = \infty$일 경우도 극한極限값의 정의를 쓰면 쉽게 증명된다.

예 14 $\sum \frac{}{n!}$의 수렴, 발산을 조사하라.

풀이

$$\rho = \lim_{n\to\infty} \frac{a_{n+1}}{a_n} = \lim_{n\to\infty} \frac{n!}{(n+1)!} = \lim_{n\to\infty} \frac{1}{n+1} = 0 < 1$$

이므로 주어진 급수級數는 수렴한다.

예 15 $\sum \frac{n}{2^n}$의 수렴, 발산을 조사하라.

풀이

$$\rho = \lim_{n\to\infty} \frac{a_{n+1}}{a_n} = \lim_{n\to\infty} \frac{n+1}{2^{n+1}} \frac{2^n}{n} = \frac{1}{2} \lim_{n\to\infty} \left(1 + \frac{1}{n}\right) = \frac{1}{2} < 1$$

이므로 주어진 급수級數는 수렴한다.

예 16 $\sum \frac{n^n}{n!}$의 수렴, 발산을 조사하라.

풀이

$$\begin{aligned} \rho = \lim_{n\to\infty} \frac{a_{n+1}}{a_n} &= \lim_{n\to\infty} \frac{(n+1)^{n+1}}{(n+1)!} \frac{n!}{n^n} \\ &= \lim_{n\to\infty} \frac{(n+1)^n}{n^n} \\ &= \lim_{n\to\infty} \left(1 + \frac{1}{n}\right)^n \\ &= e \\ &> 1 \end{aligned}$$

이므로 주어진 급수級數는 발산한다.

예 17 다음 급수級數의 수렴, 발산을 조사하라.

$$\frac{2!}{4} + \frac{4!}{4^2} + \frac{6!}{4^3} + \cdots + \frac{(2n)!}{4^n} + \cdots$$

풀이

$$\rho = \lim_{n\to\infty}\frac{a_{n+1}}{a_n} = \lim_{n\to\infty}\frac{(2n+2)!}{4^{n+1}}\frac{4^n}{(2n)!}$$

$$= \frac{1}{4}\lim_{n\to\infty}\frac{(2n+2)!}{(2n)!}$$

$$= \frac{1}{4}\lim_{n\to\infty}(2n+1)(2n+2)$$

$$= \infty$$

이므로 주어진 급수級數는 발산한다.

예 18 다음 급수級數의 수렴, 발산을 조사하라

$$1+\frac{1}{3}+\frac{1}{5}+\cdots+\frac{1}{2n+1}+\cdots$$

풀이

$$\rho = \lim_{n\to\infty}\frac{a_{n+1}}{a_n} = \lim_{n\to\infty}\frac{1}{2n+1}\frac{2n-1}{2}$$

$$= \lim_{n\to\infty}\frac{2n-1}{2n+1}$$

$$= \lim_{n\to\infty}\frac{2-\frac{1}{n}}{2+\frac{1}{n}}$$

$$= 1$$

이므로 주어진 급수級數의 수렴, 발산에 비比에 의한 판정判定은 부적당하다.

그러나

$$\int_1^\infty \frac{1}{2x-1}dx = \lim_{n\to\infty}\int_1^n \frac{1}{2x-1}dx = \lim_{n\to\infty}\left[\frac{1}{2}\ln(2x-1)\right]_1^n$$

$$= \lim_{n\to\infty}\frac{1}{2}(\ln 2n-1)$$

$$= \infty$$

이므로 주어진 급수는 발산한다.

정리 8 n승근乘根 판정判定 (n-th root test) :

양항급수陽項級數 $\sum a_n$에 대해서

$$\rho = \lim_{n\to\infty} \sqrt[n]{a_n}$$

일 때,

❶ $\rho < 1$이면 $\sum a_n$은 수렴한다.

❷ $\rho > 1$ 또는 $\rho = \infty$이면 ❷은 발산한다.

증명 비比에 의한 판정判定의 증명과 같은 방법으로 할 수 있다.

예 19 다음 급수級數의 수렴, 발산을 조사하라.

$$\sum \left(\frac{4n-5}{2n+1} \right)^n$$

풀이

$$\rho = \lim_{n\to\infty} \sqrt[n]{a_n} = \lim_{n\to\infty} \frac{4n-5}{2n+1} = 2 > 1$$

이므로 주어진 급수는 발산한다.

예 20 다음 급수級數의 수렴, 발산을 조사하라.

$$\sum \frac{1}{(\ln(n+1))^n}$$

풀이

$$\rho = \lim_{n\to\infty} \sqrt[n]{a_n} = \lim_{n\to\infty} \frac{1}{\ln(n+1)} = 0 < 1$$

이므로 주어진 급수級數는 수렴한다.

증명 비比에 의한 판정判定이나 n승근乘根 판정判定에서 $\rho = 1$일 경우에는 수렴, 발산을 말할 수 없다. 왜냐하면 $\sum \frac{1}{n}$, $\sum \frac{1}{n^2}$은 어느 경우나 모두 $\rho = 1$이다. 그러나 $\sum \frac{1}{n}$은 발산하고, $\sum \frac{1}{n^2}$은 수렴한다.

정리 9 비교극한판정比較極限 判定, limit comparision test :

양항급수陽項級數 $\sum a_n$, $\sum b_n$에 대해

$$0 < \rho = \lim_{n \to \infty} \frac{a_n}{b_n} < \infty$$

일 때, $\sum a_n$, $\sum b_n$은 동시에 수렴하거나 또는 동시에 발산한다.

증명 $\lim_{n \to \infty} \frac{a_n}{b_n} = \rho$이므로, 임의의 주어진 ϵ $(0 < \epsilon < \rho)$에 대해서

$$\exists \ n_0 \in \mathbb{N} \quad \text{s.t} \quad 0 < \rho - \epsilon < \frac{a_n}{b_n} < \rho + \epsilon, \ \forall n \geq n_0$$

$$\therefore \ (\rho - \epsilon) b_n < a_n < (\rho + \epsilon) b_n, \ \forall n \geq n_0$$

를 얻는다. 따라서 비교판정比較判定에 의해서 $\sum a_n$, $\sum b_n$은 동시에 수렴하거나 또는 동시에 발산한다.

예 21 다음 급수級數의 수렴, 발산을 조사하라.

$$\sum \frac{3n^3 - 2n^2 + 4}{n^5 - n^3 + 2}$$

풀이 $a_n = \frac{3n^3 - 2n^2 + 4}{n^5 - n^3 + 2}$, $b_n = \frac{3n^3}{n^5} = \frac{3}{n^2}$이라고 두면,

$$\rho = \lim_{n \to \infty} \frac{3n^3 - 2n^2 + 4}{n^5 - n^3 + 2} \frac{n^2}{3} = \lim_{n \to \infty} \frac{3n^5 - 2n^4 + 4n^2}{3n^5 - 3n^3 + 6} = 1 > 0$$

이고, $\sum b_n = 3 \sum \frac{1}{n^2}$이 수렴하므로 주어진 급수級數는 수렴한다.

예 22 $\sum \sin^3 \frac{1}{n}$의 수렴, 발산을 조사하라.

풀이 $a_n = \sin^3 \frac{1}{n}$, $b_n = \frac{1}{n^3}$이라고 두면, $\sum b_n$은 수렴하고

$$\rho = \lim_{n \to \infty} \frac{a_n}{b_n} = \lim_{n \to \infty} \left[\frac{\left(\sin \frac{1}{n} \right)}{\frac{1}{n}} \right]^3 = 1$$

이므로 주어진 급수級數는 수렴한다.

4.1.2 교대급수交代級數와 절대급수絶對級數

지금까지는 양항급수陽項級數의 수렴판정收斂判定법에 대하여 다루었지만 여기서는 양항과 음항을 갖는 급수에 대하여 이야기한다. 이러한 급수에 대한 두 가지 수렴판정법에 대하여 주로 이야기 할 것이다.

모든 자연수 n에 대하여 $a_n > 0$일 때 급수

$$\sum_{n=1}^{\infty}(-1)^{n-1}a_n = a_1 - a_2 + a_3 - a_4 + \cdots + (-1)^{n-1}a_n + \cdots$$

와 같이 양陽인 항과 음陰인 항이 교대로 나타나는 급수를 교대급수交代級數, alternating series라고 한다. 먼저 교대급수交代級數의 수렴판정법에 대하여 알아보자.

정리 10 교대급수판정交代級數判定, alternating series test:

교대급수交代級數 $\sum_{n=1}^{\infty}(-1)^{n-1}a_n$에 대하여

❶ 모든 자연수 n에 대하여 $a_n \geq a_{n+1}$,

❷ $\lim_{n\to\infty} a_n = 0$

이 성립하면 주어진 교대급수는 수렴한다.

증명 급수 $\sum_{n=1}^{\infty}(-1)^{n-1}a_n$의 부분합을 S_n이라고 하자. 모든 자연수 n에 대하여 $a_n \geq a_{n+1}$이므로 $a_{2n-1} - a_{2n} \geq 0$이며,

$$\begin{aligned} S_{2n} &= a_1 - a_2 + a_3 - a_4 + \cdots + a_{2n-3} - a_{2n-2} + a_{2n-1} - a_{2n} \\ &= S_{2n-2} + (a_{2n-1} - a_{2n}) \end{aligned}$$

이므로 $S_{2n} \geq S_{2n-2}$, 즉 $\{S_{2n}\}$은 단조증가수열이다.

또한

$$S_{2n} = a_1 - (a_2 - a_3) - (a_4 - a_5) - \cdots - (a_{2n-2} - a_{2n-1}) - a_{2n} < a_1$$

이므로 수열 $\{S_{2n}\}$은 유계이다. 그러므로 수열 $\{S_{2n}\}$은 일정한 값 S에 수렴한다. 즉,

$$\lim_{n\to\infty} S_{2n} = S$$

이고, 따라서 $\{S_n\}$은 수렴하고 급수 $\sum_{n=1}^{\infty}(-1)^{n-1}a_n$은 수렴한다.

예 23 다음 교대조화급수交代調和級數, alternating harmonic series는 수렴함을 밝혀라.

$$1-\frac{1}{2}+\frac{1}{3}-\frac{1}{4}+\cdots+(-1)^{n-1}\frac{1}{n}+\cdots$$

풀이 $a_n = \dfrac{1}{n} > \dfrac{1}{n+1} = a_{n+1},\ \forall n \in \mathbb{N}$ 이고

$$\lim_{n\to\infty} a_n = \lim_{n\to\infty}\frac{1}{n} = 0$$

이므로 교대급수 판정交代級數 判定에 의해서 주어진 급수級數는 수렴한다.

예 24 다음 급수級數의 수렴, 발산을 조사하라.

$$\sum(-1)^{n-1}\frac{n+3}{n(n+1)}$$

풀이 $a_n = \dfrac{n+3}{n(n+1)}$ 이라고 두면

$$\begin{aligned}\frac{a_{n+1}}{a_n} = \frac{n+4}{(n+1)(n+2)}\,\frac{n(n+1)}{n+3} &= \frac{n^2+4n}{n^2+5n+6} \\ &= \frac{n^2+4n}{(n^2+4n)+(n+6)} \\ &< 1,\end{aligned}$$

$$\therefore\ a_n > a_{n+1},\ \forall n \in \mathbb{N}$$

이고

$$\lim_{n\to\infty} a_n = \lim_{n\to\infty}\frac{n+3}{n(n+1)} = \lim_{n\to\infty}\frac{1+\frac{3}{n}}{n+1} = 0.$$

따라서 주어진 급수는 수렴한다.

예 25 교대급수交代級數 $\sum_{n=1}^{\infty}(-1)^{n+1}\frac{n}{1+n^2}$은 수렴함을 보여라.

풀이 $a_n=\frac{n}{1+n^2}$이라고 하면 $\lim_{n\to\infty}a_n=\lim_{n\to\infty}\frac{n}{1+n^2}=0$이므로 모든 자연수 n에 대하여 $a_n \geq a_{n+1}$임을 보이면 충분하다.

$f(x)=\frac{x}{1+x^2}$이라고 하자. 그러면 $f'(x)=\frac{1-x^2}{(1+x^2)^2}$이므로 $x>1$이면 $f'(x)<0$, 즉 $f(x)$는 $[1,\infty)$에서 감소함수이다. 그러므로 모든 자연수 n에 대해서

$$f(n)>f(n+1),\ \text{즉}\ a_n>a_{n+1}$$

이므로 주어진 급수는 수렴한다.

n이 증가할 때 항의 절대값이 감소하는 교대급수를 감소교대급수減少交代級數, decreasing alternating series라고 한다. $n\to\infty$일 때, n항이 0에 접근하면 감소교대급수는 수렴하는 것을 [정리 10]에 의하여 알 수 있다.

정의 3

급수級數 $\sum a_n$에 대해서 급수級數 $\sum|a_n|$이 수렴收斂할 때, $\sum a_n$은 절대수렴絕對收斂, absolutely convergent한다고 한다.

정리 11 $\sum a_n$이 절대수렴絕對收斂하면 $\sum a_n$은 수렴收斂한다.

증명

$$p_n=\frac{|a_n|+a_n}{2},\quad q_n=\frac{|a_n|-a_n}{2}$$

이라고 두면, $p_n\geq 0$, $q_n\geq 0$, $p_n-q_n=a_n$이다. 그런데,

$$p_n\leq\frac{|a_n|+|a_n|}{2}=|a_n|,\quad q_n\leq\frac{|a_n|+|a_n|}{2}=|a_n|$$

이며 $\sum|a_n|$이 수렴收斂하므로, 비교판정比較判定에 의해서 $\sum p_n$, $\sum q_n$은 수

렴收斂한다. 따라서 [정리 2]에 의해서 $\sum a_n = \sum p_n - \sum q_n$은 수렴收斂한다.

예 26 다음 급수級數는 수렴함을 밝혀라.

$$\sum \frac{\cos n}{n^2}$$

풀이 $|\cos n| \le 1, \ \forall n \in \mathbb{N}$ 이므로

$$\left| \frac{\cos n}{n^2} \right| \le \frac{1}{n^2}$$

이며, $\sum \frac{1}{n^2}$이 수렴하므로 비교판정比較判定에 의해서 $\sum \frac{\cos n}{n^2}$은 절대수렴絶對收斂한다. 그러므로 [정리 11]에 의해서 $\sum \frac{\cos n}{n^2}$은 수렴한다.

주의 [정리 11]의 역逆은 성립하지 않는다. 왜냐하면, 급수級數

$$1 - \frac{1}{2} + \frac{1}{3} - \frac{1}{4} + \cdots + (-1)^{n-1}\frac{1}{n} + \cdots$$

는 수렴收斂하나 절대수렴絶對收斂하지 않는다. 이와 같이 수렴收斂하나 절대수렴絶對收斂하지 않는 급수級數를 조건수렴條件收斂, conditionally convergent한다고 말한다. Dirichlet에 의하면 조건수렴條件收斂하는 급수級數는 그 항項의 순서順序를 적당히 바꿈으로써 임의의 값에 수렴收斂시킬 수 있음이 알려져 있다. 이와 같이 항項의 순서가 급수級數의 합合에 미치는 영향은 대단히 크다. 급수級數의 합合을 구하기 위해서 적당히 항項의 순서順序를 바꿀 생각을 하는 것은 절대로 해서는 안된다. 그러나 절대수렴絶對收斂의 경우는 다음 정리와 같이 입장이 달라진다.

정리 12 $\sum a_n$이 절대수렴絶對收斂할 때, 급수級數의 항項의 순서順序를 임의로 바꾸어서 된 급수級數를 $\sum a_n'$이라고 하면, $\sum a_n'$은 절대수렴絶對收斂하고, $\sum a_n' = \sum a_n$이다.

증명 $\sum |a_n| = K < \infty$라고 두면

$$|a_1'| + |a_2'| + \cdots + |a_n'| \le \sum |a_n| = K, \ \forall n \in \mathbb{N}$$

이다. 곧, $\sum |a_n{}'|$의 각부분합各部分合은 유계有界이다. 따라서 [정리 4]에 의해서 $\sum |a_n{}'|$은 수렴收斂한다. 곧, $\sum |a_n{}'|$은 절대수렴絶對收斂한다. 지금

$$s_n = a_1 + a_2 + \cdots + a_n,$$

$$s_n{}' = a_1{}' + a_2{}' + \cdots + a_n{}'$$

이라고 두면, 임의로 주어진 번호 p에 대해서 $n(>p)$을 충분히 크게 잡으면

$$|s_n{}' - s_p| \leq |a_{p+1}| + |a_{p+2}| + \qquad ⑧$$

이고 $\sum |a_n|$이 수렴收斂하므로 그 나머지

$$r_p = |a_{p+1}| + |a_{p+2}| + \cdots \to 0 \quad (p \to \infty)$$

이다. 따라서 ⑧ 의해서

$$0 = \lim_{p\to\infty} (s_n{}' - s_p) = \lim_{n\to\infty} s_n{}' - \lim_{p\to\infty} s_p.$$

$$\therefore \sum a_n = \sum a_n.$$

지금까지는 양항급수陽項級數에 대한 수렴收斂, 발산發散을 조사하였으나, [정리 11]에 힘입어 임의수열任意數列의 수렴收斂, 발산發散)을 조사할 수 있다.

정리 13 일반적 수렴판정一般的 收斂判定

급수級數 $\sum a_n$에 대해서

❶ 비교판정比較判定: $|a_n| \leq |b_n| \ (\forall\, n \in \mathbb{N})$이고, $\sum |b_n|$이 수렴收斂하면 $\sum a_n$ 또한 (절대絶對)수렴收斂한다.

❷ 비교극한판정比較極限判定:

$$0 < \rho = \lim_{n\to\infty} \left| \frac{a_n}{b_n} \right| < \infty$$

이고, $\sum |b_n|$이 수렴收斂하면 $\sum a_n$ 또한 (절대絶對)수렴收斂한다.

❸ (비比에 의한 판정判定):

$$a_n \neq 0 \ (\forall\, n \in \mathbb{N}), \quad \lim_{n\to\infty} \left| \frac{a_{n+1}}{a_n} \right| = \rho$$

일 때, $\rho < 1$이면 $\sum a_n$은 (절대絶對)수렴收斂하고, $\rho > 1$ 또는 ∞이면

$\sum a_n$은 발산發散한다.

❹ (n승근판정(n乘根 判定)):

$$\lim_{n\to\infty} \sqrt[n]{|a_n|} = \rho$$

일 때, $\rho < 1$이면 $\sum a_n$은 (절대絶對)수렴收斂하고, $\rho > 1$ 또는 ∞이면 $\sum a_n$은 발산發散한다.

증명 ❸, ❹에서 $\rho > 1$ 또는 ∞일 경우는 $\lim_{n\to\infty} a_n \neq 0$이므로 $\sum a_n$이 발산(發散)한다. 그 밖의 경우는 정리 11에 의해서 명백하다.

예 27 다음 급수級數는 $|x| < 1$일 때 절대수렴絶對收斂, $|x| > 1$ 또는 $x = 1$일 때 발산發散함을 증명하라.

$$\sum \frac{x^n}{n} = x + \frac{x^2}{2} + \frac{x^3}{3} + \frac{x^4}{4} + \cdots$$

풀이 $x = 0$일 때, 주어진 급수級數가 절대수렴絶對收斂함은 명백하다. $x \neq 0$일 때,

$$\lim_{n\to\infty} \left| \frac{x^{n+1}}{(n+1)} \frac{n}{x^n} \right| = \lim_{n\to\infty} \left| \frac{nx}{n+1} \right| = |x|$$

이므로 $|x| < 1$일 때 주어진 급수級數는 절대수렴絶對收斂하고, $|x| > 1$일 때 발산發散한다.

$x = 1$이면 주어진 급수級數는 조화급수調和級數가 되어 발산發散하며, $x = -1$이면 주어진 급수級數는 교대조화급수交代調和級數가 되어 조건수렴條件收斂한다.

예 28 다음 급수級數는 $|x| < 1$일 때 절대수렴絶對收斂, $|x| = 1$일 때 조건수렴條件收斂, $|x| > 1$일 때 발산發散함을 증명하라.

$$\sum \frac{(-1)^{n-1}}{2n-1} x^{2n-1} = x - \frac{x^3}{3} + \frac{x^5}{5} - \frac{x^7}{7} + \cdots$$

풀이 $x = 0$일 때, 주어진 급수級數가 절대수렴絶對收斂함은 명백하다. $x \neq 0$일 때

$$\lim_{n\to\infty} \left| \frac{(-1)^n x^{2n+1}}{2n+1} \frac{2n-1}{(-1)^{n-1} x^{2n-1}} \right| = \lim_{n\to\infty} \left| \frac{2n-1}{2n+1} x^2 \right| = |x|^2$$

이므로 $|x|<1$일 때, 주어진 급수級數는 절대수렴絕對收斂하고, $|x|>1$일 때 발산發散한다. $x=1, -1$일 때, 주어진 급수級數는 각각

$$\sum \frac{(-1)^{n-1}}{2n-1},\ \sum \frac{(-1)^{n}}{2n-1}$$

이므로 교대급수판정交代級數判定에 의해서 주어진 급수級數는 수렴收斂하며, $\sum \frac{1}{2n-1}$은 적분판정積分判定에 의해서 발산發散하므로, $|x|=1$일 때 주어진 급수級數는 조건수렴條件收斂한다.

연습문제

1. 다음 급수級數의 수렴收斂, 발산發散을 말하고, 수렴收斂하는 것은 그 합을 구하라.

❶ $\sum \left(\frac{2}{3}\right)^{n+2}$

❷ $\sum \frac{1}{(n+2)(n+3)}$

❸ $\sum \frac{5}{n+1}$

❹ $\sum \ln\left(1-\frac{1}{n^2}\right)$

❺ $\sum \frac{\sqrt{n+1}-\sqrt{n}}{\sqrt{n^2+n}}$

❻ $\sum \left(\frac{1}{2^n}-\frac{1}{2^{n+1}}\right)$

2. 다음 급수級數의 수렴, 발산을 조사하라.

❶ $\sum \frac{n}{1+n^2}$

❷ $\sum \frac{1}{\sqrt{n+5}}$

❸ $\sum \frac{n}{\ln(n+1)}$

❹ $\sum ne^{-n^2}$

❺ $\sum \frac{1}{(n+1)[\ln(n+1)]}$

❻ $\sum \frac{\tan^{-1}n}{1+n^2}$

❼ $\sum \operatorname{sech}^2 n$

❽ $\sum n^2 \sin^2\frac{1}{n}$

3. 다음 급수級數의 수렴, 발산을 조사하라.

❶ $\sum \frac{3^n}{n!}$

❷ $\sum \frac{n}{n^2+1}$

❸ $\sum \frac{n!}{n^3}$

❹ $\sum \frac{4^n}{n^2}$

4. 다음 급수級數의 수렴, 발산을 조사하라.

❶ $\sum \left(\frac{3n+2}{2n-1} \right)^n$

❷ $\sum \frac{n}{5^n}$

❸ $\sum \frac{7^n}{n!}$

❹ $\sum n^4$

❺ $\sum_{n=2}^{\infty} \frac{1}{n \ln n}$

❻ $\sum \frac{(n!)^2 2^n}{(2n+2)!}$

❼ $\sum \frac{\ln n}{e^n}$

❽ $\sum \frac{(n+4)!}{4!\, n!\, 4^n}$

5. 다음 급수級數의 수렴, 발산을 조사하라.

❶ $\sum \frac{2^n - 1}{3^n + 2n}$

❷ $\sum \frac{n}{8n^3 + 2n^2 - 1}$

❸ $\sum \frac{5 \sin^2 n}{n!}$

❹ $\sum \frac{n^{-\frac{1}{2}}}{2 + \sin^2 n}$

❺ $\sum \frac{1}{\sqrt[8]{8n^2 - 3n}}$

❻ $\sum \frac{}{(2n+3)^{17}}$

❼ $\sum \frac{1}{n^3 + 2n + 1}$

❽ $\sum \frac{\ln n}{n}$

❾ $\sum \frac{4}{2 + n\, 3^n}$

❿ $\sum \frac{4 + |\cos n|}{n^3}$

⓫ $\sum \frac{\sqrt{n}\, \ln n}{n^3 + 1}$

⓬ $\sum \frac{\ln n}{n \sqrt{n}}$

6. 다음 급수級數의 수렴, 발산을 조사하라.

❶ $\sum (-1)^{n-1} \frac{n}{3^n}$

❷ $\sum (-1)^{n-1} \frac{n+1}{3n+1}$

❸ $\sum (-1)^{n-1} e^{-n}$

❹ $\sum (-1)^n \frac{\ln n}{n}$

7. 다음 급수級數에서 절대수렴絶對收斂, 조건수렴條件收斂, 발산發散하는 것을 가려내어라.

❶ $\sum \frac{(-1)^{n-1}}{3n}$ ❷ $\sum \frac{(-1)^{n-1}}{n!}$

❸ $\sum \frac{\cos n\pi}{n}$ ❹ $\sum (-1)^{n-1} \left(\frac{n+2}{3n-1} \right)^n$

❺ $\sum \frac{\sin n}{n^3}$ ❻ $\sum \left(-\frac{1}{\ln n} \right)^n$

❼ $\sum \frac{(-1)^n (n^2+1)}{n^3+2}$ ❽ $\sum \frac{n \cos n\pi}{n^2+1}$

8. 다음 급수級數는 $p > 1$일 때 수렴하고, $p \leq 1$일 때 발산함을 밝혀라.

$$\sum_{n=2}^{\infty} \frac{1}{n(\ln n)^p}$$

9. $\sum \sin \frac{\pi}{n}$는 발산함을 증명하라(비교극한판정比較極限判定)을 이용하라).

10. $\sum_{n=2}^{\infty} \frac{1}{(\ln n)^2}$의 수렴, 발산을 조사하라.

11. $\sum a_n$이 절대수렴絶對收斂할 때, $\sum {a_n}^2$이 수렴함을 증명하라.

12. 조건수렴條件收斂하는 급수級數는 그 항項의 순서順序를 적당히 바꿈으로써 임의의 값에 수렴收斂시킬 수 있음을 밝혀라. 따라서 급수級數의 항項의 순서順序를 적당히 바꾸어도 그 합合이 변하지 않을 필요충분조건必要充分條件은 그 급수級數가 절대수렴絶對收斂할 것임을 설명하라.

13. $\ln x < 2\sqrt{x}$ $(x > 1)$을 증명하고, $\sum \frac{\ln n}{n^2}$의 수렴, 발산을 조사하라.

14. $\sum \frac{1}{n!}$은 수렴함을 증명하라.

4.2 멱급수冪級數

정의 1

다음과 같이 각 항이 x 의 거듭제곱冪으로 된 급수級數를 제곱급수 또는 멱급수冪級數, power series라고 한다.

$$\sum_{n=0}^{\infty} a_n x^n = \sum a_n x^n \quad (a_n: \text{상수}, \ x: \text{변수})$$

예 1 다음 멱급수는 $x=0$일 때만 수렴함을 밝혀라.

$$\sum n!\, x^n = 1 + x + 2x^2 + 6x^3 + 24x^4 + \cdots$$

풀이 $x=0$일 때, 주어진 급수級數는 명백히 수렴한다. $x \neq 0$일 때,

$$\lim_{n\to\infty} \left| \frac{(n+1)!\, x^{n+1}}{n!\, x^n} \right| = \lim_{n\to\infty} |(n+1)x| = \infty$$

이므로 주어진 급수級數는 발산한다.

예 2 다음 멱급수는 모든 점點 x에서 수렴함을 밝혀라.

$$\sum \frac{x^n}{n!} = 1 + x + \frac{1}{2}x^2 + \frac{1}{6}x^3 + \frac{1}{24}x^4 + \cdots$$

풀이 $x=0$일 때, 주어진 급수級數는 명백히 수렴한다. $x \neq 0$일 때,

$$\lim_{n\to\infty} \left| \frac{x^{n+1}}{(n+1)!} \frac{n!}{x^n} \right| = \lim_{n\to\infty} \left| \frac{x}{n+1} \right| = 0$$

이므로 주어진 급수級數는 수렴한다.

정리 1 ❶ $\sum a_n x^n$이 $x=\alpha$에서 수렴收斂하면 $|x|<|\alpha|$에서 절대수렴絶對收斂한다.

❷ $\sum a_n x^n$이 $x=\alpha$에서 발산發散하면 $|x|>|\alpha|$에서 발산發散한다.

증명 ❶ $\sum a_n x^n$이 수렴(收斂)하므로 $\lim_{n\to\infty} a_n \alpha^n = 0$이다. 따라서

$$\exists\ n_0 \in \mathbb{N}\quad \text{s.t}\ |a_n \alpha^n| < 1,\ \forall n \geq n_0$$

이다. $|x| < |\alpha|$일 때,

$$|a_n x^n| = |a_n \alpha^n| \left|\frac{x}{\alpha}\right|^n < \left|\frac{x}{\alpha}\right|^n,\ \forall n \geq n_0$$

이다. 그런데, $\left|\frac{x}{\alpha}\right| < 1$이므로 $\sum \left|\frac{x}{\alpha}\right|^n$은 수렴收斂한다. 따라서 비교판정比較判定에 의하여 $\sum a_n x^n$은 $|x| < |\alpha|$에서 절대수렴絶對收斂한다.

❷ 가정에 의해서 $\sum a_n \alpha^n$이 발산發散한다. $|x| > |\alpha|$인 어떤 x에 대해서 $\sum a_n x^n$이 수렴收斂했다면 (1)에 의해서 $\sum a_n \alpha^n$이 수렴收斂해야 된다는 모순이 생긴다. 따라서 $\sum a_n x^n$은 $|x| > |\alpha|$에서 발산發散한다.

정리 2 멱급수冪級數 $\sum a_n x^n$은 다음 조건 중 하나 만을 만족한다.

❶ $x = 0$일 때만 수렴收斂한다.

❷ x의 모든 값에서 수렴收斂한다.

❸ $R > 0$이 존재해서 $|x| < R$에서 수렴收斂하고, $|x| > R$에서 발산發散한다.

증명 [예 1, 2]에서 ❶ 및 ❷의 경우가 일어남을 보였다. 그 밖의 경우에 멱급수는 어떤 $x \neq 0$에서 수렴收斂하고, 또 어떤 $x \neq 0$에서 발산發散한다. 그러므로 정리 1에 의해서 $R > 0$이 존재해서 $|x| < R$에서 수렴收斂하고, $|x| > R$에서 발산發散한다.

정의 2

[정리 2]의 ❸의 경우에 R를 멱급수冪級數 $\sum a_n x^n$의 수렴반경收斂半徑, radius of convergence이라고 하며, (1), (2)의 경우에는 각각 $R = 0$, $R = \infty$라고 한다. 또, $\sum a_n x^n$이 수렴收斂하는 x의 집합集合을 $\sum a_n x^n$의 수렴구간收斂區間, interval of convergence이라고 부른다.

주의 위의 정의에 의하면 모든 멱급수는 수렴반경收斂半徑 R을 가지며, 수렴구간收斂區間은 다음 중에서 어느 하나이다.

$$0,\ (-R, R),\ [-R, R),\ (-R, R],\ [-R, R],\ (-\infty, \infty)$$

예 3 멱급수 $\sum_{n=1}^{\infty} \frac{x^n}{2+n^2}$의 수렴구간收斂區間을 구하여라.

풀이 주어진 급수는

$$\frac{x}{2+1^2} + \frac{x^2}{2+2^2} + \frac{x^3}{2+3^2} + \cdots + \frac{x^n}{2+n^2} + \frac{x^{n+1}}{2+(n+1)^2} + \cdots$$

이므로 비판정比判定법으로부터

$$\begin{aligned}\lim_{n\to\infty}\left|\frac{a_{n+1}}{a_n}\right| &= \lim_{n\to\infty}\left|\frac{x^{n+1}}{2+(n+1)^2}\cdot\frac{2+n^2}{x^n}\right| \\ &= |x|\cdot\lim_{n\to\infty}\frac{2+n^2}{2+n^2+2n+1} \\ &= |x|.\end{aligned}$$

따라서 주어진 급수는 $|x|<1$(혹은 $-1<x<1$)에서 절대수렴絕對收斂한다. $x=1$일 때

$$\frac{1}{2+1^2} + \frac{1}{2+2^2} + \frac{1}{2+3^2} + \cdots + \frac{1}{2+n^2} + \cdots.$$

모든 양의 정수 n에 대해서 $\frac{1}{2+n^2} < \frac{1}{n^2}$이고, $\sum_{n=1}^{\infty}\frac{1}{n^2}$은 수렴 p급수이기 때문에 비교판정법으로부터 주어진 급수는 $x=1$일 때 수렴한다. $x=-1$일 때는 급수는 $\sum_{n=1}^{\infty}\frac{(-1)^n}{2+n^2}$이고, 절대수렴絕對收斂하기 때문에 급수는 수렴收斂한다. 그래서 주어진 급수의 수렴구간은 $[-1, 1]$이다.

정리 3 멱급수 $\sum a_n x^n$의 극한極限값

$$\lim_{n\to\infty}\left|\frac{a_{n+1}}{a_n}\right| = \lambda$$

가 존재하면 $\frac{1}{\lambda}=R$ (수렴반경收斂半徑)이다.

증명

$$\lim_{n\to\infty}\left|\frac{a_{n+1}\,x^{n+1}}{a_n\,x^n}\right|=|x|\lim_{n\to\infty}\left|\frac{a_{n+1}}{a_n}\right|=\lambda|x|.$$

따라서 $|x|<\frac{1}{\lambda}$일 때 주어진 급수級數는 수렴收斂하며, $|x|>\frac{1}{\lambda}$일 때 주어진 급수級數는 발산發散한다. 곧, $\frac{1}{\lambda}=R$은 주어진 급수級數의 수렴반경收斂半徑이다.

정리 4 멱급수冪級數 $\sum a_n\,x^n$에서 극한極限값

$$\lim_{n\to\infty}\sqrt[n]{|a_n|}=\lambda$$

가 존재存在하면, $\frac{1}{\lambda}=R$(수렴반경收斂半徑)이다(단, $\lambda=0,\ \infty$일 때 각각 $R=\infty,\ 0$).

증명

$$\lim_{n\to\infty}\sqrt[n]{|a_n\,x^n|}=|x|\lim_{n\to\infty}\sqrt[n]{|a_n|}=\lambda|x|$$

이다. 따라서 $|x|<\frac{1}{\lambda}$일 때 주어진 급수級數는 수렴收斂하며, $|x|>\frac{1}{\lambda}$일 때 주어진 급수級數는 발산發散한다. 곧, $\frac{1}{\lambda}=R$은 주어진 급수級數의 수렴반경收斂半徑이다.

예 4 $\sum_{n=1}^{\infty}\frac{x^n}{\sqrt{n}}$의 수렴구간收斂區間을 구하라.

풀이

$$\lim_{n\to\infty}\left|\frac{\sqrt{n}}{\sqrt{n+1}}\right|=1$$

이므로 주어진 급수級數의 수렴반경收斂半徑은 1이다. $x=1$이면 주어진 급수級數는 p급수級數$\left(p=\frac{1}{2}\right)$이므로 발산發散하며, $x=-1$이면 교대급수판정交代級數判定에 의하여 주어진 급수級數는 수렴收斂한다. 따라서 구하는 수렴구간收斂區間은 $[-1,1)$이다.

예 5. $\sum_{n=1}^{\infty} n\,x^n$의 수렴구간收斂區間을 구하라.

풀이

$$\lim_{n\to\infty}\left|\frac{n+1}{n}\right| = 1$$

이므로 주어진 급수級數의 수렴반경收斂半徑은 1이다. $x = 1, -1$일 때, 주어진 급수級數는 각각 $\sum n$, $\sum(-1)^n n$이 되어, $\lim_{n\to\infty} n \neq 0$, $\lim_{n\to\infty}(-1)^n n \neq 0$ 이므로 발산發散한다. 따라서 수렴구간收斂區間은$(-1, 1)$이다.

예 6 $\sum 3^n\,x^n$의 수렴구간收斂區間을 구하라.

풀이

$$\lim_{n\to\infty}\sqrt[n]{|3^n|} = 3$$

이므로 주어진 급수級數의 수렴반경收斂半徑은 $\frac{1}{3}$이다. $x = \frac{1}{3}, -\frac{1}{3}$일 때, 주어진 급수級數는 각각 $\sum 1^n$, $\sum(-1)^n$이므로 이들 급수級數는 모두 발산發散한다. 따라서 수렴구간收斂區間은 $\left(-\frac{1}{3}, \frac{1}{3}\right)$이다.

예 7 멱급수 $\sum_{n=1}^{\infty}\frac{x^n}{n!}$이 수렴할 때 x값을 구하여라.

풀이 주어진 급수에 대하여 $a_n = \frac{x^n}{n!}$이고 $a_{n+1} = \frac{x^{n+1}}{(n+1)!}$이라 하면

$$\lim_{n\to\infty}\left|\frac{a_{n+1}}{a_n}\right| = \lim_{n\to\infty}\left|\frac{x^{n+1}}{(n+1)!}\cdot\frac{n!}{x^n}\right| = |x|\cdot\lim_{n\to\infty}\frac{1}{n+1} = 0 < 1.$$

그러므로 주어진 멱급수는 x의 모든 값에 대하여 절대수렴絶對收斂한다.

예 8 멱급수 $\sum_{n=1}^{\infty} n!\,x^n$이 수렴할 때 x값을 구하여라.

풀이 주어진 급수에 대하여 $a_n = n!\,x^n$이고 $a_{n+1} = (n+1)!\,x^{n+1}$이라 하면

$$\lim_{n\to\infty}\left|\frac{a_{n+1}}{a_n}\right| = \lim_{n\to\infty}\left|\frac{(n+1)!\,x^{n+1}}{n!\,x^n}\right| = \lim_{n\to\infty}|(n+1)x|$$

$$= \begin{cases} 0 & (x=0) \\ +\infty & (x \neq 0) \end{cases}.$$

그러므로 급수는 0을 제외한 x 의 모든 값에 대하여 발산한다.

정리 5 멱급수 $\sum a_n x^n$의 수렴반경收斂半徑을 $R(>0)$이라고 하면, 멱급수冪級數 $\sum_{n=1}^{\infty} n\, a_n\, x^{n-1}$의 수렴반경收斂半徑 또한 R이다.

증명

$$\lim_{n\to\infty}\left|\frac{(n+1)\,a_{n+1}}{n\,a_n}\right| = \lim_{n\to\infty}\left|\frac{a_{n+1}}{a_n}\right| = \frac{1}{R}$$

이므로 $\sum_{n=1}^{\infty} n\, a_n\, x^{n-1}$의 수렴반경收斂半徑 또한 R이다.

주의 [정리 5]는 멱급수冪級數의 각 항項을 미분微分해서 얻어진 멱급수의 수렴반경收斂半徑이 처음 급수級數의 수렴반경收斂半徑과 같음을 뜻한다. 이 일을 되풀이 해가면, 각 항項을 k 번 미분微分해서 얻어진 급수級數 또한 처음 급수級數와 같은 수렴반경收斂半徑을 갖게 되는 것을 알 수 있다.

정리 6 멱급수 $\sum a_n\, x^n$의 수렴반경收斂半徑을 $R>0$이라고 하면

$$\frac{d}{dx}\left(\sum_{n=0}^{\infty} a_n\, x^n\right) = \sum_{n=0}^{\infty}\frac{d}{dx}(a_n\, x^n) = \sum_{n=1}^{\infty} n\, a_n\, x^{n-1} \quad (|x|<R)$$

이다. 곧 $\sum a_n\, x^n$은 그 수렴구간收斂區間의 내점內點에서 항별미분가능項別微分可能이다.

증명 $|t|<R$일 때, $\sum a_n\, t^n$은 수렴收斂하므로 $f(t)=\sum a_n\, t^n$이라고 두고,

$$\lim_{t\to x}\left(\sum_{n=1}^{\infty} n\, a_n\, x^{n-1} - \frac{f(t)-f(x)}{t-x}\right) = 0$$

를 증명하자. $|x|<b<R$일 때, $\sum_{n=2}^{\infty} n(n-1)\,|a_n|\,b^{n-2}$은 수렴하므로

$$c = \sum_{n=2}^{\infty} n(n-1)\,|a_n|\,b^{n-2}$$

라고 둔다. $|t|<b\ (t\neq x)$일 때, 평균平均값의 정리에 의해서

$$\sum_{n=1}^{\infty}\left(n\,a_n\,x^{n-1}-\frac{f(t)-f(x)}{t-x}\right)$$

$$=\sum_{n=1}^{\infty} n\,a_n\,x^{n-1}-\sum_{n=0}^{\infty} a_n\,\frac{t^n-x^n}{t-x}$$

$$=\sum_{n=1}^{\infty} n\,a_n\,x^{n-1}-\sum_{n=1}^{\infty} n\,a_n\,s_n^{\;n-1}$$

$$=\sum_{n=1}^{\infty} n\,a_n\,(x^{n-1}-s_n^{\;n-1})\ (t\leqq S_n\leqq x)$$

$$=\sum_{n=2}^{\infty}(x-s_n)\,n\,(n-1)\,a_n\,\xi_n^{\;n-2}\ (S_n\leqq\xi_n\leqq x).$$

그러므로,

$$\lim_{t\to x}\left|\sum_{n=1}^{\infty} n\,a_n\,x^{n-1}-\frac{f(t)-f(x)}{t-x}\right|$$

$$=\lim_{t\to x}\left|\sum_{n=2}^{\infty}(x-s_n)n\,(n-1)\,a_n\,\xi_n^{\;n-2}\right|$$

$$\leq\lim_{t\to x}|t-x|\sum_{n=2}^{\infty} n\,(n-1)\,|a_n|\,b^{n-2}$$

$$=\lim_{t\to x}|t-x|\,c$$

$$=0.$$

즉, $\dfrac{d}{dx}\left(\displaystyle\sum_{n=0}^{\infty} a_n\,x^n\right)=\displaystyle\sum_{n=1}^{\infty} n\,a_n\,x^{n-1}.$

예 9 다음을 증명하라.

$$\frac{d}{dx}\left(\sum_{n=0}^{\infty}\frac{x^n}{n!}\right)=\sum_{n=0}^{\infty}\frac{x^n}{n!}$$

풀이 [예 2]에서 $\displaystyle\sum_{n=0}^{\infty}\frac{x^n}{n!}$은 모든 점 x에서 수렴收斂함을 알았다. 따라서 $\displaystyle\sum_{n=1}^{\infty}$ $\dfrac{x^{n-1}}{(n-1)!}$ 또한 모든 점 x에서 수렴收斂한다. 그리고

$$\frac{d}{dx}\left(\sum_{n=0}^{\infty}\frac{x^n}{n!}\right)=\sum_{n=1}^{\infty}\frac{x^{n-1}}{(n-1)!}=\sum_{n=0}^{\infty}\frac{x^n}{n!}.$$

주의 $f(x)=\sum_{n=0}^{\infty}\frac{x^n}{n!}$ $(\forall x\in\mathbb{R})$에 의해서 함수 f를 정의하면

$$f'(x)=f(x),\ \forall x\in\mathbb{R};\ f(0)=1$$

이므로 $f(x)=e^x$이다. 곧,

$$e^x=\sum_{n=0}^{\infty}\frac{x^n}{n!}=1+x+\frac{x^2}{2!}+\frac{x^3}{3!}+\cdots.$$

정리 7 멱급수 $\sum a_n x^n$의 수렴반경收斂半徑을 $R(>0)$이라고 하면, 멱급수 $\sum\frac{1}{n+1}a_n x^{n+1}$의 수렴반경收斂半徑 또한 R이다.

증명

$$\lim_{n\to\infty}\left|\frac{a_{n+1}}{n+2}\cdot\frac{n+1}{a_n}\right|=\lim_{n\to\infty}\left|\frac{a_{n+1}}{a_n}\right|=\frac{1}{R}$$

이므로 $\sum\frac{1}{n+1}a_n x^{n+1}$의 수렴반경收斂半徑 또한 R이다.

정리 8 멱급수 $\sum a_n x^n$의 수렴반경收斂半徑이 $R>0$이면

$$\int_0^x\left(\sum a_n t^n\right)dt=\sum\left(\int_0^x a_n t^n\,dt\right)=\sum\frac{1}{n+1}a_n x^{n+1}\quad(|x|<R)$$

이다. 곧, $\sum a_n x^n$은 그 수렴구간收斂區間에서 항별적분가능項別積分可能이다.

증명 [정리 6] 및 [정리 7]에 의해서 $|x|<R$일 때,

$$\frac{d}{dx}\left(\sum\frac{1}{n+1}a_n x^{n+1}\right)=\sum\frac{n+1}{n+1}a_n x^n=\sum a_n x^n$$
$$=\frac{d}{dx}\left(\int_0^x\sum a_n t^n\,dt\right).$$

그러므로

$$\int_0^x\left(\sum a_n t^n\right)dt=\sum\frac{1}{n+1}a_n x^{n+1}+C$$

이다. 그런데

$$0=\int_0^0 \left(\sum a_n t^n\right) dt = \sum \frac{1}{n+1} a_n 0^{n+1} + C = C.$$

따라서

$$\int_0^x \left(\sum a_n t^n\right) dt = \sum \frac{1}{n+1} a_n x^{n+1}.$$

예 10 다음을 증명하라.

$$\ln(1+x) = \sum_{n=0}^{\infty} \frac{(-1)^n}{n+1} x^{n+1} = \sum_{n=1}^{\infty} \frac{(-1)^{n-1}}{n} x^n \quad (|x|<1).$$

풀이 $|x|<1$일 때, 등비수열等比數列의 수렴조건收斂條件에서

$$\sum_{n=0}^{\infty} x^n = \frac{1}{1-x}$$

이다. $x=-t$라고 두면

$$\sum_{n=0}^{\infty} (-1)^n t^n = \frac{1}{1+t} \qquad (|t|<1)$$

을 얻는다. [정리 8]에 의해서

$$\begin{aligned}\ln(1+x) &= \int_0^x \frac{1}{1+t}\, dt = \int_0^x \left(\sum_{n=0}^{\infty} (-1)^n t^n\, dt\right) \\ &= \sum_{n=0}^{\infty} \left(\int_0^x (-1)^n t^n\, dt\right) \\ &= \sum_{n=0}^{\infty} \frac{(-1)^n}{n+1} x^{n+1} \qquad (|x|<1).\end{aligned}$$

예 11 다음을 증명하라.

$$\tan^{-1}x = \sum_{n=0}^{\infty} \frac{(-1)^n}{2n+1} x^{2n+1} \qquad (|x|<1)$$

풀이 $|t|<1$일 때, $|t^2|<1$이므로

$$\sum_{n=0}^{\infty} (-1)^n t^{2n} = \frac{1}{1+t^2} \qquad (|t|<1)$$

이다. 따라서 [정리 8]에 의해서

$$\tan^{-1}x = \int_0^x \frac{1}{1+t^2}\,dt = \int_0^x \sum_{n=0}^{\infty}(-1)^n t^{2n}\,dt$$
$$= \sum_{n=0}^{\infty}\left(\int_0^x (-1)^n t^{2n}\,dt\right)$$
$$= \sum_{n=0}^{\infty}\frac{(-1)^n}{2n+1}x^{2n+1} \quad (|x|<1).$$

예 12 $\int_0^1 \sin x^2\,dx$의 값을 오차가 0.001보다 작게 구하라.

풀이 $\sin x^2 = x^2 - \frac{x^6}{3!} + \frac{x^{10}}{5!} - \frac{x^{14}}{7!} + \cdots \quad (-\infty < x < \infty)$

이므로, [정리 8]에 의해서

$$\int \sin x^2\,dx = c + \frac{x^3}{3} - \frac{x^7}{7\cdot 3!} + \frac{x^{11}}{11\cdot 5!} - \frac{x^{15}}{15\cdot 7!} + \cdots$$
$$(-\infty < x < \infty)$$

을 얻는다. 따라서

$$\int_0^1 \sin x^2\,dx = \frac{1}{3} - \frac{1}{7\cdot 3!} + \frac{1}{11\cdot 5!} - \frac{1}{15\cdot 7!} + \cdots.$$

그런데 $\frac{1}{11\cdot 5!} = 0.00076\cdots$이므로

$$\int_0^1 \sin x^2\,dx \fallingdotseq \frac{1}{3} - \frac{1}{42} \fallingdotseq 0.310.$$

주의 ❶ [정리 6]에서 $\sum_{n=0}^{\infty} a_n x^n$의 수렴반경收斂半徑이 $R>0$일 때, $\sum_{n=1}^{\infty} n a_n x^{n-1}$ $(|x|<R)$은 수렴收斂함을 알았다. 그런데 $\sum_{n=0}^{\infty} a_n x^n$의 수렴구간收斂區間의 끝점에서 $\sum_{n=1}^{\infty} n a_n x^{n-1}$의 수렴성收斂性이 보장되지 않는다는 것이다. 예를 들면, $\sum_{n=0}^{\infty} \frac{x^n}{n}$의 수렴구간收斂區間은 $[-1, 1)$이나, $\sum_{n=1}^{\infty} x^{n-1}$의 수렴구간收斂區間은 $(-1, 1)$이다.

❷ [정리 8]에서 $\sum_{n=0}^{\infty} a_n x^n$의 수렴반경收斂半徑이 $R > 0$일 때,

$\sum_{n=0}^{\infty} \frac{1}{n+1} a_n x^{n+1} (|x| < R)$은 수렴收斂함을 알았다. 그런데 위의 보기에서 처럼 $\sum_{n=0}^{\infty} a_n x^n$의 수렴구간收斂區間이 $(-R, R)$일 때에도 $\sum_{n=0}^{\infty} \frac{1}{n+1} a_n x^{n+1}$의 수렴구간收斂區間은 $[-R, R)$일 경우가 생긴다는 사실에 주의할 필요가 있다.

정의 3

함수函數 f가 $x=0$의 어떤 근방近傍 U에서

$$f(x) = \sum_{n=0}^{\infty} a_n x^n \qquad (x \in U)$$

일 때, 이것을 f의 U상에서의 멱급수표시冪級數表示, power series representation라고 부른다.

정리 9 수렴반경收斂半徑이 $R>0$인 멱급수冪級數 $\sum a_n x^n$에 대해서, 함수函數 f의 멱급수표시冪級數表示가

$$f(x) = \sum_{n=0}^{\infty} a_n x^n \qquad (|x| < R)$$

이면, f는 $(-R, R)$에서 모든 차수次數의 도함수導函數를 가지며,

$$f^{(n)}(x) = \sum_{n=0}^{\infty} \frac{f^{(n)}(0)}{n!} x^n \qquad (|x| < R).$$

증명 f가 $(-R, R)$에서 모든 차수次數의 도함수導函數를 가지는 것은 [정리 5]에서 알 수 있다. [정리 6]에 의해서

$$f^{(n)}(x) = n!\, a_n + (n+1)!\, a_{n+1} x + \frac{(n+2)!}{2!} a_{n+2} x^2 + \cdots .$$

그러므로 $a_n = \dfrac{f^{(n)}(0)}{n!} \quad (n = 0, 1, 2, \cdots).$

주의 [정리 9]에 의하여 함수函數 $f(x)$가 멱급수冪級數로 표시되었다면 그것은 $f(x)$의 Maclaurin 급수級數임을 알았다. 따라서 함수函數 $f(x)$의 멱급수표시冪級數表示는 단 한 가지밖에 있을 수 없다.

예 13 (이항정리二項定理: Binomial Theorem)

임의任意의 실수實數 s 에 대해서 다음은 $(1+x)^s$ 의 Maclaurin 급수級數임을 밝혀라.

$$(1+x)^s = 1 + \sum_{n=1}^{\infty} u_n \qquad (|x| < 1) \text{ (Binomial series)}$$

$$u_n = \frac{s(s-1)\cdots(s-n+1)}{n!} x^n \quad (n = 1, 2, \cdots).$$

풀이 $\left| \dfrac{u_{n+1}}{u_n} \right|$

$$= \left| \frac{s(s-1)\cdots(s-n-1)(s-n)}{(n+1)!} \; \frac{n!}{s(s-1)\cdots(s-n+1)} \; x \right|$$

$$= \frac{|s-n|}{n+1} \cdot |x|$$

$$= \frac{\left|1 - \frac{s}{n}\right|}{1 + \frac{1}{n}} \cdot |x|$$

$$\to |x| \quad (n \to \infty)$$

이므로, $|x| < 1$일 때 $\sum_{n=1}^{\infty} u_n$은 수렴(收斂)한다. 지금 $f(x) = 1 + \sum_{n=1}^{\infty} u_n$이라 고 두고, $f(x) = (1+x)^s$ $(|x| < 1)$을 증명하자. [정리 6]에 의하여

$$f'(x) = s + \sum_{n=2}^{\infty} \frac{s(s-1)\cdots(s-n+1)}{(n-1)!} x^{n-1},$$

$$x f'(x) = \sum_{n=1}^{\infty} n \frac{s(s-1)\cdots(s-n+1)}{n!} x^n.$$

$$\therefore\ (1+x)f'(x)=s\left[1+\sum_{n=1}^{\infty}\frac{s(s-1)\cdots(s-n+1)}{n!}x^n\right]=sf(x)$$

이다. 그러므로

$$\frac{d}{dx}\ln f(x)=\frac{f'(x)}{f(x)}=\frac{s}{1+x}$$

를 얻으며, 한편으로

$$\frac{d}{dx}\ln(1+x)^s=\frac{s}{1+x}$$

이므로 $\frac{d}{dx}f(x)=\frac{d}{dx}(1+x)^s$이다. 그런데 $f(0)=1$이므로

$$f(x)=(1+x)^s \quad (|x|<1)$$

이며, [정리 9]에 의하여 이것은 $(1+x)^s$의 Maclaurin 급수級數이다.

예 14 $\int_0^{\frac{1}{2}}\sqrt{1+x^4}\,dx$의 근사값을 구하라.

풀이 [예 13]에 의해서

$$(1+x^4)^{\frac{1}{2}}=1+\frac{1}{2}x^4-\frac{1}{8}x^8+\cdots \quad (|x|<1)$$

$$\begin{aligned}\therefore\ \int_0^{\frac{1}{2}}\sqrt{1+x^4}\,dx &= \left[x+\frac{1}{10}x^5-\frac{1}{72}x^9+\cdots\right]_0^{\frac{1}{2}}\\ &=0.5+0.0031-0.0003+\cdots\\ &\fallingdotseq 0.5031.\end{aligned}$$

정리 10 수열數列 $\{a_n\}$에 대해서

$$\lim_{n\to\infty}\left|\frac{a_{n+1}}{a_n}\right|<1 \quad \text{or} \quad \lim_{n\to\infty}\sqrt[n]{|a_n|}<1$$

이면 $\lim_{n\to\infty}a_n=0$이다.

증명 가정에 의해서 급수 $\sum a_n$은 수렴收斂한다. 따라서

$$\lim_{n\to\infty}a_n=0.$$

예 15 다음을 증명하라.

$$\lim_{n\to\infty} \frac{x^n}{n!} = 0, \quad \forall x \in \mathbb{R}.$$

풀이 $x=0$이면 등식은 명백히 성립한다. $x \neq 0$일 때,

$$a_n = \frac{x^n}{n!}$$

이라고 두면

$$\lim_{n\to\infty} \left| \frac{a_{n+1}}{a_n} \right| = \lim_{n\to\infty} \left| \frac{x^{n+1}}{(n+1)!} \frac{n!}{x^n} \right| = \lim_{n\to\infty} \frac{|x|}{n+1} = 0 < 1$$

이다. 따라서 [정리 10]에 의해서

$$\lim_{n\to\infty} \frac{x^n}{n!} = 0.$$

정리 11 함수函數 f 의 Taylor 급수級數

$$\sum_{n=0}^{\infty} \frac{f^{(n)}(a)}{n!} (x-a)^n$$

$$= f(a) + \frac{f'(a)}{1!}(x-a) + \cdots + \frac{f^{(n)}(a)}{n!}(x-a)^n + \cdots$$

가 $f(x)$에 수렴收斂할 필요충분조건必要充分條件은

$$\lim_{n\to\infty} r_n(x) = \lim_{n\to\infty} \frac{f^{(n)}(\xi)}{n!}(x-a)^n = 0 \quad (|\xi - a| < |x-a|).$$

증명 $f(x) = \sum_{k=0}^{n-1} \frac{f^{(k)}(a)}{k!}(x-a)^k + r_n(x)$이므로

$$\lim_{n\to\infty} \left[f(x) - \sum_{k=0}^{n-1} \frac{f^{(k)}(a)}{k!}(x-a)^k \right] = \lim_{n\to\infty} r_n(x)$$

이다. 따라서

$$f(x) = \sum_{k=0}^{\infty} \frac{f^{(k)}(a)}{k!}(x-a)^k \Leftrightarrow \lim_{n\to\infty} r_n(x) = 0.$$

지금까지 상수열常數列, 상수항급수常數項級數, 멱급수冪級數의 수렴收斂, 발산發散을 조사하였다. 그러나 각 항이 함수函數로 된 함수열函數列과 항수항급수函數項級數는 보다 더 흥미로운 것으로서 많은 이변을 보인다. 예를 들면,

❶ $a_n(x) = x^n$으로 주어지는 함수열函數列 $\{a_n(x)\}$는 $[0, 1]$에서 수렴收斂하며, 그 극한함수極限函數는

$$a(x) = \begin{cases} 0 & (0 \leq x < 1) \\ 1 & (x = 1) \end{cases}$$

이다. 여기서 주목을 끄는 것은 $a_n(x)$는 모두 $[0, 1]$에서 연속(連續)이나, 그 극한함수極限函數 $a(x)$는 1에서 연속連續이 아니다.

❷ $a_n(x) = \dfrac{x^2}{(1+x^2)^n}$으로 주어지는 함수항급수函數項級數 $\sum a_n(x)$는 모든 점에서 수렴收斂하며, 그 합은

$$s(x) = \begin{cases} 0 & (x = 0) \\ 1 + x^2 & (x \neq 0) \end{cases}$$

이다. 그런데, 각 $a_n(x)$는 모든 점에서 연속連續이나, 그 합 $s(x)$는 0에서 불연속不連續)이다.

이러한 사실을 처음으로 지적한 사람이 Abel(1826)이다. 그는 삼각함수三角函數에서 이러한 사실이 있음을 보고, 수렴收斂의 일양성一樣性, uniformity을 생각하게 되었다. 극한함수極限函數 또는 그 합의 연속성連續性 이외에도 항별미분項別微分, 항별적분項別積分 등 수렴收斂의 일양성一樣性은 매우 많은 성질性質을 보장하고 있다. 이 책에서는 일양수렴一樣收斂, uniform convergence의 이론理論을 생략한다.

연습문제

1. 다음 급수級數의 수렴구간을 구하라.

❶ $\sum \dfrac{n}{4^n} x^n$　　❷ $\sum \dfrac{2}{3^{n+1} n^2} x^n$

❸ $\sum \frac{2^n}{n^n} x^n$

❹ $\sum \frac{n!}{(2n)!} x^n$

❺ $\sum \frac{\ln n}{n} x^n$

❻ $\sum x^{n^2}$

2. 다음 급수級數의 수렴반경收斂半徑을 구하라.

❶ $\sum \frac{n!}{n^n} x^n$

❷ $\sum \frac{1^2 \cdot 3^2 \cdot 5^2 \cdot \cdots \cdot (2n-1)^2}{2^2 \cdot 4^2 \cdot 6^2 \cdot \cdots \cdot (2n)^2} x^{2n}$

3. $f(x)$를 다음 급수級數의 합이라고 할 때, $f'(x)$, $\int_0^x f(t)\,dt$를 구하라.

❶ $\sum \frac{(-1)^n}{n+1} x^n$

❷ $\sum \frac{1}{n^2+1} x^{n+1}$

❸ $\sum (n+1) x^n$

❹ $\sum \frac{5}{n} x^{n^2}$

4. e^x의 멱급수전개를 이용하여 다음을 증명하라.

❶ $\cosh x = \sum_{n=0}^{\infty} \frac{1}{(2n)!} x^{2n}, \ \forall x \in \mathbb{R}.$

❷ $\sinh x = \sum_{n=0}^{\infty} \frac{1}{(2n+1)!} x^{2n+1}, \ \forall x \in \mathbb{R}.$

5. $\ln(1+x^2)$의 멱급수표시를 구하고, 그 수렴반경을 구하라.

6. $x e^x$ 의 멱급수표시를 구하고, 다음을 증명하라.

$$\sum_{n=0}^{\infty} \frac{1}{n!\,(n+2)} = 1$$

7. 다음에서 함수函數 f의 점 a에 있어서의 Taylor 급수級數를 구하고, 그것이 f에 수렴함을 보여라.

❶ $f(x)=\cos x,\quad a=0$ ❷ $f(x)=\sin x,\quad a=\frac{\pi}{3}$

❸ $f(x)=e^{x},\quad a=-2$ ❹ $f(x)=\cos x,\quad a=\frac{\pi}{3}$

8. 지금까지 알고 있는 급수級數를 이용하여 다음 함수의 Maclaurn 급수級數를 구하라.

❶ $f(x)=\sin 2x$ ❷ $f(x)=\ln(1-2x)$

❸ $f(x)=x\ln(1+x^2)$ ❹ $f(x)=2^x$

❺ $f(x)=\sin^2 x$ ❻ $f(x)=e^x\cos x$

9. $f(x)=5x^3+4x^2+3x+2$를 $x+3$의 다항식多項式으로 고쳐라.

10. $\ln 2=1-\frac{1}{2}+\frac{1}{3}-\frac{1}{4}+\cdots$ 를 증명하라.

11. $\sin^{-1}x=x+\frac{1}{2}\cdot\frac{x^3}{3}+\frac{1}{2}\cdot\frac{3}{4}\cdot\frac{x^5}{5}+\frac{1}{2}\cdot\frac{3}{4}\cdot\frac{5}{6}\cdot\frac{x^7}{7}+\cdots$ $(|x|\leq 1)$을 증명하라.

12. Maclaurin 급수級數를 이용하여 다음 극한값을 구하라.

❶ $\lim_{x\to 0}\frac{\sin x-\tan x}{x^3}$ ❷ $\lim_{x\to 0}\left(\frac{1}{\sin x}-\frac{1}{x}\right)$

❸ $\lim_{x\to 0}\frac{x-\tan^{-1}x}{x^3}$ ❹ $\lim_{x\to 0}\frac{\ln(1+x^2)}{1-\cos x}$

13. 다음의 근사값을 오차의 한계가 0.001이 되도록 구하라.

❶ $\ln 2$ ❷ $\sqrt[3]{2}$ ❸ $\int_0^{0.5}\sqrt[3]{1+x^4}\,dx$

■ 제 5 장 ■

$\mathbb{R}^n$ 에서의 벡터

제5장 $\mathbb{R}^n$에서의 벡터

5.1 $\mathbb{R}^n$에서의 점의 정의定義

실수 x는 실직선數直線 위의 점을 나타낸다.

▮ 그림 5-1 ▮

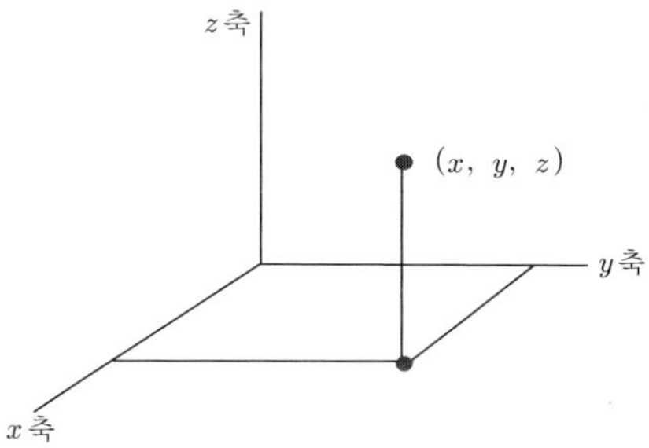

▮ 그림 5-2 ▮

두 실수의 짝 (x, y)는 평면에서 점을 나타낸다. 세 실수의 짝 $(x,\ y,\ z)$는 공간에서 즉 3차원 공간3次元 空間에서 점을 나타낸다.

x, y, z를 사용하는 대신에 (x_1, x_2, x_3)을 사용하면 n 차 공간에서 점을 정의定義하는데 편리하다. 직선은 1차원 공간1次元 空間이라 볼 수 있고, 평면은 2차원 공간2次元 空間이라 부를 수 있다. 한 수 x는 1차원 공간에서의 점을 나타내고, (x, y)는 2차원 공간에서의 점을 나타내며, (x, y, z)는 3차원 공간에서의 점을 나타낸다.

그림으로 그릴 수는 없으나

$$(x_1, x_2, x_3, x_4)$$

는 4차원 공간의 점을 나타낸다. 이와 같이 계속하면, n 차원 공간(n次元 空間)의 점點을 정의定義할 수 있다.

$$(x_1, x_2, \cdots, x_n)$$

을 n차원 공간에서의 점이라고 부른다. 이 점을 대문자 X로 표시하자. 수는 소문자로, 점을 대문자로 각각 표시한다. 수 x_1, x_2, $\cdots$, x_n을 점 (x, y, z)의 좌표라고 부른다. 이제 점들의 가법加法을 정의하자. A와 B가 두 점

$A = (a_1, a_2, \cdots, a_n)$, $B = (b_1, b_2, \cdots, b_n)$ 이면, $A + B$는 그 좌표가

$$(a_1 + b_1, a_2 + b_2, \cdots, a_n + b_n)$$

인 점으로 정의된다. c가 수이면, 스칼라곱 cA는 그 좌표가

$$(ca_1, ca_2, \cdots, ca_n)$$

인 점으로 정의된다. 예를 들면, $A=(1, -2, 3)$, $B=(-2, 5, -3)$이고, $c=3$이면,

$$A + B = (1 + (-2), (-2) + 5, 3 + (-3)) = (-1, 3, 0),$$

$$cA = (3, -6, 9)$$

이다.

두 벡터의 합과 스칼라곱은 다음 법칙이 성립된다.

❶ $(A+B)+C=A+(B+C)$,

❷ $A+B=B+A$,

❸ $c(A+B)=cA+cB$,

❹ c_1과 c_2가 수이면,

$$(c_1 + c_2)A = c_1 A + c_2 A, \ (c_1 c_2)A = c_1(c_2 A),$$

❺ 만일 $O=(0, 0, \cdots, 0)$을 모든 좌표가 0인 점이라면,
모든 A에 대하여

$$O+A=A+O=A,$$

❻ $1 \cdot A=A$이고, 만일 $(-)A$를 $-A$로 표시하면,

$$A+(-A)=O,$$

$(A+(-B)$를 보통 $A-B$로 표시한다.)

위의 모든 성질들은 간단히 증명된다. 여기서는 ❹만을 증명하기로 한다.

$A=(a_1, a_2, \cdots, a_n)$이라 하자. 그러면

$$\begin{aligned}(c_1+c_2)A &= ((c_1+c_2)a_1, \cdots, (c_1+c_2)a_n)\\ &= (c_1a_1+c_2a_2, \cdots, c_1a_n+c_2a_n)\\ &= (c_1a_1, c_1a_2, \cdots, c_1a_n)+(c_2a_1, c_2a_2, \cdots, c_2a_n)\\ &= c_1(a_1, a_2, \cdots, a_n)+c_2(a_1, a_2, \cdots, a_n)\\ &= c_1A+c_2A,\end{aligned}$$

$$\begin{aligned}(c_1\ c_2)A &= ((c_1c_2)a_1, (c_1c_2)a_2, \cdots, (c_1c_2)a_n)\\ &= (c_1(c_2a_1), c_1(c_2a_2), \cdots, c_1(c_2a_n))\\ &= c_1(c_2a_1, c_2a_2, \cdots, c_2a_n)\\ &= c_1(c_2(a_1, a_2, \cdots, a_n))\\ &= c_1(c_2A).\end{aligned}$$

주의 수 0과 $(0, 0, \cdots, 0)$을 혼돈해서는 안될 것이다. $(0, 0, \cdots, 0)$은 보통 대문자 O로 표시하고 영벡터라고 부른다.

평면에서 점들의 가법加法과 스칼라곱의 기하학적 의미幾何學的 意味를 살펴보기로 하자.

예를 들면, $A=(3, 4)$ $B=(-1, 1)$이라면, $A+B=(2, 5)$이다. $A+B$는 A, B를 두 변으로 하는 평행사변형의 대각선과 같다([그림 5-3]). 다른 예로 $A=(1, 2)$, $B=(3, 5)$라면 $A+B=(4, 7)$이다.

따라서 가법의 기하학적 표시는 A, B를 두 변으로 하는 평행사변형의 대각선과 같다([그림 5-4]). 다음으로 스칼라곱의 기하학적 표시는 무엇을 의미하는가? $A=(2,1)$이고 $c=3$이면, $cA=(6,3)$이다([그림 5-5(a)]). 3에 의한 A의 곱은 A 벡터의 크기를 3배 확대한 것을 나타낸다. 같은 방법으로 $\frac{1}{2}A$는 $\frac{1}{2}$에 의한 확대에 해당된다. 즉, 크기는 절반으로 축소된다. 일반적으로 t가 실수이고 $t>0$이면, tA는 A와 같은 방향이고, 원점으로부터의 거리의 t 배인 점을 나타낸다. 음수에 의한 곱은 방향이 반대가 된다. 즉 $-2A$는 [그림 5-5(b)]에서와 같이 표시된다.

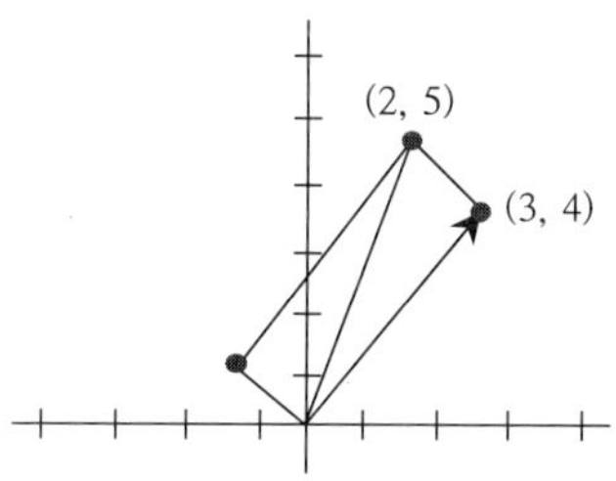

▮ 그림 5-3 ▮

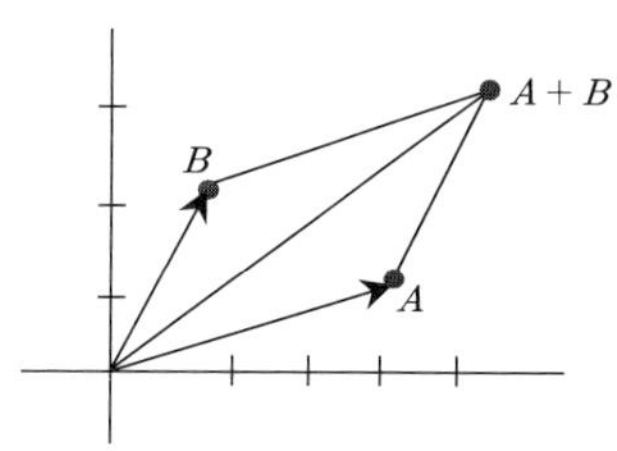

▮ 그림 5-4 ▮

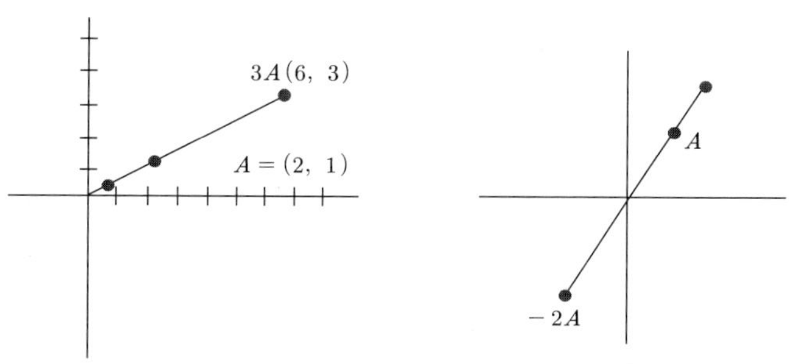

(a) (b)

▮ 그림 5-5 ▮

5.2 위치位置 벡터

위치벡터는 $\overrightarrow{AB}$로 표시되는 점들의 짝으로 정의한다. 두 점 A와 B 사이를 화살표로 나타낸다. A를 그 위치벡터의 시점始點, initial point이라 하고 B를 종점終點, end point이라 한다.

B의 좌표는 A의 좌표로부터 다음과 같이 얻어진다. 평면에서

$$b_1 = a_1 + (b_1 - a_1),$$

$$b_2 = a_2 + (b_2 - a_2)$$

이므로

$$B = A + (B - A)$$

임을 알 수 있다.

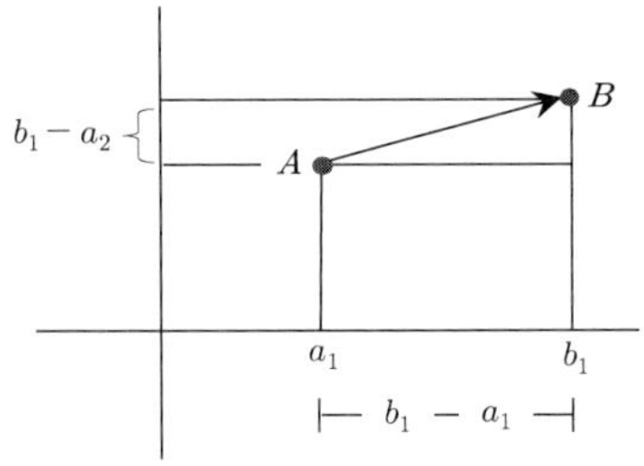

▮ 그림 5-6 ▮

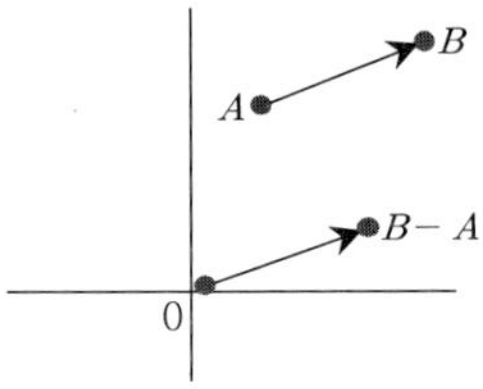

▮ 그림 5-7 ▮

$\overrightarrow{AB}$와 $\overrightarrow{CD}$를 두 위치벡터라고 하자. 만일 $B-A=D-C$이면, 이 두 위치벡터는 상등相等, equivalent한다고 말한다. 모든 위치벡터 $\overrightarrow{AB}$는 $\overrightarrow{AB}$와 $\overrightarrow{O(B-A)}$가 상등하기 때문에 기점이 원점인 위치벡터와 상등相等하다. 이 벡터는 분명히 기점이 원점이고 $\overrightarrow{AB}$에 상등相等한 단 하나의 위치벡터이다.

[그림 5-6]에서 두 위치벡터 $\overrightarrow{O(B-A)}$와 $\overrightarrow{AB}$가 그려졌다. 만일 평면에서 평행사변형법을 생각한다고 하면 두 점들에 의해서 결정되는 선분의 길이가 같고 그들 점들은 방향이 같기 때문에 두 위치벡터의 상등相等을 알 수 있다.

기점이 원점인 위치벡터 $\overrightarrow{OC}$가 주어졌을 때 이 위치벡터는 원점에 위치해 있다고 말하고, 임의의 위치벡터 $\overrightarrow{AB}$가 주어지면, 이 위치벡터는 점 A에 위치해 있다고 말한다.

원점에서의 위치벡터는 완전히 끝점에 의해서 결정된다. 이러한 관점에서 $(x_1,\ x_2,\ \cdots,\ x_n)$을 점 또는 벡터로 부를 수 있을 것이다.

두 위치벡터 $\overrightarrow{AB}$와 $\overrightarrow{CD}$가 만일 $B-A=t(D-C)$를 만족하는 수 $t\neq 0$가 존재한다고 하면, 그 두 위치벡터는 평행平行, parallel하다고 말한다. 이 때 만일 $B-A=t(D-C)$인 수 $t>0$가 존재하면, 이 두 위치벡터는 같은 방향same direction을 갖는다고 말하고, $B-A=t(D-C)$인 $t>0$가 존재하면 이 두 위치벡터는 반대방향opposite direction을 갖는다고 말한다.

두 위치벡터 $\overrightarrow{AB}$와 $\overrightarrow{CD}$가 만일 $B-A$가 $D-C$에 직교하면 이 두 위치벡터는 직교한다고 말할 수 있다. 다음 도형은 평면에서 그와 같은 벡터들을 그린 것이다([그림 5-8]).

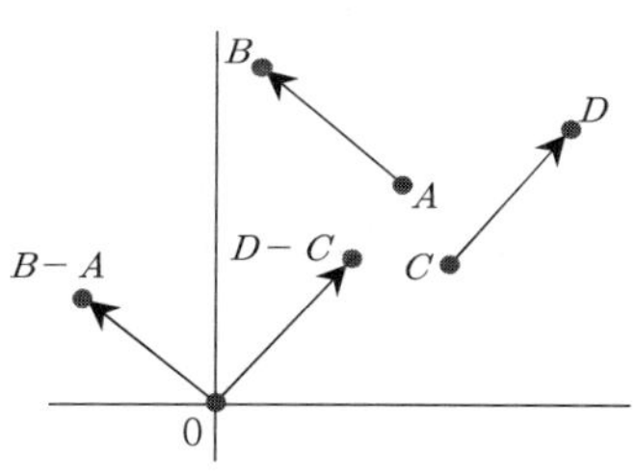

▮ 그림 5-8 ▮

5.3 벡터의 내적內積

우리는 앞으로 n 차원 공간n 次元 空間에서의 벡터들을 생각하기로 한다.

$A=\ a_1,\ a_2,\ \cdots,\ a_n)$과 $B=(b_1,\ b_2,\ \cdots,\ b_n)$을 두 벡터라 하자. 두 벡터 A, B의 내

적 $\boldsymbol{A} \cdot \boldsymbol{B}$scalar product 또는 dot product는

$$A \cdot B = a_1 b_1 + a_2 b_2 + \cdots + a_n b_n = \sum_{i=1}^{n} a_i b_i$$

로 정의된다. 이 곱은 하나의 수가 된다. 예를 들면, 3차원 공간에서 $A=(1, 2, 3)$, $B=(-1, -3, 2)$이면,

$$A \cdot B = 1 \cdot (-1) + 2 \cdot (-3) + 3 \cdot 2 = -1$$

이 된다. 내적의 기하학적 해석幾何學的 解析은 뒤로 미루고 우선 여기서는 내적의 몇 가지 성질을 생각해 보기로 한다. 그 기본성질들은 다음과 같다.

sp 1. $A \cdot B = B \cdot A$,

sp 2. A, B, C가 세 벡터이면,

$$A \cdot (B + C) = A \cdot B + A \cdot C = (B + C) \cdot A,$$

sp 3. 만일 x가 수이면,

$$(xA) \cdot B = x(A \cdot B), \quad A \cdot (xB) = x(A \cdot B),$$

sp 4. 만일 $A = O$이 영零벡터이면 $A \cdot A = 0$이고,

$A \neq O$이면 $A \cdot A > 0$이다.

이들 성질들을 증명하기로 하자. 먼저 sp 1은 임의의 두 수 a, b에 대해서 $ab=ba$이므로 $a_1 b_1 + \cdots + a_n b_n = b_1 a_1 + \cdots + b_n a_n$이고, 따라서 $A \cdot B = B \cdot A$이다.

sp 2에 관해서는 $c = (c_1, c_2, \cdots, c_n)$이라 하면,

$$B + C = (b_1 + c_1, b_2 + c_2, \cdots, b_n + c_n)$$

이고,

$$\begin{aligned} A \cdot (B + C) &= a_1(b_1 + c_1) + a_2(b_2 + c_2) + \cdots + a_n(b_n + c_n) \\ &= (a_1 b_1 + a_1 c_1) + (a_2 b_2 + a_2 c_2) + \cdots + (a_n b_n + a_n c_n) \\ &= (a_1 b_1 + a_2 b_2 + \cdots + a_n b_n) + (a_1 c_1 + a_2 c_2 + \cdots + a_n c_n) \\ &= A \cdot B + A \cdot C. \end{aligned}$$

sp 3의 처음 등식은

$$xA = (xa_1, xa_2, \cdots, xa_n) \text{ 이고,}$$

$$
\begin{aligned}
(xA)\cdot B &= xa_1b_1 + xa_2b_2 + \cdots + xa_nb_n \\
&= x(a_1b_1 + a_2b_2 + \cdots + a_nx_n) \\
&= x(A\cdot B)
\end{aligned}
$$

이므로 증명되고, 끝으로 sp 4에 대해서는, 만일 A의 한 좌표가 0이 아니면, 내적

$$A\cdot A = {a_1}^2 + {a_2}^2 + \cdots + {a_n}^2$$

에서 ${a_i}^2 \neq 0$이고 ${a_i}^2 > 0$인 항 a_i가 존재한다. 모든 항은 ≥ 0이므로 따라서 값은 >0이다.

한 벡터 A의 자신과의 내적 $A\cdot A$를 쓰는 대신에 간단히 A^2으로 쓰기로 하자(그러나 A^3은 의미를 갖지 않는다). 다음 등식이 성립한다.

$$(A+B)^2 = A^2 + 2A\cdot B + B^2,$$

$$(A-B)^2 = A^2 - 2A\cdot B + B^2.$$

두 벡터 A, B가 $A\cdot B=0$이면 두 벡터 A, B는 수직垂直, vertical 또는 직교直交, orthogonal라고 정의한다.

연습문제

1. 내적의 네 가지 성질만을 이용해서 $(A+B)^2$과 $(A-B)^2$을 푸는 법칙을 자세히 증명하라.

2. 다음 벡터들의 어느 짝이 수직이 되는가?

   ❶ $(1, -1, 1)$, $(2, 2, 5)$ ❷ $(1, -1, 2)$, $(2, 3, 1)$

   ❸ $(-5, 2, 7)$, $(2, -2, 2)$

3. 구간 $[-1, 1]$에서의 연속함수들을 생각하자. 그와 같은 두 함수 f· g의 내적을

   $$\int_{-1}^{1} f(x)\,g(x)\,dx$$

   로 정의하자. 이 적분을 $< f, g >$로 나타내기도 한다. 이 적분은 내적의 네 가지

성질이 만족됨을 다음에서 증명하라.

sp 1. $<f, g>=<g, f>$,

sp 2. $<f, g+h>=<f, g>+<f, h>$,

sp 3. $<cf, g>=c<f, g>$ (단, c는 임의의 수),

sp 4. 만일 $f=0$이면, $<f, f>=0$이고, 만일 $f \neq 0$이면, $<f, f>>0$이다.

4. 만일 $f(x)=x$이고 $g(x)=x^2$이면, $<f, f>$, $<f, g>$ 및 $<g, g>$는 무엇인가?

5. 구간 $[-\pi, \pi]$위에서 연속함수들을 생각하자. 이 구간에서 내적은 위와 같이 정의하기로 하자. 함수 $\sin nx$와 $\sin mx$는 이 내적에 관해서 직교함을 증명하라(단, m, n은 정수이다).

6. 다음의 두 벡터 A와 B가 수직이 되도록 k의 값을 정하라.

❶ $A=(1, k, -3)$, $B=(2, -5, 4)$

❷ $A=(2, 3k, -4, 1, 5)$, $B=(6, -1, 3, 7, 2k)$

7. A를 임의의 벡터 X에 수직인 벡터라 하자. 그러면 $A=O$을 증명하라.

8. $C[-1, 1]$에서 내적을 다음과 같이 정의하라.

$$<f, g> = \int_{-1}^{1} f(x)\, g(x)\, e^{-x}\, dx.$$

이 때 $f(x) = x$와 $g(x) = e^x$가 직교함을 밝혀라.

5.4 벡터의 노름

벡터 X의 길이length 또는 노름norm은 $\| X \|$로 나타내고

$$\| X \| = \sqrt{X \cdot X} \geq 0$$

으로 정의한다. $X \cdot X \geq 0$이므로 제곱근은 취할 수 있으며, 더욱 $X \neq O$이면 $\|X\| > 0$임을 알 수 있다. 좌표座標로 표시하면,

$$\|X\| = \sqrt{{x_1}^2 + \cdots + {x_n}^2}$$

이고, $n=2$ 또는 $x=3$일 때에도 2차원 공간2次元 空間 또는 3차원 공간3次元 空間에서 각각 X의 길이가 된다는 것을 알 수 있다.

다음은 슈바르쯔Schwarz 부등식이라고 알려진 부등식이며 벡터이론理論에 기본이 되는 식이다.

정리 1 (슈바르쯔 부등식: Schwarz' inequality)

임의의 두 벡터 X, Y에 대하여

$$|X \cdot Y| \leq \|X\| \|Y\|.$$

증명 실수 t에 관한 2차 부등식 $at^2+bt+c \geq 0$이 항상 성립하려면 $a>0$, $b^2-4ac \leq 0$가 되어야 한다. 이것을 이용한다. 먼저 $X=0$, $Y=0$이면 부등식의 좌변과 우변이 0이므로 항상 성립한다.

X와 Y가 0이 아니라고 하자. t를 임의의 실수라고 할 때,

$$\begin{aligned}\|tX+Y\|^2 &= (tX+Y) \cdot (tX+Y) \\ &= t^2\|X\|^2 + 2t(X \cdot Y) + \|Y\|^2\end{aligned}$$

이다. 그런데 $\|tX+Y\|^2$은 항상 ≥ 0이다. 즉, 임의의 실수 t에 대하여

$$t^2\|X\|^2 + 2t(X \cdot Y) + \|Y\|^2 \geq 0.$$

따라서

$$4(X \cdot Y)^2 - 4\|X\|^2\|Y\|^2 \leq 0.$$

즉

$$|X \cdot Y| \leq \|X\|\|Y\|$$

이 된다. 이 정리를 써서 다음 삼각부등식이 증명된다.

정리 2 임의의 벡터 X, Y에 대해서,

$$\|X+Y\| \leq \|X\| + \|Y\|.$$

증명 부등식의 양변은 양이거나 0이므로 양변의 제곱이 주어진 부등호를 만족함을 보이면 된다. 즉,

$$(X+Y)\cdot(X+Y) \le (\|X\|+\|Y\|)^2$$

을 보이면 된다.

$$\begin{aligned}(X+Y)\cdot(X+Y) &= X\cdot X + 2\,X\cdot Y + Y\cdot Y \\ &= \|X\|^2 + 2\,(X\cdot Y) + \|Y\|^2 \\ &\le \|X\|^2 + 2\,\|X\|\,\|Y\| + \|Y\|^2\end{aligned}$$

이 되고 우변은 $(\|X\|+\|Y\|)^2$이 되어 증명된다([정리 1]을 참고로 함).

정리 3 a를 수라 하고, X를 임의의 벡터라 하면,

$$\|aX\| = |a|\,\|X\| \quad (X\text{의 길이에 } a\text{의 절댓값}).$$

증명 정의로부터

$$\|aX\|^2 = (aX)\cdot(aX) = a^2\,(X\cdot X)$$

이 되고, 양변에 제곱근을 취하면

$$\|aX\| = |a|\,\|X\|$$

이 된다.

벡터 X가 만일 $\|X\| = 1$이면, X를 단위單位벡터unit vector라고 부른다. 임의의 벡터 A에 대하여 $\|A\| = a$라 하고 $a \ne 0$면,

$$\frac{1}{a}A$$

는 $\left\|\frac{1}{a}A\right\| = \frac{a}{a} = 1$이므로 단위벡터이다.

영이 아닌 두 벡터 A와 B가 만일 $cA = B$인 수 $c > 0$가 존재하면, 그 두 벡터는 같은 방향을 갖는다고 말하고, $cA = B$인 수 $c > 0$가 존재하면, 그 두 벡터는 반대 방향을 갖는다고 말한다. 이 정의로부터

$\frac{1}{\|A\|}A$는 $A \ne O$면, A의 방향으로의 단위單位벡터임을 알 수 있다.

A, B를 n차원공간에서의 두 벡터라 하자. A와 B 사이의 거리는

$$\| A - B \| = \| B - A \| = \sqrt{(A - B) \cdot (A - B)}$$

로 정의된다. 이 정의는 A와 B가 평면에 있는 점일 때 우리의 기하학적 개념과 일치한다.

예 1 $A=(-1, 2)$, $B=(3, 4)$라고 하자. 위치벡터 $\overrightarrow{AB}$의 길이는 $\|B - A\|$이고, $B-A=(4, 2)$이다. 따라서 $\| B-A \|= \sqrt{16+4} = \sqrt{20}$.

A, B가 평면平面에 있는 두 점일 때, 조건 $\|A+B\| = \|A-B\|$는 A가 B에 수직인 기하학적 성질과 같다.

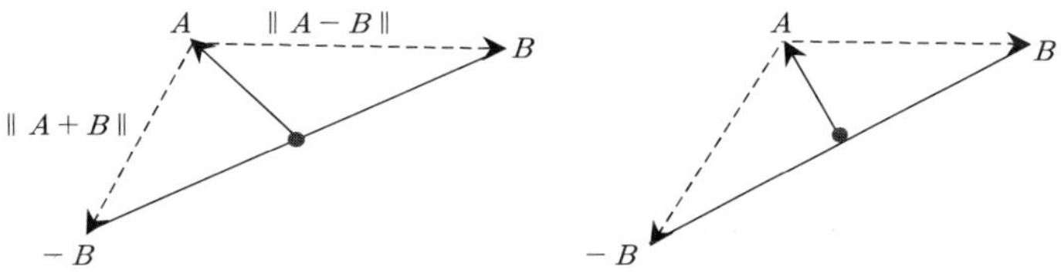

▮ 그림 5-9 ▮

각 변을 제곱하면,

$(A+B) \cdot (A+B) = (A-B) \cdot (A-B)$와 같고 이를 전개하면,

$$A \cdot A + 2A \cdot B + B \cdot B = A \cdot A - 2A \cdot B + B \cdot B.$$

이를 간단히 하면, $4A \cdot B = 0$ 또는 $A \cdot B = 0$이 된다.

일반적인 피타고라스 정리定理를 살펴보기로 하자.

A, B가 수직이면

$$\| A + B \|^2 = \| A \|^2 + \|B\|^2.$$

이를 증명하기 위하여 정의를 이용하면,

$$\|A + B\|^2 = (A + B) \cdot (A + B) = A^2 + 2A \cdot B + B^2.$$

우변은 $A \cdot B = 0$, $A \cdot A = \|A\|^2$, $B \cdot B = \|B\|^2$이므로 $\|A\|^2 + \|B\|^2$과 같다. 따라서 증명이 된다.

만일 A가 B에 수직이고, x가 임의의 수이면, A는 또한 xB에 수직이다. 이는

$A \cdot (xB) = xA \cdot B = x \cdot 0 = 0$이기 때문이다.

이제 우리는 정사영正射影, projection의 개념概念을 유도하기 위하여 수직의 개념을 사용하기로 하자. A와 B를 두 벡터라 하고 $B \neq O$라 하자. B를 따라서의 A의 정사영을 정의하고자 한다. 이것은 [그림 5-10]에서 보이는 벡터 P이다.

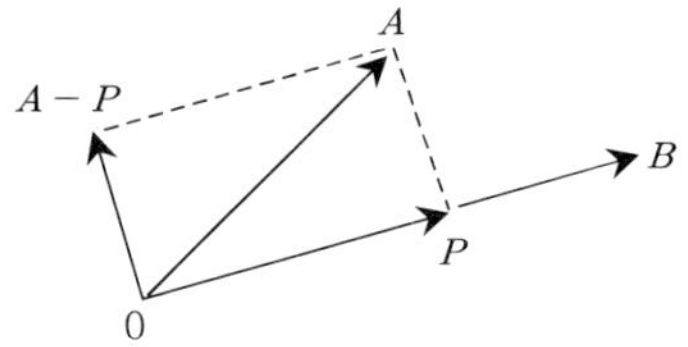

▮ 그림 5-10 ▮

이는 $A-P$가 B에 수직이고 P는 어떤 수 c에 대해서 $P=cB$ 모양으로 표시되는 벡터 ▮ 그림 5-1 ▮를 구하면 되는 것이다.

$(A-cB) \cdot B=0$을 만족하는 그와 같은 수 c를 구할 수 있다고 가정하자.

그러면 $A \cdot B=cB \cdot B$가 되고, 따라서

$$c = \frac{A \cdot B}{B \cdot B}$$

가 된다. 이와 같은 c는 수직조건으로부터 일의적一義的으로 결정된다.

역으로 만일 c가 위의 값을 갖는다고 하면,

$$(A - cB) \cdot B = A \cdot B - cB \cdot B = A \cdot B - A \cdot B = 0.$$

즉, 이러한 c의 값은 우리의 요구조건을 만족한다. 만일 c가 수

$$c = \frac{A \cdot B}{B \cdot B}$$

일 때, 벡터 cB를 "**B를 따라서의 A의 정사영**正射影, the projection of A along B"이라 정의하고, c를 "**B를 따라서의 A의 성분**成分, component of A along B"이라고 정의한다. 만일 B가 단위벡터이면 c는 간단히

$$c = A \cdot B$$

가 된다.

예 2 $A=(1, 2, 3)$, $B=(1, 1, -2)$라 하자. B를 따라서의 A의 성분은

$$c = \frac{A \cdot B}{B \cdot B} = \frac{-3}{6} = -\frac{1}{2}$$

이고, 따라서 B를 따라서의 A 의 정사영正射影은 벡터

$$cB = \left(-\frac{1}{2}, -\frac{1}{2}, 1\right)$$

이다. 이제 평면에서 내적에 대한 기하학적 의미幾何學的 意味를 주기로 하자. 평면기하학平面幾何學으로부터

$$\cos\theta = \frac{c\|B\|}{\|A\|}$$

임을 알 수 있고, 위에서 얻어진 c 의 값을 대입하면 식

$$A \cdot B = \|A\| \, \|B\| \cos\theta \qquad (*)$$

를 얻는다. 경우에 따라서는 (*)을 두 벡터 A, B의 내적의 정의를 삼기도 한다.

[정리 1]로부터 n 차원공간에 있는 두 벡터 A, B에 대해서 수

$$\frac{A \cdot B}{\|A\| \, \|B\|}$$

는 절대값이 ≤ 1이다. 따라서

$$-1 \leq \frac{A \cdot B}{\|A\| \, \|B\|} \leq 1$$

이고, $0 \leq \theta \leq \pi$인

$$\cos\theta = \frac{A \cdot B}{\|A\| \, \|B\|}$$

를 만족하는 일의적一義的인 각 θ가 존재한다. 이 각을 A와 B 사이의 각이라고 정의한다.

예 3 $A=(1, 2, -2)$, $B=(2, 1, 1)$이라 하자. A와 B 사이의 각 θ의 cosine을 구하라.

정의에 의하여 $\cos\theta = \dfrac{A \cdot B}{\|A\| \, \|B\|} = \dfrac{2}{\sqrt{9}\,\sqrt{6}} = \dfrac{\sqrt{6}}{9}$.

연습문제

1. 적분에 의하여, 주어진 구간 $[-\pi, \pi]$에서 내적内積에 관한 함수 $\sin x$와 $\cos x$의 노름을 구하라.

2. 구간 $[-\pi, \pi]$ 위에서 상수함수 1의 노름을 구하라.

3. 구간 $[-1, 1]$ 위에서 상수함수 1의 노름을 구하라.

4. $A_1, \cdots, A_r$을 서로 수직인 영이 아닌 벡터들이라고 하자. 즉, $i \neq j$이면 $A_i \cdot A_j = 0$이라고 하자. $c_1, \cdots, c_r$을 $c_1 A_1 + \cdots + c_r A_r = 0$을 만족하는 수라고 하자. 그러면 모든 $c_i = 0$임을 증명하라.

5. A, B를 n차원 공간에서 영이 아닌 벡터라고 하고, θ를 그들 사이의 각이라고 하자. 만일 $\cos\theta = 1$이면, A와 B는 같은 방향임을 설명하라.
   만일 $\cos\theta = -1$이면, A와 B는 반대성분이 됨을 증명하라.
   (힌트: 만일 C가 B를 따라서의 A의 정사영이면, $(A - cD)^2 = 0$을 증명하라.)

6. 만일 A, B가 n차원 공간에서의 두 벡터이면, $d(A, B)$를 A와 B사이의 거리로 나타내자. 즉, $d(A, B) = \|A - B\|$. $d(A, B) = d(B, A)$임을 증명하고, 임의의 벡터 A, B, C에 대하여 $d(A, B) \leq d(A, C) + d(B, C)$임을 증명하라.

7. θ를 A와 B 사이의 각이면,
$$\|A + B\|^2 = \|A\|^2 + \|B\|^2 - 2\|A\|\|B\|\cos\theta$$
   임을 증명하라.

5.5 직선直線과 평면平面

벡터 U의 방향으로 점 P를 지나는 직선의 매개방정식媒介方程式은

$$X = P + tU$$

이다.

여기서 t는 실수이다([그림 5-11]). 평면平面에서 점 X의 좌표座標를 (x, y)로 표시하고 $P=(p, q)$, $U=(c, d)$라 하자. 그러면

$$x = p + tc,\ y = q + td$$

이고, t 를 소거消去하면 방정식

$$y - q = \frac{d}{c}(x - p)$$

를 얻는다.

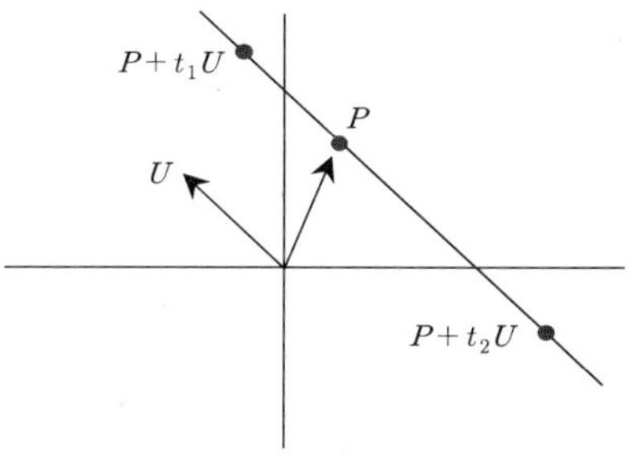

▮ 그림 5-11 ▮

예를 들면, $P=(3, 2)$, $U=(-1, 4)$라 하자. U의 방향으로 P를 지나는 직선의 방정식은

$$x = 3 - t,\ y = 2 + 4t$$

이고, t를 소거하면

$$4x + y = 14$$

가 된다.

P를 한 점이라 하고, 위치位置벡터 $\overrightarrow{ON}$을 생각하자. 이제 P를 지나고 P에 수직인

초평면超平面, hyperplane은 위치位置벡터 PX가 $\overrightarrow{ON}$에 수직인 모든 점 X의 집합集合으로 정의한다. 이 정의로부터

$$(X-P)\cdot N=0 \text{ 이 되고,}$$

$$X\cdot N=P\cdot N \text{ 이 된다.}$$

이 초평면超平面은 N에 수직인 평면이고, $X-P$는 N에 수직인 모든 벡터 X로 구성된다. 3차원에서는 다음 [그림 5-12]로 그려진다. "N이 그 평면平面에 수직이다" 라는 말 대신에 "N은 그 평면平面에 대한 법선"이라고도 말한다. t를 0이 아닌 수라 할 때

$(X-P)\cdot N=0$인 모든 점 X의 집합은

$(X-P)\cdot tN=0$인 모든 점 X의 집합과도 일치한다.

따라서 이 평면은 P를 지나고 N의 방향의 직선에 수직인 평면이라고 할 수 있을 것이다. 그러므로 이 평면의 방정식을 구하려면 N 대신에 임의의 벡터 tN $(t\neq 0)$을 사용할 수 있다. 3차원 공간에서는 보통 평면을 얻는다.

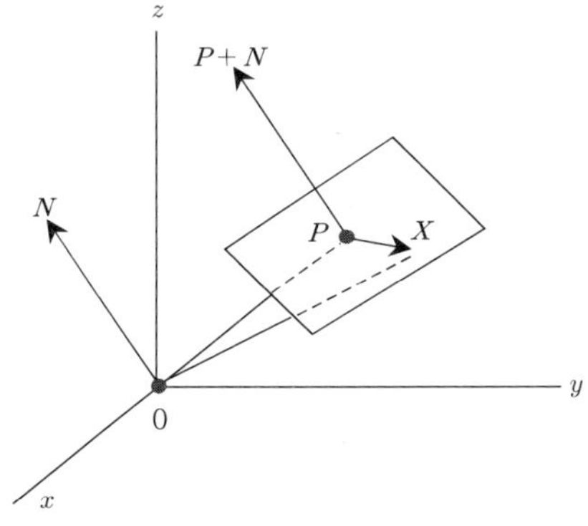

▮ 그림 5-12 ▮

예를 들면, $P=(2,1,-1)$이고 $N=(-1,1,3)$이라 하자. P를 지나고 N에 수직인 평면의 방정식은

$$-x+y+3z=-2+1-3,$$

즉, $-x+y+3z=-4$이다. $X=(x,y)$인 2차원 공간에서는 직선의 방정식이 유도된다.

두 벡터 A, B가 $cA=B$인 수 $c\neq 0$가 존재하면, 그 두 벡터는 평행하다고 말한다. 두 직선은 만일 한 직선 위의 두 점 P_1, Q_1과 다른 직선 위의 두 점 P_2, Q_2에 대해서 P_1-Q_1과 P_2-Q_2가 평행이면, 그 두 직선은 평행하다고 말한다.

두 평면이 만일 그들의 법선法線벡터가 평행平行하다고 하면 그 두 평면은 평행하다고 말하고 만일 그들 법선法線벡터가 수직이면, 그 두 평면은 수직이라고 말한다. 두 평면 사이의 각은 그들 평면의 법선벡터들 사이의 각으로 정의된다.

예 4 두 평면

$$2x+y+3z=0,$$
$$x-2y-z=1$$

사이의 각의 cosine값을 구하라. 이 각의 cosine값은 두 벡터 $A=(2,1,3)$, $B=(1,-2,-1)$ 사이의 각의 cosine값이다. 따라서

$$\frac{A\cdot B}{\|A\|\,\|B\|}=\frac{2-2-3}{\sqrt{14}\,\sqrt{6}}=-\frac{3}{2\sqrt{21}}$$

이다.

예 5 세 점 $P_1=(1,1,-1)$, $P_2=(-1,-1,1)$, $P_3=(1,-1,2)$를 지나는 평면平面의 방정식方程式을 구하라.

두 벡터 $\overrightarrow{P_1P_2}$와 $\overrightarrow{P_1P_3}$에 수직인 벡터 N을 구하라.

즉, P_2-P_1과 P_3-P_1에 수직인 벡터 N을 구하자. $P_2-P_1=(-2,-2,2)$, $P_3-P_1=(0,-2,3)$이 되고 $N=(a,b,c)$라 하자. P_2-P_1은 N에 수직이므로

$$-2a-2b+2c=0$$

이 되고, P_3-P_1는 N에 수직이므로

$$-2b+3c=0$$

이 된다. 둘째 식에서 $b=\frac{3}{2}c$가 되고, $c=2$로 두면 $b=3$이다. 따라서

$$a=\frac{1}{2}(-2b+2c)=\frac{1}{2}(-6+4)=-1$$

이 된다. 그러므로 구하는 평면平面의 법선法線 벡터는

$$N = (-1, 3, 2)$$

이고, 따라서 N에 수직이며 P를 지나는 평면이 구하는 평면이다. 이 방정식은

$$-x + 3y + 2z = -1 + 3 - 2,$$

즉,

$$x - 3y - 2z = 0$$

이 된다.

예 6 $Q = (1, 1, 1)$, $P = (1, -1, 2)$라 하고 $N = (1, 2, 3)$이라고 하자. N의 방향으로 P를 지나는 직선과 N에 수직이고 Q를 지나는 평면平面과의 교점을 구하라.

풀이 N의 방향으로 P를 지나는 직선의 매개방정식은 $X = P + tN$이고 N에 수직인 Q를 지나는 평면의 방정식은 $(X - Q) \cdot N = 0$이다.

첫 번째와 두 번째 식에서

$$(P + tN - Q) \cdot N = 0$$

이고, 따라서

$$(P - Q) \cdot N + tN \cdot N = 0$$

이고, t 에 관해서 풀면,

$$t = \frac{(Q - P) \cdot N}{N \cdot N} = \frac{1}{14}.$$

구하는 교점은

$$P + tN = (1, -1, 2) + \frac{1}{14}(1, 2, 3) = \left(\frac{15}{14}, -\frac{12}{14}, \frac{31}{14}\right)$$

이다.

연습문제

※ 다음 점들을 지나는 직선의 매개방정식을 구하라.

1. $(1, 1, -1)$과 $(-2, 1, 3)$

2. $(-1, 5, 2)$과 $(3, -4, 1)$

2차원 공간에서 A에 수직이고 P를 지나는 직선의 방정식을 다음의 A와 P의 값에 대해서 구하라.

3. $A=(1, -1)$, $P=(-5, 3)$

4. $A=(-5, 4)$, $P=(3, 2)$

5. 다음 주어진 벡터 N에 수직이고 주어진 점 P를 지나는 평면의 방정식을 구하라.
   ❶ $N=(1, -1, 3)$, $P=(4, 2, -1)$
   ❷ $N=(-3, -2, 4)$, $P=(2, 1, 5)$
   ❸ $N=(0, -1, 5)$, $P=(2, 1, 3)$

6. 다음 세 점을 지나는 평면의 방정식을 구하라.
   ❶ $(2, 1, 1)$, $(3, 1, -1)$, $(4, 1, -1)$
   ❷ $(-2, 3, 1)$, $(2, 2, 3)$, $(1, 1, 1)$

7. $(1, 2, -3)$과 $(2, -1, 3)$에 수직인 한 벡터 $(-1, 3, 2)$와 $(2, 1, 1)$에 수직인 다른 벡터를 구하라.

8. P를 점 $(1, 2, 3, 4)$라 하고 Q를 $(4, 3, 2, 1)$이라 하자. A를 벡터 $(1, 1, 1, 1)$이라 하자. L을 P를 지나고 A에 수직인 직선이라고 하자.
   ❶ 직선 L 위의 점 X를 주어서 L와 Q사이의 거리(매개변수 t의 함수로써)를 계산하라.
   ❷ 이 거리가 최소가 되는(이 최솟값은 $2\sqrt{5}$임) 그 직선 위에 꼭 한 점 X_0가 존재

함을 증명하라.

❸ $X_0 - Q$는 이 직선에 수직임을 증명하라.

※ 다음 두 평면의 교선에 평행한 벡터를 구하라.

9. $\begin{cases} 2x - y + z = 1 \\ 3x + y + z = 2 \end{cases}$

10. [문제 9]의 평면의 교선에 대한 매개방정식을 구하라.

11. 다음 평면 사이의 각의 cosine값을 구하라.

❶ $\begin{cases} x + y + z = 1 \\ x - y - z = 5 \end{cases}$

❷ $\begin{cases} 2x + 3y - z = 1 \\ x - y + z = 1 \end{cases}$

12. $P=(1, 3, 5)$, $A=(-2, 1, 1)$이라 하자. A의 방향으로 P를 지나는 직선과 평면 $2x+3y-z=1$과의 교점을 구하라.

13. $Q=(1, -1, 2)$, $P=(1, 3, -2)$, $N=(1, 2, 2)$라 하자. N의 방향으로 P를 지나는 직선과 N에 수직인 Q를 지나는 평면과의 교점을 구하라.

14. 3차원공간에서 P와 Q를 두 점이라 하고, N을 벡터라 하자. P'를 N의 방향으로 P를 지나는 직선과 N에 수직인 Q를 지나는 평면과의 교점이라 하자. P로부터 그 평면까지의 거리는 두 점 N와 P' 사이의 거리로 정의한다.
$P=(1,3,5)$, $Q=(-1,1,7)$, $N=(-1,1,-1)$일 때 거리를 구하라.

15. [문제 14]로부터 거리의 일반적인 공식은

$$\frac{|(Q - P) \cdot N|}{\|N\|}$$

으로 주어짐을 증명하라.

16. 다음 주어진 점과 평면 사이의 거리를 구하라.

❶ $(1, 1, 2)$와 $3x+y-5z=2$

❷ $(-1, 3, 2)$와 $2x-y+z=1$

17. $P=(1, 3, -1)$, $Q=(-4, 5, 2)$라 하자. 다음 점들의 좌표를 결정하라.

❶ P와 Q 사이의 중점

❷ P로부터 Q까지의 선분 위의 $\frac{1}{3}$ 되는 점, $\frac{2}{3}$ 되는 점

5.6 외적外積

이 절은 3차원 공간3次元 空間에서만 적용된다.

$A=(a_1, a_2, a_3)$, $B=(b_1, b_2, b_3)$를 3차원 공간에서의 두 벡터라 하자. A와 B의 외적外積, outer product, cross product은

$$A \times B = (a_2 b_3 - a_3 b_2, a_3 b_1 - a_1 b_3, a_1 b_2 - a_2 b_1)$$

으로 정의한다.

예를 들면, $A=(2, 3, -1)$, $B=(-1, 1, 5)$이면 $A \times B=(16, -9, 5)$가 된다.

외적外積의 다음 성질들은 문제에서 다룬다.

cp 1. $A \times B = -(B \times A)$,

cp 2. $A \times (B+C) = (A \times B) + (A \times C)$,

$(B+C) \times A = (B \times A) + (C \times A)$,

cp 3. 임의의 수 a에 대해서

$(aA) \times B = a(A \times B) = A \times (aB)$,

cp 4. $(A \times B) \times C = (A \cdot C)B - (B \cdot C)A$,

cp 5. $A \times B$는 A와 B에 수직이다.

예를 들면, 이 계산은

$$A \cdot (A \times B) = a_1(a_2b_3 - a_3b_2) + a_2(a_3b_1 - b_1b_3) + a_3(a_1b_2 - a_2b_1) = 0$$

이므로 $A \times B$는 A에 수직이다. 같은 방법으로 $B \cdot (A \times B) = 0$이다.

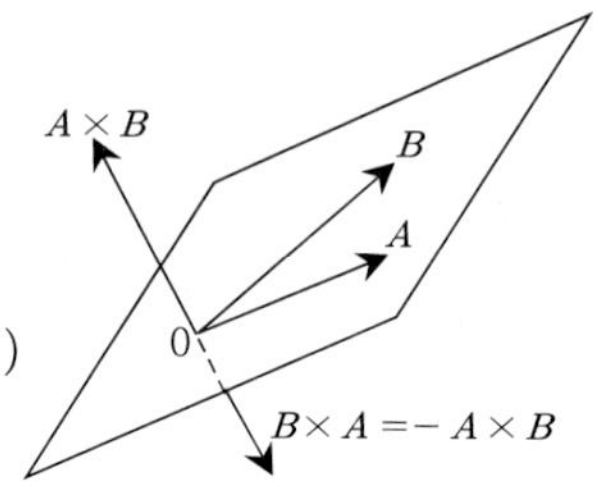

▮그림 5-13▮

이 수직성을 도시하면 다음 [그림 5-13]과 같다.

벡터 $A \times B$를 A와 B에 의해서 이루어지는 평면이 수직이고 $B \times A$에 관해서도 같다. 그러나 A는 반대방향을 가리킨다.

cp 6. $(A \times B)^2 = (A \cdot A)(B \cdot B) - (A \cdot B)^2$.

이 증명은 좌표座標를 써서 직접 계산된다. 즉,

$$(A \times B) \cdot (A \times B) = (a_2b_3 - a_3b_2)^2 + (a_3b_1 - a_1b_3)^2 + (a_1b_2 - a_2b_1)^2,$$

$$(A \cdot A)(B \cdot B) - (A \cdot B)^2 = ({a_1}^2 + {a_2}^2 + {a_3}^2)({b_1}^2 + {b_2}^2 + {b_3}^2) - (a_1b_1 + a_2b_2 + a_3b_3)^2.$$

두 식을 전개하면, cp 6과 같다.

내적內積의 정의와 길이의 정의로부터 cp 6은 다음과 같은 형으로 고쳐서 표시할 수 있다.

$$\|A \times B\|^2 = \|A\|^2 \|B\|^2 - \|A\|^2 \|B\|^2 \cos^2\theta,$$

여기서 θ는 A와 B사이의 각이다.

따라서

$$\|A \times B\|^2 = \|A\|^2 \|B\|^2 \sin^2\theta,$$

또는

$$\|A \times B\| = \|A\| \|B\| |\sin\theta|$$

이 된다.

연습문제

다음 벡터들에 대해서 $A \times B$를 구하라.

1. $A=(1, 1, -3)$, $B=(-1, -2, -3)$

2. $A=(1, -1, 1)$, $B=(-2, 3, 1)$

3. [문제 1, 2]에서 $A \times A$, $B \times B$도 구하라.

4. $E_1=(1, 0, 0)$, $E_2=(0, 1, 0)$, $E_3=(0, 0, 1)$이라 할 때, $E_1 \times E_2$, $E_2 \times E_3$, $E_3 \times E_1$을 각각 구하라.

5. 3차원 공간에 있는 임의의 벡터 A에 대해서 $A \times A = 0$ 임을 증명하라.

6. 문제 4에서, $E_1 \times (E_2 \times E_1)$, $(E_1 \times E_2) \times E_2$를 계산하라.

7. cp 1, cp 2, cp 3, cp 4를 각각 증명하라.

8. 두 평면

$$\begin{cases} x+y+z=1 \\ x-y-z=5 \end{cases}$$

에서 두 평면이 이루는 각의 sine 값을 구하라.

■ 제 6 장 ■

편도함수

偏導函數

제6장 편도함수偏導函數

6.1 극한極限과 연속連續, 편도함수偏導函數

$D \subset \mathbb{R}^2$일 때 함수 $f: D \to \mathbb{R}$을 정의역이 D인 이변수함수二變數函數라고 부르며, 점 $(x, y) \in D$에 있어서의 함수 f의 값을 $f(x, y)$로 나타내며 $z = f(x, y)$라 둔다. 같은 방법으로 $D \subset \mathbb{R}^n$일 때 함수 $f: D \to \mathbb{R}$을 정의역이 D인 n변수함수n變數函數라고 부른다.

정의 1

임의의 $\epsilon > 0$에 대해서 적당한 $\delta > 0$이 존재하여

$$| f(x, y) - L | < \epsilon$$

을 만족하면 "(x, y)가 (a, b)에 가까이 갈 때 f의 극한값은 L이다" 라고 말하고,

$$f(x, y) \to L \ ((x, y) \to (a, b) \text{일 때}), \quad \lim_{(x, y) \to (a, b)} f(x, y) = L$$

등과 같이 나타낸다.

단, $|x - a| < \delta$, $|y - b| < \delta$이고, $(x, y) \neq (a, b)$이다.

정의 2

함수 $f: D \to \mathbb{R}$ 이 (a,b)에서 연속連續일 필요충분조건必要充分條件은

❶ $f(a, b)$가 정의되고,

❷ $\displaystyle\lim_{(x,y)\to(a,b)} f(x, y) = f(a, b)$.

n 변수함수n變數函數의 극한極限과 연속連續도 같은 방법으로 정의한다.

정의 3

이변수함수二變數函數 f의 편도함수偏導函數를 다음과 같이 정의한다.

$$f_x(x, y) = \lim_{h\to 0} \frac{f(x+h, y) - f(x, y)}{h} \quad (y\text{값 고정}),$$

$$f_y(x, y) = \lim_{h\to 0} \frac{f(x, y+h) - f(x, y)}{h} \quad (x\text{값 고정}).$$

n 변수함수n變數函數의 편도함수偏導函數도 같은 방법으로 정의한다.

예 1 함수 $f(x, y) = x^3 + 7x^2y + 8y^3 + 3x - 2y$에 대해 f_x, f_y를 구하라.

풀이 y를 고정하고, x에 대해 미분하면

$$f_x(x, y) = 3x^2 + 14xy + 3.$$

같은 방법으로 x를 고정하면,

$$f_y(x, y) = 7x^2 + 24y^2 - 2.$$

예 2 함수 $f(x, y, z) = x^3 + y^3 + z^3 + 3xyz$에 대해 $f_x(x, y, z)$, $f_y(x, y, z)$, $f_z(x, y, z)$을 구하라.

풀이 $f_x(x, y, z) = 3x^2 + 3yz$,

$f_y(x, y, z) = 3y^2 + 3xz$,

$$f_z(x, y, z) = 3z^2 + 3xy.$$

이변수함수二變數函數 $f(x, y)$의 x에 관한 편도함수偏導函數 $f_x(x, y)$의 또 다른 표현으로는

$$\frac{\partial f}{\partial x},\ f_1(x, y),\ \frac{\partial z}{\partial x}$$

등이 있다.

예 3 함수 $z = x\tan^{-1}\left(\frac{y}{x}\right)$에 대해 $\frac{\partial z}{\partial x}$, $\frac{\partial z}{\partial y}$를 구하라.

풀이

$$\frac{\partial z}{\partial x} = x\frac{-\left(\frac{y}{x^2}\right)}{1+\left(\frac{y^2}{x^2}\right)} + \tan^{-1}\left(\frac{y}{x}\right) = \tan^{-1}\left(\frac{y}{x}\right) - \frac{xy}{x^2+y^2},$$

$$\frac{\partial z}{\partial y} = x\frac{\frac{1}{x}}{1+\left(\frac{y^2}{x^2}\right)} = \frac{x}{x^2+y^2}.$$

예 4 함수 $f(x, y) = x^2 - 3xy + 2x - 3y + 5$에서 $f_1(2, 3)$을 구하라.

풀이 $f_1(x, y) = 2x - 3y + 2$이므로 $f_1(2, 3) = -3$.

연습문제

1. 다음과 같은 함수 f의 편도함수 f_x, f_y를 구하라.

   ❶ $f(x, y) = \sqrt{x^2+1} + y^3$ ❷ $f(x, y) = \sqrt{x^2+y^2}$

   ❸ $f(x, y) = \ln\sqrt{x^2+3y}$ ❹ $f(x, y) = \sin(xy-1)$

2. $z = \ln\left(\frac{y}{x}\right)$이면 $x\frac{\partial z}{\partial x} + y\frac{\partial z}{\partial y} = 0$임을 밝혀라.

3. 다음 함수 f, g 는 $(0,0)$에서 연속連續이 아님을 보여라.

$$f(x, y)=\begin{cases} \dfrac{xy}{x^2+y^2} & (x, y) \neq (0,0) \\ 0 & (x, y)=(0,0) \end{cases},$$

$$g(x, y)=\begin{cases} \dfrac{x^2-y^2}{x^2+y^2} & (x, y) \neq (0,0) \\ 0 & x=y=0 \end{cases}.$$

4. 함수

$$f(x, y)=\begin{cases} \dfrac{x^2 y^2}{x^2+y^2} & (x, y) \neq (0,0) \\ 0 & (x, y)=(0,0) \end{cases}$$

는 $(0,0)$에서 연속임을 보여라(힌트: $\dfrac{x^2 y^2}{x^2+y^2} \leq x2$).

5. 함수 $f(x, y)=\sqrt{|x|}\ \sqrt{|y|}$은 연속連續이나, f_x와 f_y는 $(0,0)$에서 연속連續이 아님을 밝혀라.

6. 주어진 함수

$$g(x, y)=\begin{cases} \dfrac{xy}{x^2+y^2} & (x, y) \neq (0,0) \\ 0 & x=y=0 \end{cases}$$

는 $x=y=0$에서 g_x 와 g_y 가 존재함을 보여라. 문제 3의 결과를 사용하여 함수가 한 점에서는 편도함수는 갖지만 그 점에서 연속은 아님을 결론지어라.

6.2 연쇄법칙連鎖法則, Chain rule

정리 1 F가 u에서 도함수 $F'(u)$를 갖는다고 하자. 함수 $G(h)$를 다음과 같이 정의하자.

$$G(h) = \begin{cases} \dfrac{F(u+h)-F(u)}{h} - F'(u) & h \neq 0 \\ 0 & h = 0 \end{cases}.$$

그러면

❶ G는 $h=0$에서 연속連續이고,

❷ $F(u+h)-F(u) = [\, F'(u) + G(h)\,]\, h$ ①

가 성립한다.

증명 도함수의 정의에서

$$\lim_{h\to 0}\left[\frac{F(u+h)-F(u)}{h} - F'(u) \right] = 0.$$

따라서 $h \to 0$이면 $G(h) \to 0$이다. 그러므로 G는 0에서 연속이다. 즉, ❶이 성립한다. ❷를 증명하기 위해 $h \neq 0$이라고 하면 식 ①은 G의 정의의 다른 표현이다. $h=0$이며 ❷의 양변은 모두 0이다.

정리 2 f가 두 변수 x, y의 연속함수이고 f_x와 f_y가 (x_0, y_0)에서 연속이라고 하자. 그러면 두 함수 $G_1(h, k)$와 $G_2(h, k)$는 $(0, 0)$에서 $G_1(0, 0) = G_2(0, 0) = 0$이면서 연속이고 다음 식은 만족한다.

$$f(x_0+h, y_0+k) - f(x_0, y_0)$$
$$= f_x(x_0, y_0)h + f_y(x_0, y_0)k + G_1(h, k)h + G_2(h, k)k. \quad ②$$

증명 식 ②의 좌변을 다음과 같이 나타내고, 평균치정리平均値定理를 적용하자.

$$f(x_0+h, y_0+k) - f(x_0, y_0) = [f(x_0+h, y_0+k) - f(x_0+h, y_0)]$$
$$+ [f(x_0+h, y_0) - f(x_0, y_0)]. \quad ③$$

그러면 식 ③의 우변의 각 부분은 다음과 같다([그림 4-1 참조]).

$$f(x_0+h, y_0+k)-f(x_0+h, y_0)=f_y(x_0+h, \eta)[(y_0+k)-y_0], \quad ④$$

$$f(x_0+h, y_0)-f(x_0, y_0)=f_x(\xi, y_0)[(x_0+h)-x_0]. \quad ⑤$$

여기서 $\eta \epsilon (y_0, y_0+k)$, $\xi \epsilon (x_0, x_0+h)$이다. ④와 ⑤를 ③의 우변에 대입하면,

$$f(x_0+h, y_0+k)-f(x_0, y_0)=f_x(\xi, y_0)h+f_y(x_0+h, \eta)k. \quad ⑥$$

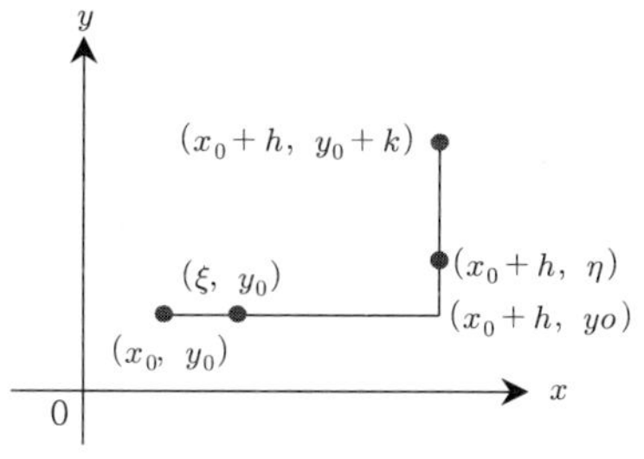

▮ 그림 6-1 ▮

G_1과 G_2를 다음과 같이 정의하자.

$$G_1=f_x(\xi, y_0)-f_x(x_0, y_0),$$

$$G_2=f_y(x_0+h, \eta)-f_y(x_0, y_0).$$

G_1에 h를 곱하고, G_2에 k를 곱하여 정리한 뒤 ⑥식의 우변에 대입하면 ②식을 얻는다. 그리고 $h \to 0$이면 $\xi \to x_0$이고, $k \to 0$이면 $\eta \to y_0$이므로, h와 k가 0에 가까이 가면 G_1과 G_2는 0에 가까이 간다(f_x와 f_y가 연속이므로). 따라서 $G_1(0,0)=G_2(0,0)=0$으로 정의하면 G_1, G_2는 $(0,0)$에서 연속이다.

정리 3 (연쇄법칙)

함수 $z=f x, y)$가 연속이고 f_x, f_y가 연속이라고 하자. 또 $x=x(r, s)$와 $y=y(r, s)$는 r과 s의 함수이고 $\frac{\partial x}{\partial r}$, $\frac{\partial x}{\partial s}$, $\frac{\partial y}{\partial r}$, $\frac{\partial y}{\partial s}$가 모두 존재한다고 하자.

그러면 z는 r과 s의 함수이고 다음 식이 성립한다.

$$\begin{cases} \dfrac{\partial z}{\partial r} = \left(\dfrac{\partial f}{\partial x}\right)\left(\dfrac{\partial x}{\partial r}\right) + \left(\dfrac{\partial f}{\partial y}\right)\left(\dfrac{\partial y}{\partial r}\right) \\ \dfrac{\partial z}{\partial s} = \left(\dfrac{\partial f}{\partial x}\right)\left(\dfrac{\partial x}{\partial s}\right) + \left(\dfrac{\partial f}{\partial y}\right)\left(\dfrac{\partial y}{\partial s}\right) \end{cases} . \qquad ⑦$$

증명 ⑦의 첫 번째 식만 증명하자. 둘째 식은 같은 방법이다. Δ기호를 사용하자. 즉,

$$\Delta x = x(r + \Delta r, s) - x(r, s),$$

$$\Delta y = y(r + \Delta r, s) - y(r, s).$$

함수 z 는 편도함수

$$\frac{\partial z}{\partial r} = \lim_{\Delta r \to 0} \frac{\Delta z}{\Delta r}$$

를 갖는다. 여기서 Δz는 다음과 같이 주어진다. 즉,

$$\Delta z = f(x + \Delta x, y + \Delta y) - f(x, y).$$

[정리 2]에 의해 $h = \Delta x$, $k = \Delta y$라 두면

$$\Delta z = \frac{\partial f}{\partial x}\Delta x + \frac{\partial f}{\partial y}\Delta y + G_1 \Delta x + G_2 \Delta y .$$

여기서 $\dfrac{\partial f}{\partial x} = f_x(x, y)$이고 $\dfrac{\partial f}{\partial y} = f_y(x, y)$임을 나타낸다. Δz에 대한 위 식을 Δr로 나누면,

$$\frac{\Delta z}{\Delta r} = \frac{\partial f}{\partial x}\frac{\Delta x}{\Delta r} + \frac{\partial f}{\partial y}\frac{\Delta y}{\Delta r} + G_1\frac{\Delta x}{\Delta r} + B_2\frac{\Delta y}{\Delta r},$$

$\Delta r \to 0$이고, $G_1 \to 0$, $G_2 \to 0$를 생각하면 ⑦식의 첫 번째 식을 얻는다.

예 1 $z = x^3 + y^3$, $x = 2r + s$, $y = 3r - 2s$라고 하자. $\dfrac{\partial z}{\partial r}$과 $\dfrac{\partial z}{\partial s}$를 구하라.

풀이 연쇄법칙을 적용하자.

$$\frac{\partial z}{\partial x} = 3x^2,\ \frac{\partial z}{\partial y} = 3y^2,\ \frac{\partial x}{\partial r} = 2,\ \frac{\partial x}{\partial s} = 1,\ \frac{\partial y}{\partial r} = 3,\ \frac{\partial y}{\partial s} = -2.$$

따라서

$$\frac{\partial z}{\partial r} = (3x^2)(2) + (3y^2)(3) = 6x^2 + 9y^2 = 6(2r + s)^2 + 9(3r - 2s)^2,$$

$$\frac{\partial z}{\partial s} = (3^2 x)(1) + (3y^2)(-2) = 3x^2 - 6y^2 = 3(2r+s)^2 - 6(3r-2s)^2.$$

예 2 주어진 함수 $w = f(x, y, z) = x^2 + 3y^2 - 2z^2 + 4x - y + 3z - 1$, $x = t^2 - 2t + 1$, $y = 3t - 2$, $z = t^2 + 4t - 3$에서 $t = 2$일 때 $\frac{dw}{dt}$를 구하라.

풀이 연쇄법칙을 적용하면

$$\frac{\partial f}{\partial x} = 2x + 4, \quad \frac{\partial f}{\partial y} = 6y - 1, \quad \frac{\partial f}{\partial z = -4z + 3},$$

$$\frac{dx}{dt} = 2t - 2, \quad \frac{dy}{dt} = 3, \quad \frac{dz}{dt} = 2t + 4.$$

따라서

$$\frac{dw}{dt} = (2x+4)(2t-2) + (6y-1)(3) + (-4z+3)(2t+4).$$

$t = 2$이면 $x = 1$, $y = 4$, $z = 9$이므로

$$\frac{dw}{dt} = (6)(2) + (23)(3) + (-33)(8) = -183.$$

연습문제

연쇄법칙을 사용하여 다음 편도함수를 구하라.

1. $z = f(x, y) = x^2 + y^2$; $x = s - 2t$, $y = s + 2t$; $\frac{\partial z}{\partial s}$, $\frac{\partial z}{\partial t}$

2. $z = f(x, y) = x^2 + y^2$; $x = s^2 - t^2$, $y = 2st$; $\frac{\partial z}{\partial s}$, $\frac{\partial z}{\partial t}$

3. $w = f(x, y, z) = x^2 - y^2 + 2z^2$;

   $x = r^2 + 1$, $y = r^2 - 2r + 1$, $z = r^2 - 2$; $\frac{dw}{dr}$

4. $w = f(u) = u^3 + 2u^2 - 3u + 1$; $u = r^2 - s^2 + t^2$; $\frac{\partial w}{\partial r}$, $\frac{\partial w}{\partial s}$, $\frac{\partial w}{\partial t}$

6.3 방향도함수方向導函數와 구배句配, gradient

x와 y에 관한 편도함수는 각각 x방향, y방향으로의 도함수로 생각할 수 있다.

이제 임의의 방향으로의 도함수는 어떻게 정의할 것인지 알아보자. [그림 6-2]와 같이 임의의 방향方向을 단위벡터 a로 주어졌다고 하자. 즉,

$$a = \lambda i + \mu j.$$

여기서 $\lambda = \cos\theta$, $\mu = \sin\theta$, 그리고 i, j는 각각 x축 방향, y축 방향의 단위벡터이다.

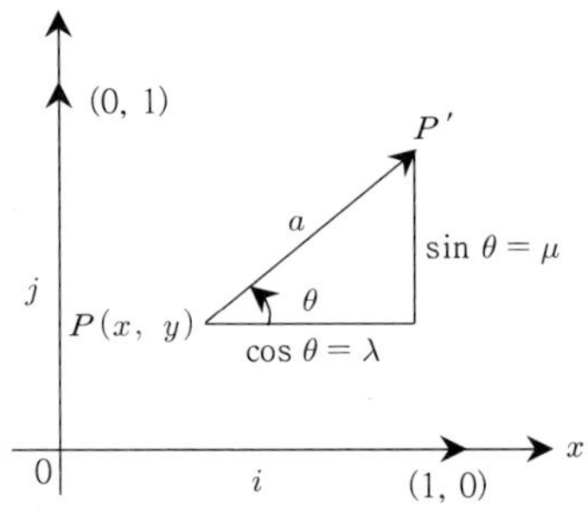

▮ 그림 6-2 ▮

정의 1

f를 2변수함수라 하자. f의 a방향으로의 방향도함수方向導函數 $D_a f$를 극한값이 존재할 때 다음과 같이 정의한다.

$$D_a f(x, y) = \lim_{h \to 0} \frac{f(x + \lambda h, y + \mu h) - f(x, y)}{h}.$$

주의 $\theta = 0$일 때, 즉 $\lambda = 1$, $\mu = 0$이면 방향은 x축의 양의 방향이고 방향도함수方向導函數는 f_x이다. 같은 방법으로 $\theta = \frac{\pi}{2}$이면, 즉 $\lambda = 0$, $\mu = 1$이면 방향은 y축의 양의 방향이고, 방향도함수方向導函數는 f_y이다.

정리 1 함수 $f(x, y)$와 그 편도함수가 연속이고 방향方向 $a=(\cos\theta)i+(\sin\theta)j$이면

$$D_a f(x, y) = f_x(x, y)\cos\theta + f_y(x, y)\sin\theta$$

이다. 단, θ는 방향方向 a가 양의 x축과 이루는 각이다.

증명 함수 $g(s)$를 다음과 같이 정의하자.

$$g(s) = f(x + s\cos\theta, y + s\sin\theta),$$

여기서 x,, y, θ를 고정시키고 s만 변화하게 하자. 연쇄법칙에 의해

$$g'(s) = f_x(x + s\cos\theta, y + s\sin\theta)\cos\theta + f_y(x + s\cos\theta, y + s\sin\theta)\sin\theta$$

이므로

$$g'(0) = f_x(x, y)\cos\theta + f_y(x, y)\sin\theta,$$

정의에 의해

$$g'(0) = \lim_{s\to 0}\frac{g(s)-g(0)}{s-0} = \lim_{s\to 0}\frac{f(x+s\cos\theta, y+s\sin\theta)-f(x, y)}{s}.$$

즉 $g'(0) = D_a f(x, y)$이다.

예 1 주어진 함수 $f(x, y)=x^2+2y^2-3x+2y$에서, $\theta=\frac{\pi}{6}$ 방향方向으로 방향도함수方向導函數를 구하라. 또 점 $(2, -1)$에서의 방향도함수方向導函數의 값을 구하라.

풀이 $\frac{\partial f}{\partial x}=2x-3$, $\frac{\partial f}{\partial y}=4y+2$이므로

$$D_a f = (2x-3)\frac{\sqrt{3}}{2} + (4y+2)\frac{1}{2}.$$

특히 $x=2$, $y=-1$이면 $D_a f = \frac{\sqrt{3}}{2}-1$.

주의 2변수 함수 f의 방향도함수方向導函數 $D_a f$를 가끔 $d_\theta f(x, y)$로 나타낸다.

예 2 함수 $f(x, y)=x^2-xy-y^2$의 점 $(2, -3)$에서의 방향도함수方向導函數 $d_\theta f(x, y)$를 구하라. $d_\theta f(2, -3)$이 최댓값을 갖는 θ의 값을 구하라.

풀이 $\frac{\partial f}{\partial x}=2x-y$, $\frac{\partial f}{\partial y}=-x-2y$이므로 점 $(2, -3)$에서

$d_\theta f(2, -3) = 7\cos\theta + 4\sin\theta$의 최댓값을 구하기 위해,

$k(\theta) = 7\cos\theta + 4\sin\theta$를 θ에 대해 미분하고 0으로 두면 다음과 같다.

$$k'(\theta) = -7\sin\theta + 4\cos\theta = 0,\ 즉\ \tan\theta = \frac{4}{7}.$$

따라서

$$\cos\theta = \pm\frac{7}{\sqrt{65}},\ \sin\theta = \pm\frac{4}{\sqrt{65}}$$

이므로 최댓값은 $\theta = \tan^{-1}\frac{4}{7}\ (0 < \theta < \frac{\pi}{2})$일 때이다.

3변수함수의 방향도함수는 2변수함수의 방향도함수로부터 자연스럽게 확장할 수 있다. 단위벡터 $a = \lambda i + \mu j + v k$를 생각하자. 여기서 $\lambda^2 + \mu^2 + v^2 = 1$이고, λ, μ, v를 각각 방향코사인이라고 한다.

정의 2

함수 $f(x, y, z)$의 a방향으로의 방향도함수方向導函數 $D_a f$를 극한값이 존재할 때 다음과 같이 정의한다.

$$D_a f(x, y, z) = \lim_{h \to 0} \frac{f(x + \lambda h, y + \mu h, z + \nu h) - f(x, y, z)}{h}.$$

다음 정리의 증명은 정리 1의 증명과 같은 방법이므로 생략한다.

정리 2 함수 $f(x, y, z)$와 그 편도함수偏導函數들이 연속이고

$$a = \lambda i + \mu j + v k$$

가 단위벡터이면

$$D_a f(x, y, z) = \lambda f_x(x, y, z) + \mu f_y(x, y, z) + \nu f_z(x, y, z).$$

예 3 점 $(1, 2, -1)$에서 함수 $f(x, y, z) = x^2 + y^2 + z^2 - 3xy + 2xz - yz$의 방향도함수方向導函數를 구하라.

풀이 $f_x(x, y, z) = 2x - 3y + 2z$; $f_y(x, y, z) = 2y - 3x - z$;

$f_z(x, y, z) = 2z + 2x - y$.

방향 a를 $a = \lambda i + \mu j + v k$라 두면

$$D_a f(1, 2, -1) = -6\lambda + 2\mu - 2v.$$

예 4 함수 $f(x, y, z) = x e^{yz} + y e^{xz} + z e^{xy}$에 대하여 점 $p(1, 0, 2)$에서 $p'(5, 3, 3)$ 방향으로의 방향도함수方向導函數 값을 구하라.

풀이 p에서 p'방향으로의 방향여현方向餘弦은 $\frac{4}{\sqrt{26}}, \frac{3}{\sqrt{26}}, \frac{1}{\sqrt{26}}$이므로 방향 a는 다음과 같다.

$$a = \frac{4}{\sqrt{26}} i + \frac{3}{\sqrt{26}} j + \frac{1}{\sqrt{26}} k.$$

$$f_x = e^{yz} + yze^{xz} + zye^{xy}; \quad f_x(1, 0, 2) = 1,$$

$$f_y = xze^{yz} + e^{xz} + xze^{xy}; \quad f_y(1, 0, 2) = 4 + e^2,$$

$$f_z = xye^{yz} + xye^{xz} + e^{xy}; \quad f_z(1, 0, 2) = 1.$$

그러므로

$$D_a f(1, 0, 2) = \frac{4}{\sqrt{26}} + (4 + e^2)\frac{3}{\sqrt{26}} + \frac{1}{\sqrt{26}} = \frac{17 + 3e^2}{\sqrt{26}}.$$

다음 정의에서와 같이 어떤 함수의 구배句配, gradient는 편도함수偏導函數를 성분으로 하는 벡터이다.

정의 3

ⓐ 함수 $f(x, y)$가 편도함수偏導函數를 가지면, f의 구배句配벡터는 다음과 같이 정의한다.

$$\text{grad}\, f(x, y) = f_x(x, y)\, i + f_y(x, y)\, j$$

ⓑ 함수 $g(x, y, z)$가 편도함수偏導函數를 가지면, g의 구배 벡터를

$$\text{grad}\, g(x, y, z) = g_x(x, y, z)\, i + g_y(x, y, z)\, j + g_z(x, y, z)\, k$$

로 정의한다.

주의 기호 ∇("델"이라고 읽는다)은 구배를 나타내는 일반적一般的인 기호이다. 즉 grad f 대신에 ∇f라고 쓰기도 한다.

만약 $a = \lambda i + \mu j + v k$가 단위벡터이면 f의 방향도함수方向導函數는 f의 구배벡터와 a의 내적으로 나타낼 수 있다. 즉,

$$D_a f = \lambda f_x + \mu f_y + v f_z = a \cdot \nabla f = \| a \| \| \nabla f \| \cos \phi,$$

여기서 ϕ는 두 벡터 a와 ∇f가 이루는 각이다. 위 식에서 $\phi = 0$일 때 $D_a f$는 최대이다. 즉, a가 grad f의 방향일 때이다.

예 5 함수 $f(x, y, z) = x^3 + 2y^3 + z^3 - 4xyz$의 점 $p(-1, 1, 2)$에서의 $D_a f$의 최댓값을 구하라.

풀이 $\dfrac{\partial f}{\partial x} = 3x^2 - 4yz$; $\dfrac{\partial f}{\partial y} = 6y^2 - 4xz$; $\dfrac{\partial f}{\partial z} = 3z^2 - 4xy$,

그러므로

$$\nabla f(-1, 1, 2) = -5i + 14j + 16k.$$

그리고 ∇f 방향(方向)의 단위벡터 a는

$$a = -\frac{5}{3\sqrt{53}}\, i + \frac{14}{3\sqrt{53}}\, j + \frac{16}{3\sqrt{53}}\, k.$$

$D_a f$의 최댓값은

$$D_a f = a \cdot \nabla f = -5\left(-\frac{5}{3\sqrt{53}}\right) + 14\left(\frac{14}{3\sqrt{53}}\right) + 16\left(\frac{16}{3\sqrt{53}}\right) = 3\sqrt{53}.$$

연습문제

1. 다음 함수의 주어진 점에서 $D_a f(x, y)$를 구하라.

   ❶ $f(x, y) = x^2 + y^2$, $(3, 4)$

   ❷ $f(x, y) = x^3 + y^3 - 3x^2y - 3xy^2$, $(1, -2)$

   ❸ $f(x, y) = \tan^{-1}\left(\dfrac{y}{x}\right)$, $(4, 3)$

   ❹ $f(x, y) = \sin(xy)$, $\left(2, \dfrac{\pi}{4}\right)$

   ❺ $f(x, y) = e^x \cos y$, $\left(0, \dfrac{\pi}{3}\right)$

   ❻ $f(x, y) = (\sin x)^{xy}$, $\left(\dfrac{\pi}{2}, 0\right)$

2. [문제 1]의 각 함수의 방향도함수方向導函數 $D_a f(x, y)$가 주어진 점에서 최댓값을 갖는 a의 값을 구하라.

3. 다음 함수에서 주어진 방향 a가 단위벡터일 때 주어진 점 p에서의 방향도함수方向導函數 $D_a f$를 구하라.

   ❶ $f(x, y, z) = x^2 + 2xy - y^2 + xz + z^2$, $p(2, 1, 1)$;

   $$a = \frac{1}{3}i - \frac{2}{3}j + \frac{2}{3}k$$

   ❷ $f(x, y, z) = x^2y + xye^z - 2xze^y$, $p(1, 2, 0)$;

   $$a = \frac{2}{7}i - \frac{3}{7}j + \frac{6}{7}k$$

   ❸ $f(x, y, z) = \sin xz + \cos xy$, $p(0, -1, 2)$;

   $$a = \frac{1}{\sqrt{6}}i - \frac{1}{\sqrt{6}}j + \frac{2}{\sqrt{6}}k$$

   ❹ $f(x, y, z) = \tan xyz + \sin xy - \cos xz$, $p(0, 1, 1)$;

   $$a = \frac{1}{\sqrt{26}}i + \frac{3}{\sqrt{26}}j + \frac{4}{\sqrt{26}}k$$

4. 다음 각 함수의 주어진 점에서 구배 ∇f를 구하라.

❶ $f(x, y)=x^3-2x^2y+xy^2-y^3$; $p(3, -2)$

❷ $f(x, y)=\log(x^2+y^2+1)+e^{2xy}$; $p(0, -2)$

❸ $f(x, y, z)=\sin xy+\sin xz+\sin yz$; $p(1, 2, -1)$

❹ $f(x, y, z)=xze^{xy}+yze^{xz}+xye^{yz}$; $p(-1, 2, 1)$

5. [정리 5]를 증명하라.

6. 다음 함수의 주어진 점에서 $D_a f$를 구하라. (단, a는 $\overrightarrow{pp'}$ 방향方向의 단위벡터이다.)

❶ $f(x, y, z)=x^2+3xy+y^2+z^2$; $p(1, 0, 2)$; $p'(-1, 3, 4)$

❷ $f(x, y, z)=e^x\cos y+e^y\sin z$; $p(2, 1, 0)$; $p'(-1, 2, 2)$

❸ $f(x, y, z)=\log(x^2+y^2)+e^x$; $p(0, 1, 0)$; $p'(-4, 2, 3)$

❹ $f(x, y, z)=x\cos y+y\cos z+z\cos x$; $p(2, 1, 0)$; $p'(1, 4, 2)$

7. $f(x, y, z)$와 $g(x, y, z)$는 주어진 함수이고 a, b는 상수라고 하자. 다음 식을 증명하라.

$$\begin{cases} \nabla(af+bg) = a\nabla f + b\nabla g \\ \nabla(fg) = f\nabla g + g\nabla f \end{cases}$$

8. $F=F(u)$의 정의역이 $g=g(x, y, z)$의 치역을 포함한다고 하자. 다음을 증명하라.

$$\nabla(F(g))F'(u)\nabla g.$$

6.4 전미분全微分과 근사치近似値

정리 1 $f(x, y)$의 전미분全微分, total differential은 다음 식으로 주어진 4개의 변수 x, y, h, k의 함수이다. 즉,

$$df(x, y, h, k) = f_x(x, y)\, h + f_y(x, y)\, k.$$

만약 F가 삼변수 x, y, z의 함수函數이면, F의 전미분은 6개의 변수 x, y, z, h, k, l의 함수로 정의한다.

$$dF(x, y, z, h, k, l) = F_x(x, y, z)\, h + F_y(x, y, z)\, k + F_z(x, y, z)\, l.$$

전미분全微分에 관한 양은 근접近接한 두 점에서의 함숫값의 차이이다. 기호 Δ를 사용하면 2변수 함수 $f(x, y)$에서 Δf는 다음과 같다.

$$\Delta f \equiv \Delta f(x, y, h, k) = f(x+h, y+k) - f(x, y).$$

여기서 Δf는 df에서처럼 4변수 함수이다. 만약 f가 x, y, z의 함수이면 Δf는 다음과 같이 6개의 변수變數로 정의된다.

$$\Delta f \equiv \Delta f(x, y, z, h, k, l) = f(x+h, y+k, z+l) - f(x, y, z).$$

예 1 함수 $f(x, y) = x^2 + xy - 2y^2 - 3x + 2y + 4$에서 $df(a, b, h, k)$와 $\Delta f(a, b, h, k)$를 구하라(단, $a=3$, $b=1$).

풀이 $f(3, 1) = 7$; $\dfrac{\partial f}{\partial x} = 2x + y - 3$; $\dfrac{\partial f}{\partial y} = x - 4y + 2$;

$$\frac{\partial f}{\partial x}(3, 1) = 4; \quad \frac{\partial f}{\partial y}(3, 1) = 1.$$

또한

$$f(3+h, 1+k)$$
$$= (3+h)^2 + (3+h)(1+k) - 2(1+k)^2 - 3(3+h) + 2(1+k) + 4$$
$$= h^2 + hk - 2k^2 + 4h + k + 7.$$

그러므로

$$df(3, 1, h, k) = 4h + k; \quad \Delta f(3, 1, h, k) = 4h + k + h^2 + hk - 2k^2.$$

df 와 Δf 의 관계는 6장 2절의 [정리 2]에 있다. 이 정리에 있는 식은 다음과 같이 쓸 수 있다.

$$\Delta f(x_0, y_0, h, k) = df(x_0, y_0, h, k) + G_1(h, k)h + G_2(h, k)k.$$

또한 이 정리에서 h 와 k 가 0에 가까이 가면 G_1과 G_2도 0에 가까워지므로 다음 결론을 얻을 수 있다. 즉,

$$h,\ k \to 0 \text{ 이면 } \quad \frac{\Delta f - df}{|h| + |k|} \to 0.$$

많은 경우에 Δf 는 계산하기 어려우나 df 는 쉬우므로 h 와 k 가 동시에 매우 작으면 Δf 의 근삿값으로 df 를 사용한다.

예 2 $\sqrt{(5.98)^2 + (8.01)^2}$ 의 근삿값을 구하라.

풀이 함수 $z = f(x, y) = \sqrt{x^2 + y^2}$ 를 생각하면, $f(5.98, 8.01)$의 값을 구하면 된다. $f(6, 8) = 10$, 따라서 $f(5.98, 8.01) = f(6, 8) + \Delta f$, 여기서 Δf는 위에서와 같이 정의되고, $x_0 = 6$, $y_0 = 8$, $h = -0.02$, $k = 0.01$인 경우이다. 근삿값을 구하기 위해 Δf 대신에 df를 계산하자.

$$\frac{\partial z}{\partial x} = \frac{x}{\sqrt{x^2 + y^2}}, \quad \frac{\partial z}{\partial y} = \frac{y}{\sqrt{x^2 + y^2}},$$

$$df(6.8, -0.02, 0.01) = \frac{6}{10}(-0.02) + \frac{8}{10}(0.01) = -0.004.$$

따라서 $\sqrt{(5.98)^2 + (8.01)^2} \fallingdotseq 10 - 0.004 = 9.996.$

정리 1 $z = f(x, y)$와 x, y가 다른 변수의 함수이면,

$$dz = f_x(x, y)\,dx + f_y(x, y)\,dy.$$

증명 x, y가 두 변수 r, s 의 함수라고 하자. 즉,

$$x = x(r, s), \quad y = y(r, s).$$

그러면

$$z = f(x, y) = f[x(r, s), y(r, s)] = g(r, s).$$

전미분全微分의 정의에 따라

$$dz = g_r(r, s)h + g_s(r, s)k,$$

$$dx = x_r(r, s)h + x_s(r, s)k$$

$$dy = y_r(r, s)h + y_s(r, s)k.$$

연쇄법칙連鎖法則에 따라

$$\begin{aligned} g_r(r, s) &= \frac{\partial f}{\partial x}\frac{\partial x}{\partial r} + \frac{\partial f}{\partial y}\frac{\partial y}{\partial r} \\ &= f_x(x, y)\,x_r(r, s) + f_y(x, y)\,y_r(r, s), \end{aligned}$$

$$\begin{aligned} g_s(r, s) &= \frac{\partial f}{\partial x}\frac{\partial x}{\partial s} + \frac{\partial f}{\partial y}\frac{\partial y}{\partial s} \\ &= f_x(x, y)\,x_s(r, s) + f_y(x, y)\,y_s(r, s), \end{aligned}$$

위 식을 dz에 관한 식에 대입하면

$$dz = \frac{\partial f}{\partial x}[x_r(r, s)h + x_x(r, s)k] + \frac{\partial f}{\partial y}[y_r(r, s)h + y_s(r, s)k]$$

혹은

$$dz = \frac{\partial f}{\partial x}dx + \frac{\partial f}{\partial y}dy.$$

위 정리定理에서 f가 3변수 x, y, z의 함수인 경우도 마찬가지로

$$dz = \frac{\partial f}{\partial x}dx + \frac{\partial f}{\partial y}dy + \frac{\partial f}{\partial z}dz.$$

6.5 이계二階와 고계편도함수高階偏導函數

f가 2변수 x, y의 함수이면 f_x와 f_y도 또한 같은 변수 x, y의 함수이다. 따라서 f_x와 f_y를 미분微分하면 이계 편도함수二階 偏導函數를 얻는다. f의 이계 편도함수二階 偏導函數는 다음과 같이 정의한다.

$$f_{xx}(x, y) = \lim_{h \to 0}\frac{f_x(x+h, y) - f_x(x, y)}{h},$$

$$f_{xy}(x, y) = \lim_{k \to 0} \frac{f_x(x, y+k) - f_x(x, y)}{k}.$$

f_y에 관한 편도함수偏導函數도 같은 방법으로 정의된다. 만약 f가 2변수 함수이면 f의 2계 편도함수는 4가지 이다. 즉, f_{xx}, f_{xy}, f_{yy}, f_{yx}이다. 편도함수偏導函數의 기호는 여러 가지이다.

예를 들면 $z=f(x, y)$에서 다음의 기호는 모두 같은 뜻을 갖는다. 즉,

$$f_{xx}, \ \frac{\partial^2 z}{\partial x^2}, \ \frac{\partial^2 f}{\partial x^2}, \ f_{1,1}, \ z_{xx}.$$

다른 편도함수도 여러 가지로 표현할 수도 있다. 즉,

$$f_{xy} = f_{1,2} = \frac{\partial}{\partial y}\left(\frac{\partial z}{\partial x}\right) = \frac{\partial^2 z}{\partial y\, \partial x} = \frac{\partial^2 f}{\partial y\, \partial x} = z_{xy},$$

$$f_{yx} = f_{2,1} = \frac{\partial}{\partial x}\left(\frac{\partial z}{\partial y}\right) = \frac{\partial^2 z}{\partial x\, \partial y} = \frac{\partial^2 f}{\partial x\, \partial y} = z_{yx},$$

$$f_{xyx} = \frac{\partial}{\partial x}\left(\frac{\partial^2 z}{\partial y\, \partial x}\right) = \frac{\partial^3 z}{\partial x\, \partial y\, \partial x} = \frac{\partial^3 f}{\partial x\, \partial y\, \partial x} = f_{1,2,1} = z_{xyx}.$$

예 1 $z=x^3+3x^2y-2x^2y^2-y^4+3xy$에서 $\frac{\partial z}{\partial x}$, $\frac{\partial z}{\partial y}$, $\frac{\partial^2 z}{\partial x^2}$, $\frac{\partial^2 z}{\partial x\, \partial y}$, $\frac{\partial^2 z}{\partial y\, \partial x}$, $\frac{\partial^2 z}{\partial y^2}$을 구하라.

풀이

$$\frac{\partial z}{\partial x} = 3x^2 + 6xy - 4xy^2 + 3y,$$

$$\frac{\partial z}{\partial y} = 3x^2 - 4x^2y - 4y^3 + 3x,$$

$$\frac{\partial^2 z}{\partial x^2} = 6x + 6y - 4y^2,$$

$$\frac{\partial^2 z}{\partial y^2} = -4x^2 - 12y^2,$$

$$\frac{\partial^2 z}{\partial x\, \partial y} = 6x - 8xy + 3,$$

$$\frac{\partial^2 z}{\partial y\, \partial x} = 6x - 8xy + 3.$$

위 [예 1]에서 $\dfrac{\partial^2 z}{\partial y\, \partial x} = \dfrac{\partial^2 z}{\partial x\, \partial y}$인 것은 다음 정리에서 보는 바와 같이 우연한 것은 아니다.

정리 2 $f(x, y)$, f_x, f_y, f_{xy}, f_{yx}가 모두 (x_0, y_0)에서 연속連續)이면

$$f_{xy}(x_0, y_0) = f_{yx}(x_0, y_0)$$

이다.

증명 $$\Delta_2 f = [f(x_0+h, y_0+h) - f(x_0+h, y_0)] - [f(x_0, y_0+h) - f(x_0, y_0)] \quad ①$$

라 두자. h가 0에 가까이 가면 $\dfrac{\Delta_2 f}{h}$도 동시에 $f_{xy}(x_0, y_0)$와 $f_{yx}(x_0, y_0)$에 가까이 감을 보이자. $\Delta_2 f$를 좀더 분명히 나타내기 위해 다음을 정의하자.

$$\phi(s) = f(x_0+s, y_0+h) - f(x_0+s, y_0) \quad ②$$

$$\Psi(t) = f(x_0+h, y_0+t) - f(x_0, y_0+t) \quad ③$$

ϕ와 Ψ의 정의에서 x_0, y_0, h는 고정된 값으로 보자 이들을 ①에 대입하면

$$\Delta_2 f = \phi(h) - \phi(0),$$

$$\Delta_2 f = \Psi(h) - \Psi(0). \quad ⑤$$

④와 ⑤에 평균치정리平均値定理를 적용하면

$$\Delta_2 f = \phi'(s_1)h \quad (0 < s_1 < h),$$

$$\Delta_2 f = \Psi'(t_1)h \quad (0 < t_1 < h).$$

②와 ③에서 $\phi'(s_1)$과 $\Psi'(t_1)$을 계산하면,

$$\phi'(s_1) = f_x(x_0+s_1, y_0+h) - f_x(x_0+s_1, y_0),$$

$$\Psi'(t_1) = f_y(x_0+h, y_0+t_1) - f_x(x_0, y_0+t_1),$$

그러므로 $\Delta_2 f$는 다음과 같이 표현된다.

$$\frac{1}{h}\Delta_2 f = [f_x(x_0+s_1, y_0+h) - f_x(x_0+s_1, y_0)], \quad ⑥$$

$$\frac{1}{h}\Delta_2 f = [f_y(x_0+h,\, y_0+t_1) - f_x(x_0,\, y_0+t_1)].$$ ⑦

⑥식에서 우변의 y_0+h와 y_0에 대한 표현에 평균치정리平均値定理를 적용하면,

$$\frac{1}{h}\Delta_2 f = f_{xy}(x_0+s_1,\, y_0+t_2)\,h \quad (0 < t_2 < h).$$ ⑧

같은 방법으로 ⑦식의 우변의 x_0+h와 x_0에 대한 표현에 평균치정리平均値定理를 적용하면,

$$\frac{1}{h}\Delta_2 f = f_{yx}(x_0+s_2,\, y_0+t_1)\,h \quad (0 < s_2 < h).$$ ⑨

⑧과 ⑨를 h로 나누면,

$$\frac{1}{h^2}\Delta_2 f = f_{xy}(x_0+s_1,\, y_0+t_2) = f_{yx}(x_0+s_2,\, y_0+t_1).$$

h가 0에 가까이 가면, s_1, s_2, t_1, t_2는 모두 0에 가까이 감으로 정리의 결론을 얻는다. h가 음인 경우도 같다.

예 2 $u=e^x\cos y+e^y\sin z$에서 모든 일계 편도함수一階 偏導函數를 구하고,

$$\frac{\partial^2 u}{\partial x\,\partial y} = \frac{\partial^2 u}{\partial y\,\partial x},\quad \frac{\partial^2 u}{\partial x\,\partial z} = \frac{\partial^2 u}{\partial z\,\partial x},\quad \frac{\partial^2 u}{\partial y\,\partial z} = \frac{\partial^2 u}{\partial z\,\partial y}$$

임을 증명하라.

증명 $\dfrac{\partial u}{\partial x} = e^x\cos y$, $\dfrac{\partial u}{\partial y} = -e^x\sin y + e^y\sin z$, $\dfrac{\partial u}{\partial z} = e^y\cos z$.

그러므로,

$$\frac{\partial^2 u}{\partial y\,\partial x} = -e^x\sin y = \frac{\partial^2 u}{\partial x\,\partial y},$$

$$\frac{\partial^2 u}{\partial z\,\partial x} = 0 = \frac{\partial^2 u}{\partial x\,\partial z},$$

$$\frac{\partial^2 u}{\partial z\,\partial y} = e^y\cos z = \frac{\partial^2 u}{\partial y\,\partial z}.$$

연습문제

1. 주어진 함수 $u=\dfrac{1}{\sqrt{x^{2+}y^{2}+z^{2}}}$ 에서 다음 식이 성립함을 보여라.

$$\frac{\partial^2 u}{\partial x^2}+\frac{\partial^2 u}{\partial y^2}+\frac{\partial^2 u}{\partial z^2}=0$$

2. 함수 $u=x\,e^{x}\cos y$일 때 다음을 증명하라.

$$\frac{\partial^4 u}{\partial x^4}+2\frac{\partial^4 u}{\partial x^2\,\partial y^2}+\frac{\partial^4 u}{\partial y^4}=0$$

3. $u=f(x-u\,t)$일 때, $u_t+u\,u_x=0$임을 보여라.

4. 함수

$$f(x,y)=\begin{cases} xy\dfrac{x^2-y^2}{x^2+y^2}, & x^2+y^2>0 \\ 0, & x=y=0 \end{cases}$$

❶ $f_x(0,0)=0$, $f_y(0,0)=0$임을 보여라.

❷ 미분의 정의를 이용하여 다음을 보여라.

$$f_{xy}(0,0)=\lim_{h\to 0}\frac{f_x(0,k)-f_x(0,0)}{k}=-1,$$

$$f_{yx}(0,0)=\lim_{h\to 0}\frac{f_y(h,0)-f_y(0,0)}{h}=1.$$

❸ ❷의 결과는 f_{xy}와 f_{yx}가 $x=y=0$에서 연속連續이 아니기 때문임을 보여라.

■ 제 7 장 ■

다중적분

多重積分

제7장 다중적분多重積分

7.1 다중적분多重積分의 정의定義와 성질性質

F를 xy 평면平面 상에 있는 면적 A인 영역領域, region이라고 하자. F는 항상 경계선을 포함한다고 하자. 이런 영역을 폐영역閉領域, closed region이라고 한다. x축과 y축에 평행인 직선直線(같은 간격일 필요는 없다)으로 xy 평연을 직사각형으로 분할하여 F의 안에 완전히 놓여 있는 직사각형에 필요한 곳(F의 왼쪽 상단 같은 곳)에서 출발하여 번호를 붙인다. 이런 직사각형이 n 개 있다면 차례로 r_1, r_2, r_3, $\cdots$, r_n 이라고 하자. 또 이 직사각형의 넓이를 각각 $A(r_1)$, $A(r_2)$, $\cdots$, $A(r_n)$이라고 하자. n개의 직사각형의 집합 $\{r_1, r_2, \cdots, r_n\}$을 F의 분할分割, subdivision Δ라고 부른다. 분할 F에 있는 최대의 직사각형의 대각선의 길이를 $\|\Delta\|$로 나타내자.

$f(x, y)$를 영역 F에 있는 모든 (x, y)에 대해 정의된 함수라고 하자. 분할 Δ의 각 직사각형에서 임의로 한 점을 뽑아, 그 점이 사각형 r_i에 있는 점이라면 그 점의 좌표를 (ξ_i, η_i)라고 나타내자. 이제 다음 합을 생각하자.

$$f(\xi_1, \eta_1)A(r_1) + f(\xi_2, \eta_2)A(r_2) + \cdots + f(\xi_n, \eta_n)A(r_n)$$

$$= \sum_{i=1}^{n} f(\xi_i, \eta_i)A(r_i) \qquad ①$$

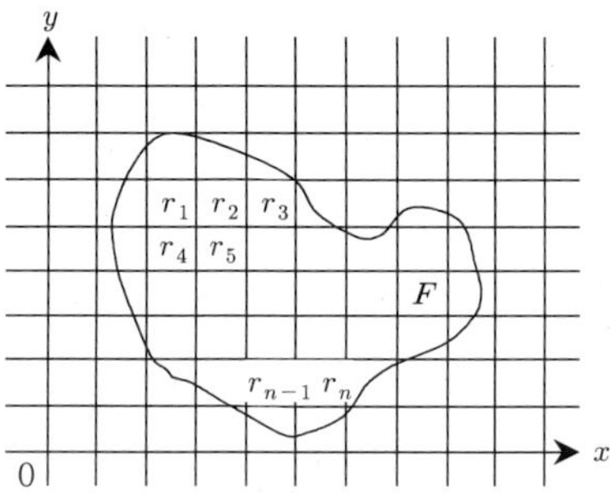

▮ 그림 7–1 ▮

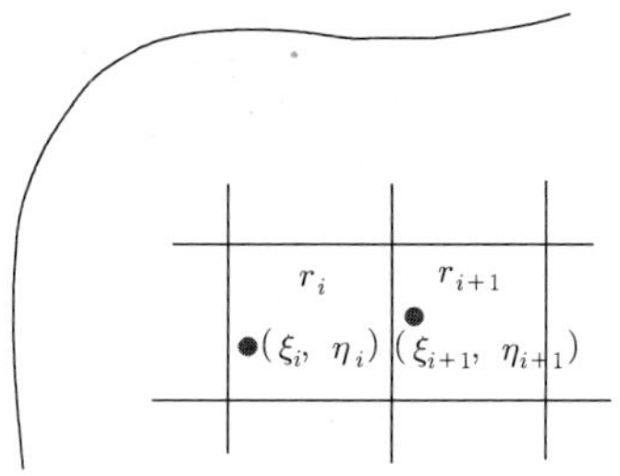

▮ 그림 7–2 ▮

정의 1

만약 실수 L이 다음 성질을 갖고 있으면 L을 ①과 같은 형태의 합의 극한값이라 하고 다음과 같이 쓴다.

$$\lim_{\|\Delta\|\to 0} \sum_{i=1}^{n} f(\xi_i, \eta_i)\, A(r_i) = L.$$

성질 임의의 $\epsilon > 0$에 대해 적당한 $\delta > 0$가 존재하여, $\|\Delta\| < \delta$인 모든 분할分割 Δ와 사각형 r_i에 있는 모든 가능한 점 (ξ_i, η_i)에 대해

$$\left| \sum_{i=1}^{n} f(\xi_i, \eta_i)\, A(r_i) - L \right| < \epsilon.$$

위와 같은 성질을 만족하는 실수 L이 존재하면 L은 단 하나 뿐이다.

정의 2

f가 영역領域 F에서 정의되고, 이 정의에서 정의된 L이 존재하면 f는 F 위에서 적분가능積分可能, integrable이라고 말하고

$$L = \iint_F f(x, y)\, dA$$

라고 쓴다.

위 표현을 F 위에서 f의 중적분重積分, double integral이라고 한다.

중적분重積分의 성질은 일변수함수一變數函數의 정적분定積分의 성질과 비슷하므로 다음 정리들의 증명은 생략한다.

정리 1 c가 임의의 실수이고 f가 폐영역 F 위에서 적분가능이면, cf도 적분가능積分可能이고

$$\iint_F cf(x,y)\,dA = c\iint_F f(x,y)\,dA.$$

정리 2 f와 g가 폐영역 F 위에서 적분가능積分可能이면,

$$\iint_F [f(x,y)+g(x,)]\,dA = \iint_F f(x,y)\,dA + \iint_F g(x,y)\,dA.$$

정리 3 f가 폐영역 F 위에서 적분가능이고 F의 모든 점 (x,y)에 대해

$$m \le f(x,y) \le M$$

이고 $A(F)$가 F의 면적을 나타내면,

$$m\,A(F) \le \iint_F f(x,y)\,dA \le MA(F).$$

정리 4 f와 g 가 F 위에서 적분가능이고, F의 모든 점 (x,y)에 대해

$$f(x,y) \le g(x,y)$$

이면,

$$\iint_F f(x,y)\,dA \le \iint_F g(x,y)\,dA.$$

정리 5 F가 폐영역이고, $F=F_1\cup F_2$, $F_1\cap F_2=\varnothing$ 이고, f는 F 위에서 연속함수이면,

$$\iint_F f(x,y)\,dA = \iint_{F_1} f(x,y)\,dA + \iint_{F_2} f(x,y)\,dA.$$

연습문제

[정리 1], [정리 2], [정리 3], [정리 4], [정리 5]를 증명하라.

7.2 중적분重積分의 계산計算과 반복적분反復積分

중적분重積分의 정의는 계산할 때는 대체로 유용하지 못하다.

F가 직선 $x=a$, $x=b$, $y=c$, $y=d$로 둘러싸인 직사각형이라고 하자. 또 함수 $f(x, y)$는 F에 있는 모든 점 (x, y)에서 연속이라고 하자. 먼저 y를 고정하고 x에 관해 보통의 적분을 한다. 즉,

$$\int_a^b f(x, y)\, dx .$$

이 적분값은 y의 값에 따르므로 다음과 같이 쓰기로 하자.

$$A(y) = \int_a^b f(x, y)\, dx .$$

함수 $A(y)$는 $c \le y \le d$에서 정의되고, 만약 $f(x, y)$가 F에서 연속이면, $A(y)$도 $[c, d]$에서 연속이 된다. 따라서 $A(y)$의 적분積分을 계산할 수 있고 다음과 같이 쓸 수 있다.②

$$\int_c^d A(y)\, dy = \int_c^d \left[\int_a^b f(x, y)\, dx \right] dy. \qquad ①$$

다른 방법으로 이번에는 x를 고정하고, y에 대해 적분하면,

$$B(x) = \int_c^d f(x, y)\, dy.$$

그러므로

$$\int_c^d B(x)\, dx = \int_a^b \left[\int_c^d f(x, y)\, dy \right] dx. \qquad ②$$

적분積分이 반복적反復的으로 계산되었음에 유의하면, ①에서는 y를 상수로 고정하고 x에 대해 먼저 적분한 뒤 y에 대해 적분한 것이고, ②에서는 y를 상수로 고정하고 y에 대해 먼저 적분한 뒤 y에 대해 적분한 것이다.

정의 1

적분積分

$$\int_c^d \left[\int_a^b f(x, y)\, dx \right] dy, \quad \int_a^b \left[\int_c^d f(x, y)\, dy \right] dx$$

를 f 의 반복적분反復積分, iterated integral이라고 한다.

주의 $\int_c^d \left[\int_a^b f(x, y)\, dx \right] dy$를 $\int_c^d \int_a^b f(x, y)\, dx\, dy$로

$\int_a^b \left[\int_c^d f(x, y)\, dy \right] dx$를 $\int_a^b \int_c^d f(x, y)\, dy\, dx$로 쓰기도 한다.

예 1 $\int_1^4 \int_{-2}^3 (x^2 - 2xy^2 + y^3)\, dx\, dy$를 계산하라.

풀이 y를 고정시키면,

$$\int_{-2}^3 (x^2 - 2xy^2 + y^3)\, dx = \left[\frac{1}{3} x^3 - x^2 y^2 + y^3 x \right]_{-2}^3$$

$$= \frac{35}{3} - 5y^2 + 5y^3.$$

그러므로

$$\int_1^4 \int_{-2}^3 (x^2 - 2xy^2 + y^3)\, dx\, dy = \int_1^4 \left(\frac{35}{3} - 5y^2 + 5y^3 \right) dy$$

$$= \left[\frac{35}{3} y - \frac{5}{3} y^3 + \frac{5}{4} y^4 \right]_1^4$$

$$= \frac{995}{4}.$$

이번에는 폐영역閉領域 F의 경계가 곡선인 경우에 대해서 생각해 보자.

[그림 7-3]에서 보는 바와 같이 F의 경계가 두 직선 $x = a$, $x = b$와 $a \le x \le b$인 x에 대해 $p(x) \le q(x)$인 두 함수 $p(x)$, $q(x)$의 그래프로 되어 있다고 하자. 먼저 x가 고정된 상태에서 아래쪽 곡선에서 위쪽 곡선까지 (즉, [그림 7-3]에서 보는 바와 같이 굵은

직선을 따라)적분한 뒤, x에 관해 a에서 b까지 적분하면 F 위에서의 중적분重積分은

$$\int_a^b \int_{p(x)}^{q(x)} f(x, y)\, dy\, dx.$$

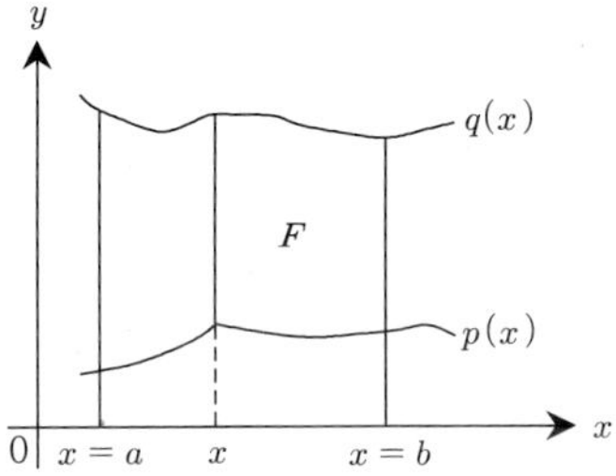

▮ 그림 7-3 ▮

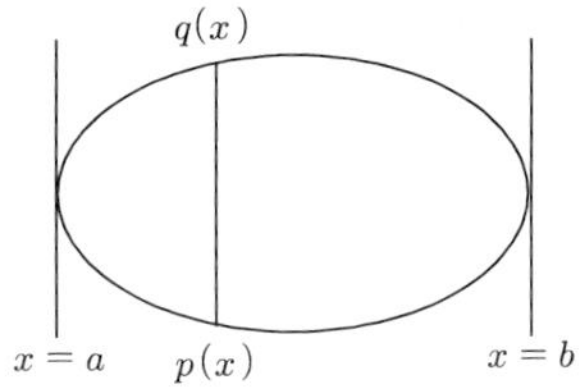

▮ 그림 7-4 ▮

일반적으로 [그림 7-4]에서와 같은 영역 F의 반복적분反復積分은, 먼저 y에 대해 적분하면,

$$\int_a^b \int_{p(x)}^{q(x)} f(x, y)\, dy\, dx.$$

한편, x에 대해 먼저 적분하면 영역 F를 [그림 7-5]와 같이 나타낼 수 있고

중적분은

$$\int_c^d \int_{r(y)}^{s(y)} f(x, y)\, dx\, dy.$$

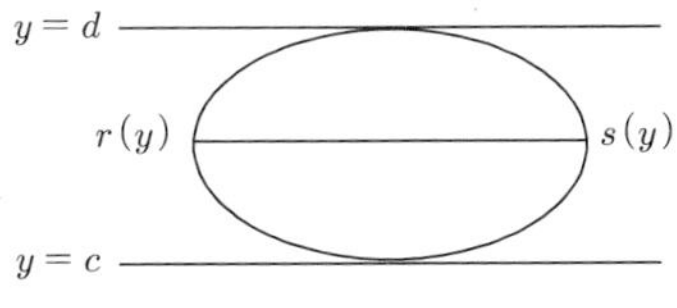

▮ 그림 7-5 ▮

예 2 함수 $f(x, y) = xy$에서 영역 F의 경계가 세 직선 $y=0$, $y=2x$, $x=2$([그림 7-6])일 때 두 반복적분反復積分의 값을 구하라.

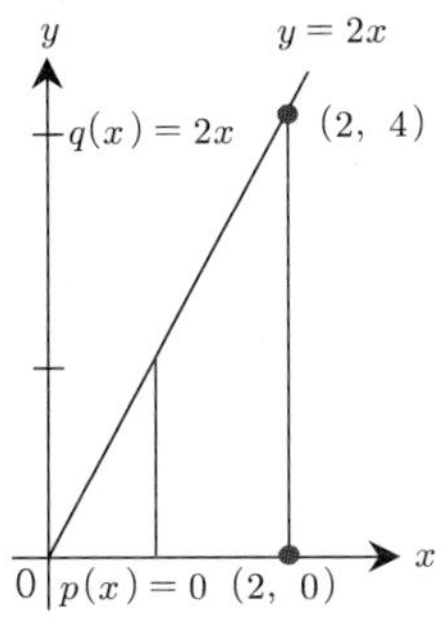

▮ 그림 7-6 ▮

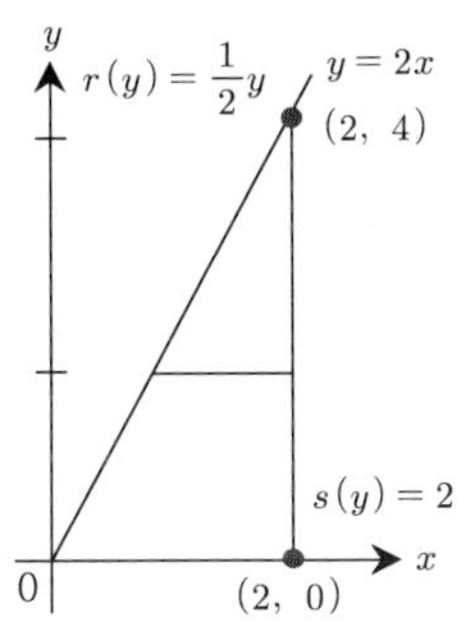

▮ 그림 7-7 ▮

풀이 [그림 7-6]에서

$$\int_a^b \int_{p(x)}^{q(x)} xy\ dy\ dx$$

는 $p(x)=0$, $q(x)=2x$, $a=0$, $b=2$인 경우이다. 그러므로

$$\int_0^2 \int_0^{2x} xy\ dy\, dx = \int_0^2 \left[\frac{1}{2}xy^2\right]_0^{2x} dx = \int_0^2 2x^3\ dx\ = \left[\frac{1}{2}x^4\right]_0^2 = 8.$$

한편 이 적분을 x에 관해 먼저 적분하면([그림 7-7]),

$$\int_c^d \int_{r(y)}^{s(y)} xy\ dx\ dy,$$

여기서 $r(y)=\frac{1}{2}y$, $s(y)=2$, $c=0$, $d=4$.

그러므로

$$\int_0^4 \int_{\frac{y}{2}}^2 xy\ dx\ dy = \int_0^4 \left[\frac{1}{2}x^2y\right]_{\frac{y}{2}}^2 dy = \int_0^4 (2y - \frac{1}{8}y^3)\ dy$$

$$= \left[y^2 - \frac{y^4}{32}\right]_0^4 = 8.$$

정리 1 F가 다음과 같이 주어진 영역이라고 하자.

$$F = \{ (x, y : a \le x \le b, p(x) \le y \le q(x) \},$$

여기서 p와 q는 연속이고, $a \le x \le b$에 대해 $p(x) \le q(x)$이다. $f(x, y)$가 F에서 연속이면

$$\iint_F f(x, y)\ dA = \int_a^b \int_{p(x)}^{q(x)} f(x, y)\ dy\ dx.$$

또 폐영역 F가 다음과 같이 표현된다고 하자.

$$F = \{ (x, y) : c \le y \le d,\ r(y) \le x \le s(y) \},$$

여기서 r, s는 연속이고, $c \le y \le d$에 대해 $r(y) \le s(y)$이다. 그러면

$$\iint_F f(x, y)\ dA = \int_c^d \int_{r(y)}^{s(y)} f(x, y)\ dx\ dy.$$

다시 말하면 두 반복적분反復積分은 계산할 수 있을 때, 중적분重積分과 같다. 그러므로 두 반복적분反復積分의 값은 서로 같다.

위 정리의 증명은 생략하기로 한다.

예 3 F의 경계가 직선 $y=1$, $y=2$, $x=0$, $x=y$일 때, 다음을 구하라.

$$\iint_F x^2y^2\,dA$$

풀이 영역 F는 다음 집합이다.

$F=\{(x,y):1\le y\le 2,\, 0\le x\le y\}$

[정리 1]을 사용하여 다음 반복적분을 계산한다.

$$\iint_F x^2y^2\,dA=\int_1^2\int_0^y x^2y^2\,dx\,dy$$

$$=\int_1^2\left[\frac{1}{3}x^3y^2\right]_0^y dy$$

$$=\frac{1}{3}\int_1^2 y^5\,dy=\frac{7}{2}.$$

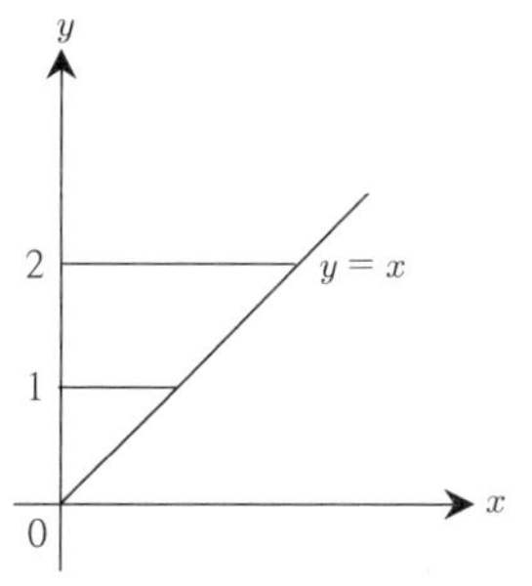

▮ 그림 7-8 ▮

주의 위 [예 3]에서 다른 순서의 반복적분은 다소 어렵다. 왜냐하면 두 곡선 $p(x)$, $q(x)$가

$$p(x)=\begin{cases}1, & 0\le x\le 1\\ x, & 1\le x\le 2\end{cases}\quad;\quad q(x)=2,\ 0\le x\le 2.$$

그러므로, 다음과 같이 두 부분으로 나누어 계산해야 한다. 즉,

$$\iint_F x^2y^2\,dA=\int_0^1\int_1^2 x^2y^2\,dy\,dx+\int_1^2\int_x^2 x^2y^2\,dy\,dx.$$

예 4 S가 곡면 $z=xy$, 두 주면 $y=x^2$, $y^2=x$와 평면 $z=0$으로 둘러싸인 영역이다. S의 체적 $V(S)$를 구하라.

풀이 영역 S는 [그림 7-9]에서와 같이 곡면 $z=xy$의 아래와 xy평면 위에서 두 주면柱面으로 경계된 모든 점으로 이루어져 있다. xy평면에 있는 영역 F ([그림 7-10])는 두 곡선 $y=x^2$, $y^2=x$로 둘러싸여 있으므로

$$V(S) = \iint xy\,dA = \int_0^1 \int_{x^2}^{\sqrt{x}} xy\,dy\,dx$$
$$= \int_0^1 \left[\left[\frac{xy^2}{2} \right]_{x^2}^{\sqrt{x}} \right] dx$$
$$= \frac{1}{2} \int_0^1 (x^2 - x^5)\,dx = \frac{1}{12}.$$

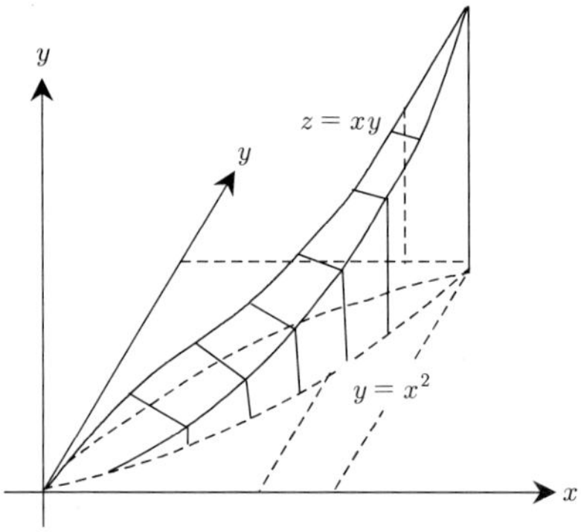

▮ 그림 7–9 ▮

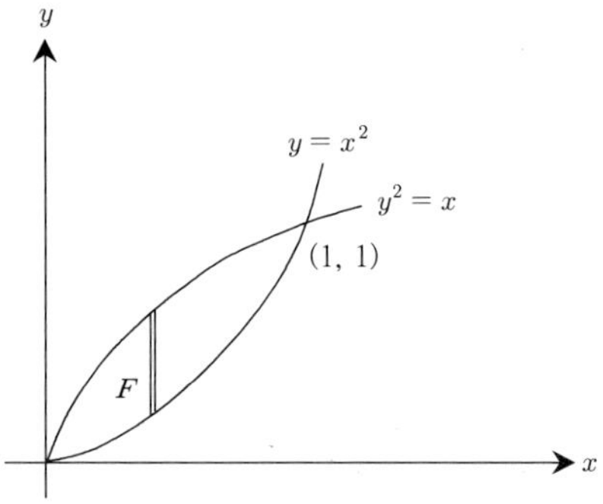

▮ 그림 7–10 ▮

연습문제

1. 다음 반복적분反復積分을 계산하라. 또 xy평면에 있는 영역 F를 그려라.

❶ $\int_1^4 \int_2^5 (x^2 - y^2 + xy - 3)\,dx\,dy$

❷ $\int_1^4 \int_{\sqrt{x}}^{x^2} (x^2 + 2xy - 3y^2)\,dy\,dx$

❸ $\int_0^2 \int_{-3}^{2} (x^3 + 2x^2 y - y^3 + xy)\,dy\,dx$

❹ $\int_0^1 \int_{x^3}^{x^2} (x^2 - xy)\,dy\,dx$

❺ $\int_2^3 \int_{1+y}^{\sqrt{y}} (x^2 y + xy^2)\,dx\,dy$

❻ $\int_{-2}^{2}\int_{-\sqrt{4-x^2}}^{+\sqrt{4-x^2}} y\,dy\,dx$

❼ $\int_{-3}^{3}\int_{-\sqrt{18-2y^2}}^{+\sqrt{18-2y^2}} x\,dx\,dy$

❽ $\int_{-3}^{3}\int_{x^2}^{18-x^2} xy^3\,dy\,dx$

❾ $\int_{0}^{2}\int_{x^2}^{2x^2} x\cos y\,dy\,dx$

❿ $\int_{1}^{2}\int_{x^2}^{4x^3} \frac{1}{y}\,dy\,dx$

2. 다음 중적분重積分을 계산하라. 또 영역 F를 그려라.

❶ $\iint_F (x^2+y^2)\,dA;\ F=\{(x,y): y^2 \le x \le 4, 0 \le y \le 2\}$

❷ $\iint_F x\cos y\,dA;\ F=\left\{(x,y): 0 \le x \le \sqrt{\frac{\pi}{2}}, 0 \le y \le x^2\right\}$

❸ $\iint_F \frac{x}{x^2+y^2}\,dA;\ F=\{(x,y): 1 \le x \le \sqrt{3}, 0 \le y \le x\}$

❹ $\iint_F \log y\,dA;\ F=\{(x,y): 2 \le x \le 3, 1 \le y \le x-1\}$

❺ $\iint_F \frac{x}{\sqrt{1-y^2}}\,dA;\ F=\left\{(x,y): 0 \le x \le \frac{1}{2}, x \le y \le \frac{1}{2}\right\}$

❻ $\iint_F \frac{x}{\sqrt{x^2+y^2}}\,dA;\ F=\{(x,y): 1 \le x \le 2, 1 \le y \le x\}$

❼ $\iint_F \frac{1}{y^2}\,e^{\frac{x}{\sqrt{y}}}\,dA;\ F=\{(x,y): 1 \le x \le \sqrt{2}, x^2 \le y \le 2\}$

3. 다음 중적분重積分을 적분 순서를 바꾸어 계산하라.

❶ $\int_{1}^{2}\int_{1}^{x} \frac{x^2}{y^2}\,dy\,dx$

❷ $\int_{-1}^{2}\int_{-\sqrt{4-x^2}}^{+\sqrt{4-x^2}} xy\,dy\,dx$

❸ $\int_{0}^{a}\int_{0}^{\sqrt{a^2-x^2}} (a^2-y^2)^{\frac{3}{2}}\,dy\,dx$

❹ $\int_{0}^{1}\int_{y}^{1} \sqrt{1+x^2}\,dx\,dy$

❺ $\int_{0}^{1}\int_{\sqrt{x}}^{1} \sqrt{1+y^3}\,dy\,dx$

4. 다음에서 영역領域 S의 체적을 구하라.

❶ S의 경계는 곡면 $z=0,\ z=x,\ y^2=2-x$

❷ S의 경계는 평면 $z=0,\ y=0,\ y=x,\ x+y=2,\ x+y+z=3$

❸ S의 경계는 곡면 $x=0,\ z=0,\ y^2=4-x,\ z=y+2$

❹ S의 경계는 곡면 $x^2+z^2=4,\ y=0,\ x+y+z=3$

❺ S의 경계는 곡면 $y^2=z,\ y=z^3,\ z=x,\ y^2=2-x$

❻ S의 경계는 좌표평면과 곡면 $x^{\frac{1}{2}}+y^{\frac{1}{2}}+z^{\frac{1}{2}}=a^{\frac{1}{2}}$

❼ S의 경계는 곡면 $y=x^2$과 $z^2=4-y$

❽ S의 경계는 곡면 $y^2=x,\ x+y=2,\ x+z=0,\ z=x+1$

❾ S의 경계는 곡면 $x^2=y+z,\ y=0,\ z=0,\ x=2$

❿ S의 경계는 곡면 $y^2+z^2=2x,\ y=x-\frac{3}{2}$

5. $F=\{(x, y) : 0 \le x \le 1, 0 \le y \le 1\}$,

$$f(x, y)=\begin{cases} 1, & y\text{가 유리수,} \\ 0, & y\text{가 유리수가 아닌 경우.} \end{cases}$$

그러면

$\iint_F f(x, y)\,dA$는 존재하지 않음을 보여라.

6. $F=\{(x, y): 0 \leq x \leq 1, 0 \leq y \leq 1\}$,

$$f(x, y)=\begin{cases} 0, & x=\dfrac{1}{n},\ n=1,2,3,\cdots, \\ 1, & \text{그 이외.} \end{cases}$$

그러면

$\iint_F f(x, y)\, dA$ 가 존재하고 그 값은 1임을 보여라.

7. $F=\{(x, y: a \leq x \leq b, c \leq y \leq d\}$이고, $f(x, y)=g(x) h(y)$일 때,

$$\iint_F f(x, y)\, dA=\left(\int_a^b g(x)\, dx\right)\left(\int_c^d h(y)\, dy\right)$$

임을 보여라.

7.3 면적面積, 밀도密度, 질량質量

음이 아닌 함수 $z=f(x, y)$의 영역領域 F상의 중적분重積分은 곡면 $z=f(x, y)$와 F의 경계를 밑면으로 하는 직주면直柱面과 xy 평면平面에 의해서 둘러싸인 입체의 체적이다. 특히 곡면 $f(x, y)=1$인 경우, 체적 V는

$$V=\iint_F dA.$$

한편, 단면이 F이고 높이 1인 직주면直柱面의 체적은

$$V=A(F) \cdot 1.$$

여기서 $A(F)$는 영역 F의 면적이다. 그러므로

$$A(F)=\iint_F dA.$$

즉, F위에서 함수 $f(x, y)=1$의 중적분重積分은 F의 면적面積이다.

예 1 반복적분反復積分을 사용하여 다음 영역 F 의 면적面積을 구하라.

$$F=\{(x,y):-1\le x\le 1,\ x^4\le y\le 4-3x^2\}$$

풀이 영역 F는 [그림 7-11]에서와 같다. 면적面積에 대한 반복적분反復積分 중의 하나는

$$A(F)=\int_{-1}^{1}\int_{x^4}^{4-3x^2}dy\,dx.$$

계산하면

$$\begin{aligned}A(F)&=\int_{-1}^{1}[\,y\,]_{x^4}^{4-3x^2}dx\\&=\int_{-1}^{1}(4-3x^2-x^4)\,dx\\&=\left[4x-x^3-\frac{1}{5}x^5\right]_{-1}^{1}\\&=\frac{28}{5}.\end{aligned}$$

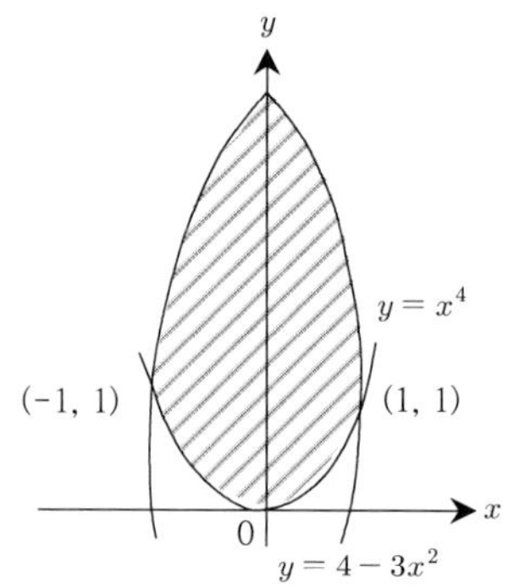

▮ 그림 7-11 ▮

평평한 물체가 매우 얇고 균일한 물질로 이루어져 있다면, 물체의 질량은 물체가 놓여 있는 평면의 면적의 곱이다. 만약 xy평면 위에 놓여 있는 물체가 균일하지 않은 물질로 이루어져 있다면 물체物體의 질량質量은 주어진 점에서의 물질物質의 밀도 $\rho(x,y)$로 표현될 것이다. 그 물질이 z방향方向으로 균일하다고 하자. F를 물체가 놓여 있는 영역이라면, F를 $r_1, r_2, \cdots, r_n$개의 직사각형으로 분할하자. 그러면 i번째 사각형의 질량은 근사적으로

$$\rho(\xi_i,\eta_i)A(r_i)$$

로 주어진다. 여기서 $A(r_i)$는 직사각형 r_i의 면적이고 (ξ_i,η_i)는 r_i 내의 점이다. F의 총질량은 근사적으로

$$\sum_{i=1}^{n}\rho(\xi_i,\eta_i)A(r_i)$$

이고, 통상적인 방법으로 극한을 취하면, 질량 $M(F)$는

$$M(F)=\iint_F\rho(x,y)\,dA.$$

즉, 중적분重積分은 밀도가 변화하는 얇은 물체의 질량을 구하는 데 유용하다.

예 2 다음 영역 F를 점하는 얇은 물체의 밀도密度가 $\rho(x,y)=1+2x+y$로 주어져 있다. 총 질량을 구하라.

$$F=\{(x,y): y^2 \le x \le 4-y^2, -\sqrt{2} \le y \le \sqrt{2}\}$$

풀이 $M(F) = \iint_F (1+2x+y)\,dA$

영역 F는 [그림 7-12]와 같으므로

$M(F)$

$$= \int_{-\sqrt{2}}^{\sqrt{2}} \int_{y^2}^{4-y^2} (1+2x+y)\,dx\,dy$$

$$= \frac{80}{3}\sqrt{2}.$$

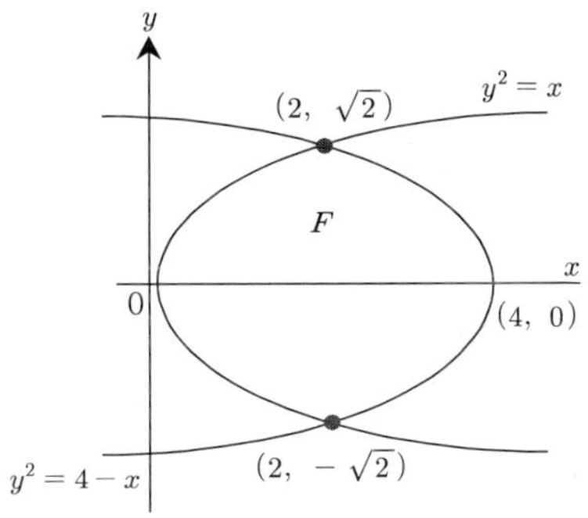

▮ 그림 7-12 ▮

연습문제

1. 다음 영역 F의 면적을 구하라.

❶ $F=\{(x,y): 0 \le x \le 1, x^3 \le y \le \sqrt{x}\}$

❷ $F=\left\{(x,y): \frac{1}{4}y^2 \le x \le y, 1 \le y \le 4\right\}$

❸ F는 다음 부등식으로 결정되는 영역이다.

$$xy \le 4,\ y \le x,\ 27y \le 4x^2$$

❹ F는 다음 부등식을 만족하는 모든 $(x,y) \in \mathbb{R}^2$,

$$y^2 \le x,\ y^2 \le 6-x,\ y \le x-2$$

❺ F는 다음 부등식을 만족하는 평면 상의 영역,

$$x^2+y^2 \le 9,\ y \le x+3,\ x+y \le 0$$

2. F의 밀도가 다음과 같이 주어져 있을 때, F의 질량을 구하라.

❶ $F=\{(x, y): x^2+y^2 \le 64\}$; $\rho=x^2+y^2$

❷ $F=\{(x, y): 0 \le x \le 1, x^2 \le y \le \sqrt{x}\}$; $\rho=3y$

❸ $F=\{(x, y): 0 \le x \le 1, x^3 \le y \le \sqrt{x}\}$; $\rho=2x$

❹ $F=\left\{(x, y): 1 \le x \le 4, \dfrac{4}{x} \le y \le 5-x\right\}$; $\rho=4y$

❺ $F=\{(x, y): y^2 \le x \le y+2, -1 \le y \le 2\}$; $\rho=x^2y^2$

7.4 극좌표極座標에 의한 중적분重積分의 계산計算

평면 상의 한 점의 극좌표 (r, θ)와 같은 점의 직각좌표直角座標 (x, y) 사이의 관계는

$$x = r\cos\theta,\ y = r\sin\theta,\ r \ge 0 \quad ①$$

이다. 중적분重積分에서도 직각좌표直角座標보다 극좌표極座標에 의한 적분이 더 편리할 때가 있다. 우리는 ①의 방정식方程式을 xy평면과 $r\theta$ 평면 사이의 사상으로 생각하자.

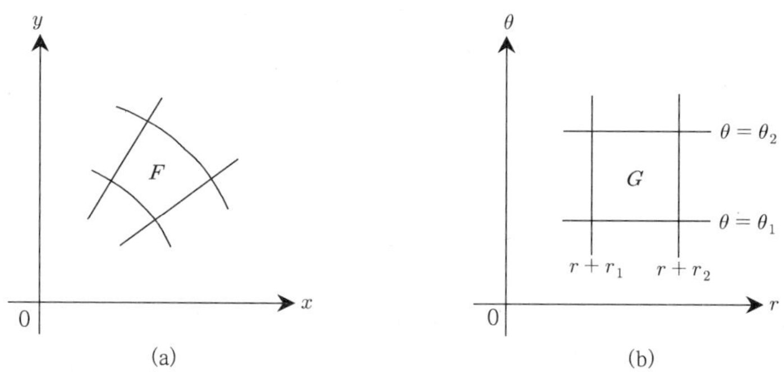

▮ 그림 7-13 ▮

[그림 7-13]에서처럼 $r=0$과 $\theta=0$을 서로 수직인 직선으로 취급하여 $r\theta$ 평면을 그리자. 직선 $r=r_1$, $r=r_2$와 직선 $\theta=\theta_1$, $\theta=\theta_2$ (θ는 호도각)로 이루어지는 직사각형

G는 xy평면에 두 원호와 사선으로 이루어지는 상像 F를 갖는다. $r\theta$의 면적을 $A_{x,y}$로 표시하면,

$$A_{x,y}(F)=\frac{1}{2}\left(r_2{}^2-r_1{}^2\right)\left(\theta_2-\theta_1\right)$$

이 면적面積은 반복적분反復積分으로 다음과 같이 나타낼 수 있다.

$$A_{x,y}(F)=\int_{\theta_1}^{\theta^2}\left[\int_{r_1}^{r_2} r\,dr\right]d\theta .$$

중적분重積分과 반복적분反復積分은 값이 동일하므로 다음과 같이 쓸 수 있다.

$$A_{x,y}(F)=\iint_G r\,dA_{r,\theta} . \qquad ②$$

여기서 $dA_{r,\theta}$는 $r\theta$평면의 면적소面積素이고, r과 θ는 직각좌표直角座標로 본다. 즉,

$$dA_{r,\theta}=dr\,d\theta .$$

좀 더 일반적으로 말하면, G는 $r\theta$평면상의 영역領域이고 F는 변환變換 ①에 의한 상像이면 $r\theta$의 면적面積은 식式 ②에 의해 구해진다. 그러므로 영역의 면적은 ②에서처럼 극좌표에 의한 중적분으로 나타낼 수 있고, 중적분의 값은 보통의 방법에서처럼 반복적분反復積分으로 계산할 수 있다.

예 1 x축 윗부분에 있는 영역 F는 왼쪽으로 직선 $y=-x$, 오른쪽으로는 곡선

$$C=\left\{(x,y):x^2+y^2=3\sqrt{x^2+y^2}-3x\right\}$$

]으로 둘러싸여 있다([그림 7-14]). F의 면적을 구하라.

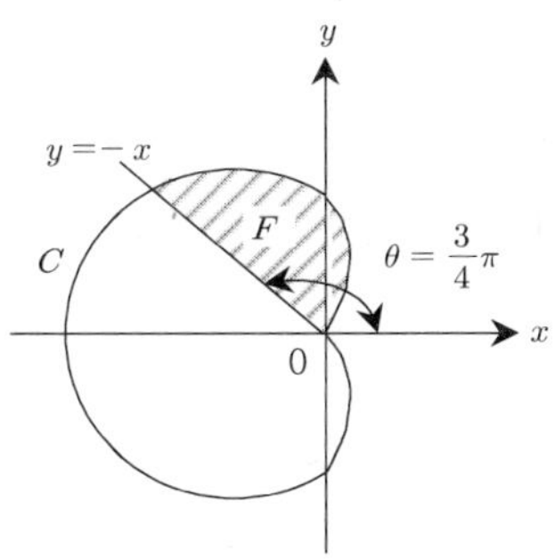

▮ 그림 7-14 ▮

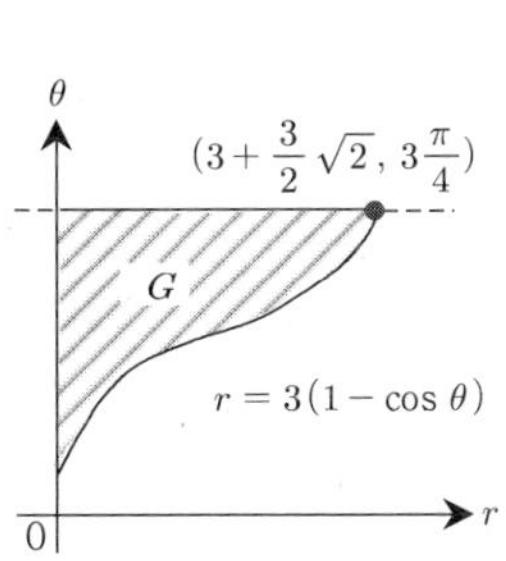

▮ 그림 7-15 ▮

풀이 영역을 도시하기 위해 극좌표를 도입하자. 곡선 C는 심장형 $r=3(1-\cos\theta)$이고 직선 $y=-x$는 반직선 $\theta=\frac{3}{4}\pi$이다. [그림 7-14]에 있는 영역 F는 $r\theta$ 평면에 있는 다음 집합 G의 사상 ①에 의한 상像이다.

$$G=\left\{(r,\theta):0\le r\le 3(1-\cos\theta),0\le\theta\le\frac{3}{4}\pi\right\}.$$

그러므로 면적 $A(F)$는 다음과 같다.

$$\begin{aligned}A(F)&=\iint_F dA_{x,y}=\iint_G r\,dA_{r,\theta}\\&=\int_0^{\frac{3}{4}\pi}\int_0^{3(1-\cos\theta)} r\,dr\,d\theta\\&=\int_0^{\frac{3}{4}\pi}\frac{1}{2}\left[r^2\right]_0^{3(1-\cos\theta)}d\theta\\&=\frac{9}{2}\int_0^{\frac{3}{4}\pi}(1-\cos\theta)^2\,d\theta\\&=\frac{9}{8}\left(\frac{9}{2}\pi-4\sqrt{2}-1\right).\end{aligned}$$

정리 1 F와 G는 사상 $x=r\cos\theta$, $y=r\sin\theta$에 따라 관계된 영역이고, $f(x,y)$는 F 위에서 연속連續이다. 그러면 함수 $g(r,\theta)=f(r\cos\theta,r\sin\theta)$는 G에서 정의되고 연속連續이며

$$\iint_F f(x,y)\,dA_{x,y}=\iint_G g(r,\theta)\,r\,dA_{r,\theta}.$$

위 정리의 증명은 생략하기로 한다. [정리 1]의 식의 우변을 반복적분反復積分의 형태로 나타내면 다음과 같이 쓸 수 있다.

$$\iint_F f(x,y)\,dA_{x,y}=\iint_G g(r,\theta)\,r\,dr\,d\theta.$$

예 2 극좌표를 사용하여 $\iint\sqrt{x^2+y^2}\,dA_{x,y}$를 구하라.

여기서 영역 F는 원 $x^2+y^2=2x$의 내부이다.

풀이 영역 F는 다음으로 주어지는 집합 G의 상이다. 즉,

$$G=\left\{(r,\theta):-\frac{\pi}{2}\le\theta\le\frac{\pi}{2},\ 0\le r\le 2\cos\theta\right\}.\quad \text{([그림 7-17])}$$

그러므로

$$\iint_F f(x,y)\,dA_{x,y}=\iint_G g(r,\theta)\,r\,dA_{r,\theta}=\int_{-\frac{\pi}{2}}^{\frac{\pi}{2}}\int_0^{2\cos\theta} r^2\,dr\,d\theta$$

$$=\int_{-\frac{\pi}{2}}^{\frac{\pi}{2}}\frac{8}{3}\cos^3\theta\,d\theta=\frac{16}{3}\int_0^{\frac{\pi}{2}}(1-\sin^2\theta)\cos\theta\,d\theta$$

$$=\frac{32}{9}.$$

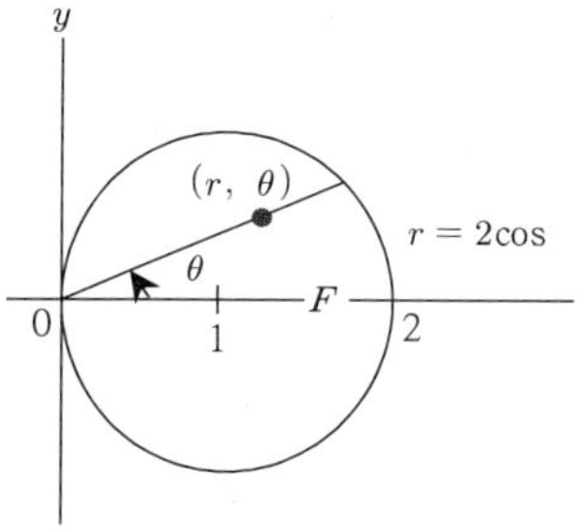

▮ 그림 7-16 ▮

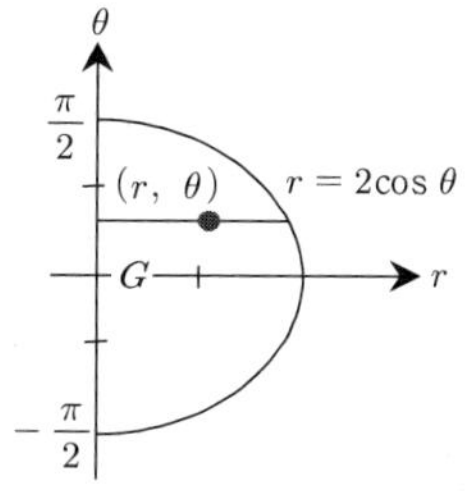

▮ 그림 7-17 ▮

연습문제

1. 다음 적분積分을 극좌표를 사용하여 구하라.

❶ $\displaystyle\int_0^2\int_0^{\sqrt{4-y^2}}\sqrt{x^2+y^2}\,dx\,dy$

❷ $\displaystyle\int_{-2}^2\int_{-\sqrt{4-x^2}}^{\sqrt{4-x^2}}e^{-(x^2+y^2)}\,dy\,dx$

❸ $\displaystyle\int_{-\sqrt{\pi}}^{\sqrt{\pi}}\int_{-\sqrt{x-y^2}}^{\sqrt{x-y^2}}\sin(x^2+y^2)\,dx\,dy$

④ $\int_0^4 \int_{-\sqrt{4x-x^2}}^{\sqrt{4x-x^2}} \sqrt{x^2+y^2}\, dy\, dx$

⑤ $\int_{-2}^2 \int_{2-\sqrt{4-x^2}}^{2+\sqrt{4-x^2}} \sqrt{16-x^2-y^2}\, dy\, dx$

⑥ $\int_0^2 \int_0^x (x^2+y^2)\, dy\, dx$

⑦ $\int_0^1 \int_y^{\sqrt{y}} (x^2+y^2)^{-\frac{1}{2}}\, dx\, dy$

2. 극좌표를 사용하여 다음 영역의 면적을 구하라.

① 원 $x^2+y^2-8y=0$의 내부와 원 $x^2+y^2=9$의 외부로 된 영역

② 영역 $F=\left\{(x,y) : \frac{1}{4}y^2 \le x \le 2y, 0 \le y \le 8\right\}$

③ 곡선 $(x^2+y^2)^3=16x^2$의 내부로 된 영역

3. S의 체적을 구하라.

① S는 곡면 $z=0$, $2z=x^2+y^2$, $x^2+y^2=4$로 둘러싸인 영역

② S는 원추 $z^2=x^2+y^2$과 원주면 $x^2+y^2=4$로 둘러싸인 영역

③ S는 원추 $z^2=x^2+y^2$의 윗 부분과 구면 $x^2+y^2+z^2=a^2$의 내부로 된 영역

④ S는 원추 $z^2=x^2+y^2$과 원주면 $x^2+y^2-2y=0$로 둘러싸인 영역

⑤ S는 구면 $x^2+y^2+z^2=4$와 원주면 $x^2+y^2=2x$로 둘러싸인 영역

⑥ S는 원추 $z^2=x^2+y^2$와 포물면 $3z=x^2+y^2$로 둘러싸인 영역

⑦ S는 곡면 $z=0$, $2z=x^2+y^2$, $2y=x^2+y^2$로 둘러싸인 영역

⑧ S는 원주면 $x^2+y^2=4$와 쌍곡면 $x^2+y^2-z^2=1$로 둘러싸인 영역

⑨ S는 원추 $z^2=x^2+y^2$와 원주면 $r=1+\cos\theta$로 둘러싸인 영역

⑩ S는 곡면 $z=x$와 $2z=x^2+y^2$로 둘러쌍 영역

⑪ S는 곡면 $z^2=x^2+y^2$와 $y=0$, $y=x$, $x=a$로 둘러싸인 영역

⑫ S는 곡면 $z^2=x^2+y^2$와 $x-2z+2=0$로 둘러싸인 영역

4. 모든 r, θ에 대해 $g(r,\theta)=g(r,-\theta)$이고 F는 x 축에 대하여 대칭인 영역이라고 하자. 또 F_0는 F의 x 축 윗부분이라고 하자. 이 때 다음 식이 성립함을 보여라.

$$\iint_F g(r,\theta)\, r\, dr\, d\theta = 2\iint_{F_0} g(r,\theta)\, r\, dr\, d\theta$$

7.5 삼중적분三重積分

삼중적분三重積分의 정의는 중적분重積分의 정의와 같다. 좌표평면에 평행인 평면으로 3차원 공간3次元 空間의 부피가 V인 입체立體 R을 분할하여 직육면체直六面體의 상자로 만들어 이 상자를 B_1, B_2, $\cdots$, B_n이라 하자. 상자 B_i의 부피를 $V(B_i)$로 나타내고 B_i에 있는 점 $P_i(\xi_i, \eta_i, \zeta_i)$를 선택하자.

합

$$\sum_{i=1}^{n} f(\xi_i, \eta_i, \zeta_i)\; V(B_i) \qquad ①$$

은 삼중적분三重積分의 근삿값이다. 상자 B_1, B_2, $\cdots$, B_n 중 대각선의 길이가 최대인 것을 분할分割의 노름이라고 한다. 임의로 택한 P_i에 대해 분할의 노름이 0으로 갈 때 위 합 ①이 어떤 극한값에 가까이 가면, 우리는 이 극한값을 R상의 f의 삼중적분三重積分이라고 하고, 이 극한값을 다음과 같이 나타낸다.

$$\iiint_R f(x,y,z)\,dV.$$

중적분重積分이 두 번의 반복적분反復積分과 같은 것과 마찬가지로 삼중적분三重積分은 반복적분反復積分을 세 번 한 값과 같다. R이 직육면체直六面體인 경우의 삼중적분三重積分은

$$\iiint_R f(x,y,z)\,dV = \int_{a_0}^{a_1}\left\{\int_{b_0}^{b_1}\left[\int_{c_0}^{c_1} f(x,y,z)\,dz\right]dy\right\}dx\,.$$

또 영역 S가 평면 $x=a_0$, $x=a_1$, $y=b_0$, $y=b_1$과 곡면 $z=r(x,y)$, $z=s(x,y)$로 둘러싸여 있다면, 삼중적분三重積分은 직육면체直六面體 R의 경우와 같은 방법으로 정의된

다. 즉,

$$\iiint_R f(x, y, z)\, dV = \int_{a_0}^{a_1} \left\{ \int_{b_0}^{b_1} \left[\int_{r(x,y)}^{s(x,y)} f(x, y, z)\, dz \right] dy \right\} dx\,.$$

정리 1 S가 다음 부등식으로 정의된 영역이라고 하자.

$$S = \{ (x, y, z) \in \mathbb{R}^3 : a \le x \le b,\ p(x) \le y \le q(x),\ r(x,y) \le z \le s(x,y) \}$$

여기서 p, q, r, s는 연속이다. f가 S에서 연속함수連續函數이면,

$$\iiint_S f(x, y, z)\, dV = \int_a^b \left\{ \int_{p(x)}^{q(x)} \left[\int_{r(x,y)}^{s(x,y)} f(x, y, z)\, dz \right] dy \right\} dx.$$

위 정리의 증명은 생략하기로 한다.

반복적분反復積分은 적분하고자 하는 변수를 제외한 모든 변수는 상수로 고정하고 차례로 적분한다. 다중적분多重積分에서 괄호는 혼돈할 염려가 없으면 생략해도 좋다.

예 1 $\iiint_S xy\cos yz\, dx\,dy\,dz$를 계산하라.

여기서 S는 직육면체 $\left\{(x, y, z) : 0 \le x \le 1,\ 0 \le y \le 1,\ 0 \le z \le \frac{\pi}{2}\right\}$.

풀이

$$\begin{aligned}
\iiint_S xy\cos yz\, dx\,dy\,dz &= \int_0^1\int_0^1\int_0^{\frac{\pi}{2}} xy\cos yz\, dz\,dy\,dx \\
&= \int_0^1\int_0^1 \left\{ xy\cdot\frac{1}{y}\sin yz \,\Big|_0^{\frac{\pi}{2}} \right\} dy\,dx \\
&= \int_0^1\int_0^1 x\sin\left(\frac{\pi}{2}y\right) dy\,dx \\
&= \int_0^1 \left\{ -\frac{2}{\pi}x\cos\frac{\pi}{2}y \,\Big|_0^1 \right\} dx \\
&= \int_0^1 \frac{2}{\pi}x\, dx \\
&= \frac{x^2}{\pi}\Big|_0^1 \\
&= \frac{1}{\pi}\,.
\end{aligned}$$

예 2 다음 반복적분反復積分을 계산하라.

$$\int_0^3 \int_0^{6-2z} \int_0^{4-\frac{2}{3}y-\frac{4}{3}z} yz\, dx\, dy\, dz$$

풀이 $\int_0^3 \int_0^{6-2z} \int_0^{4-\frac{2}{3}y-\frac{4}{3}z} yz\, dx\, dy\, dz$

$= \int_0^3 \int_0^{6-2z} [\, xyz\,]_0^{4-\frac{2}{3}y-\frac{4}{3}z} dy\, dz$

$= \int_0^3 \int_0^{6-2z} yz\left(4-\frac{2}{3}y-\frac{4}{3}z\right) dy\, dz$

$= \int_0^3 \left[2zy^2 - \frac{2}{9}zy^3 - \frac{2}{3}y^2z^2 \right]_0^{6-2z} dz$

$= \int_0^3 \left[\left(2z-\frac{2}{3}z^2\right)(6-2z)^2 - \frac{2}{9}z(6-2z)^3 \right] dz$

$= \frac{1}{9} \int_0^3 z(6-2z)^3\, dz = \frac{54}{5}.$

예 3 $\iiint_S x\, dV$를 계산하라.

여기서 S는 곡면 $y=x^2$, $y=x+2$, $4z=x^2+y^2$, $z=x+3$으로 둘러싸인 영역이다.

풀이 삼중적분三重積分을 반복적분反復積分으로 바꾸기 위해 적분積分 한계를 정하자. 영역 S는 [그림 7-18]과 같다. S의 xy 평면에의 정사영正射影은 [그림 7-19]와 같이 곡선 $y=x^2$, 직선 $y=x+2$로 둘러싸인 영역 F이다.

$F = \{(x,y) : -1 \le x \le 2,\, x^2 \le y \le x+2\},$

$S = \left\{(x,y,z) : -1 \le x \le 2,\, x^2 \le y \le x+2,\, \frac{1}{4}(x^2+y^2) \le z \le x+3\right\},$

따라서

$$\iiint_S x\, dV = \int_{-1}^2 \int_{x^2}^{x+2} \int_{\frac{x^2+y^2}{4}}^{x+3} x\, dz\, dy\, dx = \frac{837}{160}.$$

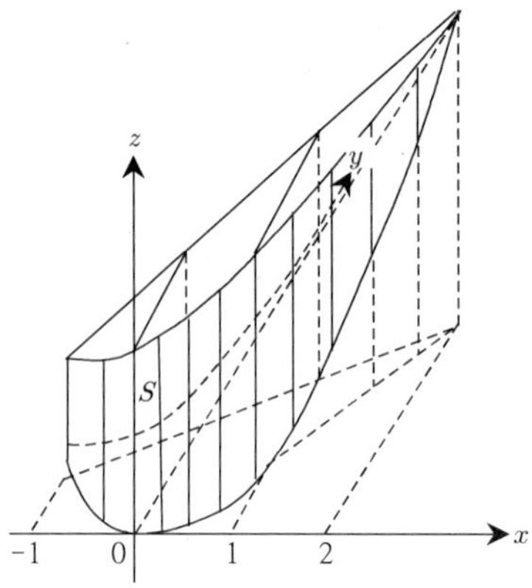

▮ 그림 7-18 ▮

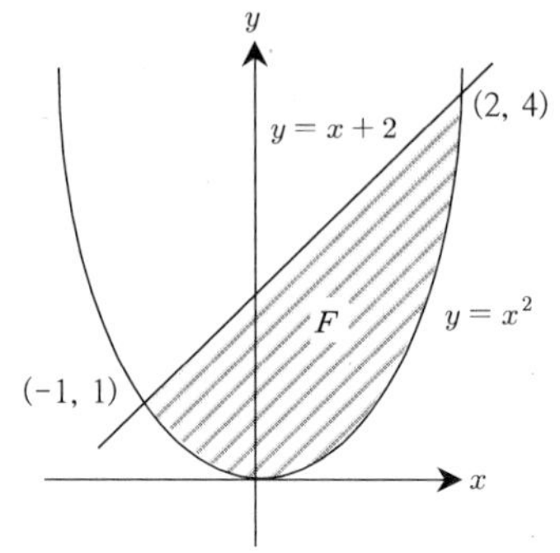

▮ 그림 7-19 ▮

연습문제

1. S가 곡면 $z=0$, $z=x$, $y^2=4-2x$, $x=0$로 둘러싸인 영역일 때, 삼중적분三重積分

$$\iiint_S f(x, y, z)\, dV$$

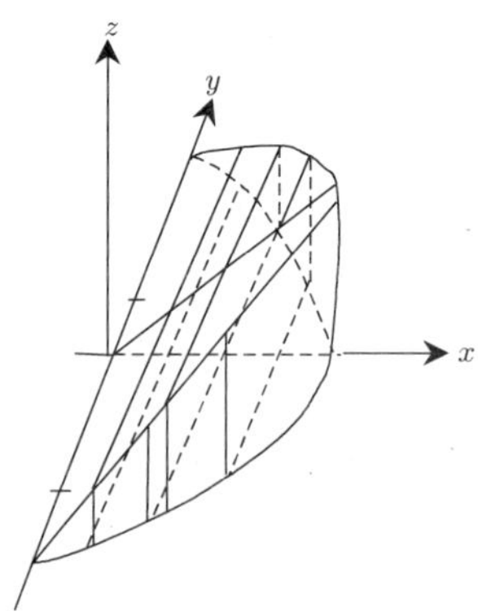

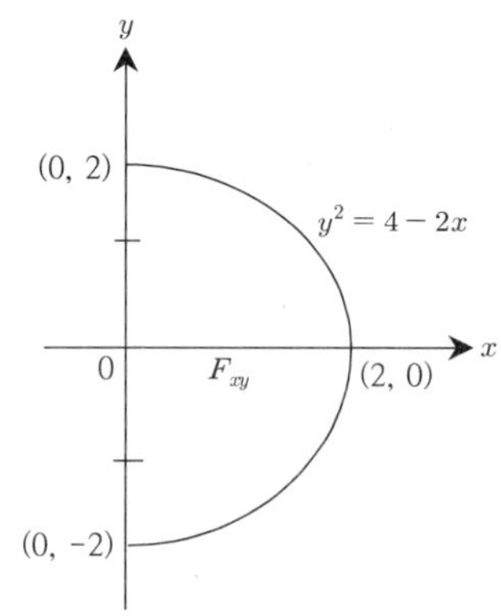

를 여섯 가지의 서로 다른 반복적분反復積分으로 나타내라([그림 7-20] 참조).

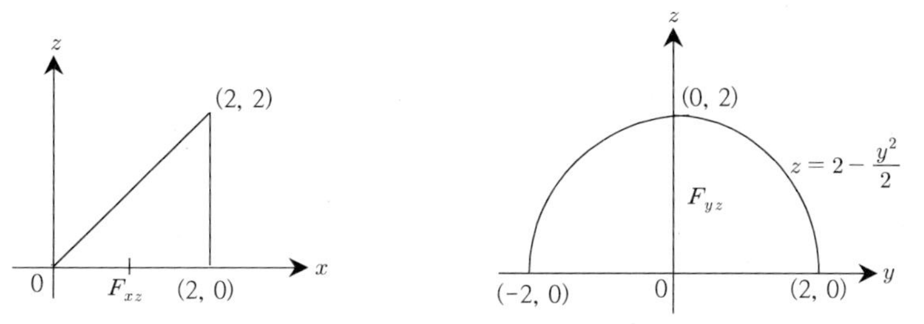

▮ 그림 7–20 ▮

2. 영역 S가 다음과 같이 주어져 있을 때,

$$\iiint_S f(x, y, z)\, dV$$

를 구하라.

❶ $z=0,\ y=0,\ y=x,\ x+y=2,\ x+y+z=3,\ f(x,y,z)=x$

❷ $x=0,\ x=\sqrt{a^2-y^2-z^2},\ f(x,y,z)=x$

❸ $z=0,\ x^2z=1,\ y^2+z=1,\ \ f(x,y,z)=z^2$

❹ $x^2+z^2=a^2,\ y^2+z^2=a^2,\ f(x,y,z)=x^2+y^2$

❺ $x=0,\ y=0,\ z=0,\ \dfrac{x}{a}+\dfrac{y}{b}+\dfrac{z}{c}=1\ (a,b,c>0),\ f(x,y,z)=z$

❻ $y=z^2,\ y^2=z,\ x=0,\ x=y-z^2,\ f(x,y,z)=y+z^2$

❼ $x=0,\ y=0,\ z=0,\ x^{\frac{1}{2}}+y^{\frac{1}{2}}+z^{\frac{1}{2}}=a^{\frac{1}{2}},\ f(x,y,z)=z$

❽ $x=0,\ y=0,\ z=0,\ y^2=4-z,\ x=y+2,\ f(x,y,z)=x^2,\ y\geq 0$

❾ $z=x^2+y^2,\ z=27-2x^2-2y^2,\ f(x,y,z)=1$

❿ $z^2=4ax,\ x^2+y^2=2ax,\ f(x,y,z)=1$

3. 다음 반복적분反復積分을 계산하라. 또 적분영역 S를 집합으로 표시하라.

❶ $\displaystyle\int_0^1\int_0^x\int_0^{x-y} x\, dy\, dx$

❷ $\displaystyle\int_{-1}^1\int_0^{1-y^2}\int_{-\sqrt{x}}^{\sqrt{x}} 2y^2\sqrt{x}\, dz\, dx\, dy$

❸ $\int_0^2 \int_{y^2}^{\sqrt{y}} \int_0^{y+z} xy\, dx\, dz\, dy$

❹ $\int_0^4 \int_0^{\sqrt{16-x^2}} \int_0^{\sqrt{16-x^2-y^2}} (x+y+z)\, dz\, dy\, dx$

❺ $\int_0^2 \int_0^{\sqrt{4-x^2}} \int_0^{2-z} z\, dx\, dy\, dz$

❻ $\int_0^1 \int_0^x \int_0^y \frac{1+\sqrt[3]{z}}{\sqrt{z}}\, dz\, dy\, dx$

7.6 $\mathbb{R}^3$에 있는 영역領域의 질량質量, 주면좌표柱面座標와 구면좌표球面座標에서의 삼중적분三重積分

삼중적분三重積分의 정의에서 $f(x, y, z)=1$이면 영역 S위에서의 삼중적분三重積分은 S의 체적體積 $V(S)$이다. 또 어떤 물체가 차지하는 영역이 S이고, 임의의 점에서의 밀도密度가 $\delta(x, y, z)$로 주어져 있으면, 전체질량全體質量 $m(S)$는 다음의 삼중적분三重積分으로 주어진다.

$$m(S) = \iiint_S \delta(x, y, z)\, dV.$$

예 1 제1팔분면第一八分面에 있는 영역 S는 다음 곡면曲面으로 둘러싸여 있다.

$z = 4 - x^2 - y^2,\ z = 0,\ x + y = 2,\ x = 0,\ y = 0$

밀도密度 $\delta(x, y, z)=2z$로 주어져 있을 때, 총 질량을 구하라.

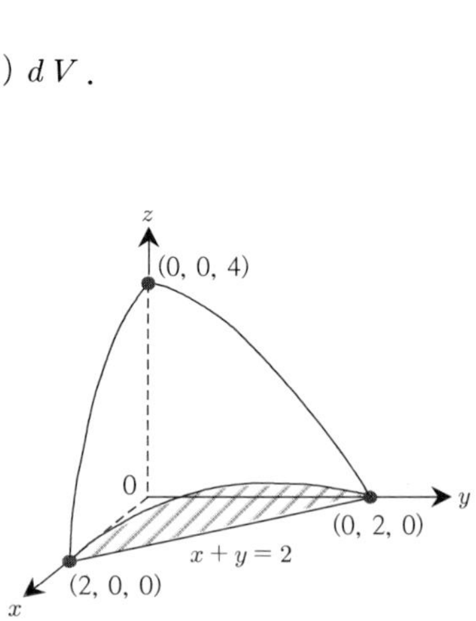

▮ 그림 7-21 ▮

풀이 $m(S) = \iiint_S 2z\, dV$

$= 2\int_0^2 \int_0^{2-x} \int_0^{4-x^2-y^2} z\, dz\, dy\, dx$

$$= \frac{704}{45}.$$

중적분重積分 중에서 어떤 것은 극좌표極座標를 이용하면 계산하기가 쉬운 것이 있다는 것을 알았다. 유사하게 삼중적분三重積分에서도 직교좌표直交座標에서는 계산하기 어려우나, 다른 좌표계로 변환하면 적분이 간편해지는 것이 있다. 그 중에서도 주로 주면좌표柱面座標와 구면좌표球面座標로 변환한다. 주면좌표는 평면은 극좌표極座標로 z축은 직교좌표계直交座標系로 되어 있다. 즉, 직교좌표에서 주면좌표로의 변환變換은

$$x = r\cos\theta,\quad y = r\sin\theta,\quad z = z. \qquad ①$$

(x, y, z)공간에서의 영역 S는 (r, θ, z)공간에서의 영역 V에 해당된다. S의 체적 $V(S)$는 (r, θ, z)공간에서 삼중적분三重積分인 다음 식에 의해 구할 수 있다([그림 7-22] 참조).

$$V(S) = \iiint_S r\, dV_{r\theta z}$$

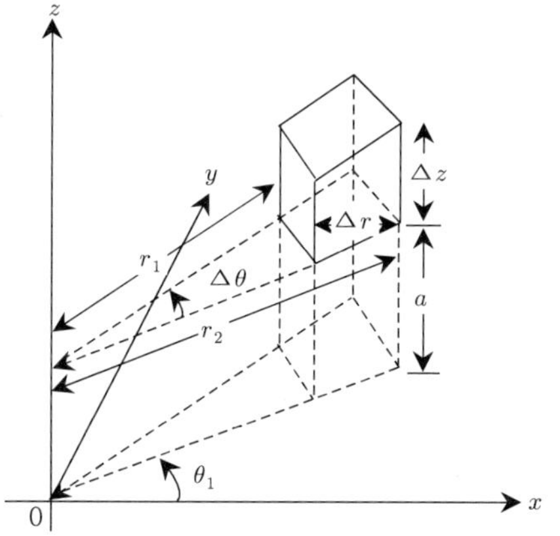

▮ 그림 7-22 ▮

일반적으로 $f(x, y, z)$가 연속함수連續函數이고,

$$g(r, \theta, z) = f(r\cos\theta, r\sin\theta, z)$$

로 정의하면 다음 관계식을 얻는다. 즉,

$$\iiint_S f(x, y, z)\, dV = \iiint_V g(r, \theta, z)\, r\, dV_{r\theta z}.$$

주면좌표에서의 삼중적분三重積分도 반복적분反復積分에 의해서 계산된다. 즉,

$$\iiint g(r, \theta, z)\, r\, dV_{r\theta z} = \iiint g(r, \theta, z)\, r\, dr\, d\theta\, dz.$$

예 2 밀도 $\delta = k\sqrt{x^2+y^2}$일 때, 주면 $x^2+y^2=ax$의 원추 $z^2=x^2+y^2$로 둘러싸인 영역의 질량을 구하라.

풀이 주면좌표로 바꾸면, 주면은 $r = a\cos\theta$, 원추는 $z^2=r^2$, 밀도는 $\delta = kr$이다. 직교 좌표계에서의 영역 S에 해당하는 주면좌표계의 영역 U는 다음과 같다.

$$U = \left\{(r, \theta, z) : 0 \le r < a\cos\theta,\ -\frac{\pi}{2} \le \theta \le \frac{\pi}{2},\ -r \le z \le r\right\}.$$

따라서

$$\begin{aligned} m(S) &= \iiint_S k\sqrt{x^2+y^2}\, dV_{xyz} = k\iiint_V r^2\, dV_{r\theta z} \\ &= k\int_{-\frac{\pi}{2}}^{\frac{\pi}{2}}\int_0^{a\cos\theta}\int_{-r}^{r} r^2\, dz\, dr\, d\theta \\ &= \frac{3k\pi a^4}{16}. \end{aligned}$$

직교좌표直交座標에서 구면좌표球面座標로의 변환變換은 다음 방정식으로 주어진다.

$$x = \rho\cos\theta\sin\phi,\quad y = \rho\sin\theta\sin\phi,\quad z = \rho\cos\phi. \qquad ②$$

영역領域 V가 다음과 같이 주어지면, V는 (ρ, θ, ϕ)공간에서는 직육면체에 해당된다.

$$V = \{(\rho, \theta, \phi) : \rho_1 \le \rho \le \rho_2,\ \theta_1 \le \theta \le \theta_2,\ \phi_1 \le \phi \le \phi_2\}.$$

변환 ②에 의해 V에 대응하는 (x, y, z)공간에 있는 영역 S의 체적을 구하자.

[그림 7-23]에서처럼 영역 S는 두 구면 $\rho=\rho_1$과 $\rho=\rho_2$ 사이와 두 평면 $\theta=\theta_1$, $\theta=\theta_2$ 사이와 두 원추면 $\phi=\phi_1$, $\phi=\phi_2$ 사이의 영역이다. 다시 말하

면, 영역 S는 $x\,z$ 평면 상의 영역 F([그림 7-24]에서의 $ABCD$)를 $\Delta\theta = \theta_2 - \theta_1$ 만큼 이동시킨 것이다. 그러므로

$$V(S) = \Delta\theta \iint_F x\, dA_{zx}.$$

$\rho,\ \phi$ 는 $z\,x$ 평면에서 극좌표이므로

$$x = \rho \sin\phi, \quad dA_{zx} = \rho\, dA_{\rho\phi} = \rho\, d\rho\, d\phi.$$

그러므로

$$\begin{aligned} V(S) &= \Delta\theta \int_{\phi_1}^{\phi_2}\int_{\rho_1}^{\rho_2} \rho^2 \sin\phi\, d\rho\, d\phi \\ &= \int_{\theta_1}^{\theta_2}\int_{\phi_1}^{\phi_2}\int_{\rho_1}^{\rho_2} \rho^2 \sin\phi\, d\rho\, d\phi\, d\theta \\ &= \iiint_V \rho^2 \sin\phi\, dV_{\rho\theta\phi}. \end{aligned}$$

일반적으로 $f(x, y, z)$가 S에서 연속이고,

$$g(\rho, \theta, \phi) = f(\rho\cos\theta\sin\phi,\ \rho\sin\theta\sin\phi,\ \rho\cos\phi)$$

이면, f의 삼중적분三重積分은 다음과 같이 바뀐다.

$$\iiint_S f(x, y, z)\, dV_{xyz} = \iiint_V g(\rho, \theta, \phi)\, \rho^2 \sin\phi\, dV_{\rho\theta\phi}.$$

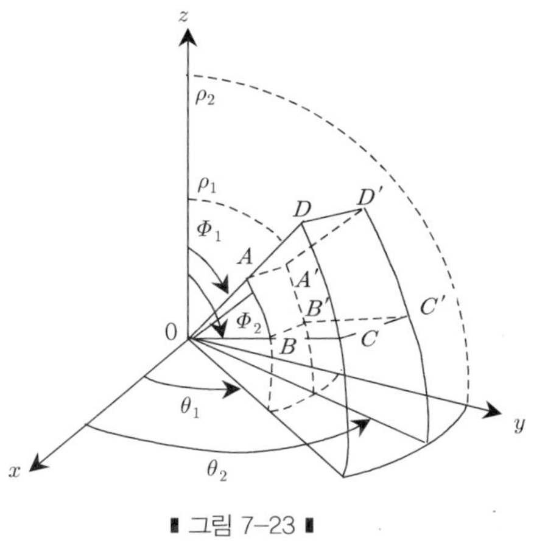

▮ 그림 7-23 ▮

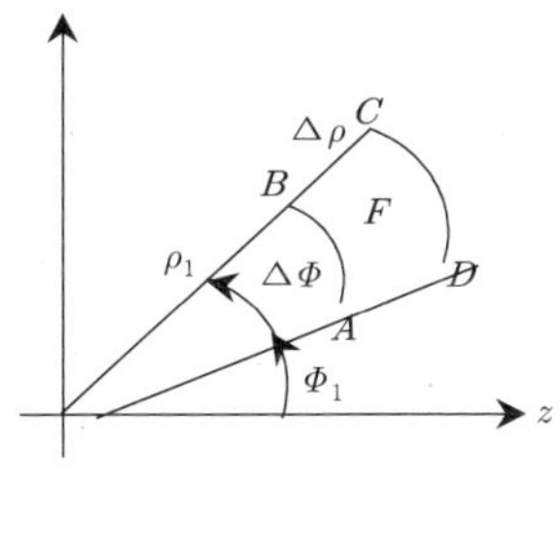

▮ 그림 7-24 ▮

예 3 원추圓錐 $z^2=x^2+y^2$의 윗 부분과 구면球面 $x^2+y^2+z^2=2az$의 내부로 된 영역領域의 체적을 구하라.

풀이 구면좌표球面座標에서 원추圓錐와 구면球面은 각각 $\phi=\frac{\pi}{4}$, $\rho=2a\cos\phi$ 이다. 그러므로

$$V(S)=\iiint_S dV_{xyz}=\iiint_V \rho^2\sin\phi\, dV_{\rho\theta\phi}$$

$$=\int_0^{\frac{\pi}{4}}\int_0^{2a\cos\phi}\int_0^{2\pi}\rho^2\sin\phi\, d\theta\, d\rho\, d\phi$$

$$=\pi a^3.$$

연습문제

다음 곡면曲面으로 둘러싸인 영역領域의 질량을 구하라(단, δ는 밀도이다).

1. $z^2=x^2+y^2$, $x^2+y^2+z^2=a^2$, 원추면圓錐面의 위, $\delta=$상수
2. 평행육면체平行六面體 $x=-a$, $x=a$, $y=-b$, $y=b$, $z=-c$, $z=c$, $\delta=k(x^2+y^2+z^2)$
3. $x^2+y^2=az$, $x^2+y^2+z^2=2az$, 포물면의 위, δ는 상수
4. $2z=x^2+y^2$, $z=2x$, $\delta=k\sqrt{x^2+y^2}$
5. $z^2=x^2+y^2$, $x^2+y^2+z^2=2ax$, $\delta=$상수, 원추면圓錐面의 위
6. $x^2+y^2+z^2=a^2$의 내부, $\delta=k(x^2+y^2+z^2)^n$, n은 양의 정수
7. $x^2+y^2+z^2=a^2$, $r^2=a^2\cos 2\theta$ (주면좌표柱面座標), δ는 상수
8. $z^2=x^2+y^2$, $(x^2+y^2)^2=a^2(x^2-y^2)$, $\delta=k\sqrt{x^2+y^2}$
9. $x^2+y^2=a^2$, $x^2+y^2+z^2=4a^2$, $\delta=kz^2$, 주면柱面의 외부

7.7 변수의 변환: 야코비안

$\int_a^b f(x)dx$의 경우 $x=g(u)$로 놓으면 $dx=g'(u)du$가 되어 다음을 얻는다.

$$\int_a^b f(x)\,dx = \int_c^d f(g(u))g'(u)\,du \quad (a=g(c),\, b=g(d)).$$

이 과정에서 $g'(u)$가 첨가되었음을 알 수 있다.

이변수 함수의 경우도 다음이 성립함을 보이려고 한다.

$$\iint_R f(x,y)\,dA = \iint_S f(g(u,v),h(u,v))\left(\frac{\partial x}{\partial u}\frac{\partial y}{\partial v}-\frac{\partial y}{\partial u}\frac{\partial x}{\partial v}\right)du\,dv\,.$$

$x=g(u,v)$, $y=h(u,v)$라면 x, y의 u, v에 관한 야코비안 또는 야코비Jacobian 행렬식은 $\frac{\partial(x,y)}{\partial(u,v)}$로 표시하고 다음과 같이 정의된다.

$$\frac{\partial(x,y)}{\partial(u,v)} = \begin{vmatrix} \frac{\partial x}{\partial u} & \frac{\partial x}{\partial v} \\ \frac{\partial y}{\partial u} & \frac{\partial y}{\partial v} \end{vmatrix} = \frac{\partial x}{\partial u}\frac{\partial y}{\partial v}-\frac{\partial y}{\partial u}\frac{\partial x}{\partial v}.$$

예 1 $x=r\cos\theta$, $y=r\sin\theta$의 야코비안은 다음과 같다.

$$\frac{\partial(x,y)}{\partial(r,\theta)} = \begin{vmatrix} \cos\theta & -r\sin\theta \\ \sin\theta & r\cos\theta \end{vmatrix} = r\,.$$

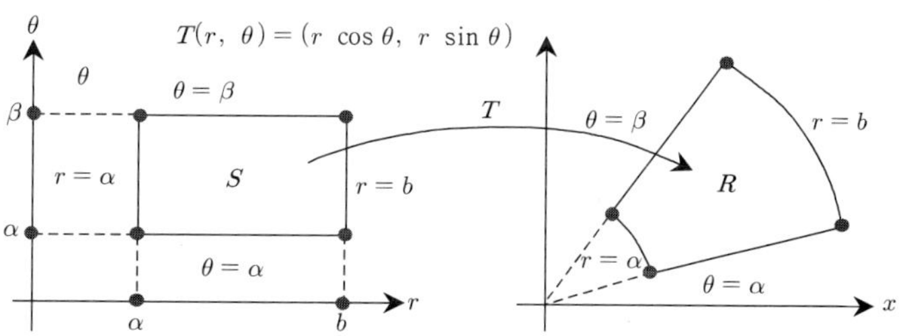

▮ 그림 7-25 ▮

7.4절의 내용에 의하여 다음이 성립한다.

$$\iint_R f(x, y)\, dA = \iint_S f(r\cos\theta, r\sin\theta)\, r\, dr\, d\theta \quad (r > 0)$$
$$= \iint_S f(r\cos\theta, r\sin\theta) \left| \frac{\partial(x, y)}{\partial(r, \theta)} \right| dr\, d\theta$$

이고, S와 R은 [그림 7-25]에 표시되어 있다.

다음 정리는 이중적분의 변수변환에 관한 정리이다.

정리 1 R과 S는 각각 xy, uv 평면 상의 영역이라 하고, R의 각 점 (x, y)는 S의 오직 한 점 (u, v)를 $x = g(u, v)$, $y = h(u, v)$에 의한 사상寫像, mapping으로부터 얻어진다고 하자. f가 R에서 연속이고 g와 h가 S에서 연속連續인 편도함수偏導函數들을 가지며 S에서 $\dfrac{\partial(x, y)}{\partial(u, v)} \neq 0$이면, 다음이 성립한다.

$$\iint_R f(x, y)\, dA = \iint_S f(g(u, v), h(u, v)) \left| \frac{\partial(x, y)}{\partial(u, v)} \right| du\, dv.$$

증명 S를 다음 [그림 7.26]에서와 같이 잡으면 다음을 얻는다.

$M = (g(u, v), h(u, v))$, $N = (g(u+\Delta u, v), h(u+\Delta u, v))$,

$P = (g(u+\Delta u, v+\Delta v), h(u+\Delta u, v+\Delta v))$,

$Q = (g(u, v+\Delta v), h(u, v+\Delta v))$.

충분히 작은 Δu, Δv에 대해 R의 ΔA은 다음과 같다.

$$\Delta A \fallingdotseq \| \overrightarrow{MN} \times \overrightarrow{MQ} \|.$$

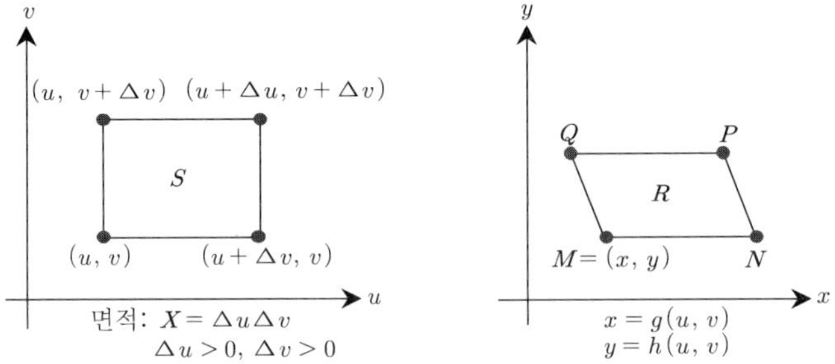

▮ 그림 7-26 ▮

또, 충분히 작은 Δu, Δv에 대해 다음이 성립한다.

$$g_u(u, v) \fallingdotseq \frac{g(u+\Delta u, v)-g(u, v)}{\Delta u},$$

$$h_u(u, v) \fallingdotseq \frac{h(u+\Delta u, v)-h(u, v)}{\Delta u}.$$

그리고 결과적으로 다음을 얻는다.

$$\begin{aligned}\overrightarrow{MN} &= [\,g(u+\Delta u, v)-g(u, v)\,]\,\boldsymbol{i}+[\,h(u+\Delta u, v)-h(u, v)\,]\,\boldsymbol{j}\\ &\fallingdotseq [\,g_u(u, v)\Delta u\,]\,\boldsymbol{i}+[\,h_u(u, v)\Delta u\,]\,\boldsymbol{j}\\ &= \frac{\partial x}{\partial u}\,\Delta u\,\boldsymbol{i}+\frac{\partial y}{\partial u}\,\Delta u\,\boldsymbol{j}.\end{aligned}$$

이와 유사하게 다음을 얻는다.

$$\overrightarrow{MQ} = \frac{\partial x}{\partial v}\,\Delta v\,\boldsymbol{i}+\frac{\partial y}{\partial v}\,\Delta v\,\boldsymbol{j}.$$

따라서 다음이 성립한다.

$$\overrightarrow{MN}\times\overrightarrow{MQ} \fallingdotseq \begin{vmatrix} \boldsymbol{i} & \boldsymbol{j} & \boldsymbol{k} \\ \dfrac{\partial x}{\partial u}\Delta u & \dfrac{\partial y}{\partial u}\Delta u & 0 \\ \dfrac{\partial x}{\partial v}\Delta v & \dfrac{\partial y}{\partial v}\Delta v & 0 \end{vmatrix} = \begin{vmatrix} \dfrac{\partial x}{\partial u} & \dfrac{\partial x}{\partial v} \\ \dfrac{\partial y}{\partial u} & \dfrac{\partial y}{\partial v} \end{vmatrix}\,\Delta u\,\Delta v.$$

마지막으로, Δu와 Δv가 0에 접근할 때

$$dA = \left|\frac{\partial(x, y)}{\partial(u, v)}\right|\,du\,dv$$

이므로 증명되었다.

예 2 R이 다음 [그림 7-27]에서와 같이 직선 $x-2y=0$, $x-2y=-4$, $x+y=4$, $x+y=1$에 의해 만들어진 영역일 때, $\iint_R 3xy\,dA$를 계산하라.

풀이 $u=x+y$, $v=x-2y$로 치환하면 [그림 7-28]과 같이 S가 직사각형이 되고, 이것을 x, y에 관하여 풀면 $x=\frac{1}{3}(2u+v)$, $y=\frac{1}{3}(u-v)$이다. 따라서 야코비안은 다음과 같다.

$$\frac{\partial(x, y)}{\partial(u, v)} = \begin{vmatrix} \frac{\partial x}{\partial u} & \frac{\partial x}{\partial v} \\ \frac{\partial y}{\partial u} & \frac{\partial y}{\partial v} \end{vmatrix} = \begin{vmatrix} \frac{2}{3} & \frac{1}{3} \\ \frac{1}{3} & -\frac{1}{3} \end{vmatrix} = -\frac{1}{3}.$$

따라서, [정리 1]에 의해 다음을 얻는다.

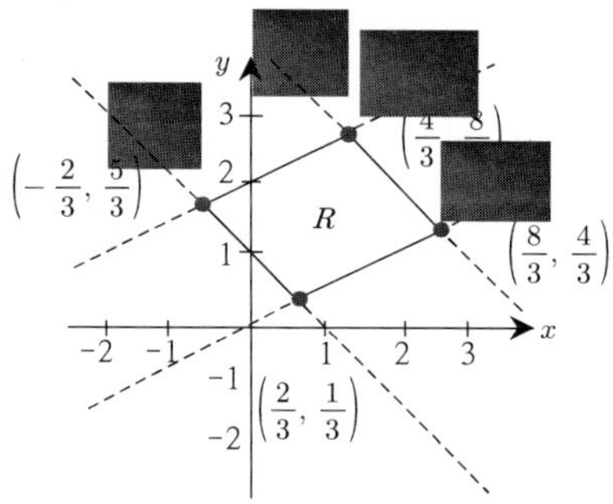

▮ 그림 7-27 ▮

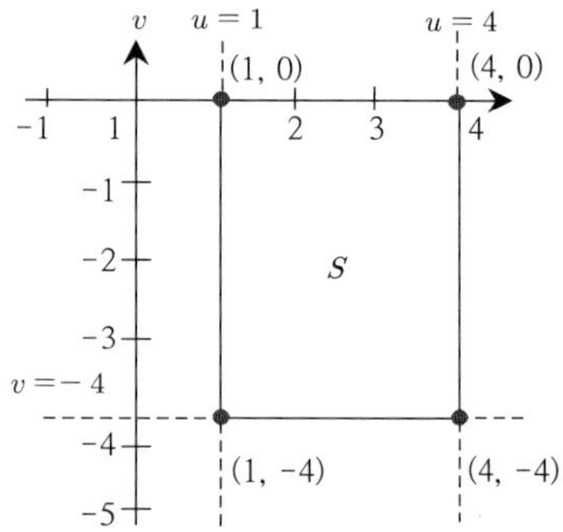

▮ 그림 7-28 ▮

$$\begin{aligned}
\iint_R 3xy\, dA &= \iint_S 3\left[\frac{1}{3}(2u+v)\cdot\frac{1}{3}(u-v)\right]\left|\frac{\partial(x, y)}{\partial(u, v)}\right| dv\, du \\
&= \int_1^4 \int_{-4}^0 \frac{1}{9}(2u^2 - uv - v^2)\, dv\, du \\
&= \frac{1}{9}\int_1^4 \left[2u^2 v - \frac{uv^2}{2} - \frac{v^3}{3}\right]_{-4}^0 du \\
&= \frac{1}{9}\int_1^4 \left(8u^2 + 8u - \frac{64}{3}\right) du \\
&= \frac{1}{9}\left[\frac{8u^3}{3} + 4u^2 - \frac{64}{3}u\right]_1^4 \\
&= \frac{164}{9}.
\end{aligned}$$

연습문제

다음의 변수 변환을 이용하여 이중적분을 계산하라.

❶ $\iint_R 48\,xy\,dx\,dy\,;\begin{cases} x=\dfrac{1}{2}(u+v) \\ y=\dfrac{1}{2}(u-v)\end{cases},$

R은 $(1,1)$, $(2,0)$, $(0,0)$, $(1,\ -1)$을 꼭짓점으로 하는 마름모.

❷ $\iint_R 4(x^2+y^2)\,dx\,dy\,;\begin{cases} x=\dfrac{1}{2}(u+v) \\ y=\dfrac{1}{2}(u-v)\end{cases},$

R은 $(0,1)$, $(1,0)$, $(0,\ -1)$, $(-1,0)$을 꼭짓점으로 하는 마름모.

❸ $\iint_R 4\,(x+y)\,e^{x-y}\,dy\,dx\,;\begin{cases} x=\dfrac{1}{2}(u+v) \\ y=\dfrac{1}{2}(u-v)\end{cases},$

R은 $(-1,1)$, $(1,1)$, $(0,0)$을 꼭짓점으로 하는 삼각형.

❹ $\iint_R \dfrac{\sqrt{x+y}}{x}\,dy\,dx\,;\begin{cases} x=u \\ y=uv\end{cases},$

R은 $(0,0)$, $(4,0)$, $(4,4)$를 꼭짓점으로 하는 삼각형.

■ 제 8 장 ■

선적분과 그린의 정리

제8장 선적분線積分과 그린의 정리

8.1 벡터장性質

일반적으로 벡터장은 정의역이 $\mathbb{R}^2$(혹은 $\mathbb{R}^3$)에 속하는 어떤 점들의 집합이고, 치역이 V_2(혹은 V_3)에 속하는 어떤 벡터들의 집합인 함수이다.

정의 1

D를 $\mathbb{R}^2$(평면영역)의 부분집합이라 하자. $\mathbb{R}^2$상의 벡터장은 D에 속하는 각각의 점 (x, y)에 대하여, 이차원 벡터 $\boldsymbol{F}(x, y)$를 대응시키는 함수 $\boldsymbol{F}$이다.

벡터장을 그리는 가장 좋은 방법은 점 (x, y)를 시점으로 하는 벡터 $\boldsymbol{F}(x, y)$를 나타내는 화살을 그리는 것이다. 물론, 모든 점 (x, y)에 대하여 그리는 것은 불가능하지만, D에 속하는 몇 개의 대표적인 점에 대하여 화살을 그림으로써 $\boldsymbol{F}$의 적절한 자취를 얻을 수 있다. $\boldsymbol{F}(x, y)$가 이차원 벡터이므로 성분함수 P와 Q로 다음과 같이 쓸 수 있다.

$$\boldsymbol{F}(x,y) = P(x,y)\boldsymbol{i} + Q(x,y)\boldsymbol{j} = (P(x,y),\, Q(x,y))$$

혹은, 간단하게

$$\boldsymbol{F} = P\boldsymbol{i} + Q\boldsymbol{j}.$$

P와 Q는 이변수의 스칼라함수들이고, 간혹 이들을 벡터장과 구분하기 위하여 스

칼라장scalar field이라 부른다.

정의 2

E가 $\mathbb{R}^3$의 부분집합이라 하자. $\mathbb{R}^3$상의 벡터장은 E에 속하는 각각의 점 (x, y, z)에 대하여, 삼차원 벡터 $\boldsymbol{F}(x, y, z)$를 대응시키는 함수 $\boldsymbol{F}$이다.

기울기장

f가 두 변수의 스칼라 함수이면 기울기gradient ∇f(또는 grad f)는

$$\nabla f(x, y) = f_x(x, y)\boldsymbol{i} + f_y(x, y)\boldsymbol{j}$$

임을 안다. 따라서 ∇f는 실로 $\mathbb{R}^2$상의 벡터장이며 기울기 벡터장이라 부른다. 같은 방법으로, f가 세 변수의 스칼라 함수이면, 그의 기울기는

$$\nabla f(x, y, z) = f_x(x, y, z)\boldsymbol{i} + f_y(x, y, z)\boldsymbol{j} + f_z(x, y, z)\boldsymbol{k}$$

로 주어지는 $\mathbb{R}^3$상의 벡터장이다.

벡터장 $\boldsymbol{F}$가 어떤 스칼라함수의 기울기일 때, 즉 $\boldsymbol{F} = \nabla f$ 되는 함수 f가 존재할 때, 이 $\boldsymbol{F}$를 보존적 벡터장conservative vector field이라 부른다. 이 경우에 f를 $\boldsymbol{F}$에 대한 잠재적 함수potential function라고 부른다.

연습문제

1. $f(x, y) = \ln(x + 2y)$의 기울기 벡터장을 구하여라.

2. $f(x, y, z) = \sqrt{x^2 + y^2 + z^2}$ 의 기울기 벡터장을 구하여라.

3. $f(x, y) = x^2 - y$의 기울기 벡터장 ∇f를 구하고 그것을 그려라.

8.2 선적분線積分

이 절에서는 구간 $[a, b]$상에서 적분하는 대신에 곡선 C위에서 적분하는 것을 제외하고는 일변수적분과 유사한 적분을 정의한다. 용어상으로 곡선적분curve integral이 더 적절할 수도 있으나, 이러한 적분을 선적분line integral이라 부른다. 선적분은 19세기 초에 유체 흐름, 힘, 전기, 자기력을 포함한 문제를 풀기 위해서 창안되었다.

매개방정식

$$x = x(t), \quad y = y(t) \quad (a \le t \le b) \qquad ①$$

혹은, 벡터방정식 $\boldsymbol{r}(t) = x(t)\boldsymbol{i} + y(t)\boldsymbol{j}$로 주어진 평면곡선 C를 생각하고, C가 매끄러운 곡선이라 가정하자(이것은 $\boldsymbol{r}'$이 연속이고 $\boldsymbol{r}'(t) \neq \boldsymbol{0}$인 것을 의미한다). 매개변수 구간 $[a, b]$를 폭이 같은 n개의 부분구간 $[t_{i-1}, t_i]$들로 나누고 $x_i = x(t_i)$, $y_i = y(t_i)$라 하면, 대응하는 점 $P_i(x_i, y_i)$들에 의하여 곡선 C는 길이가 $\Delta s_1, \Delta s_2, \cdots, \Delta s_n$인 n개의 부분호들로 나누어진다([그림 8-1]). i번째 부분호에서 임의의 점 $P_i{}^*(x_i^*, y_i^*)$를 선택한다(이것은 $[t_{i-1}, t_i]$ 위에 있는 점 t_i^*에 대응된다). 이제 f가 그 정의역이 곡선 C를 포함하는 임의의 이변수함수이면 점 (x_i^*, y_i^*)에서 f의 값을 계산하여 부분호의 길이 Δs_i를 곱하고, 리만 합과 유사한 형태의 합

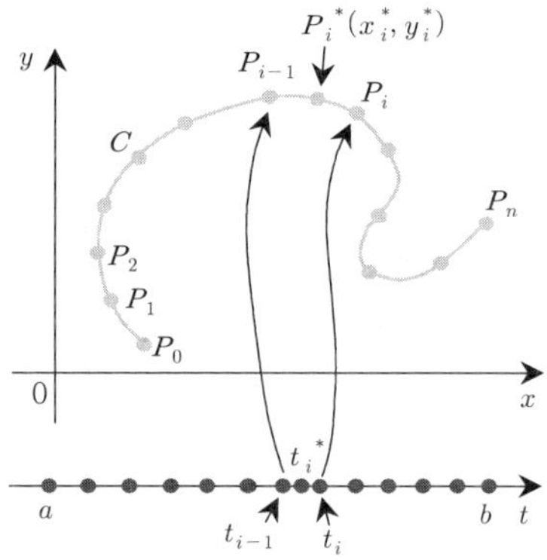

▮ 그림 8-1 ▮

$$\sum_{i=1}^{n} f(x_i^*, y_i^*)\, \Delta s_i$$

를 만든다. 이때 이 합들의 극한을 취하고 일변수함수의 적분과 유사하게 다음 정의를 할 수 있다.

정의 1

f가 방정식 ①과 같이 주어진 매끄러운 곡선 C위에서 정의될 때, C위에서 f의 선적분은 극한이 존재하는 경우에 아래와 같이 정의된다.

$$\int_C f(x,y)\,ds = \lim_{n\to\infty}\sum_{i=1}^{n} f(x_i^*, y_i^*)\,\Delta s_i.$$

3.15절에서 C의 길이는

$$L = \int_a^b \sqrt{\left(\frac{dx}{dt}\right)^2 + \left(\frac{dy}{dt}\right)^2}\,dt$$

임을 배웠다. 유사한 형태의 추론으로 f가 연속함수일 때, [정의 1]에 나오는 극한은 항상 존재하고 아래 공식이 선적분을 구하는 데 이용될 수 있음을 밝혀낼 수 있다. 즉,

$$\int_C f(x,y)\,dx = \int_a^b f(x(t),y(t))\sqrt{\left(\frac{dx}{dt}\right)^2 + \left(\frac{dy}{dt}\right)^2}\,dt. \qquad ②$$

매개변수 t가 a에서부터 b까지 증가할 때 곡선 C가 단 한 번 그려진다면, 선적분의 값은 그 곡선의 매개변수방정식의 표현에 무관하다.

$s(t)$가 $\boldsymbol{r}(a)$와 $\boldsymbol{r}(t)$ 사이의 ②의 길이라면

$$\frac{ds}{dt} = \sqrt{\left(\frac{dx}{dt}\right)^2 + \left(\frac{dy}{dt}\right)^2}$$

이다. 식 ②를 기억하는 방법은 매개변수 t로 모든 것을 표시하는 것이다. x와 y를 매개변수방정식을 이용하여 t로 나타내고 ds를

$$ds = \sqrt{\left(\frac{dx}{dt}\right)^2 + \left(\frac{dy}{dt}\right)^2}\,dt$$

와 같이 쓰자.

C가 $(a,0)$과 $(b,0)$을 연결하는 선분인 특별한 경우에는 x를 매개변수로 이용하면, C의 매개방정식을 아래와 같이 쓸 수 있다. $x=x$, $y=0$, $a \le x \le b$. 그러면 식 ②는

$$\int_C f(x,y)\,ds = \int_a^b f(x,0)\,dx$$

가 되고 따라서 이 선적분은 이 경우에 보통의 일변수함수의 적분으로 변형된다.

일변수함수의 적분에서와 같이 양의 값을 갖는 함수의 선적분은 넓이로 해석될 수 있다. 실제로 $f(x,y) \geq 0$이면 $\int_C f(x,y)\, ds$는 [그림 8-2]에서 밑이 C이고, 점 (x,y) 위의 높이가 $f(x,y)$인 '울타리'혹은'커튼'의 한 측면의 넓이를 표시한다.

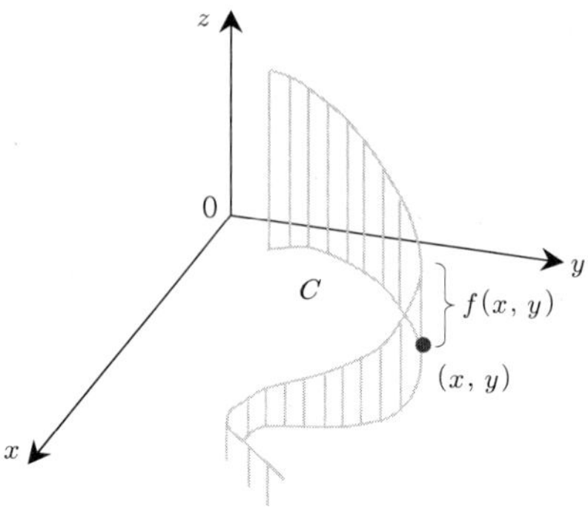

▮ 그림 8-2 ▮

예 1 곡선 C가 단위원 $x^2+y^2=1$의 상반부일 때, $\int_C (2+x^2y)\, ds$를 구하여라.

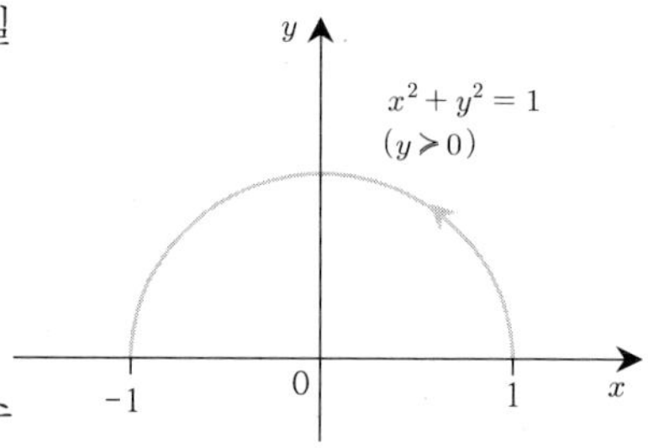

▮ 그림 8-3 ▮

풀이 단위원은 매개변수방정식

$$x = \cos t,\ y = \sin t$$

로 표시되고, 이 원의 상반부는 매개변수 구간 $0 \leq t \leq \pi$에 의하여 나타내어진다([그림 8-3]). 그러므로 공식 ②에 의하여

$$\begin{aligned}
\int_C (2+x^2y)\, ds &= \int_0^\pi (2+\cos^2 t \sin t)\sqrt{\left(\frac{dx}{dt}\right)^2 + \left(\frac{dy}{dt}\right)^2}\, dt \\
&= \int_0^\pi (2+\cos^2 t \sin t)\sqrt{\sin^2 t + \cos^2 t}\, dt \\
&= \int_0^\pi (2+\cos^2 t \sin t)\, dt \\
&= \left[2t - \frac{\cos^3 t}{3}\right]_0^\pi \\
&= 2\pi + \frac{2}{3}.
\end{aligned}$$

이제 C가 조각적으로 매끄러운 곡선이라 가정하자. 즉, C가 [그림 8-4]에서와 같이 C_{i+1}의 시점이 C_i의 끝점이 되는 유한개의 매끄러운 곡선 C_1, C_2, $\cdots$, C_n의 합집합으로 이루어진다. 이때 C의 각각의 매끄러운 조각 위에서의 f의 선적분들의 합으로 정의한다.

$$\int_C f(x,y)\,ds = \int_{C_1} f(x,y)\,ds + \int_{C_2} f(x,y)\,ds + \cdots + \int_{C_n} f(x,y)\,ds\,.$$

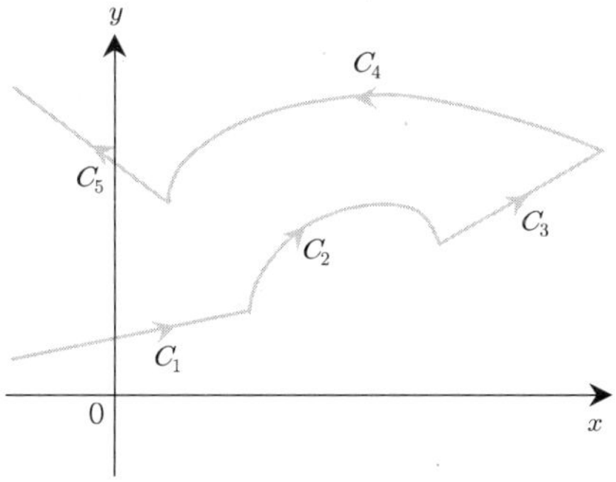

구분적으로 매끄러운 곡선

▮ 그림 8-4 ▮

예 2 C가 (0, 0)에서 (1, 1)까지 포물선 $y=x^2$의 호 C_1과 (1, 1)에서 (1, 2)까지의 수직선분 C_2의 합으로 이루어질 때, $\int_C 2x\,ds$를 구하여라.

풀이 [그림 8-5]는 곡선 C의 그림이다. C_1은 x를 변수로 갖는 함수의 그래프이므로 x를 매개변수로 택할 수 있고, C_1에 대한 매개변수방정식은

$$x = x,\ y = x^2\ (0 \le x \le 1)$$

이 된다. 그러므로 다음과 같이 된다.

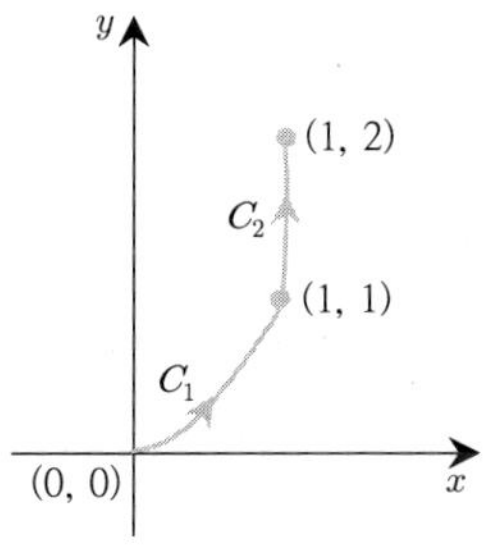

▮ 그림 8-5 ▮

$$\begin{aligned}\int_{C_1} 2x\,ds &= \int_0^1 2x\sqrt{\left(\frac{dx}{dx}\right)^2 + \left(\frac{dy}{dx}\right)^2}\,dx \\ &= \int_0^1 2x\sqrt{1+4x^2}\,dx \\ &= \frac{1}{4}\cdot\frac{2}{3}(1+4x^2)^{\frac{3}{2}}\Big|_0^1\end{aligned}$$

$$= \frac{5\sqrt{5}-1}{6}.$$

C_2위에서 y를 매개변수로 택할 때 C_2에 대한 매개변수방정식은

$$x = 1,\ y = y \quad (1 \le y \le 2)$$

가 되고,

$$\int_{C_2} 2x\,ds = \int_1^2 2(1)\sqrt{\left(\frac{dx}{dy}\right)^2 + \left(\frac{dy}{dy}\right)^2}\,dy = \int_1^2 2\,dy = 2$$

가 된다. 그러므로 다음과 같다.

$$\int_C 2x\,ds = \int_{C_1} 2x\,ds + \int_{C_2} 2x\,ds = \frac{5\sqrt{5}-1}{6} + 2.$$

[정의 1]에서 Δs_i를 $\Delta x_i = x_i - x_{i-1}$ 또는 $\Delta y_i = y_i - y_{i-1}$로 대치하면 다른 두 개의 선적분을 얻는다. 이들은 $\boldsymbol{x}$ (또는 $\boldsymbol{y}$)에 관한 $\boldsymbol{C}$위에서 $\boldsymbol{f}$의 선적분이라 부른다.

$$\int_C f(x,y)\,dx = \lim_{n\to\infty}\sum_{i=1}^{n} f(x_i^*, y_i^*)\,\Delta x_i \qquad ③$$

$$\int_C f(x,y)\,dy = \lim_{n\to\infty}\sum_{i=1}^{n} f(x_i^*, y_i^*)\,\Delta y_i \qquad ④$$

방정식 ③과 ④에 있는 선적분과 원래의 $\int_C f(x,y)\,ds$ 와 구별하고자 할 때에는 원래의 선적분을 호의 길이에 관한 선적분이라 부른다.

아래 공식은 x와 y에 관한 선적분은 매개변수 t로 나타냄으로써 계산될 수 있음을 보여준다. 즉, $x = x(t)$, $y = y(t)$, $dx = x'(t)dt$, $dy = y'(t)dt$이다.

$$\int_C f(x,y)\,dx = \int_a^b f(x(t), y(t))\,x'(t)\,dt \qquad ⑤$$

$$\int_C f(x,y)\,dy = \int_a^b f(x(t), y(t))\,y'(t)\,dt \qquad ⑥$$

x와 y에 관한 선적분이 동시에 나타날 때가 자주 있다. 이런 경우 관례적으로 간략하게 다음과 같이 쓴다.

$$\int_C P(x,y)\,dx + \int_C Q(x,y)\,dy = \int_C P(x,y)\,dx + Q(x,y)\,dy$$

선적분을 시작할 때, 때때로 가장 어려운 것은 기하학적 설명이 주어진 곡선에 대한 매개변수 표시이다. 시점 $\boldsymbol{r}_0$, 종점 $\boldsymbol{r}_1$인 선분의 벡터방정식은

$$\boldsymbol{r}(t) = (1-t)\boldsymbol{r}_0 + t\boldsymbol{r}_1 \quad (0 \le t \le 1) \qquad ⑦$$

이다.

예 3 $\int_C y^2 dx + x\,dy$를 구하여라. 여기에서 ❶ $C = C_1$은 $(-5, -3)$에서 $(0, 2)$까지의 선분이고, ❷ $C = C_2$는 $(-5, -3)$에서 $(0, 2)$까지의 포물선 $x = 4 - y^2$의 호이다([그림 8-6]).

풀이 ❶ 선분에 대한 매개방정식은

$$x = 5t - 5, \quad y = 5t - 3 \ (0 \le t \le 1)$$

이다($\boldsymbol{r}_0 = (-5, -3)$, $\boldsymbol{r}_1 = (0, 2)$일 때의 방정식 ⑦이용). 이때 $dx = 5\,dt$, $dy = 5\,dt$이고, 식 ⑤와 표에 의하여

$$\begin{aligned}
&\int_{C_1} y^2 dx + x\,dy \\
&= \int_0^1 (5t-3)^2(5\,dt) + (5t-5)(5\,dt) \\
&= 5\int_0^1 (25t^2 - 25t + 4)\,dt \\
&= 5\left[\frac{25t^3}{3} - \frac{25t^2}{2} + 4t\right]_0^1 \\
&= -\frac{5}{6}
\end{aligned}$$

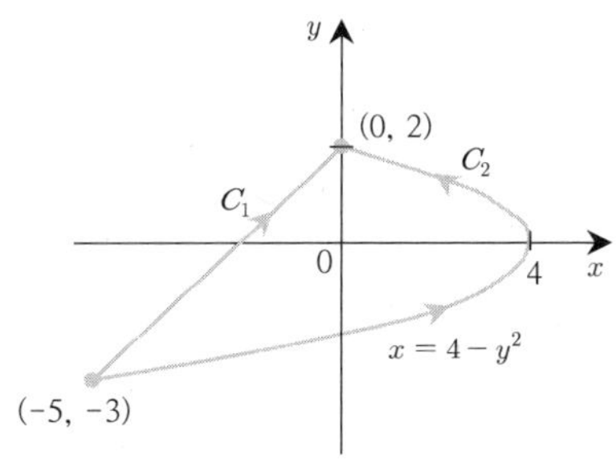

▮ 그림 8-6 ▮

를 얻는다.

ⓑ 포물선이 y의 함수이므로, y를 매개변수로 택할 수 있고, C_2를 매개방정식

$$x = 4 - y^2, \quad y = y \quad (-3 \le y \le 2)$$

로 쓸 수 있다. 이때 $dx = -2y\,dy$이고, 식 ⑤와 ⑥에 의하여

$$\int_{C_2} y^2 dx + x\,dy = \int_{-3}^{2} y^2(-2y)\,dy + (4-y^2)\,dy$$

$$= \int_{-3}^{2} (-2y^3 - y^2 + 4)\, dy$$

$$= \left[-\frac{y^4}{2} - \frac{y^3}{3} + 4y \right]_{-3}^{2} = 40\,\frac{5}{6}$$

를 얻는다.

끝점이 똑같은 두 개의 곡선일지라도 [예제 3]의 ❶와 ❷의 답이 다름을 주목하자. 일반적으로 선적분의 값은 곡선의 끝점에 의존하는 것이 아니라 경로path에 의존한다.

[예제 3]에서의 답은 곡선의 방향에 의존함을 주목하자. $-C_1$을 (0, 2)에서 (−5, −3)까지의 선분으로 표시할 때, 매개변수방정식

$$x = -5t, \quad y = 2 - 5t \quad (0 \le t \le 1)$$

을 이용하면,

$$\int_{-C_1} y^2\, dx + x\, dy = \frac{5}{6}$$

를 얻을 수 있다.

일반적으로 주어진 매개방정식 $x = x(t)$, $y = y(t)$, $a \le t \le b$는 매개변수 t의 증가에 대응하는 양의 방향으로 곡선 C의 방향을 결정한다([그림 8-7](여기서는 시점 A는 매개변수값 $t = a$에 대응하고 끝점 B는 $t = b$에 대응한다)).

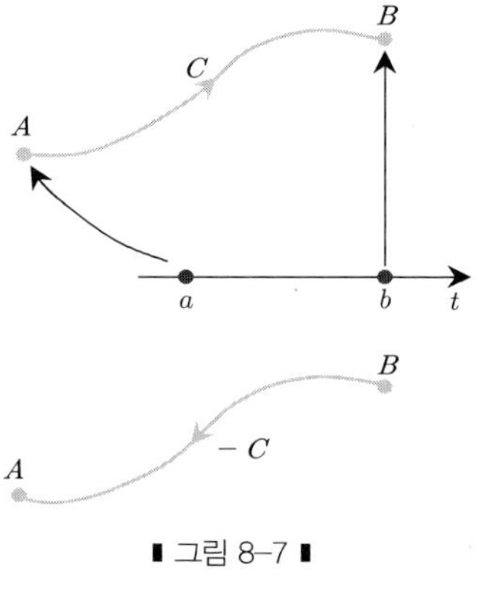

▮ 그림 8-7 ▮

$-C$가 C와 똑같은 점으로 구성되지만 반대 방향([그림 8-7]에서 시점 B로부터 끝점 A까지)을 갖는 곡선이라 하면

$$\int_{-C} f(x, y)\, dx = -\int_{C} f(x, y)\, dx,$$

$$\int_{-C} f(x, y)\, dy = -\int_{C} f(x, y)\, dy$$

를 얻는다. 그러나 호의 길이에 관하여 적분하면 선적분의 값은 곡선의 방향을 반대할 때에도 변하지 않는다.

$$\int_{-C} f(x,y)\,ds = \int_C f(x,y)\,ds\,.$$

이것은 C의 방향이 반대로 될 때 Δx_i와 Δy_i와 부호는 변하지만 항상 Δs_i는 양수가 되기 때문이다.

공간에서의 선적분

이제 C가 매개방정식

$$x = x(t),\ y = y(t),\ z = z(t) \quad (a \le t \le b)$$

또는 벡터방정식 $\boldsymbol{r}(t) = x(t)\boldsymbol{i} + y(t)\boldsymbol{j} + z(t)\boldsymbol{k}$에 의하여 주어진 매끄러운 공간곡선이라 가정하자. f가 C를 포함하는 어떤 영역상에서 연속인 삼변수함수일 때, C 위에서 C의 선적분을 평면곡선에서와 유사한 방법으로 정의한다.

$$\int_C f(x,y,z)\,ds = \lim_{n\to\infty}\sum_{i=1}^{n} f(x_i^*, y_i^*, z_i^*)\,\Delta s_i$$

식 ②와 유사한 공식을 이용하여 이 값을 계산한다. 즉,

$$\int_C f(x,y,z)\,ds = \int_a^b f(x(t),y(t),z(t))\sqrt{\left(\frac{dx}{dt}\right)^2 + \left(\frac{dy}{dt}\right)^2 + \left(\frac{dz}{dt}\right)^2}\,dt \qquad ⑧$$

식 ②와 식 ⑧에 있는 적분은 좀 더 간결한 벡터 표시로 쓸 수 있다.

$$\int_a^b f(\boldsymbol{r}(t))\,|\boldsymbol{r}'(t)|\,dt.$$

특히, $f(x,y,z) = 1$ 인 경우에

$$\int_C ds = \int_a^b |\boldsymbol{r}'(t)|\,dt = L$$

을 얻는다. 여기에서 L은 곡선 C의 길이다.

또한 x, y, z에 관한 C 위에서 선적분도 정의될 수 있다. 예를 들면 다음과 같다.

$$\int_C f(x,y,z)\,dz = \lim_{n\to\infty}\sum_{i=1}^{n} f(x_i^*, y_i^*, z_i^*)\,\Delta z_i$$

$$= \int_a^b f(x(t),y(t),z(t))\,z'(t)\,dt\,.$$

그러므로 평면에서의 선적분과 같이 모든 것 (x, y, z, dx, dy, dz)을 매개변수 t로 나타냄으로써 아래와 같은 형태의 적분값을 계산한다.

$$\int_C P(x, y, z)\, dx + Q(x, y, z)\, dy + R(x, y, z)\, dz. \qquad ⑨$$

예 4 C가 방정식 $x=\cos t,\ y=\sin t,\ z=t\ (0 \le t \le 2\pi)$에 의하여 주어진 원주나선이라 할 때, $\int_C y \sin z\, ds$를 구하여라.

풀이 식 ⑧에 의하여

$$\begin{aligned}\int_C y\sin z\, ds &= \int_0^{2\pi} (\sin t)\sin t \sqrt{\left(\frac{dx}{dt}\right)^2 + \left(\frac{dy}{dt}\right)^2 + \left(\frac{dz}{dt}\right)^2}\ dt \\ &= \int_0^{2\pi} \sin^2 t \sqrt{\sin^2 t + \cos^2 t + 1}\ dt \\ &= \sqrt{2}\int_0^{2\pi} \frac{1}{2}(1-\cos 2t)\, dt \\ &= \frac{\sqrt{2}}{2}\left[t - \frac{1}{2}\sin 2t\right]_0^{2\pi} \\ &= \sqrt{2}\,\pi.\end{aligned}$$

예 5 C가 (2, 0, 0_에서 (3, 4, 5)까지의 선분 C_1에 (3, 4, 5)에서 (3, 4, 0)까지의 수직선분 C_2로 구성될 때, $\int_C y\, dx + z\, dy + x\, dz$를 구하여라.

풀이 [그림 8-8]은 곡선 C의 그림을 나타낸다. 방정식 ⑦을 이용하면 C_1은

$$\boldsymbol{r}(t) = (1-t)(2, 0, 0) + t(3, 4, 5) = (2+t, 4t, 5t)$$

로 쓰거나 매개방정식 형태인

$$x = 2+t,\quad y = 4t,\quad z = 5t \quad (0 \le t \le 1)$$

로 쓴다. 따라서

$$\begin{aligned}\int_{C_1} y\, dx + z\, dy + x\, dz &= \int_0^1 (4t)\, dt + (5t)4dt + (2+t)5dt \\ &= \int_0^1 (10 + 29t)\, dt\end{aligned}$$

$$= 10t + 29\frac{t^2}{2}\Big|_0^1$$

$$= 24.5.$$

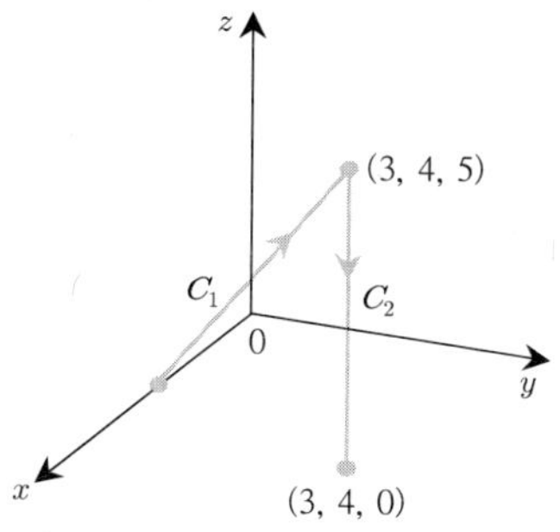

▮ 그림 8-8 ▮

마찬가지로 C_2는

$$\begin{aligned} \boldsymbol{r}(t) &= (1-t)(3,4,5) + t(3,4,0) \\ &= (3,4,5-5t) \end{aligned}$$

혹은

$$x = 3,\quad y = 4,\quad z = 5 - 5t \quad (0 \le t \le 1)$$

의 형태로 쓸 수 있다. 이때 $dx = 0 = dy$이다. 그러므로

$$\int_{C_2} y\,dx + z\,dy + x\,dz = \int_0^1 3(-5)\,dt = -15$$

이고, 이들 적분들의 값을 모두 합하면

$$\int_C y\,dx + z\,dy + x\,dz = 24.5 - 15 = 9.5$$

를 얻는다.

벡터장의 선적분

정의 2

F는 벡터함수 $\boldsymbol{r}(t)$, $a \le t \le b$로 주어진 매끄러운 곡선 C위에서 정의된 연속벡터장이라 하자. 이때 C 위에서 $\boldsymbol{F}$의 선적분은

$$\int_C \boldsymbol{F}\cdot d\boldsymbol{r} = \int_a^b \boldsymbol{F}(\boldsymbol{r}(t))\cdot \boldsymbol{r}'(t)\,dt = \int_C \boldsymbol{F}\cdot \boldsymbol{T}\,ds$$

이다.

[정의 2]를 이용할 때, $F(x(t), y(t), z(t))$를 줄여서 $F(\boldsymbol{r}(t))$로 나타낸 것임을 기억하라. 그러므로 $F(x,y,z)$에 $x = x(t)$, $y = y(t)$, $z = z(t)$를 대입하여 $F(\boldsymbol{r}(t))$를 쉽게

구할 수 있다. 또한, 형식적으로 $d\boldsymbol{r}=\boldsymbol{r}'(t)dt$로 쓸 수도 있다.

마지막으로 벡터장의 선적분과 스칼라장의 선적분 사이의 관계를 주목하자. $\mathbb{R}^3$위의 벡터장 F가 방정식 $F=P\boldsymbol{i}+Q\boldsymbol{j}+R\boldsymbol{k}$의 선분 형태로 주어진다고 가정하자. [정의 2]를 이용해서 C를 따른 선적분을 계산한다.

$$\begin{aligned}\int_C \boldsymbol{F}\cdot d\boldsymbol{r} &= \int_a^b \boldsymbol{F}(\boldsymbol{r}(t))\cdot\boldsymbol{r}'(t)\,dt \\ &= \int_a^b (P\boldsymbol{i}+Q\boldsymbol{j}+R\boldsymbol{k})\cdot(x'(t)\boldsymbol{i}+y'(t)\boldsymbol{j}+z'(t)\boldsymbol{k})\,dt \\ &= \int_a^b [P(x(t),y(t),z(t))x'(t)+Q(x(t),y(t),z(t))y'(t) \\ &\quad + R(x(t),y(t),z(t))z'(t)\,]\,dt.\end{aligned}$$

그러나 이 마지막 적분은 ⑨에 있는 선적분과 같다. 그러므로

$$\int_C \boldsymbol{F}\cdot d\boldsymbol{r} = \int_C Pdx + Qdy + Rdz, \text{ 여기에서 } \boldsymbol{F}=P\boldsymbol{i}+Q\boldsymbol{j}+R\boldsymbol{k}$$

를 얻는다. 예를 들면,

$$\boldsymbol{F}(x,y,z) = y\boldsymbol{i}+z\boldsymbol{j}+x\boldsymbol{k}$$

일 때, [예제 5]에서 나오는 적분 $\int_C y\,dx+z\,dy+x\,dz$는 $\int_C \boldsymbol{F}\cdot d\boldsymbol{r}$로 표현될 수 있다.

연습문제

※ C가 주어진 곡선일 때 선적분을 구하여라.

1. $\int_C y^3\,ds$, $C: x=t^3$, $y=t$, $0\le t\le 2$

2. $\int_C xy^4\,ds$, C는 원 $x^2+y^2=16$의 오른쪽 반원이다.

3. $\int_C (x^2y^3-\sqrt{x})\,dy$, C는 (1, 1)에서 (4, 2)까지 곡선 $y=\sqrt{x}$ 의 호이다.

4. $\int_C xy\,dx+(x-y)\,dy$, C는 (0, 0)에서 (2, 0)까지의 선분과 (2, 0)에서 (3, 2)까지의 선분으로 구성된다.

5. $\int_C xy^3\,ds$, $C: x=4\sin t,\ y=4\cos t,\ z=3t,\ 0 \le t \le \frac{\pi}{2}$.

6. $\int_C x e^{yz}\,ds$, C는 (0, 0, 0)에서 (1, 2, 3)까지의 선분이다.

7. $\int_C x^2 y\sqrt{z}\,dz$, $C:\ x=t^3,\ y=t,\ z=t^2,\ 0 \le t \le 1$.

8. $\int_C (x+yz)\,dx+2x\,dy+xyz\,dz$, C는 (1, 0, 1)에서 (2, 3, 1)까지, (2, 3, 1)에서 (2, 5, 2)까지의 선분들로 구성된다.

8.3 선적분線積分의 기본정리

미적분학의 기본정리 2는

$$\int_a^b F'(x)\,dx = F(b) - F(a) \qquad ①$$

와 같이 표현될 수 있음을 상기하자. 여기서 F'은 $[a, b]$상에서 연속이다. 변화율에 대한 적분은 실제변화량이기 때문에 방정식 ①을 실제변화 정리라고도 한다.

이변수 혹은 삼변수함수 f의 기울기 벡터 ∇f를 생각할 때, 아래의 정리는 선적분에 대한 기본정리로 간주할 수 있다.

정리 1 C는 벡터함수 $\mathbf{r}(t)$, $a \le t \le b$에 의하여 주어진 매끄러운 곡선이라 하자. f는 기울기 벡터 ∇f가 C 위에서 연속인 이변수 혹은 삼변수의 미분가능함수라 하자. 그러면 다음이 성립한다.

$$\int_C \nabla f \cdot d\boldsymbol{r} = f(\boldsymbol{r}(b)) - f(\boldsymbol{r}(a)).$$

주 [정리 1]은 보존벡터장(잠재적 함수 f의 기울기 벡터장)의 선적분은 C의 끝점에서 f의 함숫값을 구하여 간단히 계산할 수 있음을 의미한다. 사실 [정리 1]은 ∇f의 선적분은 f의 전체변화량임을 말해준다. f가 이변수함수이고 그림과 같이 C가 시작점 $A(x_1, y_1)$과 끝점 $B(x_2, y_2)$를 갖는 평면곡선이라 하면, [정리 1]은

$$\int_C \nabla f \cdot d\boldsymbol{r} = f(x_2, y_2) - f(x_1, y_1)$$

이 된다. f가 삼변수함수이고 [그림 8-9]와 같이 C가 시작점 $A(x_1, y_1, z_1)$과 끝점 $B(x_2, y_2, z_2)$를 연결하는 공간곡선이면

$$\int_C \nabla f \cdot d\boldsymbol{r} = f(x_2, y_2, z_2) - f(x_1, y_1, z_1)$$

이 성립한다. 후자의 경우에 대하여 [정리 1]을 증명하자.

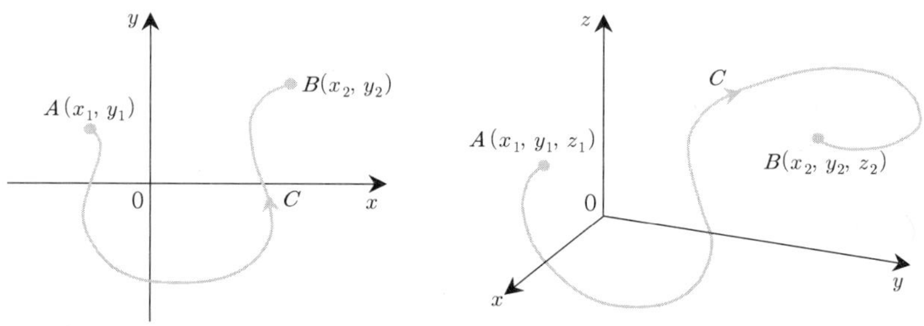

▮ 그림 8-9 ▮

8.1절의 [정의 2]를 이용하면

$$\begin{aligned}\int_C \nabla f \cdot \boldsymbol{r} &= \int_a^b \nabla f(\boldsymbol{r}(t)) \cdot \boldsymbol{r}'(t)\, dt \\ &= \int_a^b \left(\frac{\partial f}{\partial x}\frac{dx}{dt} + \frac{\partial f}{\partial y}\frac{dy}{dt} + \frac{\partial f}{\partial z}\frac{dz}{dt} \right) dt \\ &= \int_a^b \frac{d}{dt} f(\boldsymbol{r}(t))\, dt\end{aligned}$$

$$= f(\boldsymbol{r}(b)) - f(\boldsymbol{r}(a))$$

를 얻는다. 마지막 단계는 미적분학의 기본정리로부터 나온다.

비록 매끄러운 곡선에 대하여 [정리 1]을 증명했더라도, 조각적으로 매끄러운 곡선에 대해서도 [정리 1]은 성립한다. 이것은 C를 유한개의 매끄러운 곡선으로 나누어, 각각의 곡선을 따라서 생기는 적분을 합하면 증명된다.

경로의 독립성

C_1과 C_2가 똑같이 시작점 A와 끝점 B를 가지는 두 개의 구분적으로 매끄러운 곡선(경로라 부른다)이라고 가정하자. 8.2절의 [예제 3]으로부터 $\int_{C_{-1}} \boldsymbol{F} \cdot d\boldsymbol{r} \neq \int_{C_2} \boldsymbol{F} \cdot d\boldsymbol{r}$임을 안다. 그러나 [정리 1]의 결과에 의하여 ∇f가 연속이기만 하면

$$\int_{C_1} \nabla f \cdot d\boldsymbol{r} = \int_{C_2} \nabla f \cdot d\boldsymbol{r}$$

이 성립함을 알 수 있다. 다른 말로 하면, 보존적 벡터장의 선적분은 곡선의 시작점과 끝점에만 의존한다는 뜻이다.

일반적으로 $\boldsymbol{F}$가 정의역 D를 갖는 연속벡터장이고, 시작점과 끝점이 같은 임의의 두 개의 경로 C_1, C_2에 대하여 $\int_{C_1} \boldsymbol{F} \cdot d\boldsymbol{r} = \int_{C_2} \boldsymbol{F} \cdot d\boldsymbol{r}$이면 선적분 $\int_C \boldsymbol{F} \cdot d\boldsymbol{r}$은 경로에 독립independent of path이라 말한다. 이 용어를 쓰면 보존적 벡터장의 선적분은 경로에 독립이라고 말할 수 있다.

한 곡선의 시작점과 끝점이 같을 경우, 즉 $\boldsymbol{r}(b) = \boldsymbol{r}(a)$일 때, 닫힌closed 곡선이라 한다([그림 8-10]).

$\int_C \boldsymbol{F} \cdot d\boldsymbol{r}$이 D에서 경로에 독립이고, C가 D에 속하는 임의의 닫힌 경로이면 C 위의 임의의 두 점 A, B를 잡고 C를 A에서 B까지의 경로 C_1과 B에서 A까지의 경로 C_2로 구성된 것으로 생각할 수 있다([그림 8-11]). 이때 C_1과 $-C_2$는 똑같은 시점과 종점을 갖기 때문에 다음 결과를 얻는다.

$$\int_C \boldsymbol{F}\cdot d\boldsymbol{r} = \int_{C_1}\boldsymbol{F}\cdot d\boldsymbol{r} + \int_{C_2}\boldsymbol{F}\cdot d\boldsymbol{r}$$
$$= \int_{C_1}\boldsymbol{F}\cdot d\boldsymbol{r} - \int_{-C_2}\boldsymbol{F}\cdot d\boldsymbol{r}$$
$$= 0.$$

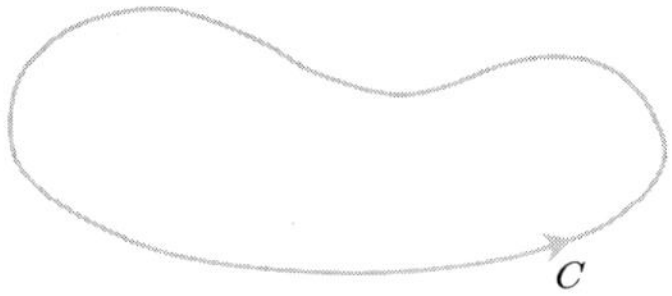

▮ 그림 8–10 ▮

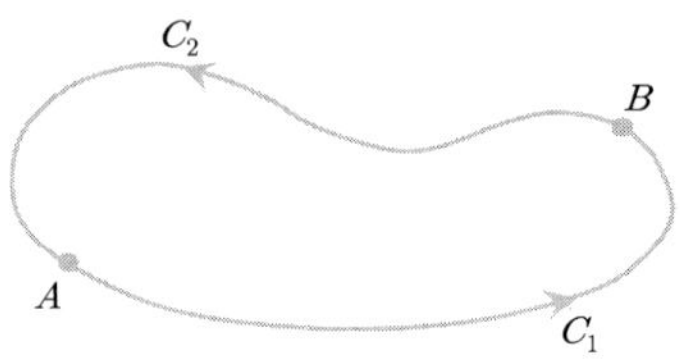

▮ 그림 8–11 ▮

역으로, 곡선 C와 D에 속하는 닫힌 경로일 때 언제나 $\int_C \boldsymbol{F}\cdot d\boldsymbol{r}=0$이 성립한다면, 아래와 같이 경로에 독립임을 밝힐 수 있다. D에 속하는 A에서 B까지의 임의의 두 경로 C_1, C_2를 택하고, C를 C_1과 $-C_2$로 구성된 곡선으로 정의한다. 그러면

$$0 = \int_C \boldsymbol{F}\cdot d\boldsymbol{r} = \int_{C_1} \cdot d\boldsymbol{r} + \int_{-C_2}\boldsymbol{F}\cdot d\boldsymbol{r} = \int_{C_1}\boldsymbol{F}\cdot d\boldsymbol{r} - \int_{C_2}\boldsymbol{F}\cdot d\boldsymbol{r}$$

이다. 따라서 $\int_{C_1}\boldsymbol{F}\cdot d\boldsymbol{r}=\int_{C_2}\boldsymbol{F}\cdot d\boldsymbol{r}$이 된다. 그러므로 다음 정리를 증명한 셈이다.

정리 2 $\int_C \boldsymbol{F}\cdot d\boldsymbol{r}$이 D에서 경로에 독립일 필요충분조건은 D에 속하는 임의의 닫힌 경로 C에 대하여, $\int_C \boldsymbol{F}\cdot d\boldsymbol{r}=0$이다.

아래 정리는 경로에 독립인 벡터장은 오직 보존적 벡터장뿐임을 밝혀준다. 아래 정리는 평면곡선에 대하여 서술하고 증명하지만, 공간곡선에 대해서도 유사한 이론이 있다. D가 열린open 영역이라 하자. 즉, D에 속하는 임의의 점 D에 대하여 D에 완전히 포함되는 중심 P를 갖는 원판disk이 존재한다고 가정하자(따라서 D는 어떠한 그의 경계점도 포함하지 않는다). 덧붙여 D가 연결connected 영역이라고 가정하자. 이것은 D에 속하는 임의의 두 점이 D에 포함되는 어떤 경로에 의하여 연결될 수 있다는 것을

의미한다.

정리 3 $\boldsymbol{F}$가 열린 연결영역 D상에서 연속인 벡터장이라 가정하자. $\int_C \boldsymbol{F}\cdot d\boldsymbol{r}$이 D에서 독립이면, $\boldsymbol{F}$는 D상에서 보존적 벡터장이다. 즉 $\nabla f = \boldsymbol{F}$가 되는 함수 f가 존재한다.

증명 $A(a,b)$를 D에 속하는 고정점이라 하자. 원하는 잠재적 함수 f를 D에 속하는 임의의 점 (x,y)에 대하여

$$f(x,y) = \int_{(a,b)}^{(x,y)} \boldsymbol{F}\cdot d\boldsymbol{r}$$

로 정의한다. $\int_C \boldsymbol{F}\cdot d\boldsymbol{r}$은 경로에 독립이므로 (a,b)에서 (x,y)까지의 경로 C에 관계없이 $f(x,y)$를 계산할 수 있다. D가 열린 영역이므로 D에 포함되는 중심 (x,y)인 원판이 존재한다. $x_1 < x$인 원판에 속하는 임의의 점 (x,y)를 택하고 D를 (a,b)에서 (x_1,y)까지의 경로

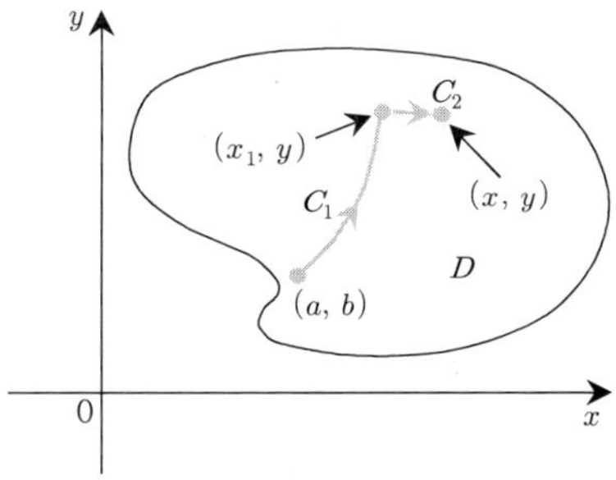

■ 그림 8-12 ■

C_1과 (x_1,y)에서 (x,y)까지의 수평선분 C_2로 구성하자([그림 8-12]). 그러면

$$f(x,y) = \int_{C_1} \boldsymbol{F}\cdot d\boldsymbol{r} + \int_{C_2} \boldsymbol{F}\cdot d\boldsymbol{r}$$

$$= \int_{(a,b)}^{(x_1,y)} \boldsymbol{F}\cdot d\boldsymbol{r} + \int_{C_2} \boldsymbol{F}\cdot d\boldsymbol{r}$$

이다. 이들 적분의 첫 번째 항은 x에 의존하지 않으므로

$$\frac{\partial}{\partial x} f(x,y) = 0 + \frac{\partial}{\partial x}\int_{C_2} \boldsymbol{F}\cdot d\boldsymbol{r}$$

이 됨을 주목하자. 만일 $\boldsymbol{F} = P\boldsymbol{i} + Q\boldsymbol{j}$이면,

$$\int_{C_2} \boldsymbol{F}\cdot d\boldsymbol{r} = \int_{C_2} P\,dx + Q\,dy$$

이다. C_2 위에서 y는 상수이므로 $dy=0$이다. 매개변수 $t(x_1 \le t \le x)$를 이용하면 미적분학의 기본정리 1에 의하여

$$\frac{\partial}{\partial x} f(x,y) = \frac{\partial}{\partial x}\int_{C_2} P\,dx + Q\,dy = \frac{\partial}{\partial x}\int_{x_1}^{x} P(t,y)\,dt = P(x,y)$$

를 얻는다. 유사한 방법으로, 수직적분([그림 8-13])를 이용하면

$$\frac{\partial}{\partial y} f(x,y) = \frac{\partial}{\partial y}\int_{C_2} P\,dx + Q\,dy$$

$$= \frac{\partial}{\partial y}\int_{y_1}^{y} Q(x,t)\,dt$$

$$= Q(x,y)$$

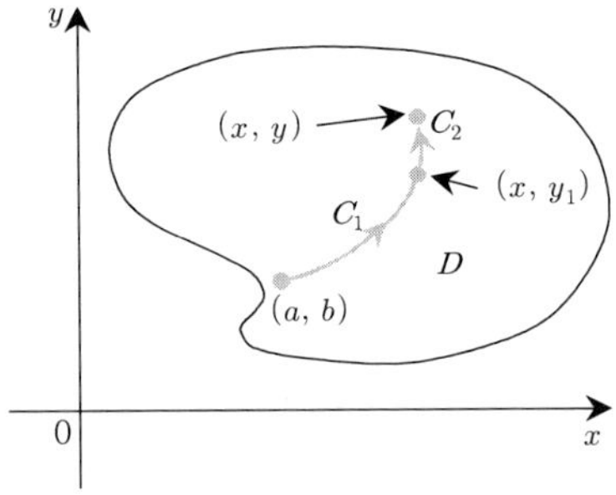

▮ 그림 8-13 ▮

를 얻는다. 따라서

$$\boldsymbol{F} = P\boldsymbol{i} + Q\boldsymbol{j} = \frac{\partial f}{\partial x}\boldsymbol{i} + \frac{\partial f}{\partial y}\boldsymbol{j}$$

$$= \nabla f$$

이다. 그러므로 $\boldsymbol{F}$는 보존장이다.

벡터장 $\boldsymbol{F}$가 보존적인지의 여부를 어떻게 결정할 수 있는가 하는 질문이 남는다. $\boldsymbol{F} = P\boldsymbol{i} + Q\boldsymbol{j}$가 보존적임이 알려져 있다고 가정하자. 여기에서 P와 Q는 연속인 일계 편도함수를 갖는다. 이때 $\boldsymbol{F} = \nabla f$, 즉

$$P = \frac{\partial f}{\partial x} \text{와 } Q = \frac{\partial f}{\partial y}$$

를 만족하게 되는 함수 f가 존재한다. 그러므로 클레로의 정리에 의하여

$$\frac{\partial P}{\partial y} = \frac{\partial^2 f}{\partial y\,\partial x} = \frac{\partial^2 f}{\partial x\,\partial y} = \frac{\partial Q}{\partial x}$$

가 된다.

정리 4 $\boldsymbol{F}(x,y) = P(x,y)\boldsymbol{i} + Q(x,y)\boldsymbol{j}$가 보존적 벡터장이고 P와 Q는 정의역 D상에서 연속인 일계 편도함수를 갖는다면 D전역에서

$$\frac{\partial P}{\partial y} = \frac{\partial Q}{\partial x}$$

이 성립한다.

[정리 4]의 역은 특수한 형태의 영역에 대해서만 성립한다. 이것을 설명하기 위하여 우선 필요한 개념인 단순곡선, 즉 양 끝점 사이의 어떤 곳에서도 서로 교차하는 점이 없는 곡선이다([그림 8-14]: 단순닫힌곡선은 $\boldsymbol{r}(a)=\boldsymbol{r}(b)$가 되지만 $a<t_1<t_2<b$일 때 $\boldsymbol{r}(t_1)\neq\boldsymbol{r}(t_2)$가 된다.

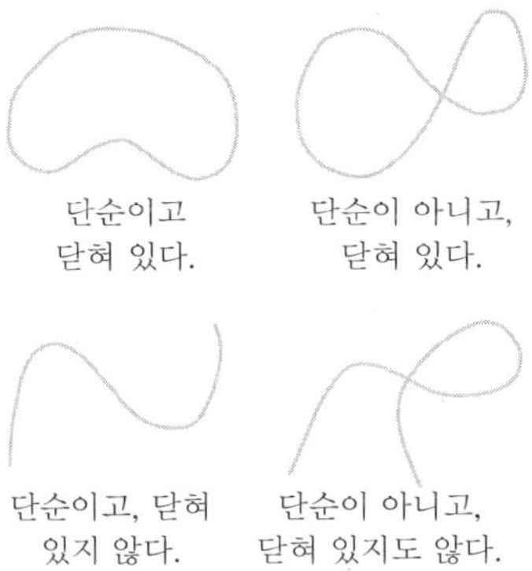

▮ 그림 8-14 ▮

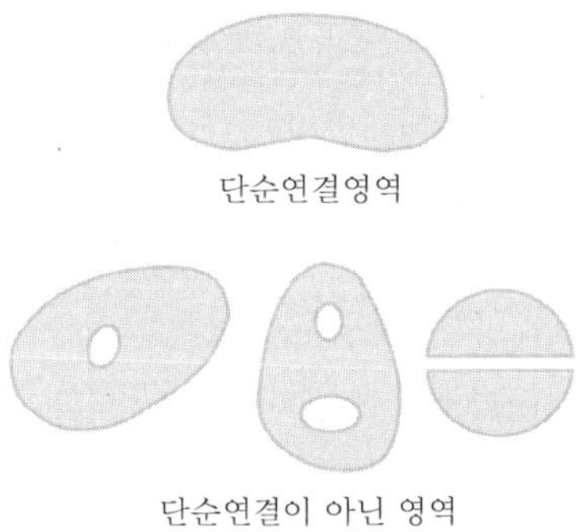

▮ 그림 8-15 ▮

[정리 3]에서는 열린연결영역이 필요하다. 다음 정리에는 좀더 강한 조건이 필요하다. 평면에서 단순열결영역은 D안에 있는 모든 단순닫힌곡선이 D안에 있는 점들만을 둘러싸고 있는 연결영역 D를 뜻한다. 다시 말하면, [그림 8-15]로부터 주목할 점은 직관적으로 단순연결영역은 구멍을 포함하지 않고 두 개의 부분으로 분리되지 않는다고 말할 수 있다.

단순연결영역으로 이제 $\mathbb{R}^2$상의 벡터장이 보존적임을 증명하는 데 편리한 방법을 주는 [정리 4]의 부분적인 역을 설명할 수 있다. 증명은 그린의 정리의 한 결과로서 다음 절에서 다룬다.

정리 5 $\boldsymbol{F}=P\boldsymbol{i}+Q\boldsymbol{j}$는 열린 단순연결영역의 D상의 벡터장이고, P와 Q는 연속인 일계 편도함수를 갖고 D상에서

$$\frac{\partial P}{\partial y} = \frac{\partial Q}{\partial x}$$

이 성립한다고 가정하자. 그러면 $\boldsymbol{F}$는 보존적 벡터장이다.

예 1 벡터장

$$\boldsymbol{F}(x, y) = (x - y)\,\boldsymbol{i} + (x - 2)\,\boldsymbol{j}$$

가 보존적인지 아닌지를 결정하여라.

풀이 $P(x, y) = x - y$이고 $Q(x, y) = x - 2$라 하자. 그러면

$$\frac{\partial P}{\partial y} = -1, \quad \frac{\partial Q}{\partial x} = 1$$

이다. $\dfrac{\partial P}{\partial y} \neq \dfrac{\partial Q}{\partial x}$이므로 [정리 4]에 의하여 $\boldsymbol{F}$는 보존적이 아니다.

예 2 벡터장

$$\boldsymbol{F}(x, y) = (3 + 2xy)\,\boldsymbol{i} + (x^2 - 3y^2)\,\boldsymbol{j}$$

가 보존적인지 아닌지를 결정하여라.

풀이 $P(x, y) = 3 + 2xy$이고 $Q(x, y) = x^2 - 3y^2$이라 하자. 그러면

$$\frac{\partial P}{\partial y} = 2x = \frac{\partial Q}{\partial x}$$

이다. 또한 $\boldsymbol{F}$의 정의역은 열린 단순연결영역인 평면전체 ($D = \mathbb{R}^2$)이다. 그러므로 [정리 5]를 적용하면 $\boldsymbol{F}$가 보존장이라는 결론이 나온다.

[예 2]에서 [정리 5]에 의하여 $\boldsymbol{F}$가 보존적임을 밝혔지만, $\boldsymbol{F} = \nabla f$가 되는 (잠재적) 함수 f를 구하는 방법을 제시하지는 않는다. [정리 3]의 증명은 f를 구하는 방법에 대한 실마리를 준다. 다음 예제에서와 같이 '편적분법'을 이용한다.

예 3 ❶ $\boldsymbol{F}(x, y) = (3 + 2xy)\boldsymbol{i} + (x^2 - 3y^2)\boldsymbol{j}$일 때, $\boldsymbol{F} = \nabla f$를 만족하는 함수 f를 구하여라.

❷ C가 $\boldsymbol{r}(t) = e^t \sin t\,\boldsymbol{i} + e^t \cos t\,\boldsymbol{j}$, $0 \le t \le \pi$에 의해 주어질 때, 선적분

$\int_C \boldsymbol{F} \cdot d\boldsymbol{r}$을 구하여라.

풀이 ❶ [예제 2]에서 $\boldsymbol{F}$가 보존적임을 보였기 때문에 $\nabla f = \boldsymbol{F}$가 되는 함수 f가 존재한다. 즉,

$$f_x(x, y) = 3 + 2xy, \quad ②$$

$$f_y(x, y) = x^2 - 3y^2, \quad ③$$

식 ②를 x에 대하여 적분하면,

$$f(x, y) = 3x + x^2 y + g(y) \quad ④$$

를 얻는다. 적분상수는 x에 관한 상수, 즉 $g(y)$라 정의한 y의 함수임을 주목하자. 이번에는 식 ④의 양변을 y에 대하여 미분하자.

$$f_y(x, y) = x^2 + g'(y). \quad ⑤$$

식 ③과 식 ⑤를 비교하면,

$$g'(y) = -3y^2$$

이 됨을 알 수 있다. y에 대하여 적분하면,

$$g(y) = -y^3 + K$$

를 얻는다. 여기에서 K는 상수이다. 이것을 식 ④에 대입하면 원하는 잠재적 함수는

$$f(x, y) = 3x + x^2 y - y^3 + K$$

를 얻는다.

❷ [정리 1]을 이용하기 위하여 알아야 할 것이 C의 시작점과 끝점이다. 즉 $\boldsymbol{r}(0) = (0, 1)$이고 $\boldsymbol{r}(\pi) = (0, -e^{\pi})$이다. ❶의 $f(x, y)$에 대한 표현식에서 상수 K의 어떤 값도 가능하므로 $K = 0$을 택하자. 그러면

$$\int_C \boldsymbol{F} \cdot d\boldsymbol{r} = \int_C \nabla f \cdot d\boldsymbol{r} = f(0, -e^{\pi}) - f(0, 1) = e^{3\pi} - (-1) = e^{3\pi} + 1$$

을 얻는다. 이 방법은 8.2절에서 배웠던 선적분을 구하는 직접적인 방법보다 더 간단하다.

다음 예는 $\mathbb{R}^3$상의 벡터장에 대한 잠재적 함수를 구하는 방법이 $\mathbb{R}^2$상의 벡터장에 대한 잠재적 함수를 구하는 방법과 같다는 것을 보여준다.

예 4 $\boldsymbol{F}(x, y, z) = y^2\boldsymbol{i} + (2xy + e^{3z})\boldsymbol{j} + 3ye^{3z}\boldsymbol{k}$일 때, $\nabla f = \boldsymbol{F}$가 되는 함수 f를 구하여라.

풀이 이러한 함수 f가 존재한다면

$$f_x(x, y, z) = y^2, \quad ⑥$$

$$f_y(x, y, z) = 2xy + e^{3z}, \quad ⑦$$

$$f_z(x, y, z) = 3ye^{3z} \quad ⑧$$

이 된다. 식 ⑥을 x에 대하여 적분하면

$$f(x, y, z) = xy^2 + g(y, z) \quad ⑨$$

를 얻는다. 여기에서 $g(y, z)$는 x에 관한 상수이다. 이때, 식 ⑨를 y에 대하여 미분하면,

$$f_y(x, y, z) = 2xy + g_y(y, z)$$

를 얻을 수 있고, 식 ⑦과 비교하면,

$$g_y(y, z) = e^{3z}$$

가 된다. 그러므로 $g(y, z) = ye^{3z} + h(z)$이고, 식 ⑨를 아래와 같이 쓸 수 있다.

$$f(x, y, z) = xy^2 + ye^{3z} + h(z).$$

마지막으로, z에 대하여 미분하고 식 ⑧과 비교하면 $h'(z) = 0$을 얻는다. 그러므로 $h(z) = K$(상수)가 된다. 원하는 함수는

$$f(x, y, z) = xy^2 + ye^{3z} + K$$

이다. 또한, $\nabla f = \boldsymbol{F}$는 쉽게 증명된다.

연습문제

※ $\boldsymbol{F}$가 보존적인지 아닌지 결정하여라. 만약 보존적이라면 $\boldsymbol{F} = \nabla f$가 되는 함수 f를

구하여라.

1. $\boldsymbol{F}(x,y)=(2x-3y)\boldsymbol{i}+(-3x+4y-8)\boldsymbol{j}$

2. $\boldsymbol{F}(x,y)=e^x \sin y\,\boldsymbol{i}+e^x \cos y\,\boldsymbol{j}$

3. $\boldsymbol{F}(x,y)=(ye^x+\sin y)\,\boldsymbol{i}+(e^x+x\cos y)\,\boldsymbol{j}$

4. $\boldsymbol{F}(x,y)=(\ln y+2xy^3)\,\boldsymbol{i}+\left(3x^2y^2+\dfrac{x}{y}\right)\boldsymbol{j}$

❶ $\boldsymbol{F}=\nabla f$rk 되는 함수 f를 구하고, ❷ ❶를 이용하여 주어진 곡선 C위에서 선적분 $\int_C \boldsymbol{F}\cdot d\boldsymbol{r}$를 구하여라.

5. $\boldsymbol{F}(x,y)=xy^2\boldsymbol{i}+x^2y\,\boldsymbol{j}$,

$C:\boldsymbol{r}(t)=\left(t+\sin\dfrac{1}{2}\pi t,\ t+\cos\dfrac{1}{2}\pi t\right),\ 0\le t\le 1.$

6. $\boldsymbol{F}(x,y,z)=yz\,\boldsymbol{i}+xz\,\boldsymbol{j}+(xy+2z)\,\boldsymbol{k}$,

C는 (1, 0, -2)에서 (4, 6, 3)까지의 선분이다.

7. $\boldsymbol{F}(x,y,z)=y^2\cos z\,\boldsymbol{i}+2xy\cos z\,\boldsymbol{j}-xy^2\sin z\,\boldsymbol{k}$,

$C:\boldsymbol{r}(t)=t^2\boldsymbol{i}+\sin t\,\boldsymbol{j}+t\,\boldsymbol{k},\ 0\le t\le\pi.$

주어진 집합이 ❶열림, ❷연결, ❸단순연결인지 아닌지를 결정하여라.

8. $\{(x,y)\mid x>0,\ y>0\}$

9. $\{(x,y)\mid 1<x^2+y^2<4\}$

8.4 그린의 정리Green's Theorem

그린의 정리(Green's Theorem)는 단순닫힌곡선 C를 따른 선적분과 C에 의하여 유계된 평면영역 D상에서의 중적분 사이의 관계를 알려준다([그림 8-16]: D는 C상의 모든 점은 물론이고 C내부의 모든 점으로 구성된다). 그린의 정리의 설명에서, 단순닫힌곡선 C의 양의 방향은 C가 반시계 방향으로 단순히 선회하는 것으로 약속한다. 따라서 C가 벡터함수 $\boldsymbol{r}(t)$, $a \le t \le b$로 주어지면 영역 D는 점 $\boldsymbol{r}(t)$가 C를 선회할 때 항상 왼쪽에 있다([그림 8-17]).

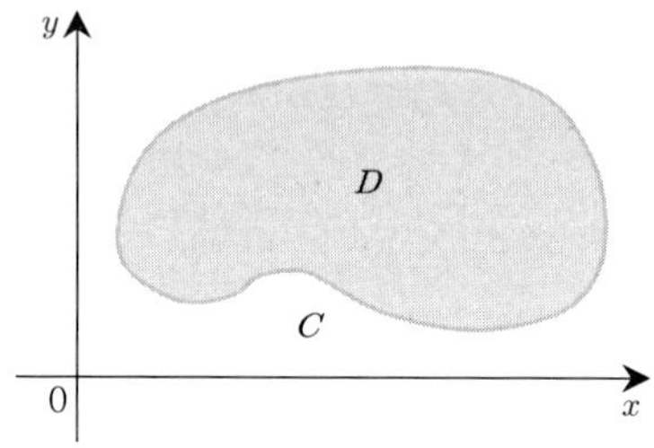

▮ 그림 8-16 ▮

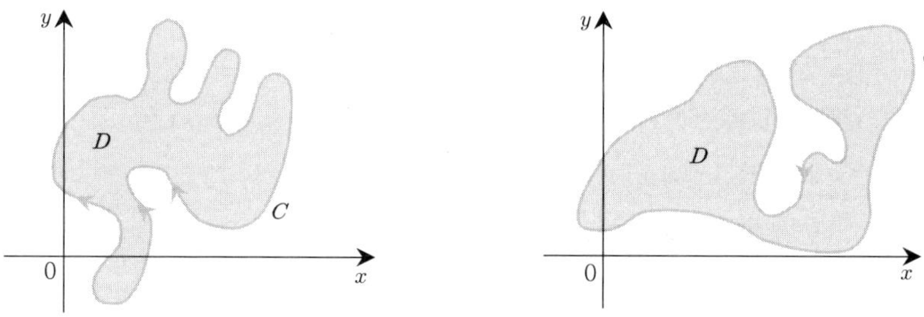

(a) 양의 방향

(b) 음의 방향

▮ 그림 8-17 ▮

정리 1 그린의 정리: C는 평면에 놓인 양의 방향을 갖는 부분적으로 매끄러운 단순닫힌곡선이라 하고, D는 C에 의하여 유계된 영역이라 하자. P와 Q가 D를 포함하는 열린 영역 위에서 연속인 편도함수를 가지면

$$\int_C P\,dx + Q\,dy = \iint_D \left(\frac{\partial Q}{\partial x} - \frac{\partial P}{\partial y} \right) dA$$

이다.

주 표기 $\oint_C P\,dx + Q\,dy$는 때때로 선적분이 닫힌 곡선 C의 양의 방향을 이용해

서 계산됨을 보여주고자 쓰는 표기법이다. D의 양의 방향인 경계곡선에 대한 또다른 표기는 ∂D이다. 따라서 그린의 정리에서의 방정식은

$$\iint_D \left(\frac{\partial Q}{\partial x} - \frac{\partial P}{\partial y} \right) dA = \int_{\partial D} P\,dx + Q\,dy \qquad ①$$

로 쓸 수 있다.

그린의 정리는 중적분에 대한 미적분학의 기본정리의 유사정리로 간주되어야 한다. 방정식 ①을 아래 방정식으로 서술된 미적분학의 기본정리 2

$$\int_a^b \boldsymbol{F}'(x)\,dx = \boldsymbol{F}(b) - \boldsymbol{F}(a)$$

와 비교하여 보자. 두 가지의 경우 모두 그 방정식의 좌변에는 도함수 $\left(\boldsymbol{F}', \frac{\partial D}{\partial x}, \frac{\partial P}{\partial y} \right)$를 포함하는 적분이 존재한다. 그리고 두 가지 경우 모두 우변에는 정의역의 경계 위에서만이 최초의 함수 ($\boldsymbol{F}$, Q, P)의 값을 포함한다(일차원의 경우에 정의역은 경계점이 두 점 a, b만으로 구성된 구간 $[a, b]$이다).

그린의 정리는 [정리 1]에서 설명된 일반성을 바탕으로 증명하기란 쉽지 않지만, 영역이 형태 I과 형태 II인 특수한 경우에 대하여 증명할 수 있다. 이러한 영역을 **단순영역**이라 부른다.

D가 단순영역인 경우에 대한 그린의 정리의 증명:

다음 식들이 성립함을 밝힘으로써 그린의 정리를 증명하여 보자.

$$\int_C P\,dx = -\iint_D \frac{\partial P}{\partial y}\,dA \qquad ②$$

와

$$\int_C Q\,dy = \iint_D \frac{\partial Q}{\partial x}\,dA \qquad ③$$

D를 형태 I의 영역

$$D = \{(x, y) \mid a \le x \le b,\ g_1(x) \le y \le g_2(x)\}$$

로 나타내어 방정식 ②를 증명한다. 여기서 g_1, g_2는 연속함수이므로 아래와 같이 방

정식 ②의 우변에 있는 중적분을 계산한다.

$$\iint_C \frac{\partial P}{\partial y} dA = \int_a^b \int_{g_1(x)}^{g_2(x)} \frac{\partial P}{\partial y}(x, y)\, dy\, dx = \int_a^b [P(x, g_2(x)) - P(x, g_1(x))]\, dx\,. \quad ④$$

여기서 마지막 단계는 미적분학의 기본정리로부터 나온다.

방정식 ②의 좌변을 [그림 8-18] 서와 같이 네 개의 곡선 C_1, C_2, C_3, C_4의 합집합으로 C를 나누어 계산하자. C_1위에서 x를 매개변수로 택하고, 매개변수방정식을 $x = x$, $y = g_1(x)$, $a \le x \le b$로 쓰자.

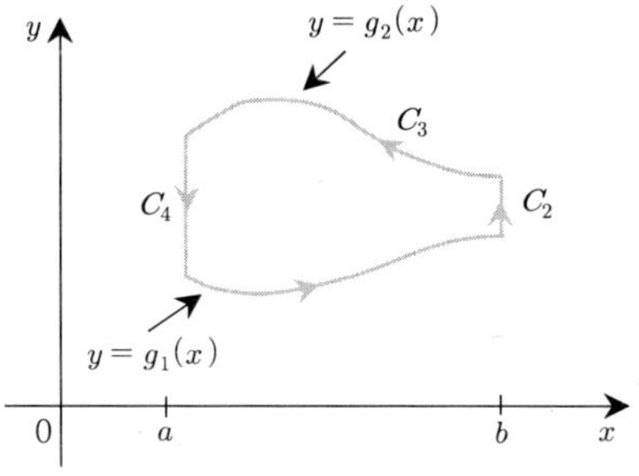

▮ 그림 8-18▮

따라서

$$\int_{C_1} P(x, y)\, dx = \int_a^b P(x, g_1(x))\, dx\,.$$

C_3가 오른쪽에서 왼쪽으로 움직이면 $-C_3$는 왼쪽에서 오른쪽으로 움직임을 알 수 있다. 따라서 $-C_3$를 매개변수방정식 $x = x$, $y = g_2(x)$, $a \le x \le b$로 쓸 수 있다. 그러므로

$$\int_{C_3} P(x, y)\, dx = -\int_{-C_3} P(x, y)\, dx = -\int_a^b P(x, g_2(x))\, dx\,.$$

C_2 혹은 C_4위에서(그들 각각은 한 개의 점으로 축소될 수도 있다) x는 상수이다. 그러므로 $dx = 0$이고

$$\int_{C_2} P(x, y)\, dx = 0 = \int_{C_4} P(x, y)\, dx$$

이다. 따라서

$$\begin{aligned}\int_C P(x, y)\, dx &= \int_{C_1} P(x, y)\, dx + \int_{C_2} P(x, y)\, dx \\ &\quad + \int_{C_3} P(x, y)\, dx + \int_{C_4} P(x, y)\, dx \\ &= \int_a^b P(x, g_1(x))\, dx - \int_a^b P(x, g_2(x))\, dx\,.\end{aligned}$$

이 식을 방정식 ④의 식과 비교하면,

$$\int_C P(x,y)\,dx = -\iint_D \frac{\partial P}{\partial y}\,dA$$

를 알 수 있다. 방정식 ③은 D를 형태 II 영역의 식으로 나타내면 똑같은 방법으로 증명될 수 있다. 그러면 방정식 ②와 ③을 합하여 그린의 정리를 얻는다.

예 1 C가 (0, 0)에서 (1, 0)까지, (1, 0)에서 (0, 1)까지, (0, 1)에서 (0, 0)까지의 선분들로 구성된 삼각형의 곡선일 때, $\int_C x^4\,dx + xy\,dy$를 구하여라.

풀이 주어진 선적분이 삼각형의 세 변을 따라가 각각 분리된 세 개의 적분으로 나누어 계산하는 8.2절의 방법으로 구할 수도 있지만, 그린의 정리를 이용하여 구하여 보자. C에 의하여 둘러싸인 영역 D는 단순하고, C는 양의 방향을 갖는다는 것을 주목하여라([그림 8-19]). $P(x,y)=x^4$과 $Q(x,y)=xy$로 둘 때,

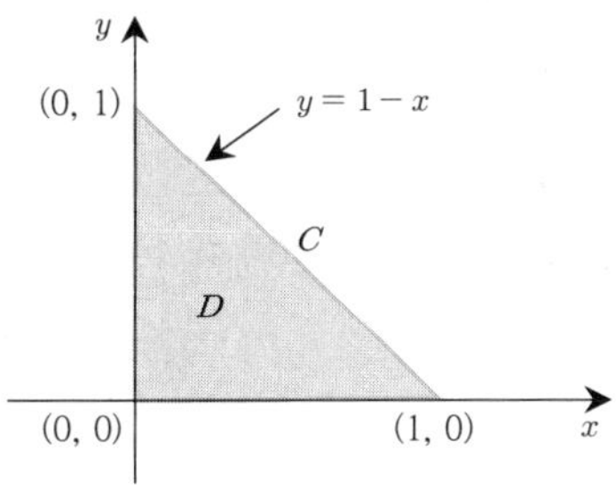

▮ 그림 8-19 ▮

$$\int_C x^4\,dx + xy\,dy = \iint_D \left(\frac{\partial Q}{\partial x} - \frac{\partial P}{\partial y}\right) dA = \int_0^1 \int_0^{1-x} (y-0)\,dy\,dx$$

$$= \int_0^1 \left[\frac{1}{2}y^2\right]_{y=0}^{y=1-x} dx = \frac{1}{2}\int_0^1 (1-x)^2\,dx$$

$$= -\frac{1}{6}(1-x)^3\Big]_0^1 = \frac{1}{6}$$

을 얻는다.

예 2 C가 원 $x^2+y^2=9$일 때 $\oint_C (3y-e^{\sin x})\,dx + (7x+\sqrt{y^4+1})\,dy$를 구하여라.

풀이 C에 의하여 유계된 영역 D는 원판 $x^2+y^2 \le 9$이다. 따라서 그린의 정리를 적용한 후에 극좌표로 치환하자.

$$\oint_C (3y - e^{\sin x})\, dx + (7x + \sqrt{y^4+1}\,)\, dy$$

$$= \iint_D \left[\frac{\partial}{\partial x}(7x + \sqrt{y^4+1}\,) - \frac{\partial}{\partial y}(3y - e^{\sin x}) \right] dA$$

$$= \int_0^{2\pi} \int_0^3 (7-3)\, r\, dr\, d\theta$$

$$= 4\int_0^{2\pi} d\theta \int_0^3 r\, dr = 36\pi .$$

[예 1]과 [예 2]에서 중적분은 선적분보다 더 쉽게 구할 수 있음을 알 수 있었다([예 2]를 선적분으로 계산해 보면 알 수 있다). 그런데 때때로 선적분을 구하는 것이 더 쉬울 수 있고 그린의 정리가 역방향으로 이용되곤 한다. 예를 들면, 곡선 C위에서 $P(x,y) = Q(x,y) = 0$이라 하면 영역 D내부에서 P와 Q의 값이 어떻게 부여되는지, 그린의 정리에 의하여

$$\iint_D \left(\frac{\partial Q}{\partial x} - \frac{\partial P}{\partial y} \right) dA = \int_C P\, dx + Q\, dy = 0$$

이 된다.

그린의 정리의 역방향에 대한 또 다른 응용은 넓이 계산이다. D의 넓이가 $\iint_D 1\, dA$이므로 P와 Q를

$$\frac{\partial Q}{\partial x} - \frac{\partial P}{\partial y} = 1$$

이 되도록 선택하고 싶다. 여러 가지 가능성이 존재한다.

$$P(x,y) = 0, \quad P(x,y) = -y, \quad P(x,y) = -\frac{1}{2}y,$$

$$Q(x,y) = x, \quad Q(x,y) = 0, \quad Q(x,y) = \frac{1}{2}x.$$

이때 그린의 정리는 D의 넓이에 대하여 아래 공식을 유도해 낸다.

$$A = \oint_C x\, dy = -\oint_C y\, dx = \frac{1}{2}\oint_C x\, dy - y\, dx . \qquad ⑤$$

예 3 타원 $\frac{x^2}{a^2}+\frac{y^2}{b^2}=1$에 의하여 둘러싸인 넓이를 구하여라.

풀이 타원은 매개변수방정식 $x=a\cos t,\ y=b\sin t,\ 0\le t\le 2\pi$를 갖는다. 방정식 ⑤의 세 번째 공식을 이용하면

$$A=\frac{1}{2}\int_C x\,dy-y\,dx$$

$$=\frac{1}{2}\int_0^{2\pi}(a\cos t)(b\cos t)\,dt-(b\sin t)(-a\sin t)\,dt$$

$$=\frac{ab}{2}\int_0^{2\pi}dt\ =\ \pi ab$$

을 얻는다.

비록 D가 단순일 경우에만 그린의 정리를 증명했지만, 이제 D가 단순영역들의 유한개 합집합인 경우로 정리를 확장할 수 있다. 예를 들면, D가 [그림 8-20]과 같은 영역일 때, $D=D_1\cap D_2$로 쓸 수 있다. 여기에서 D_1과 D_2는 둘 다 단순영역들이다. D_1의 경계는 $C_1\cup C_3$이고, D_2의 경계는 $C_2\cup(-C_3)$이다. 따라서 D_1과 D_2에 그린의 정리를 각각 적용하면,

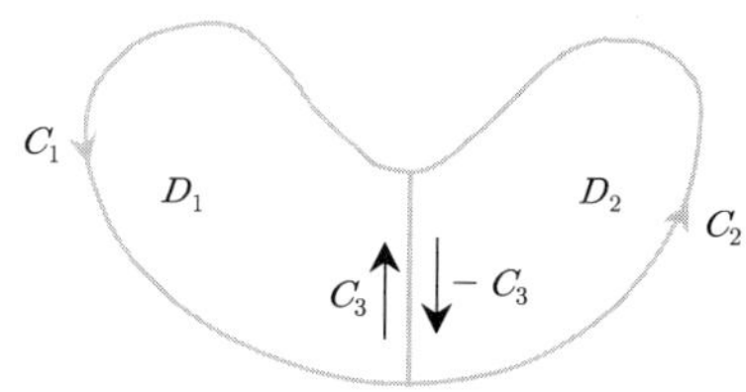

▮ 그림 8-20 ▮

$$\int_{C_1\cup C_3}P\,dx+Q\,dy=\iint_{D_1}\left(\frac{\partial Q}{\partial x}-\frac{\partial P}{\partial y}\right)dA,$$

$$\int_{C_2\cup(-C_3)}P\,dx+Q\,dy=\iint_{D_2}\left(\frac{\partial Q}{\partial x}-\frac{\partial P}{\partial y}\right)dA$$

를 얻는다. 이들 두 개의 방정식을 합하면 C_3와 $-C_3$위에서 선적분이 상쇄되어

$$\int_{C_1\cup C_2}P\,dx+Q\,dy=\iint_{D}\left(\frac{\partial Q}{\partial x}-\frac{\partial P}{\partial y}\right)dA$$

를 얻는다. 이것은 $D=D_1\cup D_2$에 대한 그린의 정리이다. 왜냐하면 이 영역의

경계는 $C = C_1 \cup C_2$이기 때문이다. 똑같은 논리로 단순영역들의 유한개의 합집합([그림 8-21])에 대하여 그린의 정리가 작용될 수 있다.

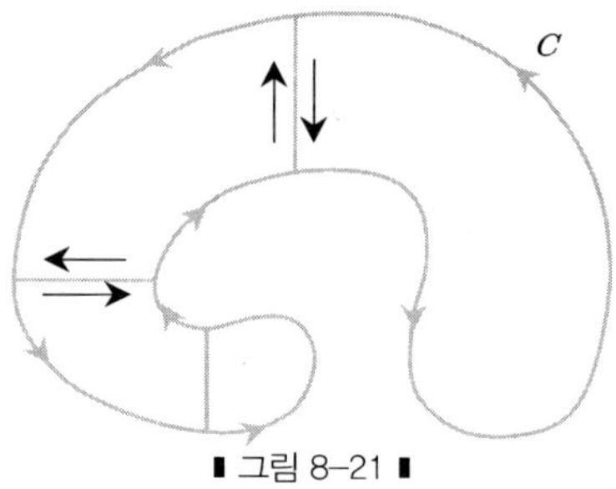

▮ 그림 8-21 ▮

예 4 C가 원 $x^2+y^2=1$과 $x^2+y^2=4$ 사이의 상반부 평면에 있는 반고리 모양의 영역 D의 경계일 때, $\oint_C y^2 dx + 3xy\,dy$를 구하여라.

풀이 비록 D가 단순영역이 아니지만, y축이 두 개의 단순영역([그림 8-23])으로 나눈다. 극좌표로 표시하면,

$$D = \{(r, \theta) \mid 1 \le r \le 2, 0 \le \theta \le \pi\}$$

로 쓸 수 있다. 그러므로 그린의 정리에 의하여

$$\begin{aligned}
&\oint_C y^2\,dx + 3xy\,dy \\
&= \iint_D \left[\frac{\partial}{\partial x}(3xy) - \frac{\partial}{\partial y}(y^2) \right] dA \\
&= \iint_D y\,dA \\
&= \int_0^\pi \int_1^2 (r\sin\theta)\, r\,dr\,d\theta \\
&= \int_0^\pi \sin\theta\,d\theta \int_1^2 r^2\,dr \\
&= [-\cos\theta]_0^\pi \left[\frac{1}{3}r^3\right]_1^3 = \frac{14}{3}
\end{aligned}$$

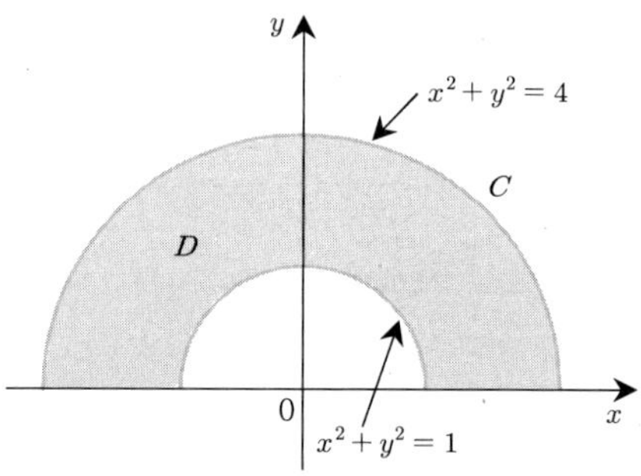

▮ 그림 8-22 ▮

를 얻는다.

그린의 정리는 구멍이 있는 영역, 즉 단순연결이 아닌 영역으로 확장하여 적용할 수 있다. [그림 8-24]에 나타난 영역 D의 경계 C는 2개의 단순닫힌 곡선 C_1과 C_2로 구성됨을 관찰하여라. 이들 경계곡선들이 영역 D가 곡선

C를 따라 움직일 때, 왼쪽에 있도록 방향이 주어진다고 가정하자. 그러면 양의 방향은 외부원 C_1에 대하여 반시계 방향이지만, 내부원 C_2에 대하여 시계방향이다. [그림 8-25]에서와 같이 직선에 의하여 D를 두 영역 D'과 D''의 각각에 그린의 정리를 적용하면

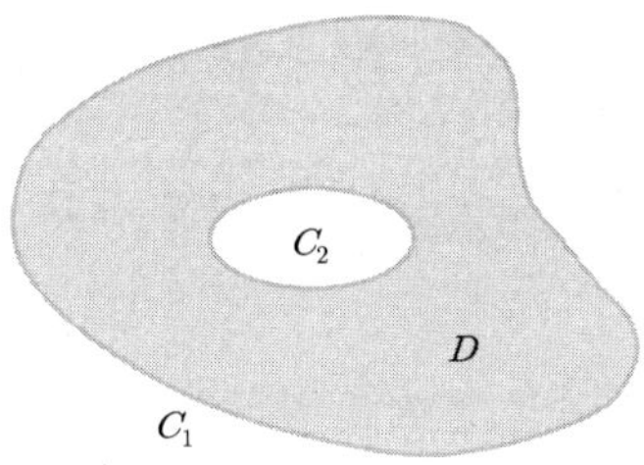

▮ 그림 8-23 ▮

$$\iint_D \left(\frac{\partial Q}{\partial x} - \frac{\partial P}{\partial y} \right) dA = \iint_{D'} \left(\frac{\partial Q}{\partial x} - \frac{\partial P}{\partial y} \right) dA + \iint_{D''} \left(\frac{\partial Q}{\partial x} - \frac{\partial P}{\partial y} \right) dA$$
$$= \int_{\partial D'} P\,dx + Q\,dy + \int_{\partial D''} P\,dx + Q\,dy$$

를 얻는다. 공통경계선을 따르는 선적분은 서로 반대 방향이므로 상쇄되고

$$\iint_D \left(\frac{\partial Q}{\partial x} - \frac{\partial P}{\partial y} \right) dA$$
$$= \int_{C_1} P\,dx + Q\,dy + \int_{C_2} P\,dx + Q\,dy$$
$$= \int_C P\,dx + Q\,dy$$

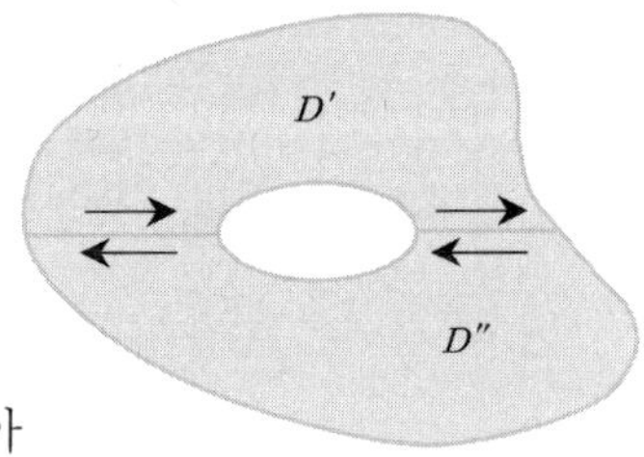

▮ 그림 8-24 ▮

를 얻는다. 이것은 영역 D(단순연결영역이 아닌)에 대한 그린의 정리이다.

끝으로, 앞절에서 설명된 결과를 그린의 정리를 이용하여 증명하고 이 절을 마치겠다.

8.3절의 정리 5의 증명: 개요 $\boldsymbol{F} = P\boldsymbol{i} + Q\boldsymbol{j}$가 열린 단위연결영역 D위의 벡터장이고, P와 Q가 연속인 일계 편도함수를 갖고, D 위에서

$$\frac{\partial P}{\partial y} = \frac{\partial Q}{\partial x}$$

라 가정하자. C가 D에 속하는 임의의 단순닫힌경로이고, R은 C에 의하여 둘러싸인 영역일 때, 그린의 정리에 의하여

$$\oint_C \boldsymbol{F} \cdot d\boldsymbol{r} = \oint_C P\,dx + Q\,dy = \iint_R \left(\frac{\partial Q}{\partial x} - \frac{\partial P}{\partial y} \right) dA = \iint_R 0\,dA = 0$$

을 얻는다. 단순이 아닌 곡선은 한 점 혹은 그 이상의 점에서 교차하고 몇 개의 단순곡선으로 나눌 수 있다. 이들 단순곡선을 따른 $\boldsymbol{F}$의 선적분은 모두 0임을 보였고, 이들 적분을 합하면 임의의 닫힌곡선 C에 대하여 $\int_C \boldsymbol{F} \cdot d\boldsymbol{r} = 0$이다. 그러므로 $\int_C \boldsymbol{F} \cdot d\boldsymbol{r}$은 8.3절의 [정리 2]에 의하여 D에서 경로에 독립이다. 따라서 $\boldsymbol{F}$는 보존적 벡터장이다.

연습문제

※ 두 가지 방법 ❶직접적으로, ❷그린의 정리를 이용해서 선적분을 구하여라.

1. $\oint_C (x-y)\,dx + (x+y)\,dy$, C는 중심이 원점이고 반지름이 2인 원이다.

2. $\oint_C xy\,dx + x^2y^3\,dy$, C는 $(0,\ 0),\ (1,\ 0),\ (1,\ 2)$를 꼭지점으로 갖는 사각형이다.

그린의 정리를 이용해서 주어진 곡선의 양의 방향을 따라서 선적분을 구하여라.

3. $\int_C e^y dx + 2xe^y dy$, C는 $x=0$, $y=0$, $y=1$을 변으로 갖는 사각형이다.

4. $\int_C (y+e^{\sqrt{x}})\,dx + (2x+\cos y^2)\,dy$, C는 포물선 $y=x^2$과 $x=y^2$에 의하여 둘러싸인 영역의 경계이다.

5. $\int_C y^3\,dx - x^3dy$, C는 $x^2+y^2=4$인 원이다.

부록

[부록 A]　여러 가지 공식

대수

산술

$$\frac{a+b}{c} = \frac{a}{c} + \frac{b}{c} \qquad \frac{a}{b} + \frac{c}{d} = \frac{ad+bc}{bd}$$

$$\frac{\left(\frac{b}{b}\right)}{\left(\frac{c}{d}\right) = \left(\frac{a}{b}\right)\left(\frac{d}{c}\right)} = \frac{ad}{bc}$$

인수분해

$$x^2 - y^2 = (x-y)(x+y)$$

$$x^3 - y^3 = (x-y)(x^2+xy+y^2)$$

$$x^3 + y^3 = (x+y)(x^2-xy+y^2)$$

$$x^4 - y^4 = (x-y)(x+y)(x^2+y^2)$$

이항전개

$$(x+y)^2 = x^2 + 2xy + y^2$$

$$(x+y)^3 = x^3 + 3x^2y + 3xy^2 + y^3$$

지수법칙

$$x^n x^m = x^{n+m} \qquad \frac{x^n}{x^m} = x^{n-m} \qquad (x^n)^m = x^{nm}$$

$$x^{-n} = \frac{1}{x^n} \qquad (xy)^n = x^n y^n \qquad \left(\frac{x}{y}\right)^n = \frac{x^n}{y^n}$$

$$x^{\frac{n}{m}} = \sqrt[m]{x^n} \qquad \sqrt[n]{xy} = \sqrt[n]{x}\sqrt[n]{y} \qquad \sqrt[n]{\frac{x}{y}} = \frac{\sqrt[n]{x}}{\sqrt[n]{y}}$$

직선

두 점(x_0,y_0)와 (x_1,y_1) 사이의 기울기 m

………… $m = \dfrac{y_1 - y_0}{x_1 - x_0}$

점 (x_0,y_0)을 지나고 기울기가 m인 직선

………… $y - y_0 = m(x - x_0)$

기울기가 m이고 y절편이 b인 직선

………… $y = mx + b$

근의 공식

$ax^2 + bx + c = 0$이면

………… $x = -b \pm \dfrac{\sqrt{b^2-4ac}}{2a}$

거리

두 점 (x_1,y_1)과 (x_2,y_2)사이의 거리 d

………… $d = \sqrt{(x_2-x_1)^2 + (y_2-y_1)^2}$

기하

삼각형

넓이$= \dfrac{1}{2}bh$

$c^2 = a^2 + b^2 - 2ab\cos\theta$

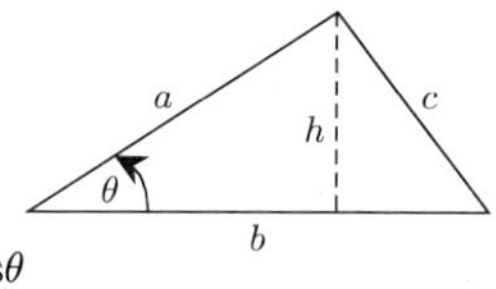

원

넓이$= \pi r^2$

$C = 2\pi r$

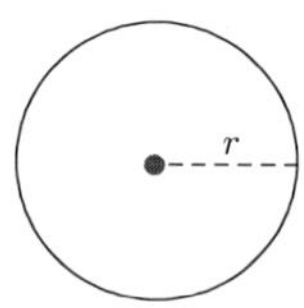

부채꼴

넓이$= \dfrac{1}{2}r^2\theta$

$s = r\theta$ (θ는 라디안)

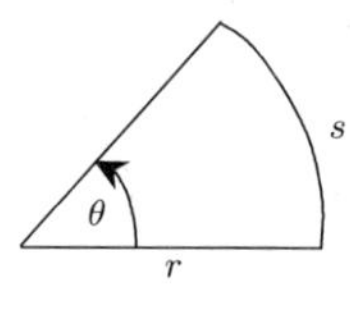

사다리꼴

넓이 $=\frac{1}{2}(a+b)h$

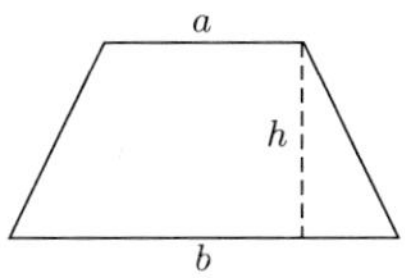

구

부피 $=\frac{4}{3}\pi r^3$

겉넓이 $=4\pi r^2$

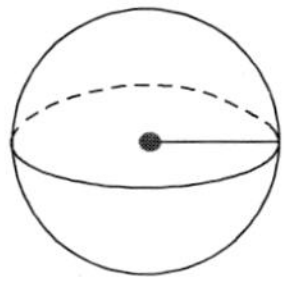

원뿔

부피 $=\frac{1}{3}\pi r^2 h$

겉넓이 $=\pi r\sqrt{r^2+h^2}$

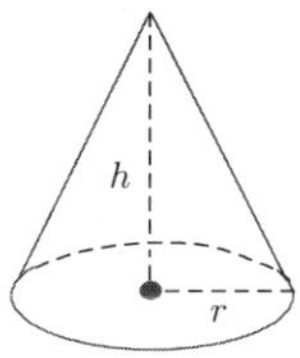

원기둥

부피 $=\pi r^2 h$

겉넓이 $=2\pi rh$

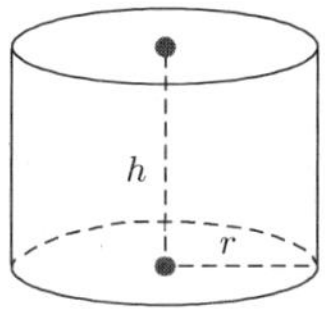

삼각함수

$\sin\theta=\frac{y}{r}$

$\cos\theta=\frac{x}{r}$

$\tan\theta=\frac{y}{x}$

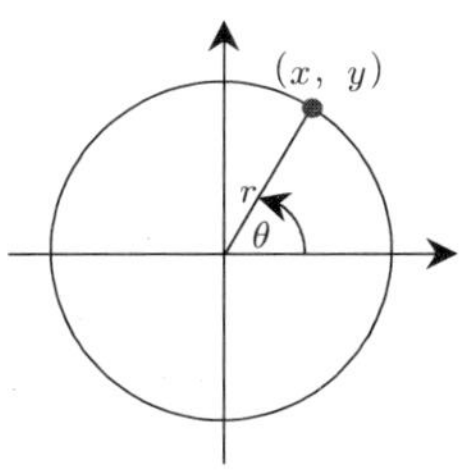

$\sin\theta=\frac{\text{높이}}{\text{빗변}}$

$\cos\theta=\frac{\text{밑변}}{\text{빗변}}$

$\tan\theta=\frac{\text{높이}}{\text{밑변}}$

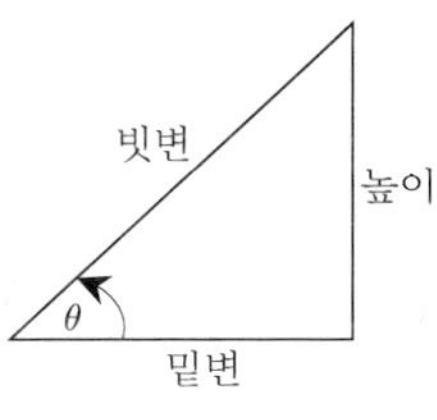

역관계

$\cot\theta=\frac{1}{\tan\theta}$ $\quad \sec\theta=\frac{1}{\cos\theta}$ $\quad \csc\theta=\frac{1}{\sin\theta}$

정의

$\cot\theta=\frac{\cos\theta}{\sin\theta}$ $\quad \sec\theta=\frac{1}{\cos\theta}$ $\quad \csc\theta=\frac{1}{\sin\theta}$

피타고라스 공식

$\sin^2\theta+\cos^2\theta=1$ $\quad \tan^2\theta+1=\sec^2\theta$

$1+\cot^2\theta=\csc^2\theta$

여각관계

$\sin\left(\frac{\pi}{2}-\theta\right)=\cos\theta$ $\quad \cos\left(\frac{\pi}{2}-\theta\right)=\sin\theta$

$\tan\left(\frac{\pi}{2}-\theta\right)=\cot\theta$

우함수/기함수

$\sin(-\theta)=-\sin\theta$ $\quad \cos(-\theta)=\cos\theta$

$\tan(-\theta)=-\tan\theta$

배각공식

$\sin 2\theta=2\sin\theta\cos\theta$

$\cos 2\theta=\cos^2\theta-\sin^2\theta=1-2\sin^2\theta$

반각공식

$\sin^2\theta=\frac{1-\cos 2\theta}{2}$ $\quad \cos^2\theta=\frac{1+\cos 2\theta}{2}$

합의 공식

$\sin(a+b)=\sin a\cos b+\cos a\sin b$

$\cos(a+b)=\cos a\cos b-\sin a\sin b$

차의 공식

$\sin(a-b)=\sin a\cos b-\cos a\sin b$

$\cos(a-b) = \cos a \cos b + \sin a \sin b$

합공식

$\sin u + \sin v = 2\sin\left(\frac{u+v}{2}\right)\left(\frac{u-v}{2}\right)$

$\cos u + \cos v = 2\cos\left(\frac{u+v}{2}\right)\cos\left(\frac{u-v}{2}\right)$

곱공식

$\sin u \sin v = \frac{1}{2}[\cos(u-v) - \cos(u+v)]$

$\cos u \cos v = \frac{1}{2}[\cos(u-v) + \cos(u+v)]$

$\sin u \cos v = \frac{1}{2}[\sin(u+v) + \sin(u-v)]$

$\cos u \sin v = \frac{1}{2}[\sin(u+v) - \sin(u-v)]$

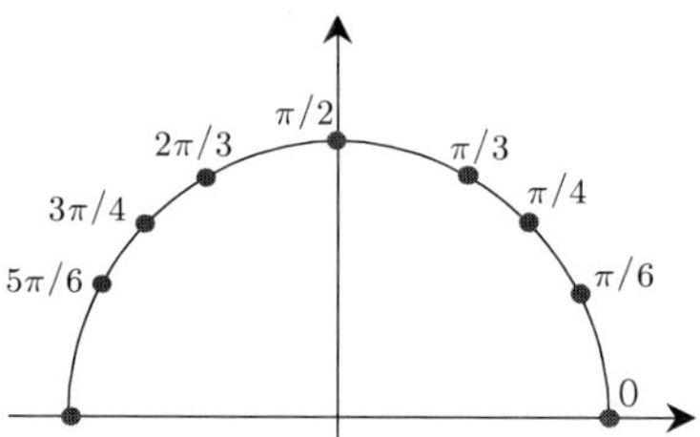

라디안

$\sin(0) = 0$	$\cos(0) = 1$
$\sin\left(\frac{\pi}{0}\right) = \frac{1}{2}$	$\cos\left(\frac{\pi}{6}\right) = \frac{\sqrt{3}}{2}$
$\sin\left(\frac{\pi}{4}\right) = \frac{\sqrt{2}}{2}$	$\cos\left(\frac{\pi}{4}\right) = \frac{\sqrt{2}}{2}$
$\sin\left(\frac{\pi}{3}\right) = \frac{\sqrt{3}}{2}$	$\cos\left(\frac{\pi}{3}\right) = \frac{1}{2}$
$\sin\left(\frac{\pi}{2}\right) = 1$	$\cos\left(\frac{\pi}{2}\right) = 0$
$\sin\left(\frac{2\pi}{3}\right) = \frac{\sqrt{3}}{2}$	$\cos\left(\frac{2\pi}{3}\right) = -\frac{1}{2}$
$\sin\left(\frac{3\pi}{4}\right) = \frac{\sqrt{2}}{2}$	$\cos\left(\frac{3\pi}{4}\right) = -\frac{\sqrt{2}}{2}$
$\sin\left(\frac{5\pi}{6}\right) = \frac{1}{2}$	$\cos\left(\frac{5\pi}{6}\right) = -\frac{\sqrt{3}}{2}$
$\sin(\pi) = 0$	$\cos(\pi) = -1$
$\sin(2\pi) = 0$	$\cos(2\pi) = 1$

[부록 B] 미분공식

일반적인 법칙

$$\frac{d}{dx}[f(x)+g(x)]=f'(x)+g'(x)$$

$$\frac{d}{dx}[f(x)-g(x)]=f'(x)-g'(x)$$

$$\frac{d}{dx}[cf(x)]=cf'(x)$$

$$\frac{d}{dx}[f(x)g(x)]=f'(x)g(x)+f(x)'(x)$$

$$\frac{d}{dx}\left[\frac{f(x)}{g(x)}\right]=\frac{f'(x)g(x)-f(x)g'(x)}{(g(x))^2}$$

$$\frac{d}{dx}[f(g(x))]=f'(g(x))g'(x)$$

곱의 법칙

$$\frac{d}{dx}[x^n]=nx^{n-1} \qquad \frac{d}{dx}[c]=0$$

$$\frac{d}{dx}[cx]=c \qquad \frac{d}{dx}[\sqrt{x}]=\frac{1}{2\sqrt{x}}$$

지수함수

$$\frac{d}{dx}[e^x]=e^x \qquad \frac{d}{dx}[a^x]=a^x\ln a$$

$$\frac{d}{dx}[e^{u(x)}]=e^{u(x)}u'(x) \qquad \frac{d}{dx}[e^{rx}]=re^{rx}$$

삼각함수

$$\frac{d}{dx}[\sin x]=\cos x \qquad \frac{d}{dx}[\cos x]=-\sin x$$

$$\frac{d}{dx}[\tan x]=\sec^2 x \qquad \frac{d}{dx}[\cot x]=-\csc^2 x$$

$$\frac{d}{dx}[\sec x]=\sec x\tan x$$

$$\frac{d}{dx}[\csc x]=-\csc x\cot x$$

역삼각함수

$$\frac{d}{dx}[\sin^{-1}x]=\frac{1}{\sqrt{1-x^2}}$$

$$\frac{d}{dx}[\cos^{-1}x]=-\frac{1}{\sqrt{1-x^2}}$$

$$\frac{d}{dx}[\tan^{-1}x]=\frac{1}{1+x^2}$$

$$\frac{d}{dx}[\cot^{-1}x]=-\frac{1}{1+x^2}$$

$$\frac{d}{dx}[\sec^{-1}x]=\frac{1}{|x|\sqrt{x^2-1}}$$

$$\frac{d}{dx}[\csc^{-1}x]=-\frac{1}{|x|\sqrt{x^2-1}}$$

쌍곡선함수

$$\frac{d}{dx}[\sinh x]=\cosh x$$

$$\frac{d}{dx}[\cosh x]=\sinh x$$

$$\frac{d}{dx}[\tanh x]=\mathrm{sech}^2 x$$

$$\frac{d}{dx}[\coth x]=-\mathrm{csch}^2 x$$

$$\frac{d}{dx}[\mathrm{sech}\,x]=-\mathrm{sech}\,x\tanh x$$

$$\frac{d}{dx}[\mathrm{csch}\,x]=-\mathrm{csch}\,x\coth x$$

역쌍곡선함수

$$\frac{d}{dx}[\sinh^{-1}x]=\frac{1}{\sqrt{1+x^2}}$$

$$\frac{d}{dx}[\cosh^{-1}x]=\frac{1}{\sqrt{x^2-1}}$$

$$\frac{d}{dx}[\tanh^{-1}x]=\frac{1}{1-x^2}$$

$$\frac{d}{dx}[\coth^{-1}x]=\frac{1}{1-x^2}$$

$$\frac{d}{dx}[\operatorname{sech}^{-1}x]=-\frac{1}{x\sqrt{1-x^2}}$$

$$\frac{d}{dx}[\operatorname{csch}^{-1}x]=-\frac{1}{|x|\sqrt{x^2+1}}$$

[부록 C] 적분공식

기본형

1. $\int u\,dv = du - \int v\,du$
2. $\int u^n\,du = \dfrac{u^{n+1}}{n+1} + C \ (n \neq -1)$
3. $\int \dfrac{du}{u} = \ln|u| + C$
4. $\int e^u\,du = e^u + C$
5. $\int a^u\,du = \dfrac{a^u}{\ln a} + C$
6. $\int \sin u\,du = -\cos u + C$
7. $\int \cos u\,du = \sin u + C$
8. $\int \sec^u du = \tan u + C$
9. $\int \csc^2 u\,du = -\cot u + C$
10. $\int \sec u \tan u\,du = \sec u + C$
11. $\int \csc u \cot u\,du = -\csc u + C$
12. $\int \tan u\,du = \ln|\sec u| + C$
13. $\int \cot u\,du = \ln|\sin u| + C$
14. $\int \sec u\,du = \ln|\sec u + \tan u| + C$
15. $\int \csc u\,du = \ln|\csc u - \cot u| + C$
16. $\int \dfrac{du}{\sqrt{a^2 - u^2}} = \sin^{-1}\left(\dfrac{u}{a}\right) + C$
17. $\int \dfrac{du}{a^2 + u^2} = \dfrac{1}{a}\tan^{-1}\left(\dfrac{u}{a}\right) + C$
18. $\int \dfrac{du}{u\sqrt{u^2 - a^2}} = \dfrac{1}{a}\sec^{-1}\left(\dfrac{u}{a}\right) + C$
19. $\int \dfrac{du}{a^2 - u^2} = \dfrac{1}{2a}\ln\left|\dfrac{u+a}{u-a}\right| + C$
20. $\int \dfrac{du}{u^2 - a^2} = \dfrac{1}{2a}\ln\left|\dfrac{u-a}{u+a}\right| + C$

$\sqrt{a^2+u^2}$, $a > 0$를 포함하는 적분

21. $\int \sqrt{a^2+u^2}\,du = \dfrac{u}{2}\sqrt{a^2+u^2} + \dfrac{a^2}{2}\ln\left(u + \sqrt{a^2+u^2}\right) + C$
22. $\int u^2\sqrt{a^2+u^2}\,du = \dfrac{u}{8}(a^2+2u^2)\sqrt{a^2+u^2} - \dfrac{a^4}{8}\ln(u + \sqrt{a^2+u^2}) + C$
23. $\int \dfrac{\sqrt{a^2+u^2}}{u}\,du = \sqrt{a^2+u^2} - a\ln\left|\dfrac{a+\sqrt{a^2+u^2}}{u}\right| + C$
24. $\int \dfrac{\sqrt{a^2+u^2}}{u^2}\,du = -\dfrac{\sqrt{a^2+u^2}}{u} + \ln(u + \sqrt{a^2+u^2}) + C$
25. $\int \dfrac{du}{\sqrt{a^2+u^2}} = \ln(u + \sqrt{a^2+u^2}) + C$

26. $\displaystyle\int \frac{u^2\,du}{\sqrt{a^2+u^2}} = \frac{u}{2}\sqrt{a^2+u^2} - \frac{a^2}{2}\ln\left(u+\sqrt{a^2+u^2}\right) + C$

27. $\displaystyle\int \frac{du}{u\sqrt{a^2+u^2}} = -\frac{1}{a}\ln\left|\frac{\sqrt{a^2+u^2}+a}{u}\right| + C$

28. $\displaystyle\int \frac{du}{u^2\sqrt{a^2+u^2}} = -\frac{\sqrt{a^2+u^2}}{a^2u} + C$

29. $\displaystyle\int \frac{du}{(a^2+u^2)^{\frac{3}{2}}} = \frac{u}{a^2\sqrt{a^2+u^2}} + C$

$\sqrt{a^2-u^2}$, $a>0$를 포함하는 적분

30. $\displaystyle\int \sqrt{a^2-u^2}\,du = \frac{u}{2}\sqrt{a^2-u^2} + \frac{a^2}{2}\sin^{-1}\frac{u}{a} + C$

31. $\displaystyle\int u^2\sqrt{a^2-u^2}\,du = \frac{u}{8}(2u^2-a^2)\sqrt{a^2-u^2} + \frac{a^4}{8}\sin^{-1}\frac{u}{a} + C$

32. $\displaystyle\int \frac{\sqrt{a^2-u^2}}{u}\,du = \sqrt{a^2-u^2} - a\ln\left|a+\frac{\sqrt{a^2-u^2}}{u}\right| + C$

33. $\displaystyle\int \frac{\sqrt{a^2-u^2}}{u^2}\,du = -\frac{1}{u}\sqrt{a^2-u^2} - \sin^{-1}\frac{u}{a} + C$

34. $\displaystyle\int \frac{u^2\,du}{\sqrt{a^2-u^2}} = -\frac{u}{2}\sqrt{a^2-u^2} + \frac{a^2}{2}\sin^{-1}\frac{u}{a} + C$

35. $\displaystyle\int \frac{du}{u\sqrt{a^2-u^2}} = -\frac{1}{a}\ln\left|\frac{a+\sqrt{a^2-u^2}}{u}\right| + C$

36. $\displaystyle\int \frac{du}{u^2\sqrt{a^2-u^2}} = -\frac{1}{a^2u}\sqrt{a^2-u^2} + C$

37. $\displaystyle\int (a^2-u^2)^{\frac{3}{2}}\,du = -\frac{u}{8}(2u^2-5a^2)\sqrt{a^2-u^2} + \frac{3a^4}{8}\sin^{-1}\frac{u}{a} + C$

38. $\displaystyle\int \frac{du}{(a^2-u^2)^{\frac{3}{2}}} = \frac{u}{a^2\sqrt{a^2-u^2}} + C$

$\sqrt{u^2-a^2}$, $a>0$를 포함하는 적분

39. $\displaystyle\int \sqrt{u^2-a^2}\,du = \frac{u}{2}\sqrt{u^2-a^2} - \frac{a^2}{2}\ln\left|u+\sqrt{u^2-a^2}\right| + C$

40. $\displaystyle\int u^2\sqrt{u^2-a^2}\,du = \frac{u}{8}(2u^2-a^2)\sqrt{u^2-a^2} - \frac{a^4}{8}\ln\left|u+\sqrt{u^2-a^2}\right| + C$

41. $\int \frac{\sqrt{u^2-a^2}}{u}\,du = \sqrt{u^2-a^2} - a\cos^{-1}\frac{a}{|u|} + C$

42. $\int \frac{\sqrt{u^2-a^2}}{u^2}\,du = -\frac{\sqrt{u^2-a^2}}{u} + \ln|u+\sqrt{u^2-a^2}| + C$

43. $\int \frac{du}{\sqrt{u^2-a^2}} = \ln|u+\sqrt{u^2-a^2}| + C$

44. $\int \frac{u^2\,du}{\sqrt{u^2-a^2}} = \frac{u}{2}\sqrt{u^2-a^2} + \frac{a^2}{2}\ln|u+\sqrt{u^2-a^2}| + C$

45. $\int \frac{du}{u^2\sqrt{u^2-a^2}} = \frac{\sqrt{u^2-a^2}}{a^2 u} + C$

46. $\int \frac{du}{(u^2-a^2)^{\frac{3}{2}}} = -\frac{u}{a^2\sqrt{u^2-a^2}} + C$

$a+bu$를 포함하는 적분

47. $\int \frac{u\,du}{a+bu} = \frac{1}{b^2}(a+bu-a\ln|a+bu|) + C$

48. $\int \frac{u^2\,du}{a+bu} = \frac{1}{2b^3}[(a+bu)^2-4a(a+bu)+2a^2\ln|a+bu|] + C$

49. $\int \frac{du}{u(a+bu)} = \frac{1}{a}\ln\left|\frac{u}{a+bu}\right| + C$

50. $\int \frac{du}{u^2(a+bu)} = -\frac{1}{au} + \frac{b}{a^2}\ln\left|\frac{a+bu}{u}\right| + C$

51. $\int \frac{u\,du}{(a+bu)^2} = \frac{a}{b^2(a+bu)} + \frac{1}{b^2}\ln|a+bu| + C$

52. $\int \frac{du}{u(a+bu)^2} = \frac{2}{a(a+bu)} - \frac{1}{a^2}\ln\left|\frac{a+bu}{u}\right| + C$

53. $\int \frac{u^2\,du}{(a+bu)^2} = \frac{1}{b^3}\left(a+bu-\frac{a^2}{a+bu}-2a\ln|a+bu|\right) + C$

54. $\int u\sqrt{a+bu}\,du = \frac{2}{15b^2}(3bu-2a)(a+bu)^{\frac{3}{2}} + C$

55. $\int \frac{u\,du}{\sqrt{a+bu}} = \frac{2}{3b^2}(bu-2a)\sqrt{a+bu} + C$

56. $\int \frac{u^2\,du}{\sqrt{a+bu}} = \frac{2}{15b^3}(8a^2+3b^2u^2-4abu)\sqrt{a+bu} + C$

57. $\int \frac{du}{u\sqrt{a+bu}} = \frac{1}{\sqrt{a}}\ln\left|\frac{\sqrt{a+bu}-\sqrt{a}}{\sqrt{a+bu}+\sqrt{a}}\right| + C, \text{ if } a>0$

$$= \frac{2}{\sqrt{-a}} \tan^{-1} \sqrt{\frac{a+bu}{-a}} + C, \qquad \text{if } a < 0$$

58. $\displaystyle\int \frac{\sqrt{a+bu}}{u} du = 2\sqrt{a+bu} + a\int \frac{du}{u\sqrt{a+bu}}$

59. $\displaystyle\int \frac{\sqrt{a+bu}}{u^2} du = -\frac{\sqrt{a+bu}}{u} + \frac{b}{2}\int \frac{du}{u\sqrt{a+bu}}$

60. $\displaystyle\int u^n \sqrt{a+bu}\, du = \frac{2}{b(2n+3)}\left[u^n (a+bu)^{\frac{3}{2}} - na\int u^{n-1}\sqrt{a+bu}\, du\right]$

61. $\displaystyle\int \frac{u^n du}{\sqrt{a+bu}} = \frac{2u^n\sqrt{a+bu}}{b(2n+1)} - \frac{2na}{b(2n+1)}\int \frac{u^{n-1}du}{\sqrt{a+bu}}$

62. $\displaystyle\int \frac{du}{u^n\sqrt{a+bu}} = -\frac{\sqrt{a+bu}}{a(n-1)u^{n-1}} - \frac{b(2n-3)}{2a(n-1)}\int \frac{du}{u^{n-1}\sqrt{a+bu}}$

삼각함수

63. $\displaystyle\int \sin^2 u\, du = \frac{1}{2}u - \frac{1}{4}\sin 2u + C$

64. $\displaystyle\int \cos^2 u\, du = \frac{1}{2}u + \frac{1}{4}\sin 2u + C$

65. $\displaystyle\int \tan^2 u\, du = \tan u - u + C$

66. $\displaystyle\int \cot^2 u\, du = -\cot u - u + C$

67. $\displaystyle\int \sin^3 u\, du = -\frac{1}{3}(2 + \sin^2 u)\cos u + C$

68. $\displaystyle\int \cos^3 u\, du = \frac{1}{3}(2 + \cos^2 u)\sin u + C$

69. $\displaystyle\int \tan^3 u\, du = \frac{1}{2}\tan^2 u + \ln|\cos u| + C$

70. $\displaystyle\int \cot^3 u\, du = -\frac{1}{2}\cot^2 u - \ln|\sin u| + C$

71. $\displaystyle\int \sec^3 u\, du = \frac{1}{2}\sec u \tan u + \frac{1}{2}\ln|\sec u + \tan u| + C$

72. $\displaystyle\int \csc^3 u\, du = -\frac{1}{2}\csc u \cot u + \frac{1}{2}\ln|\csc u - \cot u| + C$

73. $\displaystyle\int \sin^n u\, du = -\frac{1}{n}\sin^{n-1} u \cos u + \frac{n-1}{n}\int \sin^{n-2} u\, du$

74. $\displaystyle\int \cos^n u\, du = \frac{1}{n}\cos^{n-1} u \sin u + \frac{n-1}{n}\int \cos^{n-2} u\, du$

75. $\displaystyle\int \tan^n u\,du = \frac{1}{n-1}\tan^{n-1}u - \int \tan^{n-2}u\,du$

76. $\displaystyle\int \cot^n u\,du = \frac{-1}{n-1}\cot^{n-1}u - \int \cot^{n-2}du$

77. $\displaystyle\int \sec^n u\,du = \frac{1}{n-1}\tan u\sec^{n-2}du + \frac{n-2}{n-1}\int \sec^{n-2}du$

78. $\displaystyle\int \csc^n u\,du = \frac{-1}{n-1}\cot u\csc^{n-2}u + \frac{n-2}{n-1}\int \csc^{n-2}u\,du$

79. $\displaystyle\int \sin au\sin bu\,du = \frac{\sin(a-b)u}{2(a-b)} - \frac{\sin(a+b)u}{2(a+b)} + C$

80. $\displaystyle\int \cos au\cos bu\,du = \frac{\sin(a-b)u}{2(a-b)} + \frac{\sin(a+b)u}{2(a+b)} + C$

81. $\displaystyle\int \sin au\cos bu\,du = -\frac{\cos(a-b)u}{2(a-b)} - \frac{\cos(a+b)u}{2(a+b)} + C$

82. $\displaystyle\int u\sin u\,du = \sin u - u\cos u + C$

83. $\displaystyle\int u\cos u\,du = \cos u + u\sin u + C$

84. $\displaystyle\int u^n\sin u\,du = -u^n\cos u + n\int u^{n-1}\cos u\,du$

85. $\displaystyle\int u^n\cos u\,du = u^n\sin u - n\int u^{n-1}\sin u\,du$

86. $\displaystyle\int \sin^n u\cos^m u\,du = -\frac{\sin^{n-1}u\cos^{m+1}u}{n+m} + \frac{n-1}{n+m}\int \sin^{n-2}u\cos^m u\,du$

$$= \frac{\sin^{n+1}u\cos^{m-1}u}{n+m} + \frac{m-1}{n+m}\int \sin^n u\cos^{m-2}u\,du$$

역삼각함수

87. $\displaystyle\int \sin^{-1}u\,du = u\sin^{-1}u + \sqrt{1-u^2} + C$

88. $\displaystyle\int \cos^{-1}u\,du = u\cos^{-1}u - \sqrt{1-u^2} + C$

89. $\displaystyle\int \tan^{-1}u\,du = u\tan^{-1}u - \frac{1}{2}\ln(1+u^2) + C$

90. $\displaystyle\int u\sin^{-1}u\,du = \frac{2u^2-1}{4}\sin^{-1}u + \frac{u\sqrt{1-u^2}}{4} + C$

91. $\displaystyle\int u\cos^{-1}u\,du = \frac{2u^2-1}{4}\cos^{-1}u - \frac{u\sqrt{1-u^2}}{4} + C$

92. $\displaystyle\int u\tan^{-1}u\,du = \frac{u^2+1}{2}\tan^{-1}u - \frac{u}{2} + C$

93. $\int u^n \sin^{-1} u\,du = \frac{1}{n+1}\left[u^{n+1}\sin^{-1}u - \int \frac{u^{n+1}du}{\sqrt{1-u^2}}\right],\ n \neq -1$

94. $\int u^n \cos^{-1} u\,du = \frac{1}{n+1}\left[u^{n+1}\cos^{-1}u + \int \frac{u^{n+1}du}{\sqrt{1-u^2}}\right],\ n \neq -1$

95. $\int u^n \tan^{-1} u\,du = \frac{1}{n+1}\left[u^{n+1}\tan^{-1}u - \int \frac{u^{n+1}du}{1+u^2}\right],\ n \neq -1$

지수로그함수

96. $\int ue^{au}\,du = \frac{1}{a^2}(au-1)e^{au} + C$

97. $\int u^n e^{au}\,du = \frac{1}{a}u^n e^{au} - \frac{n}{a}\int u^{n-1}e^{au}\,du$

98. $\int e^{au}\sin bu\,du = \frac{e^{au}}{a^2+b^2}(a\sin bu - b\cos bu) + C$

99. $\int e^{au}\cos bu\,du = \frac{e^{au}}{a^2+b^2}(a\cos bu + b\sin bu) + C$

100. $\int \ln u\,du = u\ln u - u + C$

101. $\int u^n \ln u\,du = \frac{u^{n+1}}{(n+1)^2}[(n+1)\ln u - 1] + C$

102. $\int \frac{1}{u\ln u}du = \ln|\ln u| + C$

쌍곡선함수

103. $\int \sinh u\,du = \cosh u + C$

104. $\int \cosh u\,du = \sinh u + C$

105. $\int \tanh u\,du = \ln\cosh u + C$

106. $\int \coth u\,du = \ln|\sinh u| + C$

107. $\int \operatorname{sech} u\,du = \tan^{-1}|\sinh u| + C$

108. $\int \operatorname{csch} u\,du = \ln|\tanh\frac{1}{2}u| + C$

109. $\int \operatorname{sech}^2 u\,du = \tanh u + C$

110. $\int \operatorname{csch}^2 u\,du = -\coth u + C$

111. $\int \operatorname{sech} u \tanh u\, du = -\operatorname{sech} u + C$

112. $\int \operatorname{csch} u \coth u\, du = -\operatorname{csch} u + C$

$\sqrt{2au-u^2}$, $a>0$를 포함하는 적분

113. $\int \sqrt{2au-u^2}\, du = \frac{u-a}{2}\sqrt{2au-u^2} + \frac{a^2}{2}\cos^{-1}\left(\frac{a-u}{a}\right) + C$

114. $\int u\sqrt{2au-u^2}\, du = \frac{2u^2-au-3a^2}{6}\sqrt{2au-u^2} + \frac{a^3}{2}\cos^{-1}\left(\frac{a-u}{a}\right) + C$

115. $\int \frac{\sqrt{2au-u^2}}{u}\, du = \sqrt{2au-u^2} + a\cos^{-1}\left(\frac{a-u}{a}\right) + C$

116. $\int \frac{\sqrt{2au-u^2}}{u^2}\, du = -2\frac{\sqrt{2au-u^2}}{u} - \cos^{-1}\left(\frac{a-u}{a}\right) + C$

117. $\int \frac{du}{\sqrt{2au-u^2}} = \cos^{-1}\left(\frac{a-u}{a}\right) + C$

118. $\int \frac{u\,du}{\sqrt{2au-u^2}} = -\sqrt{2au-u^2} + a\cos^{-1}\left(\frac{a-u}{a}\right) + C$

119. $\int \frac{u^2\,du}{\sqrt{2au-u^2}} = -\frac{(u+3a)}{2}\sqrt{2au-u^2} + \frac{3a^2}{2}\cos^{-1}\left(\frac{a-u}{a}\right) + C$

120. $\int \frac{du}{u\sqrt{2au-u^2}} = -\frac{\sqrt{2au-u^2}}{au} + C$

[부록 D] 수표

삼각함수표

라디언radian

t	$\sin t$	$\cos t$	$\tan t$	t	$\sin t$	$\cos t$	$\tan t$
.0	.00000	1.00000	.00000	3.1	.04158	-.99914	-.04162
.1	.09983	.99500	.10033	π	.00000	-1.00000	.00000
.2	.19867	.98007	.20271	3.2	-.5837	-.99829	.05847
.3	.29552	.95534	.30934	3.3	-.15775	-.98748	.15975
.4	.38942	.92106	.42279	3.4	-.25554	-.96680	.26432
.5	.47943	.87758	.54630	3.5	-.35078	-.93646	.37459
.6	.56464	.82534	.68414	3.6	-.44252	-.89676	.49347
.7	.64422	.76484	.84229	3.7	-.52984	-.84810	.62473
.8	.71736	.69671	1.02964	3.8	-.61186	-.79097	.77356
.9	.78333	.62161	1.26016	3.9	-.68777	-.72593	.94742
1.0	.84147	.54030	1.55741	4.0	-.75680	-.65364	1.15782
1.1	.89121	.45360	1.96476	4.1	-.81828	-.57482	1.42353
1.2	.93204	.36236	2.57215	4.2	-.87158	-.49026	1.77778
1.3	.96356	.26750	3.60210	4.3	-.91617	-.40080	2.28585
1.4	.98545	.16997	5.79788	4.4	-.95160	-.30733	3.09632
1.5	.99749	0.70740	14.10142	4.5	-.97753	-.21080	4.63733
$\pi/2$	1.00000	.00000	*******	4.6	-.99369	-.11215	8.86017
1.6	.99957	-.02920	-34.23253	4.7	-.99992	-.01239	80.71269
1.7	.99166	-.12884	-7.69660	$3\pi/2$	-1.00000	.00000	*******
1.8	.97385	-.22720	-4.28626	4.8	-.99616	.08750	-11.38487
1.9	.94630	-.32329	-2.92710	4.9	-.98245	.18651	-5.26749
2.0	.90930	-.41615	-2.18504	5.0	-.95892	.28366	-3.38052
2.1	.86321	-.50485	-1.70985	5.1	-.92581	.37798	-2.44939
2.2	.80850	-.58850	-1.37382	5.2	-.88345	.46852	-1.88564
2.3	.74571	-.66628	-1.11921	5.3	-.83227	.55437	-1.50127
2.4	.67546	-.73739	-.91601	5.4	-.77276	.63469	-1.21754
2.5	.59847	-.80114	-.74702	5.5	-.70554	.70867	-.99558
2.6	.51550	-.85689	-.60160	5.6	-.63127	.77557	-.81394
2.7	.42738	-.90407	-.47273	5.7	-.55069	.83471	-.65973
2.8	.33499	-.94222	-.35530	5.8	-.46460	.88552	-.52467
2.9	.23925	-.97096	-.24641	5.9	-.37388	.92748	-.40311
3.0	.14112	-.98999	-.14255	6.0	-.27942	.96017	-.29101
–	–	–	–	6.1	-.18216	.98327	-.18526
–	–	–	–	6.2	-.08309	.99654	-.08338
–	–	–	–	2π	.00000	1.00000	.00000

도degree

도	라디안	sin	cos	tan	cot		
0	0.0000	0.0000	1.0000	0.0000		1.5708	90
1	0.0175	0.0175	0.9998	0.0175	57.290	1.5533	89
2	0.0349	0.0349	0.9994	0.0349	28.636	1.5359	88
3	0.0524	0.0523	0.9986	0.5240	19.081	1.5184	87
4	0.0698	0.0698	0.9976	0.0699	14.301	1.5010	86
5	0.0873	0.0872	0.9962	0.0875	11.430	1.4835	85
6	0.1047	0.1045	0.9945	0.1051	9.5144	1.4661	84
7	0.1222	0.1819	0.9925	0.1228	8.1443	1.4486	83
8	0.1396	0.1392	0.9903	0.1405	7.1154	1.4312	82
9	0.1571	0.1564	0.9877	0.1584	6.3138	1.4137	81
10	0.1745	0.1736	0.9848	0.1763	5.6713	1.3963	80
11	0.1920	0.1908	0.9816	0.1944	5.1446	1.3788	79
12	0.2094	0.2079	0.9781	0.2126	4.7046	1.3614	78
13	0.2269	0.2250	0.9744	0.2309	4.3315	1.3439	77
14	0.2443	0.2419	0.9030	0.2493	4.0103	1.3265	76
15	0.2618	0.2588	0.9659	0.2679	3.7321	1.3090	75
16	0.2793	0.2756	0.9613	0.2867	3.4874	1.2915	74
17	0.2967	0.2924	0.9563	0.3057	3.2709	1.2741	73
18	0.3142	0.3090	0.9511	0.3249	3.0777	1.2566	72
19	0.3316	0.3256	0.9455	0.3443	2.9042	1.2392	71
20	0.3491	0.3420	0.9397	0.3640	2.7475	1.2217	70
21	0.3665	0.3584	0.9336	0.3839	2.6051	1.2043	69
22	0.3840	0.3746	0.9272	0.4040	2.4751	1.1868	68
23	0.4014	0.3907	0.9205	0.4245	2.3559	1.1694	67
24	0.4189	0.4067	0.9135	0.4452	2.2460	1.1519	66
25	0.4363	0.4226	0.9063	0.4663	2.1445	1.1345	65
26	0.4538	0.4384	0.8988	0.4877	2.0503	1.1170	64
27	0.4712	0.4540	0.8910	0.5095	1.9626	1.0996	63
28	0.4887	0.4695	0.8829	0.5317	1.8807	1.0821	62
29	0.5061	0.4848	0.8746	0.5543	1.8040	1.0647	61
30	0.5236	0.5000	0.8660	0.5774	1.7321	1.0472	60
31	0.5411	0.5150	0.8572	0.6009	1.6643	1.0297	59
32	0.5585	0.5299	0.8480	0.6249	1.6003	1.0123	58
33	0.5760	0.5446	0.8387	0.6494	1.5399	0.9948	57
34	0.5934	0.5592	0.8290	0.6745	1.4826	0.9774	56
35	0.6109	0.5736	0.8192	0.7002	1.4281	0.9599	55
36	0.6283	0.5878	0.8090	0.7265	1.3764	0.9425	54
37	0.6458	0.6018	0.7986	0.7536	1.3270	0.9250	53
38	0.6632	0.6157	0.7880	0.7813	1.2799	0.9076	52
39	0.6807	0.6293	0.7771	0.8093	1.2349	0.8901	51
40	0.6981	0.6428	0.7660	0.8391	1.1918	0.8727	50
41	0.7156	0.6561	0.7547	0.8693	1.1504	0.8552	49
42	0.7330	0.6691	0.7431	0.9004	1.1106	0.8378	48
43	0.7505	0.6820	0.7314	0.9325	1.0724	0.8203	47
44	0.7679	0.6947	0.7193	0.9657	1.0355	0.8029	46
45	0.7854	0.7071	0.7071	1.0000	1.0000	0.7854	45
		cos	sin	cot	tan	라디안	도

자연로그표

x	$\ln x$	x	$\ln x$	x	$\ln x$	x	$\ln x$
		0.40	−0.91629	0.80	−0.22314	1.20	0.18232
0.01	−4.60517	0.41	−0.89160	0.81	−0.21072	1.21	0.19062
0.02	−3.91202	0.42	−0.86750	0.82	−0.19845	1.22	0.19885
0.03	−3.50656	0.43	−0.84397	0.83	−0.18633	1.23	0.20701
0.04	−3.21888	0.44	−0.82098	0.84	−0.17435	1.24	0.21511
0.05	−2.99573	0.45	−0.79851	0.85	−0.16252	1.25	0.22314
0.06	−2.81341	0.46	−0.77653	0.86	−0.15082	1.26	0.23111
0.07	−2.65926	0.47	−0.75502	0.87	−0.13926	1.27	0.23902
0.08	−2.52573	0.48	−0.73397	0.88	−0.12783	1.28	0.24686
0.09	−2.40795	0.49	−0.71335	0.89	−0.11653	1.29	0.25464
0.10	−2.30259	0.50	−0.69315	0.90	−0.10536	1.30	0.26236
0.11	−2.20727	0.51	−0.67334	0.91	−0.09431	1.31	0.27003
0.12	−2.12026	0.52	−0.65393	0.92	−0.08338	1.32	0.27763
0.13	−2.04022	0.53	−0.63488	0.93	−0.07257	1.33	0.28518
0.14	−1.96611	0.54	−0.61619	0.94	−0.06188	1.34	0.29267
0.15	−1.89712	0.55	−0.59784	0.95	−0.05129	1.35	0.30010
0.16	−1.83258	0.56	−0.57982	0.96	−0.04082	1.36	0.30748
0.17	−1.77196	0.57	−0.56212	0.97	−0.03046	1.37	0.31481
0.18	−1.71480	0.58	−0.54473	0.98	−0.02020	1.38	0.32208
0.19	−1.66073	0.59	−0.52763	0.99	−0.01005	1.39	0.32930
0.20	−1.60944	0.60	−0.51083	1.00	0.00000	1.40	0.33647
0.21	−1.56065	0.61	−0.49430	1.01	0.00995	1.41	0.34359
0.22	−1.51413	0.62	−0.47804	1.02	0.01980	1.42	0.35066
0.23	−1.46968	0.63	−0.46204	1.03	0.02956	1.43	0.35767
0.24	−1.42712	0.64	−0.44629	1.04	0.03922	1.44	0.36464
0.25	−1.38629	0.65	−0.43078	1.05	0.04879	1.45	0.37156
0.26	−1.34707	0.66	−0.41552	1.06	0.05827	1.46	0.37844
0.27	−1.30933	0.67	−0.40048	1.07	0.06766	1.47	0.38526
0.28	−1.27297	0.68	−0.38566	1.08	0.07696	1.48	0.39204
0.29	−1.23787	0.69	−0.37106	1.09	0.08618	1.49	0.39878
0.30	−1.20397	0.70	−0.35667	1.10	0.09531	1.50	0.40547
0.31	−1.17118	0.71	−0.34249	1.11	0.10436	1.51	0.41211
0.32	−1.13943	0.72	−0.32850	1.12	0.11333	1.52	0.41871
0.33	−1.10866	0.73	−0.31471	1.13	0.12222	1.53	0.42527
0.34	−1.07881	0.74	−0.30111	1.14	0.13103	1.54	0.43178
0.35	−1.04982	0.75	−0.28768	1.15	0.13976	1.55	0.43825
0.36	−1.02165	0,76	−0.27444	1.16	0.14842	1.56	0.44469
0.37	−0.99425	0,77	−0.26136	1.17	0.15700	1.57	0.45108
0.38	−0.96758	0.78	−0.24846	1.18	0.16551	1.58	0.43742
0.39	−0.94161	0.79	−0.23572	1.19	0.17395	1.59	0.46373

x	$\ln x$	x	$\ln x$	x	$\ln x$	x	$\ln x$
1.60	0.47000	2.00	0.69315	6.00	1.79176	10.0	2.30259
1.61	0.47623	2.10	0.74194	6.10	1.80829	11.0	2.39790
1.62	0.48243	2.20	0.78846	6.20	1.82455	12.0	2.48491
1.63	0.48858	2.30	0.83291	6.30	1.84055	13.0	2.56495
1.64	0.49470	2.40	0.87547	6.40	1.85630	14.0	2.63906
1.65	0.50078	2.50	0.91629	6.50	1.87180	15.0	2.70805
1.66	0.50682	2.60	0.95551	6.60	1.88707	16.0	2.77259
1.67	0.51282	2.70	0.99325	6.70	1.90211	17.0	2.83321
1.68	0.51879	2.80	1.02962	6.80	1.91692	18.0	2.89037
1.69	0.52473	2.90	1.06471	6.90	1.93152	19.0	2.94444
1.70	0.53063	3.00	1.09861	7.00	1.94591	20.0	2.99573
1.71	0.53649	3.10	1.13140	7.10	1.96009	21.0	3.04452
1.72	0.54232	3.20	1.16315	7.20	1.97408	22.0	3.09104
1.73	0.54812	3.30	1.19392	7.30	1.98787	23.0	3.13549
1.74	0.55389	3.40	1.22378	7.40	2.00148	24.0	3.17805
1.75	0.55962	3.50	1.25276	7.50	2.01490	25.0	3.21888
1.76	0.56531	3.60	1.28093	7.60	2.02815	26.0	3.25810
1.77	0.57098	3.70	1.30833	7.70	2.04122	27.0	3.29584
1.78	0.57661	3.80	1.33500	7.80	2.05412	28.0	3.33220
1.79	0.58222	3.90	1.36098	7.90	2.06686	29.0	3.36730
1.80	0.58779	4.00	1.38629	8.00	2.07944	30.0	3.40120
1.81	0.59333	4.10	1.41099	8.10	2.09186	31.0	3.43399
1.82	0.59884	4.20	1.43508	8.20	2.10413	32.0	3.46574
1.83	0.60432	4.30	1.45862	8.30	2.11626	33.0	3.49651
1.84	0.60977	4.40	1.48160	8.40	2.12823	34.0	3.52636
1.85	0.61519	4.50	1.50408	8.50	2.14007	35.0	3.55535
1.86	0.62058	4.60	1.52606	8.60	2.15176	36.0	3.58352
1.87	0.62594	4.70	1.54756	8.70	2.16332	37.0	3.61092
1.88	0.63127	4.80	1.56862	8.80	2.17475	38.0	3.63759
1.89	0.63658	4.90	1.58924	8.90	2.18605	39.0	3.66356
1.90	0.64185	5.00	1.60944	9.00	2.19722	40.0	3.68888
1.91	0.64710	5.10	1.62924	9.10	2.20827	41.0	3.71357
1.92	0.65233	5.20	1.64866	9.20	2.21920	42.0	3.73767
1.93	0.65752	5.30	1.66771	9.30	2.23001	43.0	3.76120
1.94	0.66269	5.40	1.68640	9.40	2.24071	44.0	3.78419
1.95	0.66783	5.50	1.70475	9.50	2.25129	45.0	3.80666
1.96	0.67294	5.60	1.72277	9.60	2.26176	46.0	3.82864
1.97	0.67803	5.70	1.74047	9.70	2.27213	47.0	3.85015
1.98	0.68310	5.80	1.75786	9.80	2.28238	48.0	3.87120
1.99	0.68813	5.90	1.77495	9.90	2.29253	49.0	3.89182

x	$\ln x$	x	$\ln x$	x	$\ln x$	x	$\ln x$
50.0	3.91202	90.0	4.49981	400.	5.99146	800.	6.68461
51.0	3.93183	91.0	4.51086	410.	6.01616	810.	6.69703
52.0	3.95124	92.0	4.52179	420.	6.04025	820.	6.70930
53.0	3.97029	93.0	4.53260	430.	6.06379	830.	6.72143
54.0	3.98898	94.0	4.54329	440.	6.08677	840.	6.73340
55.0	4.00733	95.0	4.55388	450.	6.10925	850.	6.74524
56.0	4.02535	96.0	4.56435	460.	6.13123	860.	6.75693
57.0	4.04305	97.0	4.57471	470.	6.15273	870.	6.76849
58.0	4.06044	98.0	4.58497	480.	6.17379	880.	6.77992
59.0	4.07754	99.0	4.59512	490.	6.19441	890.	6.79122
60.0	4.09434	100.	4.60517	500.	6.21461	900.	6.80239
61.0	4.11087	110.	4.70048	510.	6.23441	910.	6.81344
62.0	4.12713	120.	4.78749	520.	6.25383	920.	6.82437
63.0	4.14213	130.	4.86753	530.	6.27288	930.	6.83518
64.0	4.15888	140.	4.94164	540.	6.29157	940.	6.84588
65.0	4.17439	150.	5.01064	550.	6.30992	950.	6.85646
66.0	4.18965	160.	5.07517	560.	6.32794	960.	6.86693
67.0	4.20469	170.	5.13580	570.	6.34564	970.	6.87730
68.0	4.21951	180.	5.19296	580.	6.36303	980.	6.88755
69.0	4.23411	190.	5.24702	590.	6.39012	990.	6.89770
70.0	4.24850	200.	5.29832	600.	6.39693	1000.	6.90776
71.0	4.26268	210.	5.34711	610.	6.41346	–	–
72.0	4.27667	220.	5.39363	620.	6.42972	–	–
73.0	4.29046	230.	5.43808	630.	6.44572	–	–
74.0	4.30407	240.	5.48064	640.	6.46147	–	–
75.0	4.31749	250.	5.52146	650.	6.47697	–	–
76.0	4.33073	260.	5.56068	660.	6.49224	–	–
77.0	4.34381	270.	5.59842	670.	6.50728	–	–
78.0	4.35671	280.	5.63479	680.	6.52209	–	–
79.0	4.36945	290.	5.66988	690.	6.53669	–	–
80.0	4.38203	300.	5.70378	700.	6.55108	–	–
81.0	4.39445	310.	5.73657	710.	6.56520	–	–
82.0	4.40672	320.	5.76832	720.	6.57925	–	–
83.0	4.41884	330.	5.79909	730.	6.59304	–	–
84.0	4.43082	340.	5.82895	740.	6.60665	–	–
85.0	4.44265	350.	5.85793	750.	6.62007	–	–
86.0	4.45435	360.	5.88610	760.	6.63320	–	–
87.0	4.46591	370.	5.91350	770.	6.64639	–	–
88.0	4.47734	380.	5.94017	780.	6.65929	–	–
89.0	4.48864	390.	5.96615	790.	6.67203	–	–

상용로그표

N	0	1	2	3	4	5	6	7	8	9
10	0000	0043	0086	0128	0170	0212	0253	0294	0334	0374
11	0414	0453	0492	0531	0569	0607	0607	0682	0719	0755
12	0792	0828	0864	0899	0934	0969	1004	1038	1072	1106
13	1139	1173	1206	1239	1271	1303	1335	1367	1399	1430
14	1461	1492	1523	1553	1584	1614	1644	1673	1703	1372
15	1761	1790	1818	1847	1875	1903	1931	1959	1987	2014
16	2041	2068	2095	2122	2148	2175	2201	2227	2253	2279
17	2304	2330	2355	2380	2405	2430	2455	2480	2504	2529
18	2553	2577	2601	2625	2648	2672	2695	2718	2742	2765
19	2788	2810	2833	2856	2878	2900	2923	2945	2967	2989
20	3010	3032	3054	3075	3096	3118	3139	3160	3191	3201
21	3222	3243	3263	3284	3304	3324	3345	3365	3385	3404
22	3424	3444	3464	3483	3502	3522	3541	3560	3579	3598
23	3617	3636	3655	3674	3692	3711	3729	3747	3766	3784
24	3802	3802	3838	3856	3874	3892	3909	3927	3945	3962
25	3979	3997	4014	4031	4048	4065	4082	4099	4116	4133
26	4150	4166	4183	4200	4216	4232	4249	4265	4281	4298
27	4314	4330	4346	4362	4378	4393	4409	4425	4440	4456
28	4472	4487	4502	4518	4533	4548	4564	4579	4594	4609
29	4624	4639	4654	4669	4683	4698	4713	4728	4742	4757
30	4771	4786	4800	4814	4829	4843	4857	4871	4886	4900
31	4914	4928	4942	4955	4969	4983	4997	5011	5024	5038
32	5051	5065	5079	5092	5105	5119	5132	5145	5159	5172
33	5185	5198	5211	5224	5237	5250	5263	5276	5289	5302
34	5315	5328	5340	5353	5366	5378	5391	5403	5416	5428
35	5411	5453	5465	5478	5490	5502	5514	5527	5539	5551
36	5563	5575	5587	5599	5611	5623	5635	5647	5658	5670
37	5682	5694	5705	5717	5729	5740	5752	5763	5775	5786
38	5798	5809	5821	5832	5843	5855	5866	5877	5888	5899
39	5911	5922	5933	5944	5955	5966	5977	5988	5999	6010
40	6021	6031	6042	6053	6064	6075	6085	6096	6107	6117
41	6128	6138	6149	6160	6170	6180	6191	6201	6212	6222
42	6232	6243	6253	6263	6274	6284	6294	6304	6314	6325
43	6335	6345	6355	6365	6375	6385	6395	6405	6415	6425
44	6435	6444	6454	6464	6474	6484	6493	6503	6513	6522
45	6532	6542	6551	6561	6571	6580	6590	6599	6609	6618
46	6628	6637	6646	6656	6665	6675	6684	6693	6702	6712
47	6721	6730	6739	6749	6758	6767	6776	6785	6794	6803
48	6812	6821	6830	6839	6848	6857	6866	6875	6884	6893
49	6902	6911	6920	6928	6937	6946	6955	6964	6972	6981
50	6990	6998	7007	7016	7024	7033	7042	7050	7059	7067
51	7076	7084	7093	7101	7110	7118	7126	7135	7143	7152
52	7160	7168	7177	7185	7193	7202	7210	7218	7226	7235
53	7243	7251	7259	7267	7275	7284	7292	7300	7308	7316
54	7324	7332	7340	7348	7356	7364	7372	7380	7388	7396

N	0	1	2	3	4	5	6	7	8	9
55	7404	7412	7419	7427	7435	7443	7451	7459	7466	7474
56	7482	7490	7497	7505	7513	7520	7528	7536	7543	7551
57	7559	7566	7574	7582	7589	7597	7604	7612	7619	7627
58	7634	7642	7649	7657	7664	7672	7679	7686	7694	7701
59	7709	7716	7723	7731	7738	7745	7752	7760	7767	7774
60	7782	7789	7796	7803	7810	7818	7825	7832	7839	7846
61	7853	7860	7868	7875	7882	7889	7896	7903	7910	7917
62	7924	7931	7938	7945	7952	7959	7966	7973	7980	7987
63	7993	8000	8007	8014	8021	8028	8035	8041	8048	8055
64	8062	8069	8075	8082	8089	8096	8102	8109	8116	8122
65	8129	8136	8142	8149	8156	8162	8169	8176	8182	8189
66	8195	8202	8209	8215	8222	8228	8235	8241	8248	8254
67	8261	8267	8274	8280	8287	8293	8299	8306	8312	8319
68	8325	8331	8338	8344	8351	8357	8363	8370	8376	8382
69	8388	8395	8401	8407	8414	8420	8426	8432	8349	8445
70	8451	8457	8463	8470	8476	8482	8488	8494	8500	8506
71	8513	8519	8225	8531	8537	8543	8549	8555	8561	8567
72	8573	8579	8585	8591	8597	8603	8609	8615	8621	8627
73	8633	8639	8645	8651	8657	8663	8669	8675	8681	8686
74	8692	8698	8704	8710	8716	8722	8727	8733	8739	8745
75	8751	8756	8762	8768	8774	8779	8785	8791	8797	8802
76	8808	8814	8820	8825	8831	8837	8842	8848	8854	8859
77	8865	8871	8876	8882	8887	8893	8899	8904	8910	8915
78	8921	8927	8932	8938	8943	8949	8954	8960	8965	8971
79	7976	8982	8987	8993	8998	9004	9009	9015	9020	9025
80	9031	9036	9042	9047	9053	9058	9063	9069	9074	9079
81	9085	9090	9096	9101	9106	9112	9117	9122	9128	9133
82	9138	9143	9149	9154	9159	9165	9170	9175	9180	9186
83	9191	9196	9201	9206	9212	9217	9222	9227	9232	9238
84	9243	9248	9253	9258	9263	9269	9274	9279	9284	9289
85	9294	9299	9304	9309	9315	9320	9325	9330	9335	9340
86	9345	9350	9355	9360	9365	9370	9375	9380	9385	9390
87	9395	9400	9405	9410	9415	9420	9425	9430	9435	9440
88	9445	9450	9455	9460	9465	9469	9474	9479	9484	9489
89	9494	9499	9594	9509	9513	9518	9523	9528	9533	9538
90	9542	9547	9552	9557	9562	9566	9571	9576	9581	9586
91	9590	9595	9600	9605	9609	9614	9619	9624	9628	9633
92	9638	9643	9647	9652	9657	9661	9666	9671	9675	9680
93	9685	9689	9694	9699	9703	9708	9713	9717	9722	9727
94	9731	9736	9741	9745	9750	9754	9759	9763	9768	9773
95	9777	9782	9786	9791	9795	9800	9805	9809	9814	9812
96	9823	9827	9832	9836	9841	9845	9850	9854	9859	9866
97	9868	9872	9877	9881	9886	9890	9894	9899	9903	9908
98	9912	9917	9921	9926	9930	9934	9939	9943	9948	9952
99	9956	9961	9965	9969	9974	9978	9983	9987	9991	9996

지수함수와 쌍곡선 함수표

x	e^{x}	e^{-x}	$\sinh x$	$\cosh x$	$\tanh x$
0	1.0000	1.0000	.00000	1.0000	.00000
0.1	1.1052	.90484	.10017	1.0050	.09967
0.2	1.2214	.81873	.20134	1.0201	.19738
0.3	1.3499	.74082	.30452	1.0453	.29131
0.4	1.4918	.67032	.41075	1.0811	.37995
0.5	1.6487	.60653	.52110	1.1276	.46212
0.6	1.8221	.54881	.63665	1.1855	.53705
0.7	2.0138	.49659	.75858	1.2552	.60437
0.8	2.2255	.44933	.88811	1.3374	.66404
0.9	2.4596	.40657	1.0265	1.4331	.71630
1.0	2.1783	.36788	1.1752	1.5431	.76159
1.1	3.0042	.33287	1.3356	1.6685	.80050
1.2	3.3201	.30119	1.5095	1.8107	.83365
1.3	3.6693	.27253	1.6984	1.9709	.86172
1.4	4.0552	.24660	1.9043	2.1509	.88535
1.5	4.4817	.22313	2.1293	2.3524	.90515
1.6	4.9530	.20190	2.3756	2.5775	.92167
1.7	5.4739	.18268	2.6456	2.8283	.93541
1.8	6.0496	.16530	2.9422	3.1075	.94681
1.9	6.6859	.14957	3.2682	3.4177	.95624
2.0	7.3891	.13534	3.6269	3.7622	.96403
2.1	8.1662	.12246	4.0219	4.1443	.97045
2.2	9.0250	.11080	4.4571	4.5679	.97514
2.3	9.9742	.10026	4.9370	5.0372	.98010
2.4	11.023	.09072	5.4662	5.5569	.98367
2.5	12.182	.08208	6.0502	6.1323	.98661
2.6	13.464	.07427	6.6947	6.7690	.98903
2.7	14.880	.06721	7.4063	7.4735	.99101
2.8	16.445	.06081	8.1919	8.2527	.99263
2.9	18.174	.05502	9.0596	9.1146	.99396
3.0	20.086	.04979	10.018	10.068	.99505
3.1	22.198	.04505	11.076	11.122	.99595
3.2	24.533	.04076	12.246	12.287	.99668
3.3	27.113	.03688	13.538	13.575	.99728
3.4	29.964	.03337	14.965	14.999	.99777
3.5	33.115	.03020	16.543	16.573	.99818
3.6	36.598	.02732	18.285	18.313	.99851
3.7	40.447	.02472	20.211	20.236	.99878
3.8	44.701	.02237	22.339	22.362	.99900
3.9	49.402	.02024	24.691	24.711	.99918
4.0	54.598	.01832	27.290	27.308	.99933
4.1	60.340	.01657	30.178	30.178	.99945
4.2	66.686	.01500	33.351	33.351	.99955
4.3	73.700	.01357	36.857	36.857	.99963
4.4	81.451	.01228	40.732	40.732	.99970
4.5	90.017	.01111	45.014	45.014	.99975
4.6	99.484	.01005	49.747	49.747	.99980
4.7	109.95	.00910	54.978	54.978	.99983
4.8	121.51	.00823	60.759	60.759	.99986
4.9	134.29	.00745	67.149	67.149	.99989
5.0	148.41	.00674	74.210	74.210	.99991